国外电子与通信教材系列

芯 片 制 造
——半导体工艺制程实用教程
（第六版）

Microchip Fabrication

A Practical Guide to Semiconductor Processing

Sixth Edition

［美］ Peter Van Zant 著

韩郑生 译

U0226324

電子工業出版社

Publishing House of Electronics Industry

北京·BEIJING

内 容 简 介

本书是一本介绍半导体集成电路和器件制造技术的专业书，在半导体领域享有很高的声誉。本书的讨论范围包括半导体工艺的每个阶段：从原材料的制备到封装、测试和成品运输，以及传统的和现代的工艺。全书提供了详细的插图和实例，并辅以小结和习题，以及丰富的术语表。第六版修订了微芯片制造领域的新进展，讨论了用于图形化、掺杂和薄膜步骤的先进工艺和尖端技术，使隐含在复杂的现代半导体制造材料与工艺中的物理、化学和电子的基础信息更易理解。本书的主要特点是避开了复杂的数学问题介绍工艺技术内容，并加入了半导体业界的新成果，可以使读者了解工艺技术发展的趋势。

本书可作为高等院校电子信息等相关专业和职业技术培训的教材，也可作为半导体专业人员的参考书。

Peter Van Zant.

Microchip Fabrication：A Practical Guide to Semiconductor Processing, Sixth Edition.

9780071821018. Copyright ⓒ 2014 by McGraw-Hill Education.

版权贸易合同登记号 图字：01-2014-6044

图书在版编目(CIP)数据

芯片制造：半导体工艺制程实用教程：第六版/(美)彼得·范·赞特(Peter Van Zant)著；韩郑生译.
北京：电子工业出版社，2020.12
书名原文：Microchip Fabrication：A Practical Guide to Semiconductor Processing，Sixth Edition
ISBN 978-7-121-39983-1

Ⅰ.①芯… Ⅱ.①彼…②韩… Ⅲ.①芯片-生产工艺 Ⅳ.①TN430.5

中国版本图书馆 CIP 数据核字(2020)第 227983 号

责任编辑：杨 博
印 刷：三河市鑫金马印装有限公司
装 订：三河市鑫金马印装有限公司
出版发行：电子工业出版社
         北京市海淀区万寿路 173 信箱 邮编 100036
开 本：787×1092 1/16 印张：24 字数：615 千字
版 次：2004 年 9 月第 1 版(原著第 4 版)
         2020 年 12 月第 3 版(原著第 6 版)
印 次：2024 年 12 月第 8 次印刷
定 价：89.00 元

凡所购买电子工业出版社图书有缺损问题，请向购买书店调换。若书店售缺，请与本社发行部联系，联系及邮购电话：(010)88254888，88258888。

质量投诉请发邮件至 zlts@phei.com.cn，盗版侵权举报请发邮件至 dbqq@phei.com.cn。

本书咨询联系方式：yangbo2@phei.com.cn。

译 者 序

　　集成电路产业和软件产业是信息产业的核心，是引领新一轮科技革命和产业变革的关键力量。2020 年 7 月 27 日国务院发布《新时期促进集成电路产业和软件产业高质量发展的若干政策》，这是继 2014 年 6 月国务院发布的《国家集成电路产业发展推进纲要》、2000 年国务院 18 号文件《国务院关于鼓励软件产业和集成电路产业发展若干政策的通知》和 2011 年国务院 4 号文件《国务院关于印发进一步鼓励软件产业和集成电路产业发展若干政策的通知》后，国家对集成电路产业支持的又一重要政策。2020 年 7 月 30 日国务院学位委员会会议已投票通过将集成电路专业作为一级学科。制造半导体集成电路和器件的技术是衡量国家科技发展水平的重要标志之一。

　　本书是一部介绍半导体集成电路和器件的专业书。除了讨论从半导体材料制备到最终产品封装、测试的生产技术全过程，还在第 15 章介绍了制造过程中的经济成本方面的内容。

　　随着集成电路技术和产品的快速发展，作者 Peter Van Zant 先生在本书的第六版中新增了产业界的新成果和进展，在章节顺序方面也做了一些调整。本书的特点是简洁明了和通俗易懂，并在每章后配备了习题，适合作为培训和教学的教材。

　　书中也有不符合一般写作规范之处，例如未将图和表分别标识，将表全都作为插图处理，甚至公式和化学反应式也一并作为插图，为了尊重原版，在此并未重新整理。

　　由于水平有限和时间紧促，译文中的错误在所难免，敬请广大读者批评指正。

　　感谢电子工业出版的马岚老师推荐我承担本书翻译工作。感谢我的爱人刘静所给予的支持。

韩郑生

于中国科学院微电子研究所

前 言[①]

本书第一版前言曾提到:"随着半导体产业在经济中变得越来越重要,越来越多的人将加入这个行业。我的目标是使微芯片制造满足他们的需求。"

事实上,半导体产业已经成为一个重要的国际产业部分。半导体材料和设备产业的发展已成为重要的产业部分。第六版仍然遵循第一版的目标,服务于晶圆制造工作者的培训需求,包括生产工人、技术人员、材料和设备领域的专业人士或工程师。

第六版保留了在现代半导体工业中复杂的制造材料和工艺方面的物理、化学和电子基础。它已经从 20 世纪 60 年代简单的实验室生产线发展成最先进的工艺流程。不是每个工艺流程都能用文字详细介绍的。本书解释了用于图形化、掺杂和薄膜步骤的流行技术。本书的目的是让读者获得足够的知识,并能够及时了解新的工艺和设备。

感谢 Anne Miller 和 Michael Hynes 博士在半导体业务方面极具价值的投入,以及 Yield 工程系统的创始人及总裁 Bill Moffat,还包括非凡的工艺工程师 Don Keenan 先生。

还要感谢高级编辑 Michael 和其他在麦格劳−希尔(McGraw-Hill)公司工作的人员的支持与指导。感谢 Cenveo 出版服务部的经理 Sheena Uprety 和文字编辑 Ragini Pandey 将我的手稿编辑成书。

当然,还要感谢永远支持我的极具耐心的妻子 Mary DeWitt。正是她帮我编辑本书第一版,给了我写作后续每一个版本的勇气,并且本书最新版本也经过了她严谨的审校。

Peter Van Zant

致 谢

本书献给我的儿子和他们的家庭:

Patrick 和他的妻子 Cindy King 及我的孙女 Rebecca;Jeffrey,我徒步旅行和冒险的伙伴;Stephen 和他的妻子 Antionetee McKinnley,以及我的孙女 Kristina 和孙子 Kyle。

他们是我半导体职业生涯的一部分,从纽约州的 IBM 开始,到得克萨斯州的德州仪器,再到定居硅谷的高科技中心。他们和我共同分享了这个行业的成就,也不得不忍受我由于倒班、到世界各个半导体产业中心出差而缺席的周末。

---

① 教辅资源可登陆华信教育资源网(www.hxedu.com.cn)注册下载。

目　　录

第1章　半导体产业

1.1　引言

半导体产业已上升为世界主要产业，本章通过对其历史产品和工艺发展的描述来介绍半导体产业，并将按照主流产品类型介绍主要生产阶段（从材料制备到封装生产）和解释晶体管结构与集成度水平。同时，介绍表征产业的产品和工艺发展趋势。

随着产业从小规模实验室生产到巨型自动化工厂生产的转变，产业驱动和经济发生了改变。大量特种材料和设备业已经开发出来，以支撑芯片制造。全球半导体是一个3000亿美元的产业，并且它已回馈1.2万亿美元到全球电子系统产业。进一步讲，纳米技术和世界范围消费市场的爆发正在以伸展的方式塑造半导体产业的未来[1]。晶圆制造已经产生年销售约600亿美元的设备产业（通常占芯片销售的15%~20%）

1.2　一个产业的诞生

电子工业始于由李·德弗雷斯特（Lee Deforest）在1906年发明的真空三极管[2]。真空三极管使得收音机、电视机和其他消费类电子产品得以存在。它也是世界上第一台电子计算机的大脑，这台被称为电子数字集成器和计算器（ENIAC）的计算机于1947年在宾夕法尼亚洲的摩尔工程学院进行首次演示。

这台电子计算机和现代计算机大相径庭。它占据约1500英尺²（1英尺=0.3048 m）的面积，质量达30吨，工作时产生大量的热，并需要一个小型发电站来供电，开销为1940年时的400 000美元。ENIAC的制造用了19 000个真空管及数千个电阻器和电容器（见图1.1）。

真空管有3个部件，由1个栅极和2个被栅极分开的电极在玻璃密封的空间中构成（见图1.2）。密封空间内部为真空，以防止部件烧毁并易于电子的自由移动。

尺寸	30英尺×50英尺
质量	30吨
真空管数	19 000
电阻器数	70 000
电容器数	10 000
开关数	6000
功耗	150 000 W
成本（1940年）	$400 000

图1.1　ENIAC的统计数据（源自：计算机技术基础，J. G. Giarratano，Howard W. Sams&Co.，Indianapolis，1983）

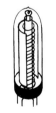

图1.2　真空管

真空管有两个重要的电子功能——开关（switching）和放大（amplification）。开关是指电子器件可接通和切断电流；放大则较为复杂，它是指电子器件可以把接收到的小信号（或电流）放大，并保持信号原有特征的功能。

真空管有一系列的缺点，如：体积大，连接处易于变松导致真空泄漏，易碎，要求相对较多的电能来运行，并且元件老化很快。ENIAC 和其他基于真空管的计算机的主要缺点是由于真空管易烧毁而导致运行时间有限。然而，早期人们并未意识到计算机的潜力。1943 年，IBM 公司的董事会主席托马斯·沃森(Thomas Watson)大胆预言："我认为世界范围可能有 5 台计算机的市场。"

这些问题成为许多实验室寻找真空管替代品的动力，这一努力在 1947 年 12 月 23 日得以实现。贝尔实验室的三位科学家演示了由半导体材料锗制成的电子放大器件(见图 1.3)。

这种器件不但有真空管的功能，而且为固态的(无真空)，且具有体积小、质量轻、耗电低并且寿命长的优点，起初命名为"传输电阻器"(transfer resistor)，而后很快更名为晶体管(transistor)。

John Bardeen、Walter Brattin 和 William Shockley 这三位科学家因这一发明而获得 1956 年的诺贝尔物理学奖。

图 1.3　第一个晶体管

1.3　固态时代

第一个晶体管和今天的高密度集成电路相去甚远，但正是它和它的许多著名"后代"赋予了固态电子时代的诞生。除晶体管外，固态技术还用于制造二极管、电阻器和电容器。二极管为两个元件的器件，在电路中起到开关的作用；电阻器是单个元件的器件，承担限制电流的作用；电容器为两个元件的器件，在电路中起储存电荷的作用，在有些电路中应用这种技术制造保险丝。有关这些概念和器件工作原理的解释可参阅第 14 章。

这些每个芯片中只含有一个元件的器件称为分立器件(见图 1.4)。大多数分立(discrete)器件在功能和制造上比集成电路的要求少。人们通常不认为分立器件是尖端产品，然而它们却用于最精密复杂的电子系统中。在 1998 年它们的销售额占全部半导体器件销售额的 12%[3]。20 世纪 50 年代，早期半导体工业进入了一个非常活跃的时期，为晶体管收音机和晶体管计算机提供器件。

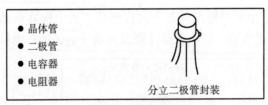

- 晶体管
- 二极管
- 电容器
- 电阻器

分立二极管封装

图 1.4　固态分立器件

1.4　集成电路

分立器件的统治地位在 1959 年走到了尽头。那一年，在德州仪器公司工作的青年工程师 Jack Kilby 在一块锗半导体材料上制成了一个完整的电路。他的发明由几个晶体管、二极管、电容器和利用锗芯片天然电阻的电阻器组成。这一发明就是集成电路(integrated circuit)，这是第一次成功地在一块半导体基材上做出了完整的电路。

Kilby 的电路并不是现今所普遍应用的形式，它是经 Robert Noyce，最终在 Fairchild Camera 公司完成的。图 1.5 是 Kilby 的电路，我们可以看到器件是用单独的线连接起来的。

　　早些时候在 Fairchild Camera 的 Jean Horni 就已经开发出一种在芯片表面上形成电子结来制作晶体管的平面制作工艺(见图 1.6)。平面形式利用了硅易于形成氧化硅并且为非导体(电绝缘体)的优点。Horni 的晶体管使用了铝蒸气镀膜并使之形成适当的形状来做器件的连线,这种技术称为平面技术(planar technology)。Noyce 应用这种技术把预先在硅表面上形成的分立器件连接起来(见图 1.7)。

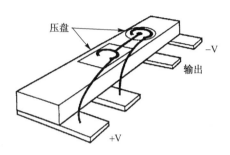

图 1.5　Kibly 笔记本中记载的集成电路

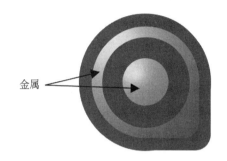

图 1.6　Horni"滴状形"晶体管

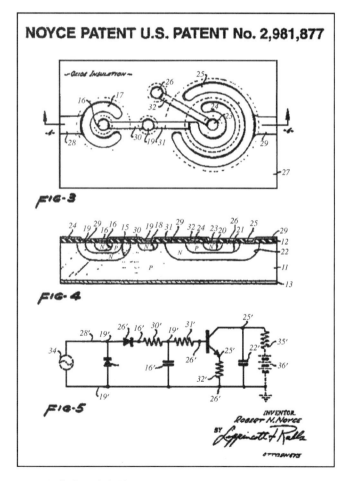

图 1.7　Noyce 的集成电路专利(经 *Semiconductor Reliability News*,June 2003 允许)

Noyce 的集成电路成为所有集成电路的模式，这种技术不仅符合那个时代的需要，而且也是微型化和仍在推动工业发展的生产有效成本制造业的根源。Kilby 和 Noyce 共同享有集成电路的专利。

1.5　工艺和产品趋势

从 1947 年开始，半导体产业就已经呈现出在新工艺和工艺提高上的持续发展。工艺的提高导致了具有更高集成度和可靠性的集成电路的产生，从而推动了电子工业的革命。这些工艺的改进归为两大类：工艺和结构。工艺的改进(improvement)是指以更小尺寸来制造器件和电路，并使之具有更高密度、更多数量和更高的可靠性。结构的改进是指新器件设计上的发明使电路的性能更好，实现更佳的能耗控制和更高的可靠性。

集成电路中器件的尺寸和数量是集成电路发展的两个共同标志。器件的尺寸是以设计中的最小尺寸来表示的，称为特征图形尺寸(feature size)，通常用微米(μm)和纳米(nm)来表示。1 μm 是 10^{-6} m 或约为人类头发直径的 1/100，1 nm 是 10^{-9} m。半导体器件一个更专业的标志是栅条宽度(gate width)。晶体管由三部分构成，其中一部分是允许电流流过的通路。在当今的技术中，最流行的晶体管是金属氧化物-半导体场效应晶体管(MOSFET)结构(见第16 章)，其控制部分被称为栅(gate)。通过生产更小和更快的晶体管及更高密度的电路，更小的栅条宽度推动着产业发展。目前，产业界正推向 5 nm 的栅条宽度，根据国际半导体技术路线图(ITRS)，在 2016 年前后达到 5 nm 的尺寸[4]。

1.5.1　摩尔定律

英特尔公司的创始人之一戈登·摩尔(Gordon Moore)在 1965 年预言在一块芯片上的晶体管数量会每年翻一番，这个预言被称为摩尔定律。此后，他更新该定律为每两年翻一番。业界观察家们已经使用这个定律来预测未来芯片上的密度。多年来，它已被证明十分准确，并推动了技术的进步。如果保持下去，每块芯片上的晶体管数可能达到数十亿个(见图 1.8)。它是由半导体产业协会(SIA)开发的国际半导体技术路线图(ITRS)的基础。

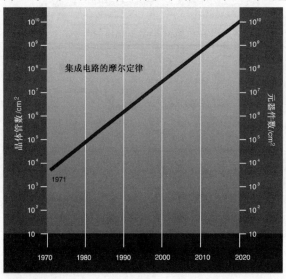

图 1.8　摩尔定律(源自：Moore's Law Meets its Match，*IEEE Spectrum*，June 2006.)

有人猜测，芯片密度可能超过摩尔定律的预测。佐治亚理工学院的微系统封装的研究指出，从 2004 年每平方厘米约 50 个元器件，到 2020 年元器件的密度会攀升到每平方厘米 100 万个[5]。

在一个芯片中元器件的密度确实遵循摩尔定律持续增加。还有一个问题，这个行业现在已经适应摩尔定律作为未来芯片的密度和性能提高的推动者（目标）。这些目标被加入到了国际半导体技术路线图的 2011 版本中。

集成度水平表示电路的密度，也就是电路中器件的数量。集成度水平(integration level)（见图 1.9）的范围从小规模集成(SSI)到甚大规模集成电路(ULSI)，ULSI 集成电路有时称为极大规模集成电路(VVLSI)，大众刊物上称最新的产品为百万芯片(megachip)。除集成规模外，存储器电路还由其存储比特的数量来衡量（一个 4 MB 的存储器可存储 400 万比特），逻辑电路的规模经常用门的数量来评价。门电路是逻辑电路中基本的功能单元。

集成度等级	缩写	每个芯片上的器件数
小规模	SSI	2 ~ 50
中规模	MSI	50 ~ 5000
大规模	LSI	5000 ~ 10 0000
超大规模	VLSI	超过 100 000 ~ 1 000 000
甚大规模	ULSI	> 1 000 000

图 1.9　集成电路集成度表

1.5.2　特征图形尺寸的减小

从小规模集成电路发展到今天的百万芯片，其中单个元件特征图形尺寸的减小起了重要的推动作用。这得益于被称为光刻的图形化工艺和多层连线技术的极大提高。半导体工业协会(SIA)曾经预计到 2016 年特征尺寸减小到 5 nm(0.005 μm)[6]。能在芯片上制造出更小器件的能力得益于将它们做得更紧密，以进一步增加密度（见图 1.10）。

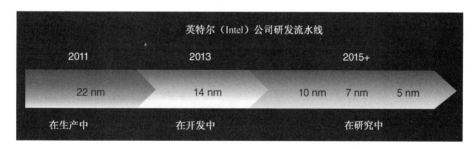

图 1.10　Intel 特征尺寸预测

我们可以用一个家庭住宅区的布局做个比喻来解释这个发展趋势。住宅区的密度取决于房屋大小、占地面积和街道宽度。如果要居住更多的人口，一种可能是增加住宅区的面积（增加芯片区域），另一种可能则是减小单个房屋的尺寸并使它们占地较小。我们也可以用减小街道大小的办法来增加密度，然而，到一定程度时街道就不能再被减小了，或者说不够汽车通行的宽度了，而要保持房屋的可居住性，房屋也不能无限制地减小，此时一个办法就是用公寓楼来取代单个房屋。所有的这些办法都应用在了半导体技术中。

特征尺寸的减小和电路密度的增大带来了很多益处。在电路的性能方面，电路速度的提高、传输距离的缩短以及单个器件所占空间的减小,使得信息通过芯片时所用的时间缩短;这种更快的性能使那些曾经等待计算机来完成一个简单工作的人获益匪浅。电路密度的提高还使芯片或电路耗电量更小,要小型电站来维持运行的 ENIAC 已经被靠使用电池、功能强大的便携式计算机所取代。

1.5.3　芯片和晶圆尺寸的增大

芯片密度从小规模集成电路(SSI)发展到甚大规模集成电路(ULSI)的进步推动了更大尺寸芯片的开发。分立器件和 SSI 芯片边长平均约为 100 mil(1 mil = 25.4 μm),而 ULSI 芯片每边长是 500~1000 mil。集成电路是在称为晶圆(wafer)的薄硅片(或其他半导体材料薄片,见第 2 章)上制造而成的。在圆形的晶圆上制造方形或长方形的芯片导致在晶圆的边缘处剩余一些不可使用的区域(参见图 6.6),当芯片的尺寸增大时这些不可使用的区域也随之增大(见图 1.11)。为了弥补这种损失,半导体业界采用了更大尺寸的晶圆。随着芯片尺寸的增大,1960 年时的 1 英寸直径的晶圆已经被 200 mm(8 英寸)和 300 mm(12 英寸)的晶圆所取代。因为晶圆面积随着其半径平方的增加而增大,生产效率也增加了。因此,从 6 英寸到 12 英寸,晶圆直径翻倍,制造芯片可使用的面积增大 4 倍。

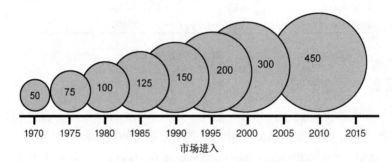

图 1.11　晶圆尺寸发展史(经 *Future Fab International* 允许)

引进 450 mm(18 英寸)直径晶圆的年份一再推迟。尽管一再推迟,英特尔(Intel)、台积电(TSMC)和三星(Samsung)仍宣布计划建立新的晶圆制造工厂。成本已经成为更大的晶圆加工的一个主要障碍。一般来说,在技术层面上是不可能简单地扩大到 300 mm 生产线的。因此,新的工厂设施是必要的,但不是在设备供应商的设计、测试和建立可扩展能力的工艺设备之前。这些投入是昂贵和费时的。但是,更高效的生产、良品率和先进的电路调节的实际结果已经驱动产业在不断进步[7]。费用因素也导致了保留较小直径的晶圆生产线。对于已建立的已经长期折旧的老产品线,几乎没有要移到更大晶圆上的经济诱因。事实上,目前世界上芯片的产能超过 70% 是 300 mm(12 英寸)晶圆,而 150 mm(6 英寸)晶圆,以及 200 mm(8 英寸)晶圆也仍在使用。

1.5.4　缺陷密度的减小

随着特征图形尺寸的减小,在制造工艺中减小缺陷密度和缺陷尺寸的需求就变得十分关键了。在尺寸为 100 μm 的晶体管上有一个 1 μm 的灰尘可能不是问题,但对于一个 1 μm 的晶体管来说 1 μm 的灰尘会是一个导致元件失效的致命缺陷(见图 1.12)。污染控制措施已经成为成功的微芯片制造厂一个必备的条件(见第 5 章)。

1.5.5　内部连线水平的提高

元件密度的增加带来了连线问题。在住宅区的比喻中，用来增加密度的策略之一是减小街道的宽度，但是到一定的程度时街道对于汽车的通行来说就太窄了。同样的事情也发生在集成电路设计中，元件密度的增加和紧密封装减小了连线所需的空间。解决方案是在元件形成的表面上使用多层绝缘层（见图 1.13）和导电层相互叠加的多层连线（见第 13 章）。

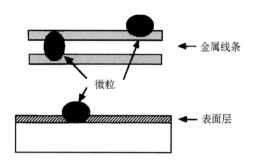

图 1.12　微粒和晶圆的相对尺寸

平坦化是在基片的有源晶体管和其他组件中形成的（通常是硅）。2011 年，英特尔公司宣布了具有有源晶体管的栅极堆叠在晶圆上的一个新的三维（3D）器件（见图 1.14）[8]。该器件被称为三栅晶体管。通过增加栅极的表面积，该器件的性能得以增强（见第 16 章）。

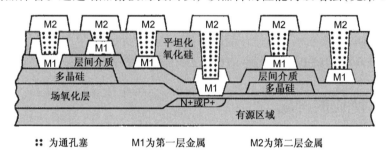

图 1.13　经过平坦化工艺具有两种金属的 VLSI 典型结构的截面图，它显示了经过平坦化工艺后通孔深度的范围（经 *Solid State Technology* 允许）

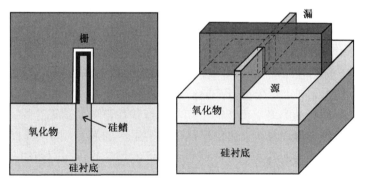

图 1.14　英特尔重新使用的微芯片三栅晶体管变成 3D 器件

1.5.6　半导体产业协会的发展蓝图

主要的集成电路参数是相互关联的。摩尔定律预言了未来元件的密度，由此引发了集成度水平（元件密度）、芯片尺寸、缺陷密度（尺寸）和所要求的互连层数量的计算。半导体产业协会和伙伴已将这些列入未来国际半导体技术路线图（International Technology Roadmap of Semiconductors），覆盖这些和其他关键器件以及生产参数。除了预测元器件、工艺和晶圆参数，它还确定将来随之而来的支持先进的元器件所需的材料和设备的性能标准。

1.5.7　芯片成本

也许工艺和产品提高所带来的最大影响就是芯片的成本。对于任何成熟的产品,这种减少都有代表性。价格在开始时高,但随着技术的成熟和制造效率的提高,它会下降并最终达到稳定。虽然芯片的性能提高了,价格却在持续下降。影响芯片成本的因素将会在第15章讨论。

成本降低和性能提高这两个因素推动了固态电子在产品中的使用。到20世纪90年代时,一辆汽车所有的计算能力已经超过了第一台月球太空探测器,个人计算机更是令人鼓舞。今天,中等价位的台式机便有IBM在1970年制造的大型机的计算能力。图1.15说明了芯片(闪存)的主要工业用途。

	消费类	汽车	计算机	工业	商业	政府/军用
2010年	29%	1.70%	34.20%	4.90%	29.90%	0.20%
2016年	14.40%	3.20%	43.10%	3.70%	35.40%	0.20%

图1.15　使用闪存的系统(引自 *IC Insights*:市场驱动力2013年的产品和服务,Scotsdale,AZ)

在20世纪90年代中期半导体产业的历史是持续发展和在世界占主导的新兴产业。在这十年里,半导体行业成为美国领先的增值产业,超越汽车产业。

1.6　半导体产业的构成

电子工业可分为两个主要部分:半导体和系统(或产品)。半导体部分包括材料供应商、电路设计、芯片制造商和半导体工业设备及化学品供应商。系统部分包括设计和生产众多基于半导体器件的,从消费类电子产品到太空飞船。电子工业还涵盖了印制电路板制造商。

半导体产业由两个主要部分组成。一部分是制造半导体固态器件和电路的企业,生产过程称为晶圆制造(wafer fabrication)。在这个行业中有三种类型的芯片供应商:一种是集设计、制造、封装和市场销售为一体的公司,称为集成器件制造商(IDM);一种是为其他芯片供应商制造电路芯片的,称为代工厂(Foundry);还有一种是做设计和晶圆市场的公司,它们从晶圆工厂购买芯片,称为无加工厂公司(Fabless)。以产品为终端市场的经销商和为内部使用的生产商都生产芯片。以产品为终端市场的生产商制造并在市场上销售芯片;以产品为内部使用的生产商,其终端产品为计算机、通信产品等,所生产的芯片用于他们自己的终端产品,其中一些企业也向市场销售芯片。还有一些企业生产专用芯片供内部使用,而在市场上购买其他通用芯片。20世纪80年代,在以产品供内部使用的生产商中进行的芯片制造的比例有上升的趋势。

1.7　生产阶段

固态器件的制造有以下5个不同的阶段(见图1.16):

1. 材料制备;

2. 晶体生长和晶圆制备;

3. 晶圆制造和分选;

4. 封装；

5. 终测。

在第一个阶段，材料制备（见第 2 章）是半导体材料的开采并根据半导体标准进行提纯。硅以沙子为原料，通过转化可成为具有多晶硅结构的纯净硅［见图 1.16（a）］。

在第二个阶段，材料首先形成带有特殊电子和结构参数的晶体。之后，在晶体生长和晶圆制备（见第 3 章）工艺中，晶体被切割成称为晶圆（wafer）的薄片，并进行表面处理［见图 1.16（b）］。另外半导体工业也用锗和不同半导体材料的混合物来制作器件与电路。

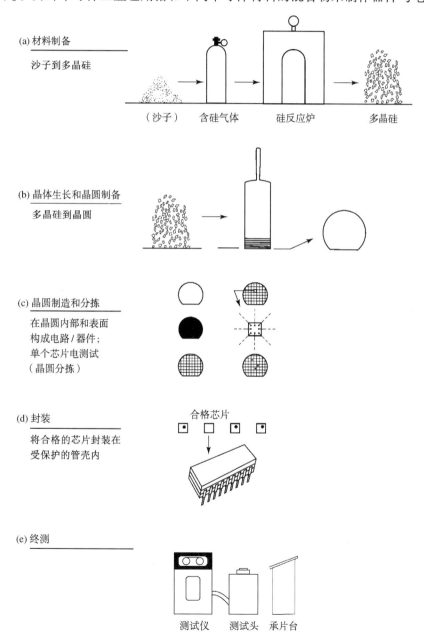

(a) 材料制备

沙子到多晶硅

（沙子）　　含硅气体　　硅反应炉　　多晶硅

(b) 晶体生长和晶圆制备

多晶硅到晶圆

(c) 晶圆制造和分拣

在晶圆内部和表面
构成电路/器件；
单个芯片电测试
（晶圆分拣）

(d) 封装

将合格的芯片封装在
受保护的管壳内

合格芯片

(e) 终测

测试仪　　测试头　　承片台

图 1.16　半导体制造各阶段

第三个阶段是晶圆制造[见图1.16(c)],也就是在其表面上形成器件或集成电路。在每个晶圆上通常可形成200~300个同样的器件,也可多至几千个。在晶圆上由分立器件或集成电路占据的区域称为芯片。晶圆制造也可称为制造、Fab、芯片制造或是微芯片制造。晶圆的制造有几千个步骤,它们可分为两个主要部分:前端工艺线(FEOL),是晶体管和其他器件在晶圆表面上形成的;后端工艺线(BEOL),是以金属线把器件连在一起并加一层最终保护层。

遵循晶圆制造过程,晶圆上的芯片已经完成,但是仍旧保持晶圆形式并未经测试。下一步每个芯片都需要进行电测(称为晶圆电测)来检测是否符合客户的要求。晶圆电测是晶圆制造的最后一步或者封装(packaging)的第一步。

封装是通过一系列过程把晶圆上的芯片分割开,然后将它们封装起来[见图1.16(d)]。这个阶段还包括与客户规范要求一致的芯片最终测试。工业界也把这一阶段称为装配和测试(assembly and test,A/T)。封装起到保护芯片免于受到污染和外来伤害的作用,并提供坚固耐用的电气引脚以和电路板或电子产品相连。封装由半导体生产厂的另一个部门(或者通常由国外的工厂)来完成。

绝大多数芯片被封装在单个管壳里。但是混合电路、多芯片模块(MCM)或直接安装在电路板上(COB)的形式正在日趋增加。集成电路是采用半导体技术在一个芯片上构成的整个电路。混合电路是在陶瓷基片上将半导体器件(分立器件和集成电路)、厚膜或薄膜电阻,以及导线和其他电子元件组合起来的形式,这些技术将在第18章中解释。

1.8 微芯片制造过程发展的60年

虽然固态电子的极大优点早已为人所知,但小型化带来的优越性直到20年后才被认识到。20世纪50年代,工程师们开始着手工作并制定了许多今天仍在使用的基本工艺和材料。

威廉·肖克利(William Shockley)和贝尔实验室对半导体技术的广泛应用有着不可磨灭的功绩。Shockley在1955年离开了贝尔实验室并在加利福尼亚的Palo Alto创建了肖克利实验室。虽然他的实验室未能延续下来,但是它在西海岸建立了半导体制造业并为后来著名的硅谷奠定了基础。贝尔实验室对它的半导体技术授予许可证并转让给制造公司,这促进了半导体产业的腾飞。

早期的半导体器件是用锗材料来制造的。德州仪器(TI)公司在1954年引入了第一个硅晶体管,从而改变了这一趋势。而在1956年和1957年贝尔实验室的两个技术进步,即扩散结和氧化掩模,解决了哪种材料会占主流的问题。

氧化掩模的发展带来了硅的时代。二氧化硅(SiO_2)可以在硅表面均匀生成,并且有和硅相近的膨胀系数,使得在进行高温处理时不会出现翘起变形;二氧化硅还是绝缘材料,可以在硅表面充当绝缘层。另外,它对形成N型区和P型区所需的掺杂物有良好的阻挡作用。

由于这些技术的进步,仙童照相机(Fairchild Camera)公司在1960年引入了平面技术。使用上面提到的技术可以在制造过程中形成(扩散)和保护(二氧化硅)PN结。氧化掩模的开发也使得可以通过晶圆的表面形成两个PN结,也就是它们都在同一平面(plane)中。这种工艺将半导体技术引入用薄膜连线开发的阶段。

贝尔实验室又构思出了在晶圆的表面淀积一层称为外延层(epitaxial layer)的高纯度膜,再在其上形成晶体管的技术(见第12章),使用这种技术可制作出更高速度的晶体管,并提供了一个使得在双极型电路中元件封装更紧密的方案。

20 世纪 50 年代的确是半导体发展的黄金时期，几乎所有基本的工艺和材料都是在这个非常短的时期内开发出来的。在这十年里，由开始用锗材料制造小量的简单器件，发展到第一块集成电路和硅材料的诞生，奠定了未来半导体的基础。

在要求新的制造工艺、新的材料和新的制造设备以制造出新产品的推动下，20 世纪 60 年代是该行业开始成长为成熟产业的十年。该行业芯片价格的下降趋势也是 20 世纪 50 年代建立的产业发展的推动力。

技术随着工程师们在硅谷、环波士顿周边的第 128 号路以及得克萨斯州的不同公司间的流动而传播。到了 20 世纪 60 年代，芯片制造厂的数量猛增，并且工艺接近了吸引半导体专业供应商的水平。

20 世纪 50 年代的许多关键人物创建了新公司。Robert Noyce 离开仙童（Fairchild）公司而建立了英特尔公司（与 Andrew Grove 和 Gordon Moore 一起），Charles Sporck 也离开了仙童公司开始经营国家半导体（National Semiconductor）公司，Signetics 公司成为第一家专门从事集成电路制造的公司。新器件的设计通常是新公司成立的动力，然而，价格的下跌是一个残酷的趋势，会将许多新老公司驱逐出局。

1963 年，塑料封装在硅器件上的应用加速了价格的下跌。同年，美国无线电（RCA）公司宣布开发出了绝缘场效应晶体管（IFET），这为 MOS 工业的发展铺平了道路。RCA 还制造出了第一个互补型 MOS（CMOS）电路。

在 20 世纪 70 年代初，半导体集成电路的制造主要在中规模集成电路（MSI）的水平，向有利润并高产的大规模集成电路（LSI）的发展在某种程度上受到了掩模版引起的缺陷和由接触光刻机（Contact Aligner）造成的晶圆损伤的阻碍。Perkin and Elmer 公司开发出了第一个实际应用的投射光刻机，从而解决了掩模版和光刻机的缺陷问题。

在这十年中，洁净间的结构和运行得到了提高，并出现了离子注入机，用于高质量掩模版的电子束（e-beam）机，以及用于晶圆光刻掩模步进式光刻机（Stepper）开始出现。

工艺过程的自动化从旋转涂胶/烘焙和显影/烘焙开始，从操作员控制发展到工艺过程的自动控制提高了产量和产品的一致性。

20 世纪 80 年代的焦点是如何从生产区域取消操作工和如何实现晶圆制造、封装的全程自动化。自动化提高了制造效率，使加工失误减到最少，并保持晶圆制造区更少的沾污。300 mm 的晶圆在 20 世纪 90 年代被引入，进一步促进了对自动化晶圆厂的需求（见第 4 章和第 15 章）。

20 世纪 80 年代的 10 年以美国和欧洲占统治地位开始，以半导体成为全球产业而结束。从 20 世纪 70 年代到 80 年代，1 μm 特征图形尺寸的障碍预示着机遇和挑战。机遇是指，这会是一个具有极高的速度和存储能力的百万芯片的纪元；挑战是指传统光刻由于新增层、更大的晶圆表面台阶高度变化和晶圆直径增大造成的局限。1 μm 的障碍是在 20 世纪 90 年代初期被突破的，50% 的微芯片生产线在生产微米级和低于微米级的产品[7]。

产业发展到成熟时期，就会将更多传统上的重点放在生产和市场问题上。早期的盈利策略是走发明的途径，也就是总要把最新和最先进的芯片抢先推向市场，以获得足够的可支付研发和设计费用的利润。工艺控制上的技术（竞争）和改进把更多工业的重点转移到了产品问题上。几个主要的产能因素是：自动化、成本控制、工艺特性化与控制，以及人员效率（见第 15 章）。

晶圆工厂的投资巨大(10~30亿美元并且还在增长),其设备和工艺开发同样耗资巨大。在研发0.35 μm以下的技术时,X射线和深紫外线(DUV)光刻或传统光刻技术的改进都是巨大的开销,同样,在生产中也开销巨大。

国际半导体技术路线图(IRTS)的挑战,是要求生产下一代芯片的许多工艺还处于未知或非常原始的开发状态。然而,好消息是产业正沿着演变的曲线而不是依靠革命性的突破向前推进。工程师在学会如何以技术飞跃来解决问题之前,正从工艺过程中挖掘生产力。这是工业成熟的另外一个信号。

主要技术改变就是铜连线[9]。铝连线在几个方面显现出局限性,特别是和硅的接触电阻。铜是一种较好的材料,但它不易淀积和刻蚀,如果它接触到硅,会对电路造成致命的影响。IBM开发出了实用的铜工艺(见第10章和第13章),并在20世纪90年代末几乎立刻被业界所接受。

1.9　纳米时代

微观技术在公众的感觉中意味着"小",在科学中是指十亿分之一。因此,特征图形尺寸和栅条的宽度以微米(μm, micrometer)来表示,如0.018 μm。纳米(nm,即10^{-9}m)正在被广泛使用,上述栅条的宽度则为180 nm(见图1.17)[10]。

在国际半导体技术路线图(ITRS)中,对半导体通向未来纳米的道路做了描绘。栅条的宽度在2016年达到10 nm甚至更小。到达这些量级,器件的工作部分仅由几个原子或分子组成。

	米(m)
米(m)	1
厘米(cm)	1/100
毫米(mm)	1/1000
微米(μm)	1/1 000 000
纳米(nm)	1/1 000 000 000
埃(Å)	1/10 000 000 000

图1.17　比较长度单位

这并不容易实现。随着器件尺寸变得更小,会有一系列可预见的事情,其优点是更快的运行速度和更高的密度。然而,更小的尺寸要求更洁净的环境、增加工艺控制、更精密的图形化设备及更多的事项。

晶圆的直径已达到450 mm,工厂的自动化水平也将遍及到机器之间,并且带有集成的工艺监测系统。更多高水平的工艺将会要求更大尺寸晶圆的制造厂具有更精密的工艺自动化和更高的工厂管理水平。这些大工厂的成本将高达100亿美元[10]。来自巨大投资的压力迫使研发和建厂的速度更快。

未来,半导体产业和集成电路将会与现今大不相同,并将达到硅晶体管物理上的极限。硅之后的半导体材料还没有确定,但是产业将继续成长。并非所有集成电路必须使用最先进的技术。烤面包机、电冰箱和汽车不太可能使用最新的尖端器件。新材料正在实验室中研发。化合物半导体,如砷化镓(GaAs)就是候选者。

"纳米"这个术语的另一个用法是指一种建立非常小的结构的方法,又称为纳米技术(nanotechnology)。它基于碳平面晶体结构的发现,其形状像一个空管(纳米管)。这些结构具有许多应用前景。在半导体技术中,这些碳原子能被掺杂,担当电子器件的角色,最终形成电子电路并对太阳能器件制造商有益。

毋庸置疑，随着材料和工艺不断向前推进，半导体产业将继续是主导产业；还可以说，集成电路的使用将继续以未知的方法改变我们的世界。

习题

学习完本章后，你应该能够：

1. 描述分立器件和集成电路之间的差异。
2. 定义固体、平面工艺及 N 型和 P 型半导体材料。
3. 列出半导体工艺的 4 个重要阶段。
4. 解释集成度和至少 3 个不同层次的集成处理电路的影响。
5. 列出半导体工艺中的主要工艺和器件趋势。

参考文献

［1］McLean，B.，"IC Insights，" *ISS Kicks Off with IC Industry Reality Talks*，M. A.，Fury，*Solid State Technology*，Jan. 16，2012.

［2］Antebi，E.，*The Electronic Epoch*，Van Nostrand Reinhold，New York，1984：126.

［3］"Economic Indicator，" *Semiconductor International*，Jan. 1998：176.

［4］Shankland，S.，"Moore's Law：The Rule that Really Matters，" *CNET*，Oct. 12，2012.

［5］Tummala，R. R.，"Moore's Law Meets Its Match，" *IEE Spectrum*，June 2006.

［6］Semiconductor Industry Association，*International Technology Roadmap for Semiconductors*，2001/2003 update，*www. semichips. org*.

［7］Pedus，M. L.，"Industry Agrees on First 450-mm Wafer Standard，" *EE Times*，Oct. 22，2008.

［8］Stokes，J.，"Tri-Gate Transistor from Transistors Go 3-D as Intel Re-Invents the Microchip，" *ARS Technical*，May 4，2011.

［9］Singer，P.，"Copper Goes Mainstream：Low k to Follow，" *Semiconductor International*，Nov. 1997：67.

［10］Baliga，J.（ed.），*Semiconductor International*，Jan. 1998：15.

［11］Flamm，K.，"More for Less：The Economic Impact of Semiconductors，" Dec. 1997.

［12］Hatano，D.，"Making a Difference：Careers in Semiconductors，" *Semiconductor Industry Association*，*Matec Conference*，Aug. 1998.

［13］SIA，"Economic Indicator，" *Semiconductor International*，Jan. 1998：176-177.

［14］Rose Associates，Semiconductor Equipment and Materials International（SEMI）Information Seminar，1994.

［15］Skinner，C.，and Gettel，G.，Solid State Technology，Feb. 1998：48.

第 2 章 半导体材料和化学品的特性

2.1 引言

半导体材料拥有特有的电性能和物理性能，这些性能使得半导体器件和电路具有独特的功能。我们将这些性能与原子的基本性能、固体、本征半导体和掺杂半导体的电性能一同分析。

半导体器件的制造需要添加各种薄层来实现器件的特定功能。这些材料具有特定的属性，必须通过仔细选择添加到晶圆上，并受控于物理和化学过程。

本章讨论和阐述气体、酸、碱和溶剂的基本性质。在第 5 章和专门的工艺章节讨论特种化学品（"污染控制"）。

介于金属和介质材料之间的半导体材料，其一个特性是可以通过掺杂工艺增加特定的元素来改变和控制其电性能。本章还要介绍这些性质和结果。虽然硅是最常用的半导体材料，对于它们的特殊性质还有其他用途。本章将表征和讨论这些性质。

2.2 原子结构

2.2.1 玻尔原子

要想理解半导体材料就必须了解原子结构的基本知识。

原子是自然界的基本构造单元。自然界中的任何事物都是由 96 种稳定元素（element）和 12 种不稳定元素组成的。每一种元素都有不同的原子结构，不同的结构决定了元素的不同特性。

例如，黄金的特性是由黄金的原子结构决定的。如果一块黄金不断地被分割而变小，那么最终会留下最小可能的一小块，依然能与其他元素区分并呈现出黄金的特性，这一小块就是金原子。然而，金原子堆积起来后才呈现出独特的性质。

进一步分下去，就会产生构成每个原子的 3 个部分。它们被称为亚原子粒子（subatomic particle），也就是质子（proton）、中子（neutron）和电子（electron）。这些亚原子粒子各有其特性。要组成金原子就要求这些亚原子粒子有特定的组合和结构。著名物理学家尼尔斯·玻尔（Niels Bohr）最早把原子的基本结构用于解释不同元素的不同物理、化学和电性能（见图 2.1）。

在玻尔的原子模型中，带正电的质子和不带电的中子集中在原子核中，带负电的电子围绕原子核在固定的轨道上运动，就像太阳的行星围绕太阳旋转一样。带正电的质子和带负电的电子之间存在着吸引力，不过吸引力和电子在轨道上运行的离心力相抵，这样一来原子结构就稳定了。

每个轨道容纳的电子数量是有限的。在有些原子中，不是所有的位置都会被电子填满，这样结构中就留下一个"空穴"。当一个特定的电子轨道被填满后，其余的电子就必须填充到下一个外层轨道上。

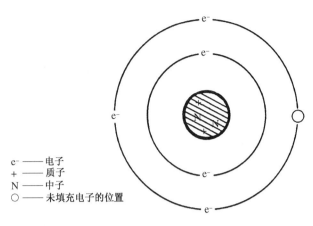

e⁻ —— 电子
+ —— 质子
N —— 中子
○ —— 未填充电子的位置

图 2.1　玻尔原子模型

2.3　元素周期表

我们现在知道，原子和基本粒子比玻尔模型更为复杂，而质子和中子是其组成部分。幸运的是，该模型描述元素的属性达到了能说明不同元素性质的层次。

不同的元素，其原子中的电子、质子和中子数是不同的。幸运的是，自然界把这些亚原子粒子有序地组合起来。如果对决定原子结构的一些规则进行研究，就会对理解半导体材料和工艺化学品的特性有所帮助。原子（也是元素）的范围包括从最简单的氢原子（有 1 个电子）到最复杂的铹原子（有 103 个电子）。

氢原子只包括 1 个原子核中的质子和 1 个电子。这种组合解释了原子结构的第一条规则：

1. 在任何原子中都有数量相等的质子和电子。

2. 任何元素都包括特定数目的质子，没有任何两种元素有相同数目的质子。氢在原子核中有 1 个质子，而氧原子有 8 个质子。

这条规则引出了人们对每种元素指定特定序数的做法，"原子序数"（atomic number）就等于原子中质子的数目（也就是电子的数目）。元素的基本参照是元素周期表（见图 2.2）。元素周期表中每种元素都有一个方格，内有两个字母。原子序数就在方格的左上角。钙（Ca）的原子序数为 20，所以我们立即知道钙原子核中有 20 个质子，轨道上有 20 个电子。

中子是中性不带电的粒子，与质子一起构成原子核。

图 2.3 示出了第 1 号元素氢、第 3 号元素锂和第 11 号元素钠的原子结构图。当建立这些结构图的时候，就可以观察到电子在合适的轨道上分布的规则。该规则就是第 n 个轨道只能容纳 $2n^2$ 个电子。按此算法，1 号轨道只能容纳 2 个电子。该规则迫使锂的第 3 个电子进入第 2 个轨道。第 2 个轨道的电子数受该规则限制最多是 8，第 3 个轨道的电子数最多是 18。因此在建立有 11 个质子和电子的钠原子的结构图时，开始的两个轨道容纳了 10 个电子，第 11 个电子就留在第 3 个轨道上。

这 3 个原子有一个共性，每种原子的最外层都只有 1 个电子，这显示出了元素的另外一个可观察到的事实。

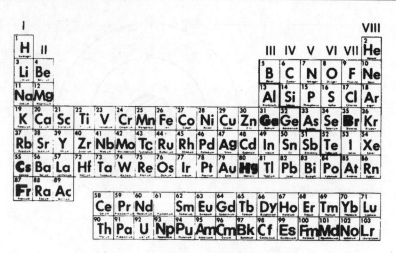

图 2.2　元素周期表

第1号元素：氢

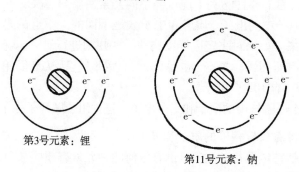

第3号元素：锂

第11号元素：钠

图 2.3　氢、锂和钠的原子结构

3. 有相同最外层电子数的元素有着相似的性质，这个规则就反映在元素周期表中。注意，氢、锂和钠都出现在标着罗马数字 I 的竖列中，这个竖列数就代表最外层的电子数，每一列的元素都有着相似的性质。

毫不例外的是，3 种最好的电导体(铜、银、金)都出现在元素周期表的同一列中(Ib)(见图 2.4)。

有两个以上与理解半导体相关的原子结构的规则。

4. 最外层被填满或者拥有 8 个电子的元素是稳定的，这些原子在化学性质上要比最外层未填满的原子更稳定。

5. 原子会试图与其他原子结合而形成稳定的条件——各轨道被填满或者最外层有 8 个电子。

如掺杂半导体一节所阐述的，规则 4 和规则 5 影响着 N 型和 P 型半导体材料的形成。

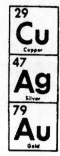

图 2.4　3 种最好的电导体

2.4　电传导

2.4.1　导体

很多材料的一个重要特性就是导电或者支持电流。电流其实就是电子的流动。如果元素或者材料中的质子对外层电子的束缚相对较弱,电传导就可以进行。在这样的材料中,这些电子可以很容易地流动和建立电流,这种情况存在于大多数金属中。

电导率(conductivity)是导电材料的导电性能。电导率越高,材料的导电性就越好。导电能力也用电导率的倒数,即电阻率来衡量。一种材料的电阻率越低,该材料的导电能力越好。

$$\sigma = 1/\rho$$

式中,σ——电导率;

　　　ρ——电阻率,单位为 $\Omega \cdot m$(欧姆·米)。

2.5　绝缘体和电容器

与导电性相对的是,有些材料中表现出核子对轨道电子的强大束缚,直接的效果就是对电子移动有很大的阻碍,这些材料就是绝缘体(dielectric)。它们有很低的电导率和很高的电阻率。在电子电路和电子产品中,二氧化硅可作为绝缘体。

像做三明治那样把一层绝缘材料夹在两个导体之间就形成了一种电子元件,即电容器(capacitor)。在半导体结构中,MOS 栅结构、被绝缘层隔开的金属层和硅基体之间及其他结构中都存在电容器(见第 16 章)。电容器的实际效用就是存储电荷。电容器在存储器中用于信息存储,消除在导体和硅表面累积的不利电荷,并形成场效应晶体管中的工作器件。薄膜的电容能力与其面积、厚度,以及一个特性指数[即介电常数(dielectric constant)]有关。半导体金属传导系统需要很高的电导率,因而也就需要低电阻和低电容材料。这些材料就是低介电常数(low-k dielectric)的绝缘体,用于传导层间隔离的绝缘层需要高电容或者高介电常数(high-k dielectric)的绝缘体。

$$C = \frac{kE_0 A}{t}$$

式中,C——电容;

　　　k——材料的介电常数;

　　　E_0——自由空间的介电常数(自由空间有最高的电容);

　　　A——电容器的面积;

　　　t——绝缘材料的厚度。

2.5.1　电阻器

与电导率(和电阻率)相关的电因子就是特定体积材料的电阻。电阻是材料电阻率和尺寸的因子,如图 2.5 所示,电流的电阻由欧姆来衡量。

图中的公式定义了特定材料、特定体积的电阻(在图 2.5 中,包括 3 个维度 W、L 和 D 参数的长方体)。这种关系类似于密度和质量,密度(density)为材料的特性,质量(weight)为特定体积的材料所受的力。

电流类似于水管中的水流。对于给定的水管直径和水压，只有一定量的水会流出水管，水流的阻力可以通过增加水管的直径、缩短水管的长度和增加水压而减小。在电子系统中，通过增大材料的横截面积，缩短器件的长度，增大电压(类似于水压)和/或减小材料的电阻率，可以增强电流。

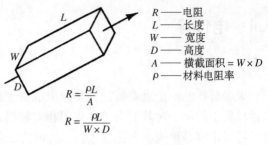

R —— 电阻
L —— 长度
W —— 宽度
D —— 高度
A —— 横截面积 = W × D
ρ —— 材料电阻率

$$R = \frac{\rho L}{A}$$

$$R = \frac{\rho L}{W \times D}$$

图 2.5　长方体电阻器

2.6　本征半导体

半导体材料，顾名思义就是本身就有一些天然导电能力的材料。有两种半导体元素——硅和锗，在元素周期表中位于第 4 列(Ⅳ)(见图 2.6)。另外，还有好几十种化合物材料(化合物就是两个或更多元素化合的材料)也表现出半导体的特性，这些化合物源自元素周期表中第 3 列(Ⅲ)和第 4 列(Ⅳ)的元素，如砷化镓和磷化镓。其他化合物源自元素周期表中第 2 列(Ⅱ)和第 6 列(Ⅵ)的元素。

"本征"(intrinsic)这个术语指的是材料处于纯净的状态而未掺杂杂质或其他物质。

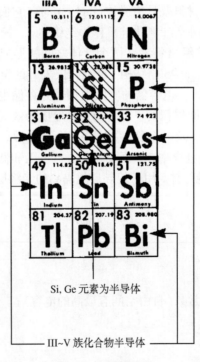

Si, Ge 元素为半导体

III~V 族化合物半导体

图 2.6　半导体材料

2.7　掺杂半导体

半导体材料在其本征状态时是不能用于固态器件的。但是通过一种称为掺杂(doping)的工艺，可以把特定的元素引入到本征半导体材料中。这些元素可以提高本征半导体的导电性。掺杂的材料表现出两种独特的特性，它们是固态器件的基础。这两种特性是：

1. 通过掺杂精确控制电阻率；

2. 电子和空穴导电。

掺杂半导体的电阻率：金属电阻率的范围在 $10^{-6} \sim 10^{-4}$ $\Omega \cdot cm$ 之间，该范围的含义可以通过对如图 2.5 所示的电阻器进行测量得到。如果固定体积的金属电阻率确定，改变电阻的唯一方法是改变金属的形状。而在有半导体特性的材料中，电阻率可以改变，从而在电阻的设计中增加了又一个自由度。半导体就是这样的材料，其电阻率的范围可以通过掺杂扩展到 $10^{-3} \sim 10^{3}$ $\Omega \cdot cm$ 之间。

半导体材料可以掺杂一些元素以达到一个有用的电阻率范围，这种材料或者是多电子（N 型）的或者是多空穴（P 型）的。

图 2.7 显示出掺杂程度与硅的电阻率之间的关系。纵坐标为载流子浓度，这是因为材料中的电子或空穴称为载流子（carrier）。注意有两条曲线：N 型与 P 型。这是因为在材料中移动一个电子和移动一个空穴所需的能量是不同的。如曲线所示，在硅中要达到指定的电阻率，N 型所需掺杂的浓度要比 P 型小。表示这种现象的另一种方法是移动一个电子比移动一个空穴的能量要小。

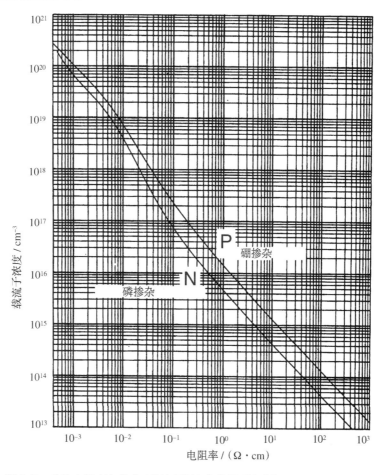

图 2.7　硅的电阻率与掺杂（载流子）浓度的关系（引自 R. L. Thurber et al.,

Natl. Bur. Std. Spec. Publ. May 1981 , Tables 10 and 14：400-464）

只需 0.000 001% ~0.1% 的掺杂物就可以使半导体达到有用电阻率范围。半导体的特性允许在材料中创建出非常精确的电阻率区域。

2.8　电子和空穴传导

金属传导的另一个限制就是它只能通过电子的移动来导电。金属永远是 N 型的。通过掺杂特定的掺杂元素,半导体可以成为 N 型或者 P 型半导体。N 型和 P 型半导体可以用电子或者空穴来导电。在了解传导机理之前,了解在半导体结构中自由(多余)电子或空穴的形成是有益的。

为了理解 N 型半导体,如图 2.8 所示,将很少量的砷(As)掺入硅(Si)中。假定即使混合后每一个砷原子也被硅原子所包围。根据"元素周期表"一节(2.3 节)的规则,原子试图通过在外层有 8 个电子来达到稳定,砷原子表现为与其邻近的硅原子共享 4 个电子。但是,砷来自第 V 族,外层有 5 个电子,直接的结果是其中的 4 个电子与硅中的电子配对,最后一个留下来。这个电子可以作为传导电子。

考虑到硅晶体中每立方厘米有数以百万计的原子,从而也就有很多电子可以用来导电。在硅中,掺杂元素砷、磷和锑会形成 N 型硅。

对 P 型材料的理解方法是相同的(见图 2.9)。不同之处在于使用来自元素周期表中第 III 族的硼(B)来形成 P 型硅。当硼混入硅中,它也与硅原子共享电子。不过,硼只有 3 个外层电子,所以在外层会有 1 个无电子填充的位置。这个未填充的位置就是空穴(hole)。

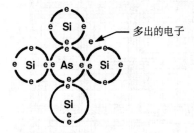

图 2.8　用砷来形成 N 型掺杂的硅

图 2.9　用硼来形成 P 型掺杂的硅

在掺杂的半导体材料中有很多活动,电子和空穴不停地形成。电子会被吸入未填充的空穴,从而留下一个未填充的位置,也就是另一个空穴。

图 2.10 解释了空穴是怎样导电的。当电压加在一段导电或半导电材料上时,就像电池一样,负电子移向电压的正极。

在 P 型材料中(见图 2.11),电子会沿 t_1 的方向跃入一个个空穴而移向正极。

当然,当电子离开它的位置时,会留下一个新的空穴。当它继续向正极移动时,会形成连续的空穴。这种效果对于用电流表来衡量这个过程的人来说,就是该材料支持正电流,而实际上它是负电流移向相反的方向。这种现象称为空穴流(hole flow),是半导体材料所独有的。

在半导体材料中形成 P 型导电的掺杂物被称为受主(acceptor)。在半导体材料中形成 N 型导电的掺杂物被称为施主(donor)。区分这两个术语的一个简单的方法就是受主(acceptor)中有一个字母 p 而施主(donor)中有一个字母 n。

在图 2.12 中总结了导体、绝缘体和半导体的电特性。在图 2.13 中总结了掺杂半导体的特性。

图 2.10　N 型半导体材料中的电子传导 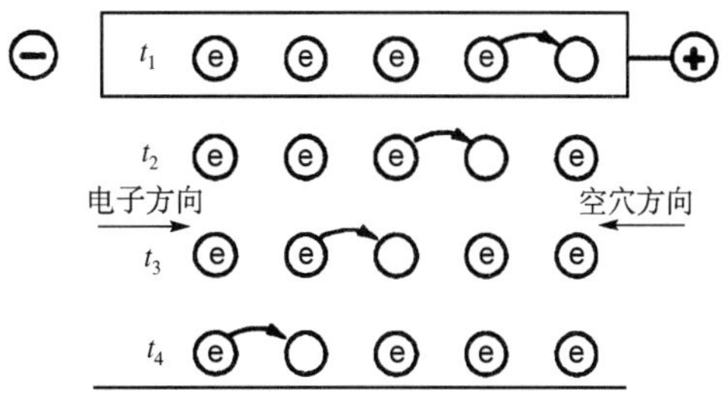　　　　图 2.11　P 型半导体材料中的空穴传导

分　类	电　子	例　子	电导率/(Ω·cm)
1. 导体	自由运动	金 铜 银	$10^4 \sim 10^6$
2. 绝缘体	被束缚	玻璃 塑料	$10^{-22} \sim 10^{-10}$
3. 半导体 　a. 本征 　b. 掺杂	有些可以移动 受控部分可以移动	锗 硅 第 III-V 族 N 型半导体 P 型半导体	$10^{-9} \sim 10^3$

图 2.12　导体、绝缘体和半导体的电特性

	N 型	P 型
1. 导电	电子	空穴
2. 极性	负	正
3. 掺杂术语	施主	受主
4. 在硅中掺杂的元素	砷 磷 锑	硼

图 2.13　掺杂半导体的特性

使用特定的掺杂元素在锗和化合物半导体中也可以形成 N 型和 P 型半导体。

2.8.1　载流子迁移率

前面曾提到过,在半导体材料中移动一个电子比移动一个空穴要容易。在电路中,我们对载流子(空穴和电子)移动所需能量和其移动的速度都感兴趣。移动的速度称为载流子迁移率(carrier mobility),空穴的迁移率比电子的低。在为电路选择特定半导体材料时,这是个非常值得考虑的重要因素。

2.9　半导体生产材料

2.9.1　锗和硅

锗和硅是两种重要的半导体材料,在固态器件时代之初,第一个晶体管是由锗制造的。但是锗在工艺和器件性能上有问题。它的 937℃ 的熔点限制了高温工艺,更重要的是,它表面缺少自然发生的氧化物,从而容易漏电。

硅与二氧化硅平面工艺的发展解决了集成电路的漏电问题，使得电路表面形貌更平坦，并且硅的1415℃的熔点允许更高温的工艺。因此，当今世界上超过了90%的生产用晶圆材料都是硅。

2.10　半导体化合物

有很多半导体化合物由元素周期表中第Ⅱ族、第Ⅲ族、第Ⅴ族和第Ⅵ族的元素形成。在这些化合物中，商业半导体器件中用得最多的是砷化镓(GaAs)、磷砷化镓(GaAsP)、磷化铟(InP)、砷铝化镓(GaAlAs)和磷镓化铟(InGaP)[1]。这些化合物有特定的性能[2]。例如，当电流激活时，由砷化镓和磷砷化镓做成的二极管会发出可见的激光。它们和其他材料用于电子面板中的发光二极管(LED)。由于开发出了一系列可发出彩色光的其他化合物，发光二极管有了里程碑式的增长。各半导体材料的物理特性列于图2.14中。

	Ge	Si	GaAs	SiO₂
原子质量	72.6	28.09	144.63	60.08
每立方厘米原子数或分子数	4.42×10^{22}	5.00×10^{22}	2.21×10^{22}	2.30×10^{22}
晶体结构	金刚石	金刚石	闪锌矿	非晶
单位元胞原子数	8	8	8	—
密度	5.32	2.33	5.65	2.27
禁带宽度	0.67	1.11	1.40	8(近似)
介电常数	16.3	11.7	12.0	3.9
熔点/℃	937	1415	1238	1700(近似)
击穿电压/V	8(近似)	30(近似)	35(近似)	600(近似)
热膨胀线性系数 $\frac{\Delta L}{LT}\frac{1}{C}$	5.8×10^{-6}	2.5×10^{-6}	5.9×10^{-6}	0.5×10^{-6}

图2.14　半导体材料的物理特性

砷化镓的一个重要特性就是其载流子的高迁移率。这种特性使得在通信系统中砷化镓器件比硅器件能更快地响应高频微波并把它们有效地转变为电流。

这种载流子的高迁移率也是人们对砷化镓晶体管和集成电路的兴趣所在。砷化镓器件比类硅器件快两到三倍，应用于超高速计算机和实时控制电路(如飞机控制)。

砷化镓本身就对辐射所造成的漏电具有抵抗性。辐射(如宇宙射线)会在半导体材料中形成空穴和电子，它会增大不需要的电流，从而造成器件或电路的功能失效或损毁。可以在辐射环境下工作的器件称为辐射加固(radiation hardened)器件。砷化镓是天然辐射加固材料。

砷化镓也是半绝缘的。这种特性使邻近器件的漏电最小化，允许更高的封装密度，进而由于空穴和电子移动的距离更短，电路的速度更快了。在硅电路中，必须在表面建立特殊的绝缘结构来控制表面漏电。这些结构使用了不少空间并且减少了电路的密度。

尽管有这么多的优点，砷化镓也不会取代硅成为主流的半导体材料。其原因在于性能和制造难度之间的权衡。虽然砷化镓电路非常快，但是大多数电子产品不需要那么快的速度。在性能方面，砷化镓如同锗一样没有天然的氧化物。为了补偿，必须在砷化镓上淀积多层绝缘体。这样就会导致更长的工艺时间和更低的产量。而且在砷化镓中半数的原子是砷，对人类是很危险的。遗憾的是，在正常的工艺温度下砷会蒸发，这就额外需要抑制层或者加压的工艺反应室。这些步骤延长工艺时间，增加了成本。

在砷化镓晶体生长阶段蒸发也会发生，导致晶体和晶圆不平整。这种不均匀性造成晶圆在工艺中容易折断，而且也导致了大直径的砷化镓生产工艺水平比硅落后（见第 3 章）。

尽管有这些问题，砷化镓仍是一种重要的半导体材料，其应用也将继续增多，而且在未来对计算机的性能可能有很大影响。

2.11　锗化硅

与砷化镓有竞争关系的材料是锗化硅（SiGe）。这样的结合把晶体管的速度提高到可以应用于超高速的电台和个人通信设备当中[3]。器件和集成电路的结构特色是用超高真空/化学气相淀积法（UHV/CVD）来淀积锗层[4]。双极型晶体管就形成在锗层上，不同于硅技术中所形成的简单晶体管，锗化硅需要晶体管具有异质结构（heterostructure）和异质结（heterojunction）。这些结构有好几层和特定的掺杂等级，从而允许高频运行。

主要的半导体材料和二氧化硅之间的比较列在图 2.14 中。

2.12　衬底工程

多年来体硅是微芯片制造的传统衬底。电性能要求新的衬底，例如像在蓝宝石这样的绝缘层上硅（SOI），金刚石上硅（SOD）。金刚石比硅散热性更好。另一种结构是淀积在锗硅晶圆上的应变硅层。当预先在绝缘层上淀积的 Si/Ge（SOI）层上淀积硅原子，会产生应变硅。Si/Ge 原子之间间距比正常的硅更宽。在淀积过程中，硅原子对着 Si/Ge 原子"伸长"，沾污硅层。电效应是降低硅的电阻，使得电子运动加快 70%。这种结构为 MOS 晶体管的性能带来了益处（见第 16 章）。

2.13　铁电材料

在对更快和更可靠的存储器研究中，铁电体成为一种可行的方案。一个存储器单元必须用两种状态中的一种（开/关、高/低、0/1）存储信息，能够快速响应（读写）和可靠地改变状态。铁电材料电容如 $PbZr_{1-x}T_xO_3$（PZT）和 $SrBi_2Ta_2O_9$（SBT）正好表现出这些特性。它们并入 SiCMOS（见第 16 章）存储电路，叫作铁电随机存储器（FeRAM）[5]。

2.14　金刚石半导体

摩尔定律不能无限期地确定未来。一个终点是当晶体管的部分变得如此小，以至于物理控制的晶体管不再工作。另一个限制是散热。更大和更密的芯片工作时非常热。遗憾的是，高温还能降低电性能并能使芯片失效。金刚石是一种晶体材料，其散热比硅快得多。尽管有这些优点，作为半导体晶圆的金刚石面临着成本、一致性和寻找大的金刚石货源的障碍。然而，有使用气相淀积技术合成金刚石的新的研究。同时，研究金刚石具有 N 型和 P 型电导性使金刚石半导体的可能性变为现实。这种材料正在探讨中，或许在未来制造领域能找到用武之地[6]。

2.15　工艺化学品

很明显,需要很多工艺来将原始半导体材料转变为有用的器件,大部分工艺都要使用化学品。芯片制造首要是一种化学工艺,或者更准确地说,是一系列化学工艺,高达20%工艺步骤是清洗和晶圆表面的处理[7]。

处理芯片的成本越来越高,部分原因是涉及的所有化学品。半导体工厂消耗大量的酸、碱、溶剂和水。为达到精确和洁净的工艺,部分成本是由于化学品需要非常高的纯度和特殊的反应机理。晶圆越大,洁净度要求就越高,相应地就需要更多的自动清洗工艺,清洗所用化学品的成本也就跟着升高。如把芯片的制造成本加在一起,其中化学品占总制造成本的40%。

对半导体工艺化学品洁净度的要求将在第4章介绍。在第7章至第13章中特定工艺部分会详细介绍特定化学品和它们的特性。

2.15.1　分子、化合物和混合物

从本章开始,本书用玻尔原子模型解释物质的基本结构。这个模型可以解释组成自然界所有物质元素之间的结构差异,但是很显然自然界中超过了103(元素的数目)种物质。

非元素材料的基本单位是分子。例如,水的基本单位是2个氢原子和1个氧原子组成的分子。材料的多样性源自原子之间相互结合形成分子。

每次我们想指定一个分子时就画一个类似图2.15的分子图是不方便的,更常用的方式是写出分子式。如水就是熟悉的 H_2O。这个分子式确切地告诉我们材料中的元素及其数目。化学家用更确切的术语——化合物(compound)来描述元素的不同组合。如 H_2O(水)、NaCl(氯化钠或盐)、H_2O_2(过氧化氢)和 As_2O_3(三氧化砷),都是由一个个分子集合成的不同化合物。

有的元素结合成双原子分子(diatomic molecules),双原子分子是分子中有两个相同元素的原子。熟悉的气体如氧气、氮气和氢气在自然状态下都是由双原子分子构成的。这样它们的分子式就是 O_2、N_2 和 H_2。

物质还有其他两种形式:混合物和溶液。混合物由两种或更多种物质构成,但每种物质都保留各自的特性。典型的混合物就是椒盐(盐和胡椒粉)。

溶液是固体溶解于液体形成的混合物,在液体中,固体分散分布,呈现出独特的性能。不过溶液中的物质并没有形成新的分子。盐水就是溶液的一个例子,可以把它分解回其初始状态:盐和水。

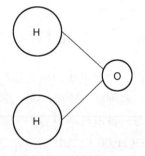

图2.15　水分子图

抛光液被认为是混合物。抛光液结合固体与液体浆料。固体不溶解,并且每种材料各自保留它们的特性。抛光液被用于抛光工序,如化学机械抛光(chemical mechanical polishing, CMP)。典型加工抛光液有微细的硅土(玻璃)悬浮在弱碱性溶液中,如氢氧化铵。

2.15.2　离子

术语"离子"(ion)或"离子的"(ionic)经常在半导体工艺中使用。该术语指的是材料中任何电荷不平衡的原子或分子。离子可通过在元素或分子的化学符号后加上一个正号或负号的

上标来表示(例如，Na^+、Cl^-)。举例来说，一个很严重的污染问题就是可移动的离子污染，比如钠离子(Na^+)。当钠离子进入半导体材料或器件中时，由于钠离子带正电荷而引起问题。但在某些工艺(如离子注入工艺)中形成离子，如硼离子(B^+)，对于完成工艺是很有必要的。

2.16　物质的状态

2.16.1　固体、液体和气体

物质有 4 种状态：固体、液体、气体和等离子体(见图 2.16)。

- 固体在常温常压下保持一定的形状和体积。
- 液体有一定的体积但形状是变化的。水会与其容器形状一致。
- 气体既无一定形状又无一定体积。它也会跟其容器形状一致，但跟液体不同之处是，它可扩展或压缩直至完全充满容器。

特定物质的状态与其压力和温度关系很大。温度是对材料中包含的所有能量的一种衡量。我们知道只需简单地改变其温度或压力，水就可以在三种状态下存在(冰、液态水或水蒸气)。压力的影响更加复杂，超出了本书的讨论范围。

```
● 固体
● 液体
● 气体
● 等离子体
```

图 2.16　物质的 4 种状态

2.16.2　等离子体

第 4 种状态就是等离子体。恒星就是一个典型的例子，它当然不符合固体、液体或气体的定义。等离子体是高能电离原子或分子的集合，在工艺气体上施加高能射频(RF)场可以诱发等离子体。它可用于半导体技术中促使气体混合物化学反应，它的一个优点就是它跟对流系统(如烤箱里的对流加热)相比，能量可以在较低的温度下传递。

2.17　物质的性质

所有物质都可用其化学组成和由化学组成而决定的性质来区分。在这一节中，将定义好几个重要性质，这些都需要通过与半导体材料和工艺化学品打交道来理解。

2.17.1　温度

不管是在氧化炉管中还是在等离子体刻蚀反应室内，化学品的温度都对化学品的反应发挥着重要影响，而且对一些化学品的安全使用也需要了解和控制化学品的温度。有 3 种温度表示方法，用于标识材料的温度，它们是华氏(Fahrenheit)温标、摄氏(Celsius)温标和开氏(Kelvin)温标(见图 2.17)。

华氏温标是由德国物理学家 Gabriel Fahrenheit 用盐和水溶液定义的。他把(饱和)盐溶液的冰点温度定为华氏零度(0 ℉)。遗憾的是，纯水的冰点温度更有用，因此在华氏温标中水的冰点温度为 32 ℉，沸点温度为 212 ℉，两点之间相差 180 ℉。

摄氏或百分温标(℃)在科学研究中更为常用，将纯水冰点设为 0℃，沸点设为 100℃ 更有意义。这样，冰点和沸点正好相差 100℃，这也意味着在摄氏温标中改变 1℃ 比华氏温标中改变 1 ℉需要更多的能量。

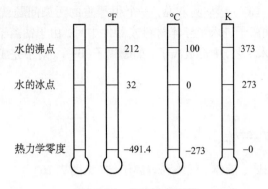

图 2.17　温度计量系统

第三种温标是开氏温标(K)。它和摄氏温标用一样的尺度,只不过是基于热力学零度(又称绝对零度)。热力学零度就是所有原子停止运动的理论温度,该值为 – 273℃。在开氏温标中,水在 273 K 结冰,在 373 K 沸腾。

2.17.2　密度、相对密度和蒸气密度

物质的一个重要性质就是密度(dense)。当我们说某个东西是密集的,指的是单位体积的数量或质量。软木塞就比等体积的铁密度低。密度以每立方厘米材料质量(克)来衡量。以水作为标准,1 cm³ 水(4℃时)的质量为 1 g。其他物质的密度用和其相当体积的水的比值来表示。硅的密度为 $2.3g/cm^3$,这样 1 cm³ 的硅的质量就为 2.3 g。

相对密度(specific gravity,也称比重)这个术语指的是 4℃时液体和气体的密度,它是物质的密度与水的比值。汽油的相对密度为 0.75,意味着汽油密度是水密度的 75%。

蒸气密度(vapor density)是指在一定温度和压力下气体的密度。1 cm³ 空气的密度为 1,可以作为参考值。氢气的蒸气密度为 0.60,它是同体积空气密度的 60%。在同样大小的容器中,氢气的质量是空气的 60%。

2.18　压力和真空

物质的另一个重要方面就是压力。压力作为一种性质通常用于液体和气体。压力定义为施加在容器表面上单位面积的力。气缸中的气压迫使气体进入工艺反应室。所有的工艺机器都用气压表来测量和控制气压。

气压的单位是 Pa,也可表示为磅/英寸²(psia)、大气压或托(Torr)[①]。一个大气压就是在特定温度下包围地球的大气压力。这样,高压氧化系统在 5 个大气压下工作,其压力是大气压的 5 倍。

空气的大气压为 14.7 psia,在气缸中气压要用 psig 或磅/英寸² 来表示。这意味着仪表的读数是绝对的,它并不包括外界的大气压。

真空(vacuum)也是在半导体工艺中要遇到的术语和情况,它实际上是低压的情况。一般来说,压力低于标准大气压就认为是真空。真空条件是用压力单位来衡量的。

---

① 　1 psia = 6894.76 Pa;1 托(Torr) = 133.322 Pa。——译者注

低压倾向于用托来表示。这个单位是以意大利科学家托里切利（Torricelli）命名的，他在气体及其性质领域有很多重要发现。1 托就是压力计中 1 毫米汞柱（manometer）所对应的压力。

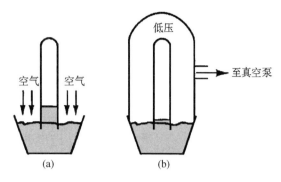

如图 2.18（a）所示，想象当压力超过大气压时对压力计中水银柱的影响。当压力升高时，盘里的水银受压而使水银柱升高。现在想象当气体从系统中抽走形成真空时［见图 2.18（b）］会怎样？只要有任何气体分子或原子在压力计中，施加在盘中的水银上的压力就会很小，从而水银柱就会升高一点点但很有限。水银柱变化是毫米（mm）级的，是与压力相关的，或者在这种情况下是与真空有关的。

图 2.18　真空压强的测量

蒸发、溅射和离子注入都工作在 $10^{-9} \sim 10^{-6}$ 托的真空（压力）中。如果将其转换为只有一个简单压力计的真空系统，就意味着水银柱才 $0.000\ 000\ 001$（1×10^{-9}）$\sim 0.00\ 000\ 1$（1×10^{-6}）mm 高，非常低的高度。在实践中，水银压力计是不能测量这么小的压力的，而需要使用其他更灵敏的压力计。

2.19　酸、碱和溶剂

2.19.1　酸和碱

半导体工艺需要大量化学液体来刻蚀、清洗、冲洗晶圆和其他部件。化学家们把这些化学品分为三大类：

- 酸；
- 碱；
- 溶剂。

酸和碱的不同之处在于液体中离子的不同。酸中含有氢离子（hydrogen ion），而碱中含有氢氧根离子（hydroxide ion）。对水分子的研究可以解释其不同之处。

水的化学式一般写成 H_2O，也可写成 HOH。将其分解，我们发现水是由带正电的氢离子（H^+）和带负电的氢氧根离子（OH^-）组成的。

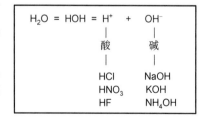

当水与其他元素混合，要么是氢离子，要么是氢氧根离子与其他物质结合（见图 2.19）。含有氢离子的液体叫作酸（acid），含有氢氧根离子的液体叫作碱（bases）。通常在家中就可找到酸和碱：柠檬汁和醋是酸，氨水和溶于水的苏打是碱。

图 2.19　酸碱溶液

酸进一步可分为两类：有机酸和无机酸。有机酸含有碳氢化合物，而无机酸没有。磺酸是有机酸，氢氟酸是无机酸。

酸和碱的强度和反应用 pH 来衡量（见图 2.20），其值的范围为 0 ~ 14，7 为中性点。水既不是酸又不是碱,所以其 pH 为 7。强酸如硫酸(H_2SO_4)的 pH 较低,为 0 ~ 3,强碱如氢氧化钠(NaOH)的 pH 比 7 要高。

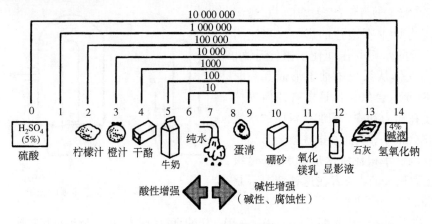

图 2.20　pH 测量系统

酸和碱都会与皮肤和其他化学品发生反应,必须按规定的安全规程来存储和操作。

2.19.2　溶剂

溶剂是不带电的,pH 为中性。水就是溶剂,实际上它溶解其他物质的能力最强。在晶圆工艺中也经常用酒精和丙酮。

晶圆工艺中大多数溶剂是易挥发、易燃的。要在通风良好的地方使用,要按照一定规程来存储和使用,这是非常重要的。

2.20　化学纯化和清洗

用在制造领域的化学品听起来很熟悉,有一个致力于生产高质量化学品以满足半导体工艺需要的完整的供应产业[8]。化学品必须满足非常高的质量要求。一般的目标是 6 个"9"纯度,这意味着 99.9999% 的纯度。像颗粒这样的物理沾污也要控制。典型的化学品规范将微米级颗粒限制在每升十亿分之几个(ppb/liter)。在国际半导体技术路线图(ITRS)中制定了这些和其他一些规范。在关于沾污控制及第 7 ~ 13 章工艺的章节中,叙述了使用的特种化学品。

2.20.1　安全问题

在半导体工艺区域有化学品存储、使用和处理的危险,用电危险和其他危险。企业应通过培训和安全检查来提高员工的知识、技能和认识。

2.20.2　材料安全数据表

对于带入生产工厂的任何化学品,供应商必须提供一份材料安全数据表(MSDS)。这是美国联邦职业、安全和健康法案(OSHA)的规定。这个表也称为 OSHA 表 20,该表包含了与化学品相关的存储、健康、急救和使用信息。根据现行规定,在工厂,MSDS 表必须填写并且员工可以获取。

习题

学习完本章后，你应该能够：

1. 确定原子的组成。

2. 命名掺杂半导体的两个独特的特性。

3. 列出至少 3 种半导体材料。

4. 解释砷化镓相比于硅的优点和缺点。

5. 说明 N 型和 P 型半导体材料的组成和电性能的差异。

6. 描述电阻率和电阻的特性。

7. 说出酸、碱和溶剂之间的不同。

8. 列出自然界的 4 种状态。

9. 给出原子、分子和离子的定义。

10. 解释 4 种以上基本化学处理的安全规则。

参考文献

[1] Fujitsu Quantum Devices Limited, *www. datasheetarchive. com/ Fujitsu + Quantum + Devices-datasheet. html*, 2004.

[2] Williams, R. E., *Gallium Arsenide Processing Techniques*, Artech House, Inc., Dedham, MA, 1984.

[3] Ouellette, J., "Silicon-Germanium Gives Semiconductors the Edge," *The Industrial Physicist*, June/July, 2002.

[4] Holton, W. C., "Silicon Germanium: Finally for Real," *Solid State Electronics*, Nov. 1997: 119.

[5] R., E., "Integration of Ferroelectrics into Nonvolatile Memories," *Solid State Technology*, Oct. 1997: 201.

[6] Smith, J. E., "81 GHz Diamond Semiconductor Created," *Geek. com* (accessed: August 27, 2003).

[7] Allen, R., "MNST Wafer Cleaning," *Solid State Technology*, Jan. 1994: 61.

[8] Ibid.

第3章 晶体生长与硅晶圆制备

3.1 引言

本章讲述将沙子转变成半导体级硅的制备，再将其转变成晶体和晶圆（材料制备阶段），以及生产抛光晶圆（晶体生长和晶圆制备）要求的工艺步骤。包括用于制造操作晶圆的不同类型的描述。生长 450 mm 直径的晶体和 450 mm 晶圆的制备存在挑战性。

更高密度和更大尺寸芯片的发展需要更大直径的晶圆供应。在 20 世纪 60 年代开始使用的是 1 英寸(1 英寸 =2.54 cm) 直径的晶圆，在 21 世纪前期业界转向 300 mm(12 英寸) 直径的晶圆而现在转向 450 mm(18 英寸) 领域（见图 3.1）。

生产年度	2001	2006	2012	2015
晶圆直径/mm	300	300	450	450

图 3.1 晶圆直径(经 SIA 允许)

更大直径的晶圆是由不断降低芯片成本的需求驱动的（见第 6 章和第 15 章）。这对晶圆制备的挑战是巨大的。在晶体生长中，晶体结构和电学性能的一致性及污染问题是一个挑战，在晶圆制备、平坦性、直径控制和晶体完整性方面都是问题。更大直径意味着更大的质量，这就需要更坚固的工艺设备，并最终完全自动化。一个直径 300 mm 的晶圆生产坯，其质量大约是 20 磅(7.5 kg)，并会有 50 万美元以上的产值[1]。一个 450 mm 的晶圆质量约为 800 kg，长为 210 cm[2]。这些挑战和几乎每一个参数更高的工艺规格要求共存。与挑战并进和提供更大直径晶圆是芯片制造不断进步的关键。然而，转向更大直径的晶圆是昂贵和费时的。因此，随着产业进入更大直径的晶圆，一些公司仍在使用较小直径的晶圆（见图 3.2）。

直径	直径	厚度
150 mm	5.9 英寸(6 英寸)	625 μm
200 mm	7.9 英寸(8 英寸)	725 μm
300 mm	11.8 英寸(12 英寸)	775 μm
450 mm	17.7 英寸(18 英寸)	925 μm(预计)

图 3.2 晶圆直径和厚度表

3.2 半导体硅制备

半导体器件和电路在半导体材料晶圆的表层形成，半导体材料通常是硅。这些晶圆的杂质含量必须非常低，必须掺杂到指定的电阻率水平，必须是指定的晶体结构，必须是光学的平面，并达到许多机械及清洁度的规格要求。

晶圆制备阶段

集成电路级硅晶圆的制造分 4 个阶段进行：

- 矿石到高纯气体的转变；
- 气体到多晶的转变；
- 多晶到单晶、掺杂晶棒的转变；
- 晶棒到晶圆的制备。

半导体制造的第一个阶段是从砂石里选取和提纯半导体材料的原料。提纯从化学反应开始。对于硅，化学反应是从矿石到硅化物气体，如四氯化硅或三氯硅烷。杂质，如其他金属，留在矿石残渣里。硅化物再和氢反应（见图 3.3）生成半导体级的硅。这样的硅的纯度达到 99.999 999 9%，是地球上最纯的物质之一[3]。它有一种称为多晶或多晶硅（polysilicon）的晶体结构。

$$2SiHCl_3(气态) + 2H_2(气态) \rightarrow 2Si(固态) + 6HCl(气态)$$

图 3.3　氢气还原三氯硅烷

3.3　晶体材料

材料中原子的组织结构是导致材料不同的一种方式。有些材料，例如硅和锗，其原子在整个材料里重复排列成非常固定的结构，这种材料称为晶体（crystal）。

其原子没有固定的周期性排列的材料称为非晶体或无定形（amorphous）材料。塑料就是无定形材料的例子。

3.3.1　晶胞

对于晶体材料，实际上可能有两个级别的原子组织结构。第一个级别为晶胞（unit cell），其中的原子以特定形状排列于特定点上。另一个涉及晶胞结构的术语是晶格（lattice）。晶体材料具有特定的晶格结构，并且原子位于晶格结构的特定点上。在晶胞里原子的数量、相对位置及原子间的结合能会引发材料的许多特性。每个晶体材料具有独一无二的晶胞。硅晶胞具有 8 个原子，排列成金刚石结构（见图 3.4）；砷化镓晶体具有 8 个原子的晶胞结构，称为闪锌矿结构（见图 3.5）。

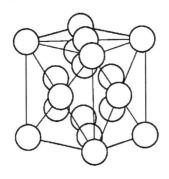

图 3.4　硅晶胞

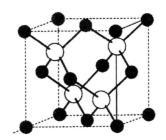

图 3.5　砷化镓晶胞结构

3.3.2　多晶和单晶

晶体结构的第二个级别和晶胞的构成有关。在本征半导体中，晶胞间不是规则排列的。

这种情形和方糖杂乱无章地堆起来很相似,每块方糖代表一个晶胞。这样排列的材料具有多晶结构。

当晶胞整洁而规则地排列时,第二个级别的结构便产生了(见图3.6)。这样排列的材料具有单晶结构。

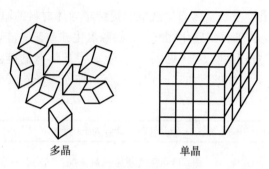

多晶　　　　　　　　　　单晶

图3.6　多晶和单晶结构

单晶材料比多晶材料具有更一致和更可预测的特性。单晶结构允许在半导体内一致和可预测的电子流动。在晶圆制造工艺的结尾,晶体的一致性对于将晶圆分割成无粗糙边缘的芯片是至关重要的(见第18章)。

3.4　晶体定向

对于一个晶圆,除了要有单晶结构,还需要有特定的晶向(crystal orientation)。通过切割如图3.7所示的单晶块可以想象这个概念。在垂直平面上切割将会暴露一组平面,而角对角切割将会暴露一个不同的平面。每个平面是独一无二的,不同在于原子数和原子间的结合能。每个平面具有不同的化学、电学和物理特性,这些特性将赋予晶圆。晶圆要求特定的晶体定向。

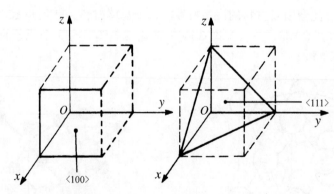

图3.7　晶面

晶面通过一系列称为米勒指数的三个数字组合来表示。如图3.7所示,有两个简单的立方晶胞嵌套在 xyz 坐标中。两个在硅晶圆中最常用的晶向是〈100〉和〈111〉晶面。其中晶向被描述成 1-0-0 面和 1-1-1 面,尖括号表示这三个数是米勒指数。

〈100〉晶向的晶圆用来制造金属氧化物硅(MOS)器件和电路,而〈111〉晶向的晶圆用来制造双极型器件和电路。砷化镓晶体只能沿〈100〉晶面切割。

注意在图 3.7 的〈100〉晶面有一个正方形,而〈111〉晶面有一个三角形。当晶圆破碎时这些定向将如图 3.8 所示,〈100〉晶向的晶圆碎成四方形或直角(90°)破裂,〈111〉晶向的晶圆碎成三角形。

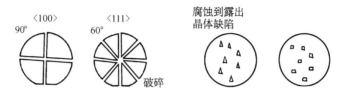

图 3.8　晶向指示图

3.5　晶体生长

半导体晶圆是从大块半导体材料切割而来的。这种半导体材料,或称为硅锭(ingot),是从大块的具有多晶结构和未掺杂本征材料生长得来的。把多晶块转变成一个大单晶,给予正确的定向和适量的 N 型或 P 型掺杂,称为晶体生长(crystal growing)。

有三种不同的方法用来生长单晶:直拉法(Czochralski, CZ)、液体掩盖直拉法和区熔法。

3.5.1　直拉法(CZ)

大部分的单晶是通过直拉法生长的(见图 3.9)。其设备有一个石英(氧化硅)坩埚,由带有射频(RF)波的线圈环绕在其周围来加热,或由电流加热器来加热。坩埚装载半导体材料多晶块和少量掺杂物。选择掺杂材料来产生 N 型或 P 型材料。首先,在 1415℃ 把多晶和掺杂物加热到液体状态(见图 3.10)。接下来,籽晶安置到刚接触到液面(称为熔融物)(见图 3.9)。籽晶是具有和所需晶体相同晶向的小晶体,籽晶可由化学气相技术制造。在实际应用中,它们是一片片以前生长并重复使用的单晶。

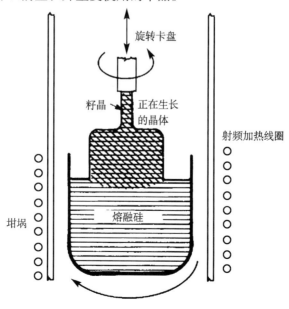

图 3.9　直拉法晶体生长系统

当籽晶从熔融物中慢慢上升时,晶体生长就开始了。籽晶和熔融物间的表面张力致使一层熔融物的薄膜附着到籽晶上然后冷却。在冷却过程中,在熔化的半导体材料的原子定向到籽晶一样的晶体结构。实际结果是籽晶的定向在生长的晶体中传播。在熔融物中的掺杂原子进入生长的晶体中,生成 N 型或 P 型晶体。

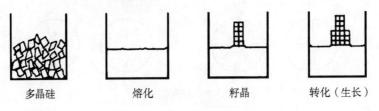

多晶硅　　　　熔化　　　　籽晶　　　　转化(生长)

图 3.10　晶体生长从籽晶开始

为了实现均匀掺杂、完美晶体和直径控制,籽晶和坩埚(伴随着拉速)在整个晶体生长过程中以相反的方向旋转。工艺控制需要一套复杂的反馈系统,综合转速、拉速及熔融物温度参数。

拉晶分为 3 个段,开始形成一薄层晶颈,接着是等径生长,最后是收尾。直拉法能够生成几英尺长(1 英尺 = 0.3048 m)和直径达到 450 mm(18 英寸)的晶体。450 mm 晶圆的晶体质量会达到约 800 kg,需要花费 3 天时间来生长。

质量更大的晶体可能导致碎裂成小直径的籽晶(约 4 mm)[4]。一个解决方案是用被称为缩颈(dash necking)的工艺开始生长。在开始生长阶段,生长加粗部分。它为更大的晶体提供了机械强度支撑(见图 3.11)。

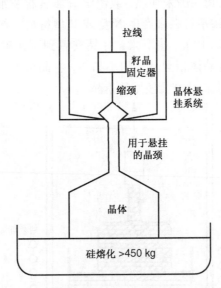

拉线

籽晶
固定器

缩颈

晶体悬
挂系统

用于悬挂
的晶颈

晶体

硅熔化 >450 kg

图 3.11　大直径的缩颈

3.5.2　液体掩盖直拉法

液体掩盖直拉法(LEC)[5]用来生长砷化镓晶体。实质上它和标准的直拉法(CZ)一样,但为砷化镓做了重要改进。由于熔融物里砷的挥发性,改进是必须的。在晶体生长的温度条件下,镓和砷起反应,砷会挥发出来造成不均匀的晶体。

对这个问题有两种解决办法。一种是给单晶炉加压来抑制砷的挥发，另一种是液体掩盖直拉法工艺（见图3.12）。液体掩盖直拉法使用一层氧化硼（B_2O_3）漂浮在熔融物上面来抑制砷的挥发。在这种方法中，单晶炉里需要大约一个大气压。

3.5.3　区熔法

区熔法晶体生长是早期发展起来的几种工艺之一，仍然在特殊需要中使用[6]。直拉法的一个缺点是坩埚中的氧进入到晶体中，对于有些器件，高浓度的氧是不能接受的。对于这些特殊情况，晶体必须用区熔法技术来生长，以获得低氧含量晶体。

区熔法晶体生长（见图3.13）需要一根多晶棒和浇铸在模子里的掺杂物。籽晶融合到棒的一端。夹持器装

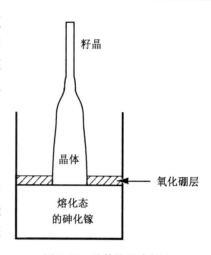

图 3.12　液体掩盖直拉法
晶体生长系统

在单晶炉里。当高频线圈加热多晶棒和籽晶的界面时，多晶到单晶的转变开始了。线圈沿着多晶棒的轴移动，一点点把多晶棒加热到液相点。在每一个熔化的区域，原子排列成末端籽晶的方向。这样整个棒以开始籽晶的定向转变成一个单晶。

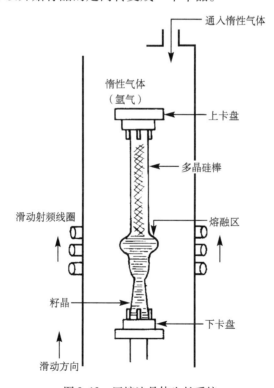

图 3.13　区熔法晶体生长系统

区熔法晶体生长不能像直拉法那样生长大直径的单晶，并且晶体有较高的位错密度，但不需用石英坩埚便会生长出低氧含量的高纯晶体。低氧晶体可以使用在高功率的晶闸管和整流器上。这两种方法的比较如图3.14所示。

参数	直拉法	区熔法
大晶体	可以	困难
成本	更低	
位错	$0 \sim 10^4 \, cm^{-2}$	$10^3 \sim 10^5 \, cm^{-2}$
电阻率	高达 $100 \, \Omega \cdot cm$	最大 $2000 \, \Omega \cdot cm$
径向电阻率	$5\% \sim 10\%$	$5\% \sim 10\%$
含氧量(原子数)	$10^{16} \sim 10^{18} \, cm^{-3}$	$0 \sim$ 非常低

图 3.14　直拉法和区熔法晶体生长的比较

3.6　晶体和晶圆质量

　　半导体器件需要高度完美的晶体。但是即使使用了最成熟的技术,还是得不到完美的晶体。不完美,就称为晶体缺陷(crystal defect),会产生不均匀的二氧化硅膜生长、差的外延膜淀积、晶圆里不均匀的掺杂层以及其他问题而导致工艺问题。在完成的器件中,晶体缺陷会引起有害的电流漏出,可能使器件不能在正常电压下工作。有 4 类重要的晶体缺陷:

　　1. 点缺陷;

　　2. 位错;

　　3. 原生缺陷;

　　4. 杂质。

3.6.1　点缺陷

　　点缺陷的来源有两类。一类来源是由晶体里杂质原子挤压晶体结构引起的应力所致;第二类来源称为空位,在这种情况下,有某个原子在晶体结构的位置上缺失了(见图 3.15)。

　　空位是一种发生在每一个晶体里的自然现象。遗憾的是空位在晶体或晶圆加热和冷却时都会发生,例如在制造工艺过程中。减少空位是低温工艺背后的一个推动力。

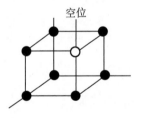

图 3.15　晶体空位缺陷

3.6.2　位错

　　位错是在单晶里一组晶胞排错位置。这可以想象成在一堆整齐排列的方糖中有一块方糖的排列和其他方糖的排列发生了微小的偏差。位错在晶圆里的发生,是由于晶体生长条件和晶体内的晶格应力,也可能是由于制造过程中的物理损坏。碎片或崩边成为晶格应力的交点会产生一条位错线,随着后面的高温工艺扩展到晶圆内部。位错能通过表面的一种特殊腐蚀显示出来。典型的晶圆具有每平方厘米 $200 \sim 1000$ 的位错密度。

　　腐蚀出的位错出现在晶圆的表面上,形状代表了它们的晶向。〈111〉的晶圆腐蚀出三角形的位错,〈100〉的晶圆出现方形的腐蚀坑(参见图 3.8)。

3.6.3　原生缺陷

　　在晶体生长中,特定的条件会导致结构缺陷。有一种叫滑移(slip),参考图 3.16 沿着晶体平面产生的晶体滑移。另一个问题是孪晶(twinning),这是一种从同一界面生长出两种不同方向晶体的情形。这两种缺陷都是晶体报废的主要原因。

3.6.4　杂质

除了来自材料和处理中的有害杂质，CZ 过程本身增加了两种晶体杂质。一是来自石英坩埚的氧气；二是来自热温区域石墨中的碳。在组成的晶圆和电路中氧是电活性的。碳可以促进氧沉淀[7]。

图 3.16　晶体滑移

3.7　晶圆制备

3.7.1　截断

晶体从单晶炉里出来以后，到最终的晶圆会经历一系列的步骤。第一步是用锯子截掉头尾。

3.7.2　直径滚磨

在晶体生长过程中，整个晶体长度中直径是有偏差的（见图 3.17）。晶圆制造过程有各种各样的晶圆固定器和自动设备，需要严格的直径控制以减少晶圆翘曲和破碎。

直径滚磨是在一个无中心的滚磨机（centerless grinder）上进行的机械操作。机器滚磨晶体到合适的直径，无须用一个固定的中心点夹持晶体在车床型的滚磨机上操作。

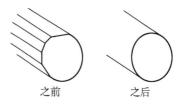

之前　　　之后

图 3.17　晶体直径滚磨

3.7.3　晶体定向、电导率和电阻率检查

在晶体提交到下一步晶体制备前，必须确定晶体是否达到定向和电阻率的规格要求。

晶体定向（见图 3.18）是由 X 射线衍射或平行光衍射来确定的。在这两种方法中，晶体的一端都要被腐蚀或抛光，以去除损伤层。下一步晶体被安放在衍射仪上，X 射线或平行光通过晶体表面反射到成像板（X 射线）或成像屏（平行光）。成像板或成像屏上的图案显示晶体的晶面（晶向）。图 3.18 显示的图案代表〈100〉晶向。

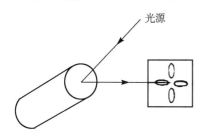

光源

图 3.18　晶体定向确定

许多晶体生长时有意偏离重要的〈111〉和〈100〉晶面一点角度。这些偏晶向在晶圆制造过程中会带来很多好处，特别是在离子注入工艺中，其原因将在工艺应用章节中涉及。

晶棒黏放在一个切割块上来保证晶圆从晶体正确的晶向切割。

由于晶体是经过掺杂的，一个重要的电学性能检查是导电类型（N 或 P），以保证使用了正确的掺杂物。热点探测仪连接到极性仪，用来在晶体中产生空穴或电子（和类型相关），在极性仪上显示导电类型。

进入晶体的掺杂物的数量由电阻率测量来确定（使用四探针仪）。第 13 章将对此测量技术进行描述。第 2 章（参见图 2.7）讲到的曲线表示了电阻率和 N 型 P 型硅掺杂含量的关系。

由于在晶体生长工艺中掺杂量的变异，电阻率要沿着晶体的轴向测量。这种变异导致晶圆进入几个电阻率的规格范围。在后面的工序中，晶圆将根据电阻率范围分组来达到客户的规格要求。

3.7.4 滚磨定向指示

一旦晶体在切割块上定好晶向,就沿着轴滚磨出一个参考面(见图3.19)。这个参考面将会在每个晶圆上出现,称为主参考面。参考面的位置沿着一个重要的晶面,这是通过晶体定向检查来确定的。

在制造工艺中,参考面对晶向起可见的参考作用。它用来放置第一步的光刻图案掩模版,所以芯片的晶向总是沿着一个重要的晶面。

在许多晶体中,在边缘有两个较小的参考面。第二个参考面对于主参考面的位置是一种代码,它不仅用来区别晶圆晶向而且区别导电类型,这种代码如图3.20所示。

对于更大直径的晶圆,在晶体上磨出一个槽用来标识晶圆的晶向(见图3.19)。在有些情况下,在晶体上磨出一个简单的凹槽(定位缺口)作为生产晶向定位物。

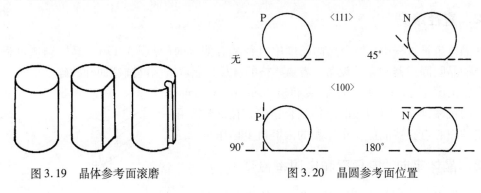

图3.19 晶体参考面滚磨　　　　　图3.20 晶圆参考面位置

3.8 切片

用有金刚石涂层的内圆刀片把晶圆从晶体上切下来(见图3.21)。这些刀片是中心有圆孔的薄圆钢片。圆孔的内缘是切割边缘,用金刚石涂层。内圆刀片有硬度,但不用非常厚。这些因素可减小刀口(切割宽度)尺寸,也就减少了一定数量的晶体被切割工艺所浪费。

对于较大直径的晶圆(大于300 mm),使用线切割来保证小锥度的平整表面和最少量的刀口损失。

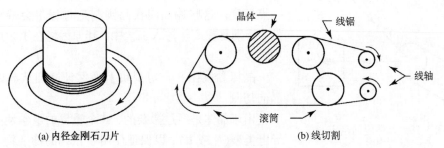

(a) 内径金刚石刀片　　　　　　　(b) 线切割

图3.21 内径晶圆切割

3.9 晶圆刻号

大面积的晶圆在晶圆制造工艺中有很高的价值,为了保持精确的可追溯性,区别它们和防止误操作是必须的。因而使用条形码和数字矩阵码(见图3.22)的激光刻号来区分它们[8]。对于300 mm及更大的晶圆,使用激光点是一致认同的方法。

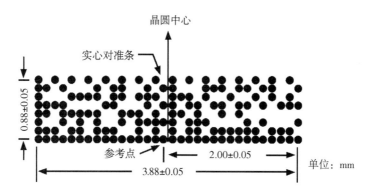

图 3.22　激光点码(摘自 PennWell 出版公司 1998 年版的 *Solid State Technology*)

3.10　磨片

半导体晶圆的表面必须是规则的,且没有切割损伤,并要完全平整。第一个要求来自于很小尺度制造器件的表面和次表面层。它们的尺度在 0.5~2 μm 之间。为了获得半导体器件相对尺寸的概念,想象图 3.23 的剖面和房子一样高,大概 8 英尺(约 2.4 m),在该范围内,晶圆的工作层都要在顶部有 1~2 英寸(25~50 mm)或更小的区域。

平整度是小尺寸图案绝对必要的条件(见第 11 章)。先进的光刻工艺把所需的图案投影到晶圆表面,如果表面不平,投影将会扭曲,就像电影图像在不平的银幕上无法聚焦一样。

平整和抛光的工艺分两步:磨片和化学机械抛光(见图 3.24)。磨片是一种传统的磨料研磨工艺,精调到半导体使用的要求。磨片的主要目的是去除切片工艺残留的表面损伤。

图 3.23　MOS 晶体管截面图　　　图 3.24　磨片和化学机械抛光

3.11　化学机械抛光

最终的抛光步骤是一个化学腐蚀和机械摩擦的结合,称为化学机械抛光(CMP)。晶圆装在旋转的抛光头上,下降到抛光垫的表面以相反的方向旋转。抛光垫材料通常是有填充物的聚亚安酯铸件切片或聚氨酯涂层的无纺布。二氧化硅抛光液悬浮在适度含氢氧化钾或氨水的腐蚀液中,滴到抛光垫上。

碱性抛光液在晶圆表面生成一薄层二氧化硅。抛光垫以持续的机械摩擦作用去除氧化物,晶圆表面的高点被去除,直到获得特别平整的表面。如果将一个半导体晶圆的表面扩大到 10 000 英尺(3048 m,即机场跑道的长度),那么在总长度中将会有 ±2 英寸的平整度偏差。

获得极好平整度需要规定和控制抛光时间、晶圆和抛光垫上的压力、旋转速度、抛光液颗粒尺寸、抛光液流速、抛光液的 pH 以及抛光垫材料和条件。

化学机械抛光是制造大直径晶圆的技术之一。在晶圆制造工艺中,新层的建立会产生不平的表面,此时使用 CMP 来平整晶圆表面。在这个应用中,CMP 被称为化学机械平坦化(planarization)。具体 CMP 的使用将在第 10 章中解释。

3.12　背面处理

在许多情况下,只是晶圆的正面经过充分的化学机械抛光,而背面留下从粗糙或腐蚀到光亮的外观。对于某些器件的使用,背面可能会受到特殊的处理导致晶体缺陷,称为背损伤(backside damage)。背损伤产生位错的生长辐射进入晶圆,这些位错现象如同陷阱,会俘获在制造工艺中引入的可移动金属离子污染。这种俘获现象又称为吸杂(gettering)(见图 3.25)。背面处理的方法是喷沙,或者在背面淀积多晶硅或氮化硅。

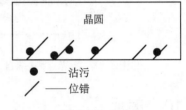

图 3.25　吸杂

3.13　双面抛光

对更大直径晶圆的许多要求之一是平整和平行的表面。许多 300 mm 晶圆的制造采用了双面抛光,以获得局部平整度在 25 mm × 25 mm 测量面的范围内小于 0.25 ~ 0.18 μm 的规格要求[9]。缺点是在后面的工序中必须使用无划伤和不污染背面的操作技术。

3.14　边缘倒角和抛光

边缘倒角是使晶圆边缘圆滑的机械工艺(见图 3.26)。应用化学抛光进一步加工边缘,尽可能减少制造中的边缘崩边和损伤,边缘崩边和损伤能导致碎片或者成为位错线的核心,从而传播到晶圆的边缘附近的芯片中。

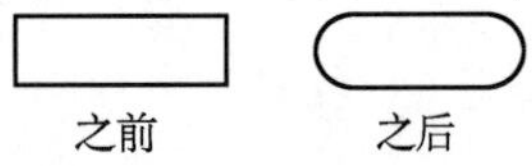

之前　　之后

图 3.26　晶圆边缘倒角

3.15　晶圆评估

在包装之前,需要根据用户指定的一些参数对晶圆(或样品)进行检查。图 3.27 列举了一个典型的规格要求。

直径	300 mm ± 0.02 mm
厚度	775 μm ± 25 μm
晶向	$\langle 100 \rangle = -2°$
电阻率	大于 1 Ω·cm
氧含量	20 ~ 31 ppma
碳含量	小于 0.2 ppma

图 3.27　典型的 300 mm 晶圆规格

主要的考虑因素是表面问题，如颗粒、污染和雾。这些问题能够用强光或自动检查设备来检测。

3.16　氧化

晶圆在发货到客户之前可以进行氧化。氧化层用以保护晶圆表面，防止在运输过程中的划伤和污染。许多公司从氧化开始晶圆制造工艺，购买有氧化层的晶圆就节省了一个生产步骤。氧化工艺将在第 7 章解释。

3.17　包装

尽管在生产高质量和洁净的晶圆方面付出了许多努力，但从包装方法本身来说，在运输到客户手中的过程中，品质可能会丧失或变差。所以，对洁净的和保护性的包装有非常严格的要求。包装材料是无静电、不产生颗粒的材料，并且设备和操作者要接地，放掉吸引微小颗粒的静电。晶圆包装要在净化间里进行。

3.17.1　晶圆的类型和用途

这些过程是面向生产主晶圆（prime wafer）的，它们是晶圆制造工艺生产的芯片和电路的主角。此外，需要有不同类型的测试或监控晶圆（test or monitor wafer）。它们用来代替昂贵的黄金晶圆，以监测和评估的过程步骤的结果，如机械测试晶圆（mechanical test wafer）和工艺试验晶圆（process test wafer）[10]。

机械测试晶圆用于测试和验证设备的操作方面和处理系统。工艺试验片（也称为监控晶圆）与主晶圆一起或通过工艺模块进入工艺步骤。主晶圆不能用于测试和控制一个单一工艺步骤的结果。例如，在已经有 14 层厚度的晶圆工艺中，测量第 15 层的厚度是不可能的。因此，需要空白的工艺测试晶圆。

3.17.2　晶圆回收

在工艺过程中有很多原因造成晶圆被废弃，通常是因为不符合工艺规范。假设它们物理上没有被损坏，则可以被回收作为测试晶圆使用。使用化学与 CMP 相结合的方法，去除晶圆的顶层和顶部附加层。这将产生一个新的晶圆表面，以适合于测试晶圆的使用。去除顶层和顶层附加层后，回收晶圆将经过与主晶圆相同的晶圆清洗过程。

3.18　工程化晶圆（衬底）

晶圆制造公司正要求晶圆加工商加大提供具有淀积顶层硅的晶圆，例如硅外延。其他的晶圆产品包括在蓝宝石或金刚石这样的绝缘体上淀积硅（SOI 和 SOS）（见第 12 章）。

习题

学习完本章后，你应该能够：

1. 解释结晶和非结晶材料之间的差异。
2. 解释多晶和单晶材料之间的差异。
3. 画出两个主要用于加工半导体晶圆的晶体定向。
4. 解释什么是晶体生长的直拉法、区熔法和液体掩盖直拉法。
5. 画一个晶圆制备工艺流程图。
6. 解释晶圆上定位边或定位缺口的意义和用法。
7. 描述在晶圆制造过程中晶圆倒角的益处。
8. 描述在晶圆制造过程中平坦和无表面损伤晶圆的益处。

参考文献

［1］Arensman, R., "One-Stop Automation," *Electronic Business*, Jul. 2002:54.

［2］Watanabe, M., and Kramer, S., "450-mm Silicon: An Opportunity and Wafer Scaling," *Electro Chemical Interface*, Winter 2006:28 ff.

［3］Wolf, S., *Microchip Manufacturing*, 2004, Lattice Press, Sunset Beach, CA:148.

［4］Lin, W., and Huff, H., *Handbook of Semiconductor Manufacturing Technology*, 2nd ed., CRC Press, Hoboken, NJ:3-42.

［5］Williams, R. E., *Gallium Arsenide Processing Techniques*, 1984, Artech House Inc., Dedham, MA:37.

［6］Silicon Consultant, *Single Crystal Growth by Float Zone*, www. siliconconsltant. com/SIcrtgr. htm, (May, 2013).

［7］Lin, W., and Huff, H., *Handbook of Semiconductor Manufacturing Technology*, 2nd ed., CRC Press, Hoboken, NJ:3-9.

［8］Brunkhorst, S. J., and Sloat, D. W., "The Impact of the 300-mm Transition on Silicon Wafer Suppliers," *Solid State Technology*, Jan. 1998:87.

［9］Ibid.

［10］Advantiv Product List, *Bare Silicon Wafers*, www. advantivtech. com/wafers/silicon(May, 2013).

第4章

晶圆制造和封装概述

4.1 引言

本章将介绍4种基本晶圆制造工艺，通过这些工艺在晶圆内部和表面形成集成电路（IC）的元器件。其中包括电路设计的启动活动，以及光掩模版和放大掩模版的制作。此外，详细描述了晶圆和芯片的特性和术语，并用流程图介绍建立一个简单的半导体器件的步骤。

在晶圆制造过程的最后，具有功能的芯片进入到封装阶段。从裸芯片直接安装在电路板上到多芯片堆叠在同一个管壳内，有很多选择和加工方法。本章给出了基本的步骤和方案选择。

4.2 晶圆生产的目标

芯片的制造分为5个阶段：材料制备；晶体生长或晶圆制备；晶圆制造和分拣；封装；终测。前两个阶段已经在第3章涉及。本章讲述的是第3个阶段——晶圆制造的基础知识。第5章至第14章覆盖专门的制造工艺和技术。详细的晶圆电特性分拣和封装将在第18章中介绍。

晶圆制造（wafer fabrication）是在晶圆表面上和表面内制造出半导体器件的一系列生产过程。整个制造过程从硅单晶抛光片开始，到晶圆上包含了数以百计的集成电路芯片（见图4.1）。

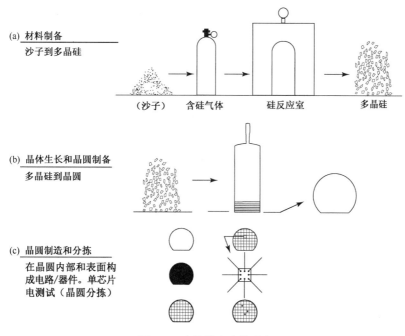

(a) **材料制备**
沙子到多晶硅

（沙子）　含硅气体　硅反应室　多晶硅

(b) **晶体生长和晶圆制备**
多晶硅到晶圆

(c) **晶圆制造和分拣**
在晶圆内部和表面构成电路/器件。单芯片电测试（晶圆分拣）

图4.1　半导体生产的阶段

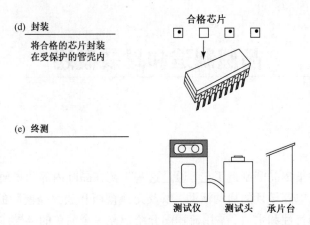

图4.1(续) 半导体生产的阶段

4.3 晶圆术语

图4.2列举了一片成品晶圆,其表面各部分是:

1. 芯片(chip、die)、器件(device)、电路(circuit)、微芯片(microchip)或条码(bar):所有这些名词指的都是在晶圆表面占大部分面积的微芯片图形。

2. 划片线(scribe line、saw line)或街区(street、avenue):这些区域是在晶圆上用来分隔不同芯片的间隔区。划片线通常是空白的,但有些公司在间隔区内放置对准标记,或测试的结构(参见光掩模版)。

3. 工程试验芯片(engineering die)和测试芯片(test die):这些芯片与正式器件芯片或电路芯片不同;它包括特殊的器件和电路模块,用于对晶圆生产工艺的电性能测试。

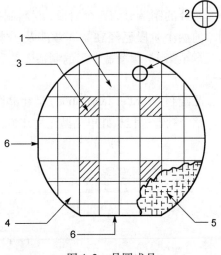

图4.2 晶圆成品

4. 边缘芯片(edge die):在晶圆的边缘有一些掩模残缺不全的芯片而产生面积损耗。由于单个芯片尺寸增大而造成的更多边缘浪费可以由采用更大直径晶圆来弥补。推动半导体工业向更大直径晶圆发展的动力之一就是为了减小边缘芯片所占的比例。

5. 晶圆的晶面(wafer crystal plane):图中的剖面展示了器件下面的晶格构造。此图中显示的器件边缘与晶格构造的方向是相关的。

6. 晶圆定位边(wafer flat)/定位缺口(notche):例如图示的晶圆有主定位边(major flat)和副定位边(minor flat),表示这是一个 P 型〈100〉晶向的晶圆(参见第 3 章的定位边代码)。300 mm 和 450 mm 直径的晶圆都是用定位缺口作为晶体定向的标识的。这些定位边和定位缺口在一些晶圆生产工艺中还有助于晶圆的套准。

4.4　芯片术语

图4.3所示是一个中规模(MSI)/双极型集成电路(IC)的显微照片。之所以选择中规模IC,是为了照片上能显示出电路的具体图形。对于更高集成度的电路,它的元件非常小,以至于在整个芯片的显微照片上无法辨认。

图4.3中芯片的术语有(参见图4.3):

1. 双极型晶体管;
2. 电路的特定编号;
3. 为连接芯片与管壳而备的压焊点;
4. 压焊点上的一小块污染物;
5. 金属表面导线;
6. 划片线(芯片间的分割线);
7. 独立未连接的元件;
8. 掩模版对准标记;
9. 电阻。

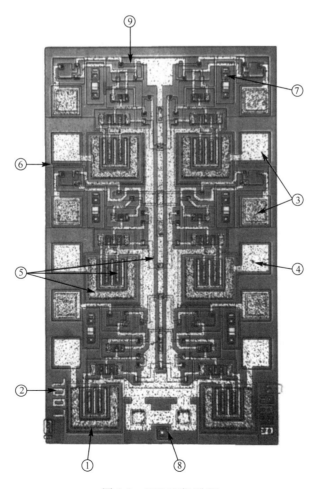

图 4.3　MSI/双极型 IC

4.5   晶圆生产的基础工艺

混合和集成电路设计的步骤有很多。集成电路基于少量晶体管结构［主要是双极型或金属氧化物硅(MOS)结构，见第 16 章］和制造工艺，它类似于汽车工业。汽车工业生产的产品范围很广，从轿车到推土机。金属成型、焊接、油漆等工艺对汽车厂都是通用的。在汽车厂内部，这些基本的工艺以不同的方式被应用，以制造出客户需要的产品。

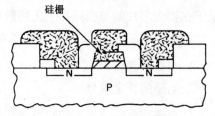

图4.4   MOS 硅栅晶体管横截面

芯片制造也是同样的。依次进行 4 个基本操作，以生产出特定的芯片。这些操作是薄膜工艺、图形化工艺、掺杂和热处理。图4.4 是一个硅栅晶体管(MOS)的横截面。它说明了如何依次使用这些基本操作来制造一个实际的半导体器件。

4.6   薄膜工艺

薄膜工艺(layering)是在晶圆表面形成薄膜的加工工艺。由图 4.5 所示简单 MOS 晶体管的薄膜工艺可以看出，在晶圆表面生成了许多薄膜。这些薄膜可以是绝缘体、半导体或导体。它们由不同的材料，使用多种工艺生长或淀积而成。

各种技术用于二氧化硅层生长和各种材料的淀积(见图 4.6)。通用的淀积技术是物理气相淀积(PVD)、化学气相淀积(CVD)、蒸发和溅射、分子束、外延生长、分子束外延和原子层淀积(ALD)。使用电镀在高密度集成电路上淀积金属层。图 4.7 列出了常见的薄膜材料和薄膜工艺。其中每项的具体情况在本书的工艺章节各有阐述。各种薄膜在器件结构内的功用将在第 16 章进行解释。

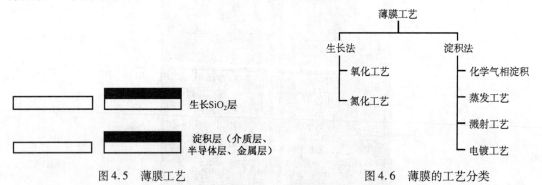

图 4.5   薄膜工艺   图 4.6   薄膜的工艺分类

层类型	热氧化工艺	化学气相淀积工艺	蒸发工艺	溅射工艺	电镀工艺
绝缘层	二氧化硅	二氧化硅		二氧化硅	
		氮化硅		一氧化硅	
半导体层		外延单晶硅			
		多晶硅			
导体层			铝	铝	金
			铝合金	铝合金	铜
			镍	钨	
			金	钛	
				钼	

图 4.7   薄膜分类、工艺与材料的对照表

4.6.1 图形化工艺[①]

图形化工艺(patterning)是通过一系列生产步骤将晶圆表面薄膜的特定部分除去的工艺(见图 4.8)。在此之后,晶圆表面会留下带有微图形(pattern)结构的薄膜。被除去部分的可能形状是薄膜内的孔或者残留的岛状部分。

图形化工艺也称为大家熟知的光掩模(photomasking)、掩模(masking)、光刻(photolithography)或微光刻(microli-thography)。在晶圆的制造过程中,晶体三极管、二极管、电容器、电阻器和金属层的各种物理部件在晶圆表面或表

图 4.8　图形化工艺

层内构成。这些部件是每次在一个掩模层上生成的,并且结合生成薄膜及去除特定部分,通过图形化工艺过程,最终在晶圆上保留特征图形的部分。光刻生产的目标就是根据电路设计的要求,生成尺寸精确的特征图形,且在晶圆表面的位置要正确,而且与其他层的关联也要正确。

图形化工艺是所有 4 个基本工艺中最关键的。图形化工艺确定了器件的关键尺寸。图形化工艺过程中的错误可能造成图形歪曲或套准不好,最终可转化为对器件的电特性产生影响。图形的错位也会导致类似的不良结果。图形化工艺中的另一个问题是缺陷。图形化工艺是高科技版本的照相术,只不过是在难以置信的微小尺寸下完成的。制程中的污染物会造成缺陷。事实上,由于图形化工艺在现代晶圆生产过程中要完成 30 层或更多,所以污染问题将会放大。

4.6.2 电路设计

电路设计是生产芯片整个过程的第一步。电路设计由布局和尺寸设计电路上一块块的功能电路图开始,比如逻辑功能图(见图 4.9)。这个逻辑图设计了电路要求的主要功能和运算。接下来,设计人员将逻辑功能图转化为电路图(见图 4.10)。电路图显示了各种电路元件的数量和连接关系。每一个元件在图上由符号代表。附在电路图上的是电路运行必需的电参数(电压、电流、电阻等)。

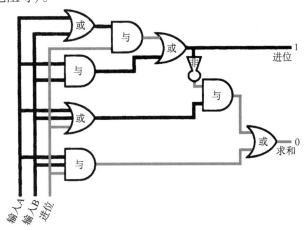

图 4.9　简单电路逻辑功能设计图例

[①]　图形化工艺(patterning)包括光刻、刻蚀、去胶工艺,有时也仅指光刻。——译者注

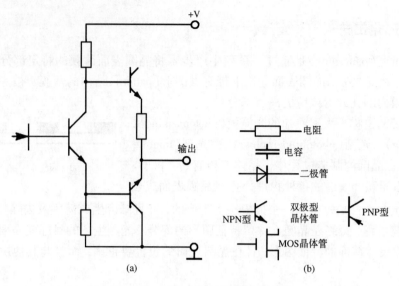

图 4.10　具有元件符号的电路图例

　　第三步是电路版图设计,它是半导体集成电路所独有的。电路的工作运行与很多因素相关,包括材料电阻率、材料物理特性和元件的物理尺寸。另外的因素是各个元件之间的相对定位关系。所有这些要考虑的因素决定了元件、器件、电路的物理布局和尺寸。线路图设计开始于使用复杂先进的计算机辅助设计(CAD)系统将每一个电路元件转化为具体的图形和尺寸。通过 CAD 系统构造成电路,接下来将最后的设计完全复制。得出的结果是一张展示所有子层图形的复合叠加图,此图称为复合图(composite drawing),如图 4.11 所示。复合图类似于一座多层办公楼的设计图,从顶部俯视并展示所有楼层。但是,复合图是实际电路尺寸的许多倍。

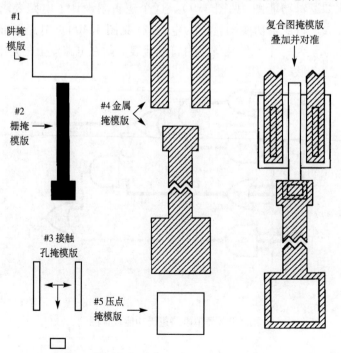

图 4.11　5 层掩模版栅极硅晶体管的复合图和分层图

制造集成电路和盖楼房一样需要一层层地建，因此必须将电路的复合图分解为每层的设计图。图 4.11 以一个简单的硅栅 MOS 晶体管举例图解了复合图形和分层图形。

每层的图形是数字化的（数字化使图形转换为数据库）并由计算机处理为 X-Y 坐标的设计图。

4.6.3　光刻母版和掩模版

光刻工艺用于在晶圆表面和内部产生需要的图形和尺寸。将数字化图形转到晶圆上需要一些加工步骤。在光刻制程中，准备光刻母版（reticle）[①]是其中的一个中间步骤。光刻母版是在玻璃或石英板的镀薄膜铬层上生成分层设计电路图的复制图［见图 4.12(a)］。光刻母版可直接用于进行光刻，也可用来制造掩模版。掩模版也是在玻璃底板表层镀铬。在加工完成后，在掩模版表面会覆盖许多电路图形的副本［见图 4.12(b)］。掩模版用于在整个晶圆表面形成图形。电子束曝光系统越过光刻母版或掩模版，直接在晶圆表面曝光。光刻母版和掩模版的制作过程将在第 10 章讲述。

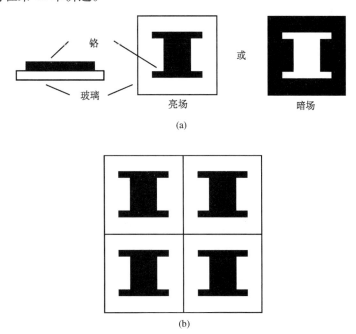

图 4.12　（a）在玻璃模版上镀铬；（b）有相同图形的光刻母版

光刻母版和掩模版由工厂单独的部门制造或者从外部供应商购买。每个电路类型都有自己的光刻母版或掩模版。

4.6.4　基本十步图形化工艺

有许多独立的图形化工艺过程，它规定器件结构的轮廓以及在器件中叠层的组合，并继续减小器件的尺寸。基本十步图形化工艺如图 4.13 所示。具体细节和变化将在第 8 章至第 10 章中讨论。

---

① 早期"reticle"为制 1:1 光刻版的母版，也称大像版。后来是指步进光刻机（stepper）的用版，译者在本书中有时称为"放大掩模版"。——译者注

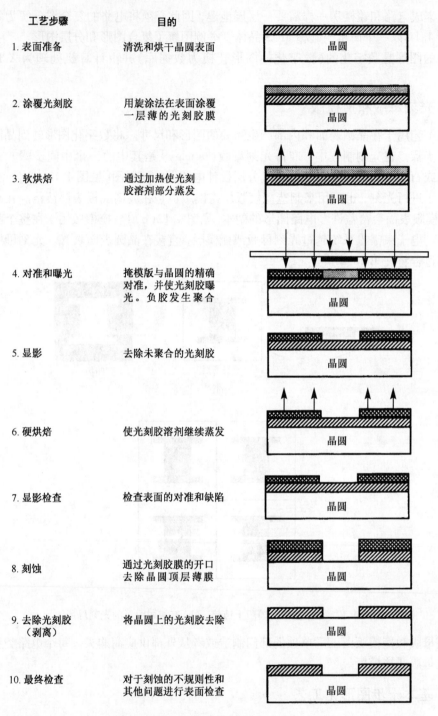

工艺步骤	目的
1. 表面准备	清洗和烘干晶圆表面
2. 涂覆光刻胶	用旋涂法在表面涂覆一层薄的光刻胶膜
3. 软烘焙	通过加热使光刻胶溶剂部分蒸发
4. 对准和曝光	掩模版与晶圆的精确对准,并使光刻胶曝光。负胶发生聚合
5. 显影	去除未聚合的光刻胶
6. 硬烘焙	使光刻胶溶剂继续蒸发
7. 显影检查	检查表面的对准和缺陷
8. 刻蚀	通过光刻胶膜的开口去除晶圆顶层薄膜
9. 去除光刻胶(剥离)	将晶圆上的光刻胶去除
10. 最终检查	对于刻蚀的不规则性和其他问题进行表面检查

图 4.13　光刻十步法工艺

4.6.5　掺杂

掺杂是将特定量的杂质通过薄膜开口引入晶圆表层的工艺过程(见图4.14)。它有两种工艺方法:热扩散(thermal diffusion)和离子注入(ion implantation),将在第11章中详细阐述。

　　热扩散是在 1000℃ 左右的高温下发生的化学反应，晶圆暴露在一定掺杂元素的气态下。热扩散的简单例子就如同除臭剂从压力容器内释放到房间内。气态下的掺杂原子通过扩散化学反应迁移到暴露的晶圆表面，形成一层薄膜。在芯片应用中，热扩散也称为固态扩散，因为晶圆材料是固态的。扩散掺杂是一个化学反应过程，由物理规律支配杂质的扩散运动。

　　离子注入是一个物理过程。晶圆被装在离子注入机的一端，掺杂离子源（通常为气态）在另一端。在离子源一端，掺杂体原子被离子化（带有一定的电荷），被电场加速到一个很高的速度，穿过晶圆表层。原子的动量将掺杂原子注入晶圆表层，就好像一粒子弹从枪内射入墙中。

　　掺杂工艺的目的是在晶圆表层内建立兜形区，如图 4.15 所示，或者富含电子（N 型）或空穴（P 型）。这些兜形区形成电性活性区和 PN 结，电路中的晶体管、二极管、电容器、电阻器都依靠它来工作。

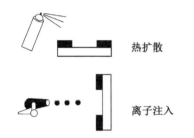

图 4.14　掺杂技术：热扩散和离子注入

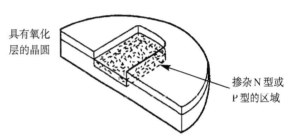

图 4.15　晶圆表面的 N 型和 P 型掺杂区的构成

4.6.6　热处理

　　热处理是简单地将晶圆加热和冷却来达到特定结果的制程（见图 4.16）。在热处理的过程中，在晶圆上没有增加或减去任何物质（见图 4.17）。然而，工艺过程可能会在晶圆中或晶圆表面产生污染。

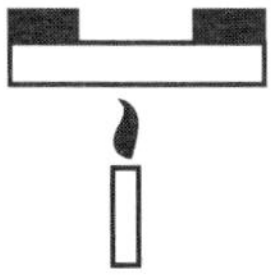

图 4.16　热处理

工　艺	热处理
光刻工艺	软烘焙
	硬烘焙
	曝光后烘焙（显影）
掺杂工艺	离子注入后退火
薄膜工艺	金属后淀积和图形化退火

图 4.17　重要的热处理表

　　在离子注入制程后会有一步重要的热处理。掺杂原子的注入所造成的晶圆损伤会被热处理修复，这称为退火（anneal），温度在 1000℃ 左右。另外，金属导线在晶圆上制成后会有一步热处理。这些导线在电路的各个器件之间承载电流。为了确保良好的导电性，金属会在 450℃ 热处理后与晶圆表面紧密熔合。热处理的第三种重要用途是通过加热在晶圆表面的光刻胶将溶剂蒸发掉，从而得到精确的图形。

4.7　晶圆制造实例

　　集成电路的生产从抛光好的晶圆开始。图 4.18 所示的截面图按顺序展示了构成一个简单的硅栅 MOS 晶体管结构所需的基础工艺。每一步工艺生产的说明如下。

第1步：薄膜工艺。 对晶圆表面的氧化会形成一层保护薄膜，它可作为掺杂的阻挡层。这层二氧化硅膜被称为场氧化层(field oxide)。

第2步：图形化工艺。 通过光刻、刻蚀、去胶工艺，在场氧化层上开凹孔以定义晶体管的源极、栅极和漏极的特定位置。

第3步：薄膜工艺。 接下来，晶圆将经过二氧化硅氧化反应加工。晶圆暴露的硅表面会生长一层氧化薄膜。它可作为栅极氧化层。

第4步：薄膜工艺。 在这一步，晶圆上淀积一层多晶硅作为栅极结构。

第5步：图形化工艺。 通过光刻工艺，在氧化层/多晶硅层按电路图形刻蚀两个开口，它们定义了晶体管的源极和漏极区域。

第6步：掺杂工艺。 掺杂加工用于在源极和漏极区域形成 N 型掺杂区。

第7步：薄膜工艺。 在源极和漏极区域生长一层氧化膜。

第8步：图形化工艺。 通过光刻、刻蚀和去胶工艺，分别在源极、栅极和漏极区域刻蚀形成的孔，称为接触孔。

第9步：薄膜工艺。 在整个晶圆的表面淀积一层导电金属，该金属通常是铝的合金。

第10步：图形化工艺。 通过光刻、刻蚀和去胶工艺，晶圆表面金属镀层在芯片和划片线上的部分按照电路图形除去。金属膜剩下的部分将芯片的每个元件按照设计要求准确无误地连接起来。

第11步：热处理工艺。 紧随金属刻蚀加工后，晶圆将在氮气环境下经历加热工艺。此步加工的目的是使金属与源、漏、栅极进一步熔合以获得更好的电性能接触连接。

第12步：薄膜工艺。 芯片器件上的最后一层是保护层，通常被称为防刮层(scratch layer)或钝化层(passivation layer)。它的用途是使芯片表面的元件在电测、封装及使用时得到保护。

第13步：图形化工艺。 通过光刻、刻蚀和去胶工艺，在整个工艺加工序列的最后一步是将位于芯片周边金属引线压点上的钝化层刻蚀掉，这一步被称为压点掩模(pad mask)。

这13个步骤的工艺流程举例，阐述了4种最基本的工艺方法是如何应用到制造一个具体的晶体管结构的。电路所需的其他元件(二极管、电阻器和电容器)也同时在电路的不同区域上构成。比如，在这个工艺流程下，电阻的图形和晶体管源/漏极图形同时被添加在晶圆上。随后的扩散工艺形成源极/栅极和电阻。对于其他形式的晶体管，如双极型和硅栅 MOS 晶体管，也同样是由这4种最基本的工艺方法加工而成的，不同的只是所用材料和工艺流程不同。

总体来说，在制造工艺的前一部分将形成电路元件，被称为前端工艺线(FEOL)；在制造工艺的后一部分将连接电路元件的各种金属化层加到晶圆表面，这一部分被称为后端工艺线(BEOL)。

现代芯片结构比上述的简单工艺复杂许多倍。它们有许多薄膜层和掺杂区，以及数层附加在表面的层，包括散布在介质层中间的多层导体(见图4.19)。

实现这些复杂的结构要求许多工艺。换言之，每一个工艺要求数个步骤和子步骤。实际上 64Gb CMOS 器件的工艺可能需要 180 个主要步骤、52 个清洗/剥离步骤以及多达 28 块掩模版[1]。所有这些主要步骤也是这4种基本工艺之一。

若产业界的栅条达到几个原子宽而在电路上堆叠金属的水平，到那时工艺步骤就将达到500 步或更多。

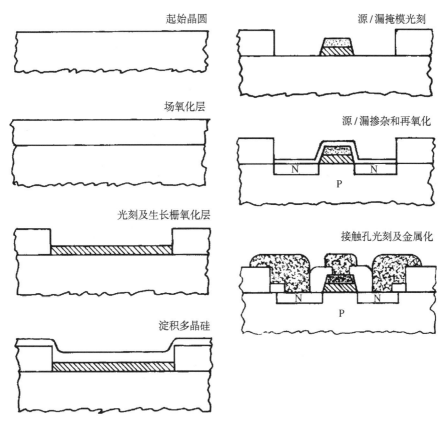

图 4.18　硅栅 MOS 晶体管的工艺步骤

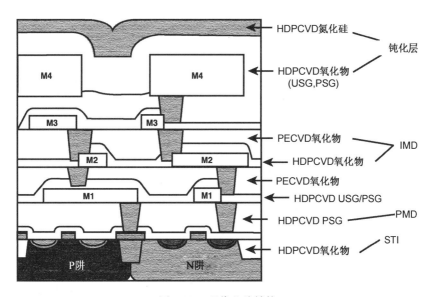

图 4.19　现代芯片结构

4.8　晶圆中测①

在晶圆制造完成之后，接下来是一步非常重要的测试步骤：晶圆中测。这步测试是晶圆生产过程的报告卡。在测试过程中，检测每一个芯片的电性能和电路功能。晶圆中测又称为芯片分选(die sort)或电分选(electrical sort)。

在测试时，晶圆被固定在真空吸力的卡盘上，并将很细的探针对准芯片的每一个压点(bonding pad)使其相接触(见图4.20)。将探针与测试电路的电源相连，并记录下结果。测试的数量、顺序和类型由计算机程序控制。测试机是自动化的，所以在探针卡与第一片晶圆对准后(人工对准或使用自动视觉系统)的测试工作无须操作员辅助。

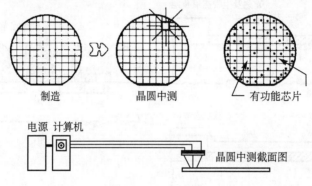

图4.20　晶圆中测

测试是为了以下3个目的。第一，在晶圆送到封装工厂之前，鉴别出合格的芯片。第二，对器件或电路的电性能参数进行特性评估。工程师们需要监测参数的分布状态来保持工艺的质量水平。第三，芯片的合格品与不良品的核算会给晶圆生产人员提供全面的业绩反馈。合格芯片与不良品在晶圆上的位置在计算机上以晶圆图的形式记录下来。从前的老式技术在不良品(nonworking)芯片上涂一个墨点。

晶圆中测是主要的芯片良品率统计方法之一。随着芯片的面积增大和密度提高使得晶圆测试的费用越来越大[2]。这样一来，芯片需要更长的测试时间以及更加精密复杂的电源、机械装置和计算机系统来执行测试工作和监控测试结果。视觉检查系统也是随着芯片尺寸扩大而更加精密和昂贵的。缩短芯片测试时间也是一个挑战。芯片的设计人员被要求将测试模式引入存储阵列。测试人员则在探索如何将测试流程更加简化而有效，例如在芯片参数评估合格后使用简化的测试程序，另外也可以隔行测试晶圆上的芯片，或者同时进行多个芯片的测试。晶圆的测试良品率将在第6章具体讲述。

4.9　集成电路的封装

在图4.21中，绝大部分晶圆会被送到第4个制造阶段——封装(packaging)。封装厂可能与晶圆厂在一起，也可能距离遥远，许多半导体制造商将晶圆送到海外的工厂封装芯片

① 国内业界习惯叫法。——译者注

（封装工艺在第18章有详细讲述）。在封装过程中，晶圆被分成许多小芯片，合格的芯片被封装在一个保护壳内。也有一些种类的芯片无须封装而直接合成到电子系统中。

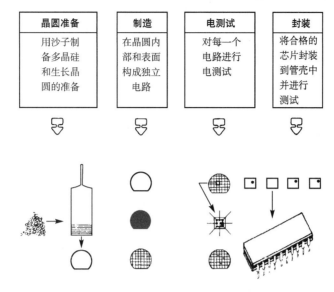

晶圆准备	制造	电测试	封装
用沙子制备多晶硅和生长晶圆的准备	在晶圆内部和表面构成独立电路	对每一个电路进行电测试	将合格的芯片封装到管壳中并进行测试

图4.21　集成电路的制造顺序

4.10　小结

半导体制造过程周期长而且复杂，并随着产品类型、集成度、特征尺寸等的不同，产生许多生产工艺差异。本章将半导体的制造分成4个阶段讲述会更容易理解。读者会通过认识最基本的4个工艺方法得到对晶圆生产的进一步理解。本章利用了几个简单的工艺来讲解晶圆生产的基本技术工艺。实际的各种工艺将在工艺原理章节中和第16章、第17章中重点阐述。半导体工业的驱动力和发展方向将在第15章中论述。

习题

学习完本章后，你应该能够：

1. 说出并解释晶圆的4种基本工艺。
2. 说出晶圆的各部分。
3. 画出电路设计过程流程图。
4. 解释复合图和掩模套版的定义和使用。
5. 绘制表示基本操作的掺杂工艺的横截面。
6. 绘制表示基本操作的金属化工艺的横截面。
7. 绘制表示基本操作的钝化工艺的横截面。
8. 说出一个集成电路芯片的各部分。

参考文献

[1] Kopp, R., *Kopp Semiconductor Engineering*, 1996.

[2] Iscoff, R., "VLSI Testing: The Stakes Get Higher," *Semiconductor International*, Sep. 1993:58.

第5章　污染控制

5.1　引言

在本章中，我们将解释污染对器件工艺、器件性能和器件可靠性的影响，以及芯片生产区域存在的污染类型和主要的污染源。同时，也将对净化间规划、主要的污染控制方法和晶圆表面的清洗工艺进行讨论。

污染[①]是可能将芯片生产工业扼杀于摇篮中的首要问题之一。半导体工业起步于由空间技术发展而来的净化间技术。然而，事实证明，对于大规模集成电路的生产，这些技术水平是远远不够的。净化间不得不与芯片设计和密度进步保持同步。产业成长的动力依赖于每一代芯片提出的污染问题的解决。昨天的小问题可能在明天变成芯片的致命缺陷。

5.1.1　问题

半导体器件极易受到多种污染物的损害。这些污染物可归纳为以下4类。分别是：

1. 微粒；
2. 金属离子；
3. 化学物质；
4. 细菌；
5. 空气中分子污染（AMC）。

微粒：半导体器件，尤其是高密度的集成电路，易受到各种污染的损害。器件对于污染的敏感度取决于较小的特征图形的尺寸和晶圆表面淀积层的厚度。目前的量度尺寸已经降到亚微米级。1 μm 是非常小的。1 cm 等于 10 000 μm。人类毛发的直径约为 100 μm（见图 5.1）。这种非常小的器件尺寸导致器件极易受到由人员、设备和工艺操作中使用的化学品所产生的，存在于空气中的颗粒污染的损害（见图 5.2）。由于特征图形尺寸越来越小，膜层越来越薄（见图 5.3），所允许存在的微粒尺寸也必须被控制在更小的尺度上。

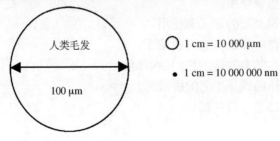

人类毛发

100 μm

○ 1 cm = 10 000 μm

● 1 cm = 10 000 000 nm

图 5.1　相对尺寸

---

① 国内也习惯称为"沾污"。——译者注

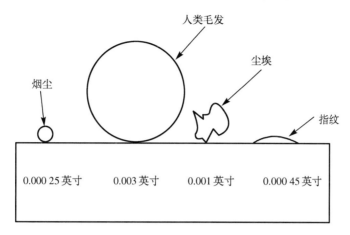

图 5.2　污染物的相对尺寸(源自《混合微电路技术手册》1988:281)

　　由经验所得出的法则是微粒的大小必须是第一层金属半个节距(half pitch)的 $1/2$[1]。半个节距是相邻金属条之间间距的 $1/2$。落于器件的关键部位并毁坏了器件功能的微粒被称为致命缺陷(killer defect)。致命缺陷还包括晶体缺陷和其他由工艺过程引入的问题。在任何晶圆上,都存在大量微粒。有些属于致命性的,而其他一些位于器件不太敏感的区域则不会造成器件缺陷。2011 版国际半导体技术路线图(ITRS)良品率增强部

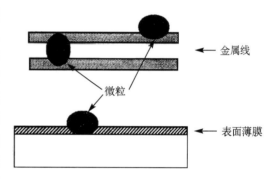

图 5.3　空气中的微粒与晶圆尺寸的相对大小

分确定缺陷与良品率的相关性,并开发更敏感的缺陷和污染检测设备,作为未来技术代良品率增强的基础。

　　金属离子:第 2 章介绍了半导体器件在整个晶圆上 N 型和 P 型的掺杂区域,以及在精确的 N 型和 P 型相邻区域,都需要具有可控的电阻率。通过在晶体和晶圆中有目的地掺杂特定的掺杂离子来实现对这 3 个性质的控制。非常少量的掺杂物即可实现我们希望的效果。但遗憾的是,在晶圆中出现的极少量的具有电性能的污染物也会改变器件的典型特征,改变它的工作表现和可靠性参数。

　　可以引起上述问题的污染物称为可移动离子污染物(MIC)。它们是在材料中以离子形态存在的金属离子。而且,这些金属离子在半导体材料中具有很强的可移动性。也就是说,即便在器件通过了电性能测试并且运送出去,金属离子仍可在器件中移动从而造成器件失效。遗憾的是,能够在硅器件中引起这些问题的金属存在于绝大部分的化学物质中(见图5.4)。所以,在一个晶圆上,MIC 污染物必须被控制在 10^{10} 原子/cm² 的范围内甚至更少[2]。

　　钠是在未经处理的化学品中最常见的可移动离子污染物,同时也是硅中移动性最强的物质。因此,对钠的控制成为硅工艺的首要目标。MIC 的问题在 MOS 器件中表现最为严重,这一事实促使一些化学品生产商研制开发 MOS 级或低钠级的化学品。超纯水制造也要求减少 MIC。

化学等级	常规应用宽度/μm	每种元素最大金属杂质规范
SS-ULSI	<0.13	0.1 ppb/100 ppt
S-ULSI	0.13~0.8	1 ppb
ULSI	>0.8	10 ppb
VLSI	>1.0	100 ppb
MOS	>1.0	1000 ppb

图 5.4　金属杂质规范

化学物质：在半导体工艺领域第三大主要的污染物是不需要的化学物质。工艺过程中所用的化学品和水可能会受到对芯片工艺产生影响的痕量物质的污染。它们将导致晶圆表面受到不需要的刻蚀，在器件上生成无法除去的化合物，或者引起不均匀的工艺过程。氯就是这样一种污染物，它在工艺过程中用到的化学品中的含量受到严格的控制。

细菌：细菌是第4类主要污染物。细菌是在水系统中或不定期清洗的表面生成的有机物。细菌一旦在器件上附着，会成为颗粒状污染物或给器件表面引入不希望见到的金属离子。

空气中分子污染：空气中分子污染(AMC)是难捕捉之物的分子，它们从工艺设备，或化学品传送系统，或由材料，或由人带入生产区域。晶圆从一个工艺设备被传送到另一个能将搭乘分子带入的下一个设备。AMC 包括在生产区域使用的全部气体、掺杂品、加工用化学品。这些可能是氧气、潮气、有机物、酸、碱及其他物质[3]。

它们在和灵敏的化学反应相关的工艺中危害最大，例如在光刻工艺中光刻胶的曝光时。其他问题包括刻蚀速率的偏离和不需要的杂质，这些使器件的电参数漂移，改变刻蚀剂的湿法刻蚀特性，导致刻蚀不完善[4]。随着自动化将更多的设备和环境引入到制造工艺中，探测和控制 AMC 是不可缺少的。在 2011 版国际半导体技术路线图(ITRS)中确定一个关注的来源，在良品率增强章节也将讲到的是前开口通用晶圆匣(FOUP)。这些盛放晶圆的容器的塑料材料是释放 AMC 的一个来源。晶圆本身和之前的工艺步骤也都会释放 AMC。

5.1.2　污染引起的问题

这5种污染物在以下3个特定的功能领域对工艺过程和器件产生影响，它们是：

1. 器件工艺良品率；
2. 器件性能；
3. 器件可靠性。

器件工艺良品率：在一个污染环境中制成的器件会引起多种问题。污染会改变器件的尺寸，改变表面的洁净度，和/或造成有凹痕的表面。在晶圆生产的过程中，有一系列的质量检验和检测，它们是为检测出被污染的晶圆而特殊设计的。高度污染使得仅有少量的晶圆能够完成全工艺过程，从而导致成本升高(见第6章)。

器件性能：一个更为严重的问题是在工艺过程中漏检的小污染。在工艺步骤中不需要的化学物质和 AMC 可能改变器件尺寸或材料质量。在晶圆中高浓度的可移动离子污染物可能会改变器件的电性能。这个问题通常是在晶圆制造工艺完成后的电测试(也称为晶圆或芯片拣选)中显现出来的(见第6章)。

器件可靠性：最令人担心的莫过于污染对器件可靠性的失效影响。小剂量的污染物可能会在工艺过程中进入晶圆，而未被通常的器件测试检验出来。然而，这些污染物会在器件内部移动，最终停留在电性能敏感区域，从而引起器件失效。这一失效模式成为航天工业和国防工业的首要关注点。

在本章的余下部分，将讨论对半导体器件生产中产生影响的各类污染的来源、性质及其控制。随着 20 世纪 70 年代 LSI 电路的出现，污染控制成为这一产业的基本问题。从那时起，大量的关于污染控制的认识逐渐发展起来。如今污染的控制本身已成为一门学科，是制造固态器件必须掌握的关键技术之一。

在本章中，讨论的污染控制问题适用于芯片生产区域、掩模生产区域、芯片封装区域和其他一些生产半导体设备和材料的区域。

5.2 污染源

5.2.1 普通污染源

净化间内的污染源是指任何影响产品生产或产品功能的一切事物。由于固态器件的要求较高，所以就决定了它的洁净度要求远远高于大多数其他工业的洁净度。实际上生产期间任何与产品相接触的物质都是潜在的污染源。主要的污染源有：

1. 空气；
2. 厂务设备；
3. 净化间工作人员；
4. 工艺使用水；
5. 工艺化学溶液；
6. 工艺化学气体；
7. 静电；
8. 工艺设备。

每种污染源产生特殊类型和级别的污染，需要对其进行特殊控制以满足净化间的要求。

5.2.2 空气

普通空气中含有许多污染物，只有经过处理后才能进入净化间。最主要的问题是含有在空气中传播的颗粒，一般指微粒（particulate）或浮尘（aerosol）。普通空气包含大量的微小颗粒或粉尘（见图 5.5），微小颗粒（也称为浮尘）的主要问题是在空气中长时间飘浮。而净化间的洁净度就是由空气中的微粒大小和微粒含量来决定的。

美国联邦标准 209E 规定空气质量由区域中空气级别数（class number）来表示[5]。标准按两种方法设定，一是颗粒大小，二是颗粒密度。区域中空气级别数是指在 1 英尺^3（1 英尺 = 0.3048 m，1 英尺^3 = 0.0283 m^3）中所含直径为 0.5 μm 或更大的颗粒总数。一般城市的空气中通常包含烟、雾、气。每立方英尺有多达 500 万个颗粒，所以是 500 万级。随着芯片部件尺寸的更新换代，不断提高的芯片灵敏度要求越来越小的颗粒[6]。

图 5.6 展示了由 ISO/（美国）联邦标准 209E 规定的颗粒直径与颗粒密度的关系。M-1 级展示了 300 mm 或 450 mm 晶圆制造生产区域要求的更高的洁净标准。图 5.7 列出了不同环境下洁净度级别数与对应的颗粒大小。美国联邦标准 209E 规定最小洁净度可到 1 级。因为

209E 以 0.5 μm 的颗粒定义洁净度，而成功的晶圆加工工艺要求更严格的控制，所以工程技术人员、工程师们致力于减少 10 级和 1 级环境中 0.1 μm 颗粒的数量。例如，Semetech 建议的规范是在加工车间为 0.1 级和空气为 0.01 级[7]。

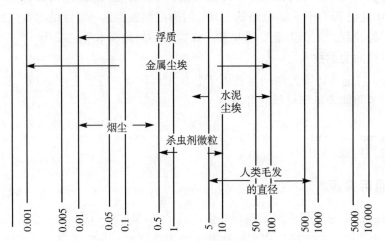

图 5.5　空气中颗粒的相对尺寸(μm)

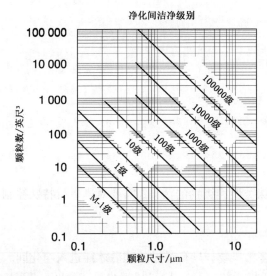

空气中颗粒洁净度定义
美国联邦标准 209E

洁净级别	颗粒数/英尺³				
	0.1 μm	0.2 μm	0.3 μm	0.5 μm	5 μm
M-1	9.8	2.12	0.865	0.28	
1	35	7.5	3	1	
10	350	75	30	10	
100		750	300	100	
1000				1000	7
10 000				1000	70

图 5.6　空气洁净等级标准——209E/ISO

环境	级别	最大颗粒尺寸/μm
256 Mb 生产车间	0.01	≪0.1
微环境	0.1	<0.1
甚大规模集成电路生产车间	1	0.1
超大规模集成电路生产车间	10	0.3
垂直层流台	100	0.5
封装区域	1000 ~ 10 000	0.5
住房	1 000 000	
室外	>500 000	

图 5.7　不同环境的典型级别数

5.2.3　净化空气的方法

净化间的设计是要使生产无污染晶圆的能力更完整化。设计时的主要思路是保持加工车间中空气的洁净。自动化生产也是降低污染的一种重要方法。这个问题将于"设备"一节（5.3.6 节）与第 15 章展开讲述。共有 4 种不同的净化间设计方法：

1. 洁净工作台法；
2. 隧道型设计；
3. 微局部环境；
4. 晶圆隔离技术（WIT）。

5.2.4　洁净工作台法

半导体工业采用净化间技术最初是由 NASA（美国航空航天局）为组装航天器和卫星而开发的。然而，当扩大到需要拥有更多工人的更大生产区域时，足以装配卫星的小型净化间已不能容纳。该问题可以用净化间工作台法补救。主要是把过滤器装在单个工作台上，并使用无脱落的物质。在工作台以外，晶圆被装在密封的盒子中储存和运输。

最初制造区是由一个被称为舞厅式（ballroom）设计的大屋子组成。在大型车间中按顺序排列的工作台（称为工作罩）组成加工区，使晶圆依工艺次序经过而从不暴露于脏空气中。净化工作罩中的过滤器是一种高效颗粒搜集（HEPA）过滤器，或更苛刻的应用超低颗粒（ULPA）过滤器。这些过滤器是由含许多小孔，并按手风琴琴叶折叠的脆性纤维组成的（见图 5.8），高密度的小孔与大面积的过滤层，使得大量的空气低速流过。由于低速空气可避免产生空气流，有利于工作台的洁净度，并且对于操作员而言，在舒适的环境中工作也是必要的。

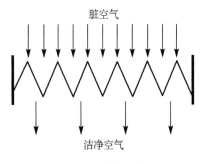

图 5.8　高效颗粒搜集过滤器（HEPA）

典型的空气流速为每分钟 90 ~ 100 英尺。HEPA 和 ULPA 过滤器可使 0.12 μm 的颗粒达到 99.9999% 或更高的过滤效率[8]。

工作台分为两种。HEPA/ULPA 过滤器装于洁净工作台顶部，如图 5.9 所示。室内空气由风扇吸入，先通过前置过滤器，再通过 HEPA 过滤器，并以均匀平行的方式流出，在工作台表面改变方向，流出工作台。安装挡板可控制晶圆表面空气流动的方向，通常这种工作台称为空气层流立式(VLF)工作台,它是由空气流的方向命名的。对于化学品处理,将净化罩连接到工厂的包含蒸气的尾气系统,流入去除废弃液体化学品的排污系统(见图5.10)。

这两种工作台用两种方法来保持晶圆清洁。首先是工作台内的空气净化;其次,净化过程在工作台内产生一点空气正压,正压可防止由操作员产生与从走廊带来的污染物进入工作台。

基本净化工作台设计还可应用于现代晶圆加工设备中。在每台设备上安装 VLF 或 HLF式工作台来保持晶圆在装卸过程中的洁净度(见第15章)。

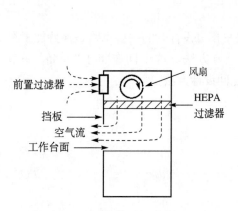

图 5.9　空气层流立式工作台截面图

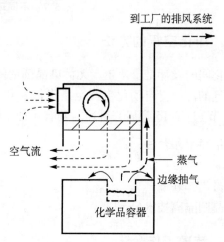

图 5.10　立式空气层流-蒸气-排风工作台截面图

5.2.5　隧道/隔段型设计

随着更严格的颗粒控制成为必要,VLF 型工作台就出现了一些缺点。其中主要是由于车间中众多工作人员的移动而产生的易污染性。进出于加工车间的工作人员对所有流程的工作台都有潜在的污染。

把加工车间分割为不同的隧道可解决人员污染问题(见图5.11)。这时 VLF 型过滤器被装于车间天花板上,而不是在单独工作台中,但是起的作用相同。经过天花板中的过滤器流入的空气可保持持续洁净,并且会降低人员产生的污染,这是因为减少了工作台周围的工作人员。但这种方法的缺点是建造费用较高,而且不适于工艺改动[9]。

设备和设施设计的趋势已经变为将晶圆与污染源隔离(见图5.12)。VLF 罩将晶圆与室内空气隔离,并通过隧道将晶圆与过度人员暴露隔离。CMOS 集成

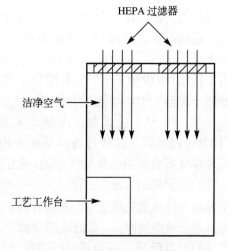

图 5.11　传统层流净化间截面图
(Jamison 传统净化间)

电路的出现增加了工艺步骤数并要求在净化间包含更多工艺平台。

这些更大的房间(和隧道)也带来了由于空气总量和操作者数量增加的潜在污染。

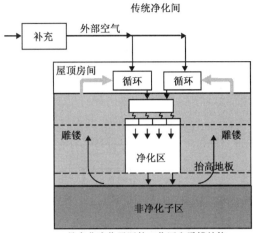

图 5.12 现代制造厂房截面图

5.2.6 微局部环境

20 世纪 80 年代中期的研究显示净化间建造费用的增加,降低了公司的资本回报率。所以新的方向是把晶圆密封在尽量小的空间,这成为新的发展方向。这项技术已应用于曝光机和其他的工艺之中,它们为晶圆的装卸安装了洁净的微局部环境(见图 5.13)。

但挑战是为使晶圆不暴露于空气中,需要把一系列的微局部环境连在一起。惠普公司在 20 世纪 80 年代中期发明了一种重要的连接装置——"标准机械接口装置"(SMIF)[10]。利用 SMIF,封闭(局部环境)的晶圆加工系统代替了传统的晶圆盒,并用干净空气或氮气在系统中加压以保持清洁。这种方法就是"晶圆隔离技术"(WIT)或"微局部环境"的一种。这个系统包含 3 个主要部分:晶圆盒或传输晶圆匣、设备中的封闭局部环境和装卸晶圆的机械部件。被称为 SMIF 的晶圆盒进化为前开口通用晶圆匣(FOUP)。这些匣将一批晶圆

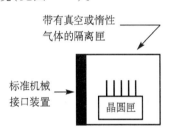

图 5.13 晶圆传输 SMIF 盒或前开口通用晶圆匣

保持与车间环境隔离。然而,污染可能来自前一工艺步骤中带入的晶圆上化学品的气体释放。FOUP 就作为与工艺设备的微局部环境相连的机械接口(见图 5.13)。在工艺设备的晶圆系统上,特制的机械手把晶圆从晶圆匣中取出或装入。另一种方法就是利用机械手把晶圆从晶圆盒中取出送入工艺设备的晶圆处理系统中。微局部环境可提供更优的温度与湿度控制。

晶圆隔离或微局部环境技术还有利用其他方法升级现存制造工厂的优点(见图 5.14)。因污染而损失的成品率可降低,这个优点即使在小型工厂或费用较低时也可以使用。WIT 可使空气洁净度达到较高的要求,并可降低建造和生产费用。因为晶圆已被隔离,所以就减轻了对工作服、工作过程和各种其他限制的要求。然而随着更大尺寸晶圆的出现,增加了晶圆匣的质量,这对操作人员来讲也过重了,增加了掉落的风险,这反而增加了机械手的建造费用与复杂度。微局部设计规划还要考虑等待加工的晶圆存储问题。现行的技术使用储存柜(stocker)来存储等待加工的晶圆与晶圆匣。布局的规划可能还包括一个中心存储系统,每台

设备上有或没有缓冲存储区。隔离系统还在地面上和排气系统方面将工艺(光刻、CVD 和掺杂、CMP 和湿法刻蚀、特种金属)区域互相划分开以防止化学品的交叉污染。

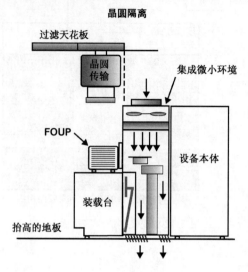

图 5.14　晶圆隔离技术

5.2.7　温度、湿度及烟雾

　　除了控制颗粒,空气中温度、湿度和烟雾的含量也需要规定与控制。温度控制对操作员的舒适性与工艺控制是很重要的。许多利用化学溶剂来做刻蚀与清洗的工艺都在没有温度控制的工艺槽内完成,只依赖于净化间温度的控制。这种控制非常重要,因为化学反应会随温度的变化而不同,例如,温度每升高 10℃,刻蚀速率参数加 2。典型的室温为 72℉ ± 2℉(22.2℃ ± 1.1℃)。

　　相对湿度也是一个非常重要的工艺参数,尤其在光刻工艺中。在这个工艺中,要在晶圆表面镀上一层聚合物作为刻蚀模版。如果湿度过大,晶圆表面太潮湿,会影响聚合物的结合,就像在潮湿的画板上绘画一样。如果湿度过低,晶圆表面就会产生静电,这些静电会从空气中吸附微粒。一般相对湿度应保持在 15% 到 50% 之间。

　　烟雾是净化间的另一个空中污染源。而它同样对光刻工艺影响最大。光刻中的一个步骤与照相中的曝光相似,是一种化学反应工艺。臭氧是烟雾中的主要成分,易影响曝光,必须被控制。在进入空气的管道中装上碳素过滤器可吸附臭氧。

5.3　净化间的建设

　　净化空气方法的选择是净化间设计的首要问题。每个净化间都要在洁净程度与建造费用中找到平衡。不论最终的设计如何,每个净化间的建造都有其基本原则。主要是需要有一个封闭的房间,由非污染物建造并能提供洁净的空气,还包括可以防止由外界或操作人员带入的意外污染。

5.3.1　建造材料

　　净化间的室内都由不易脱落的材料建造,包括墙壁、工艺加工设备材料和地板。所有的管道孔都要密封，甚至灯丝都要有固态封罩。另外，设计还要减少平坦的表面以减少灰尘的淀积，因此，不锈钢材料被广泛地用于制造工作台。

5.3.2 净化间要素

净化间的设计和操作过程都必须防止外界污染的侵入。图 5.15 显示了一个典型的加工工艺区域的布局图。有 9 种控制外界污染的技术，它们是：

1．黏性地板垫；
2．更衣区；
3．空气压力；
4．风淋间；
5．维修区；
6．双层门进出通道；
7．静电控制；
8．鞋套；
9．手套清洗器。

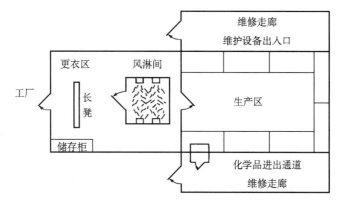

图 5.15　具有更衣区、风淋间和维修区的 Fab 区域

黏性地板垫：在每个净化间入口处放置一块黏性地板垫，它可以把鞋底的脏物粘住，并保留下来。在有些净化间里，整片地板的表面都被处理过以收集脏物。大多数地板垫都分许多层，当上一层变脏后，可撕掉而露出下一层。

更衣区：净化间的重要部分是更衣区或前庭。这个区域是净化间与厂区的缓冲部分，这个区域通常通过天花板中的 HEPA 过滤器提供空气。在这个区域中，工作人员的洁净服存储在储衣柜内，工作人员在此区域换上洁净服。这个区域的洁净度控制应依据不同的净化间的洁净度而不同。但大多数工厂采用与净化间相同的要求。此区域利用长凳分为两部分，工作人员在一侧穿上洁净服，而在长凳上穿戴鞋套，这样做的目的是保持长凳与净化间的区域更干净。

一个好的净化间的管理程序要求厂区和净化间之间的门永远不能同时打开，目的是净化间不能暴露于厂区的污染环境中。净化间的管理还包括净化间物品与衣物的管理，包括进入物与禁入物清单，而有些区域还在走廊提供更衣柜等。

空气压力：平衡净化间、更衣间和厂区之间的压力也是设计中主要的部分。优秀的厂房设计要求 3 个区域的空气压力要平衡，净化间的空气压力最高，更衣间次之，而厂区和走廊最低。当净化间的门打开时，相对的正压可防止空气灰尘进入。在自包含工艺设备中，装载部分相对于一般加工区将保持正压。

风淋间：净化间设计的最后部分是在净化间与更衣间之间建造一个风淋间。净化间工作人员进入风淋间，高速流动的空气吹掉洁净服外面的颗粒。并且风淋间装有互锁系统，防止前后门同时打开。

维修区：净化间实际上是一系列房间(如图 5.16 所示)，这一系列的每一间都是作为净化间的维修区域。中央是工艺净化间。周围是维修区，按照指定的洁净级别维护，一般来讲要求它的洁净级别高于净化间。通常维修区的级别为 1000 级或 10 000 级，这里包括工艺化学品传输管道、电缆和净化间物品。主要工艺设备装于墙后的维修区内，面对净化间，这样可使技术人员在净化间外维护设备，而不必进入净化间。

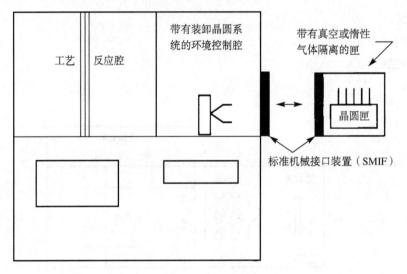

图 5.16　微小环境系统要素

双层门进出通道：维修区还可作为次净化间来储存物料和供给，它们通过双层进出通道进入净化间，这样可保持净化间的洁净度。进出通道可以是一个双层门的盒子，或者是供给正压过滤空气，并有防止进出门同时打开的互锁装置。通常进出通道装有 HEPA 过滤器，所有进入净化间的物品与设备都需要在进入前经过净化。

静电控制：亚微米级晶圆集成电路越密，就越容易受到静电吸附到晶圆表面的较小微粒的影响。静电可产生于晶圆、存储盒、工作台表面与设备。这些物体表面可产生高达 50 000 V 的静电电压，它可从空气和工作服中吸附尘埃。这些尘埃可污染到晶圆，而且静电吸附的颗粒很难用标准的刷子或湿洗的方法去除。

大多数静电都是由摩擦(triboelectric)产生的。当两个原本为一体的物体分开时就会产生静电。物体的一面因损失电子而带正电，另一面因得到电子而带负电。图 5.17 表示了在净化间中的物体经过摩擦后而产生的正负静电表[11]。

静电还会对电子元器件的性能有影响。特别是对 MOS 栅极的电介质层的影响。静电放电电流(ESD)可高达 10 A。这种级别的 ESD 可损坏 MOS 管与电路。ESD 对元件的封装区域也有特别的影响，这样就要求在敏感的元器件，如大阵列存储器的加工和运输中采用防静电装置。

光刻掩模工艺的掩模版对 ESD 也非常敏感。放电可气化并损坏镀铬掩模层。有些设备故障也与静电有关,特别是机械手、晶圆传送器、测量仪器。晶圆通常由 PFA 材料制成的机械手送入设备中。这种材料是防化学腐蚀的,但不导电。静电存在于晶圆上,但无法从机械手散失。当机械手靠近设备的金属部分时,晶圆表面的静电会对设备放电,产生的电磁干扰会影响设备的正常工作。

静电控制技术包括防静电积累和放电两种技术(见图 5.18)。防静电积累技术包括使用防静电物质制造的工作服和加工过程中的存储盒。在一些区域中,墙壁中使用防静电物质来防止静电的积累,通常在墙壁表面涂上中和物质来达到此目的。但这项技术不用于重要的工艺车间,因为中和物质一般会产生污染。

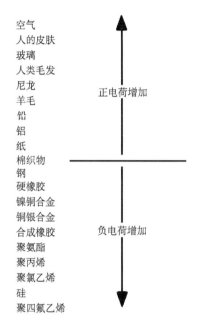

图 5.17　摩擦电荷序列(源自:《混合
　　　　电路技术手册》,Noyes 出版)

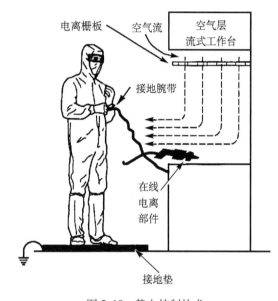

图 5.18　静电控制技术

放电技术包括使用电离器和使用静电接地带。电离器一般置于 HEPA 过滤器的下面,中和在过滤器上积累的静电,有时还置于氮气吹扫枪中(起相同的作用)。有些工作台还装有手提式电离器,向加工中的晶圆吹送离子空气。静电放电还通过为操作员戴上接地腕带,在重要的工艺工作台使用接地垫,使工作台本身接地。最先进的加工厂有一套复杂的静电控制程序,包括防止静电积累、防止静电放电、操作人员培训和第三方监督等。

鞋套: 在所有的污染控制区,最脏的是地板[12]。鞋套和鞋绝不要离开更衣区,以便将污染源降到最小。

手套清洗器: 在加工区保持使用洁净的手套也是一个问题。有一种方法是当手套被污染时,应要求操作员立即废弃手套。但是有些污染无法用肉眼看到,所以操作员废弃手套的决定就因人而异了。另外也可规定在每次换班时必须换手套,但这使得费用升高。有些加工厂使用手套清洗器,在密闭的空间内清洗并烘干手套[13]。

5.3.3　人员产生的污染

　　净化间工作人员是最大的污染源之一。即使一个经过风淋的净化间操作人员,当他坐着时,每分钟也可释放 10 万到 100 万个颗粒[14]。当人员移动时,这个数字还会大幅增大。当一个人以每小时两英里的速度走动时,他每分钟会释放高达 500 万个颗粒,这些颗粒主要来自脱落的毛发和皮屑。其他的颗粒源还有喷发胶、化妆品、染发剂和暴露的衣服。图 5.19 列出了从不同的操作人员的动作中产生的污染物的水平[15]。

正 常 呼 吸	颗 粒 增 加
吸烟者吸烟后的呼吸	500%
打喷嚏	2000%
静坐	20%
手摩擦脸	200%
步行	200%
用脚踩地板	5000%

图 5.19　引发微粒增加的活动(源自:《混合电路技术手册》,Noyes 出版)

　　普通的衣服,即使在洁净服内,也会给净化间增加上百万个微粒。在洁净度非常高的净化间内,操作员只能穿用无脱落材料紧密编织的衣服。而禁止穿用毛线和棉线编织的服装,而且洁净服要制成高领长袖的。

　　人类的呼吸也包含着大量的污染,每次呼气向空气中排出大量的水蒸气和微粒。而一个吸烟者的呼吸在吸烟后的很长时间里仍能带有上百万微粒。而体液,例如含钠的唾液也是半导体器件的主要杀手。健康的人是许多污染的污染,而病人就更加严重了。特别是皮疹与呼吸道传染病患者还会产生额外的污染。一些制造厂对患特定病症的工作人员进行另外安排。

　　从总体来看,唯一使工作人员适于净化间工作的可行的办法是把人员完全包裹起来。而且净化间工作人员的洁净服材料因洁净度的要求不同而不同。作为一种典型的洁净区服饰材料应不易产生脱落,并且含有导电纤维以释放静电。还要权衡材料的过滤能力与操作员穿戴的舒适度。与手套一样,重复清洗还是一次性废弃,在洁净服的使用中也是难以抉择的,大多数甚大规模集成电路(ULSI)加工厂使用可再利用的洁净服,即使有一定的清洗费用,也可降低整体费用[16]。

　　身体的每一部分都要被罩住。头部要用内帽来罩住头发,外面再套一层外罩,外罩的设计与脸部相适应,并带有披肩,以确保用工作服盖住披肩以压住头罩。面部用面罩来罩住,面罩有各种式样,从手术医师式到完全的滑雪式。在一些净化间,内部与外部面罩同时使用。眼睛也是产生液态微粒的主要来源,用带有侧翼的眼镜盖住(通常是安全眼镜)。在控制污染非常严格的区域,操作人员戴有完全防护罩,可完全盖住头和脸部。以宇航服的头套为模型,衣服可接有过滤器、吹风机和真空系统。新鲜空气由真空泵提供,而过滤器保证呼出气体的污染物不被吹进净化间[17]。

　　完全罩住身体的服装(兔子服),可罩住腿、胳膊和脖子,设计较好的工作服要把拉锁也盖住,而且外面没有口袋。

　　脚也用鞋套盖住,有的还带有连到小腿的护腿。在对静电敏感的区域,还有静电带用以释放静电电荷。

　　手至少要戴上一副手套。大多使用的是医用型 PVC 手套,这种手套的触感舒适。操作化学品时使用的手套材料有橘红色的橡胶手套(防酸)、绿色的氰橡胶手套(防溶剂)和银色的多层 PVA 手套(防特殊溶剂)[18]。有些区域,内部可戴一副棉质手套以便穿戴舒适。手套应拉长压住袖口,防止手臂上的污染物进入净化间。

皮肤脱落物可用特制的润肤品进一步控制,这种润肤品能够使皮肤湿润,但它不能包含盐分和氯化物。

总之,穿衣的顺序应该是从头向下穿,这样处理是使在上一部位所扬起的灰尘用下一部位的服饰盖住。最后戴上手套。控制来自净化间的工作人员污染的特殊洁净服装与穿戴程序是众所周知的,不过最有效的预防手段就是对操作人员的培训和操作人员的落实情况。区域中工作人员对净化间的纪律要求很容易松懈,而使净化间的污染度升高。

5.3.4 工艺用水

在晶圆制造的整个过程中,晶圆要经过多次化学刻蚀与清洗,每步刻蚀与清洗后都要经过清水冲刷。在整个制造过程中,晶圆总共要在冲洗系统中待几个小时,一个现代晶圆制造厂每天要使用多达几百万加仑[1 加仑(美) = 3.785 L]的水,这样实际上产生了一个投资项目,包括水的加工处理、向各个加工工艺区输送水、废水的处理与排放[19]。由于半导体器件容易受到污染,所以所有工艺用水,必须经过处理,达到非常严格的洁净度要求。

城市系统中的水包含大量净化间不能接受的污染物:

1. 溶解的矿物质;
2. 颗粒;
3. 细菌;
4. 有机物;
5. 溶解氧;
6. 二氧化硅。

普通水中的矿物质来自盐分,盐分在水中分解为离子。例如,食盐(氯化纳)会分解为钠离子(Na^+)和氯离子(Cl^-)。每个离子都是半导体器件与电路的污染物。反渗透(RO)和离子交换系统可去除离子。

去除带电离子工艺,使水从导电介质变成电阻,这样可用于提高去离子(DI)水的质量,去离子水在 25℃时的电阻率是 18 MΩ·cm。超纯水(UPW)的电阻率被处理到 18.2 MΩ·cm。图 5.20 显示了当水中含有大量不同的溶解物质时的电阻率。

电阻率/(Ω·cm)(25℃)	溶解固体的量/10^{-6}
18 000 000	0.0277
15 000 000	0.0333
10 000 000	0.0500
1 000 000	0.500
100 000	5.00
10 000	50.00

图 5.20 不同溶解固体的量对应的水的电阻率

在制造区域的许多地方都监测工艺用水的电阻率。在超大规模集成电路制造中,虽然有些制造区域将采用 15 MΩ 等级的水,但是工艺水的目标与规范是 18 MΩ。固态杂质(颗粒)

通过沙石过滤器、泥土过滤器与/或亚微米级薄膜从水中去除。水是细菌和真菌的避难所。细菌和真菌可用消毒法去除,常使用紫外线杀菌,并通过水流中的过滤器滤除。

有机污染物(植物与排泄物)可通过碳类过滤器去除。溶解氧与二氧化碳可用碳酸去除剂和真空消毒剂去除[20]。图5.21显示了4 MB DRAM制造厂的工艺水规范。

水质量参数	单位	典型的市政供水	典型的超纯水产品
电阻率	MΩ·cm	0.004	>18
pH	—	i	6
TOC	ppb	3500	<10
氨	ppb	300	<1
钙	ppb	22000	<1
镁	ppb	4000	<1
钾	ppb	4500	<1
硅土	ppb	4780	<10
钠	ppb	29000	<1
氯	ppb	15000	<1
氟	ppb	740	<1
硫酸盐	ppb	42000	<1

图5.21 超纯水规范

净化工艺用水至可接受的纯净水所需的费用是制造厂的一个主要营运费用。在大多数制造厂里,工艺加工站装配有水表来检测使用后的水。如果水质降到一定的水平,就需要在净化系统中再循环净化使用。多余的脏水需依照法规规定处理,再排出工厂。一个典型的制造厂水系统如图5.22所示。在系统中存储的水用氮气覆盖以防止二氧化碳溶于水中,水中的二氧化碳会干扰电阻率的测量引起错误读数。

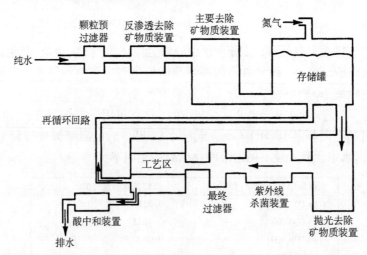

图5.22 典型去离子水系统

5.3.5 工艺化学品

在制造工厂中,用于刻蚀和清洗晶圆与设备的酸、碱、溶剂必须是最高纯度的。涉及的污染物有金属离子和其他化学品。与水不同的是,工艺化学品是采购来的,直接运输到工厂后使用。工业化学品分不同级别：一般商业纯度、化学纯度、电子级和半导体级。前两种对于半导体使用来说纯净度不够，电子级与半导体级相对洁净些，但不同制造商所生产化学品的洁净度也是不同的。

像 SEMI 这样的商业组织为整个行业建立了洁净度的规范，但是大多数半导体厂按照自己内部的规范采购化学品。化学品的主要污染是可移动的金属离子，通常必须限制为百万分之一（ppm）级或更低。一些供应商可制造 MIC 级的化学品，含量仅为十亿分之一（ppb）。微粒过滤器的级别被规定为 0.2 μm 或更低。

化学品的纯度由成分来表示。成分数就是指容器内所含化学品的百分数。例如，一瓶99.9% 的硫酸表示含有 99.9% 的纯硫酸和 0.01% 的其他溶液。

把化学品传输至工艺加工区域不只包括保持化学品的洁净，还包括对容器内表面的清洁、使用不易溶解的材质的容器、不产生微粒的标识牌，并在运输前把干净的瓶放置于化学品袋中。盛化学品的瓶现在只用在老式、技术较低的制造厂中。许多公司采用大量购入的方式购买洁净工艺化学品，然后分装在运输瓶中，并通过管道或直接用运输瓶从中央系统传入工艺工作台。大批量化学品传输系统（BCDS）可以提供更洁净的化学品且费用较低。另外特别要注意定期清洁管道和运输瓶以防止污染。

有几种技术可以同时满足更洁净的化学品、更严格的工艺控制和较低的费用。其中一种是"使用点"（Point-Of-Use，POU）化学品混合器（BCDS 的另一个版本）。这种装置连接在湿法清洗柜或自动机械上，混合化学品后把它们送到工艺罐中。另一种就是化学品再加工系统，这种装置设于湿法工艺工作台的排水系统中。去除离子的化学品被再过滤或者在某些情况下需再加入离子重新使用。重要的"再利用刻蚀容器"要接上过滤器以保证为晶圆提供洁净的化学品源。一种更新的工艺是使用点化学品再生（POUCG）。例如氨水（NH_4OH）、氢氟酸（HF）和过氧化氢（H_2O_2）这些化学品是由相应的气体与去离子水在工艺工作台混合而成的，这种方法可以减少化学品包装与运输时所产生的污染，可制造出万亿（ppt）级的化学品[21]。

除了许多湿（液体）化学品工艺制程，半导体晶圆还要使用许多气体来加工。这些气体有些是从空气中分离出来的，如氧气、氮气和氢气，还有些是特制的气体，如砷烷和四氯化碳。

和化学品一样，气体也必须清洁地传输至工艺工作台与设备中。气体质量由以下 4 项指标来衡量：

1. 纯度；
2. 水蒸气含量；
3. 微粒；
4. 金属离子。

所有工艺气体都要求极高的纯度，用于氧化、溅射、等离子体刻蚀、化学气相淀积（CVD）、反应离子刻蚀、离子注入和扩散等工艺的气体也有特殊要求。所有涉及化学反应的工艺都需要能量。如果工艺气体被其他气体污染，则预期的反应就会产生显著改变，或者在晶圆表面的反应结果也发生改变。例如，一罐溅射工艺用氩气里如果有杂质氯，就会导致生成的溅射薄膜有影响器件质量的恶果。气体纯度由成分数表示，纯度一般从 99.99% 到99.999 999%，取决于气体本身和该气体在工艺中的用途。纯度由小数点右边 9 的个数表示，最高纯度级别可为"6 个 9 纯度"[22]。

保持气体从生产商到工艺工作台过程中纯度不变对晶圆制造厂是一个挑战。从生产源开始,气体要通过管道系统、带有气阀与流量表的气柜,然后接入设备。这整个系统中的任何一部分的泄漏都是灾难性的。外部气体(特别是氧气)进入工艺气体参加化学反应,就改变了反应气体的成分,也改变了期望的化学反应。气体的污染还可以由系统本身释气而产生。一个典型的系统设有不锈钢管道与阀门,还有聚酯材质的部件,如接头与密封件。对于超级洁净系统,不锈钢表面还必须经过电子抛光和(或)用真空双层保护表面内部的熔接点以减少释气[23]。另一种技术就是在表面生长一层氧化铁膜,以进一步减少释气。这种技术一般称为氧气钝化(Oxygen Passivation, OP)。要避免使用聚酯物质。气体柜的设计减少了可堆积污染的死角。另外洁净焊接工艺的使用也非常重要,杜绝了焊接气体被吸入气体管道。

水蒸气的控制也是非常重要的。水蒸气是一种气体,与其他污染气体一样,也会参与不需要的反应。在晶圆制造厂中加工晶圆时带有水蒸气是个特别问题。当有氧气或水蒸气存在时,硅很容易被氧化。所以控制不需要的水蒸气对阻止硅表面的氧化是非常重要的。水蒸气的上限一般是 3 ~ 5 ppm。

在气体中有微粒或金属离子会产生与化学溶剂污染相同的影响,气体最终会过滤至 0.2 μm 级,而金属离子也要被控制在百万分之一以下。

由空气中分离的气体以液态形式存储于厂区里,在这种状态下,气体温度很低,而且这种状态可冷冻许多杂质并储存于罐底部。特殊气体是以高压瓶的形式采购来的。因为特殊气体大多是有毒或易燃的,所以一般储存在厂区外的特制气柜中。

石英:晶圆有大量的工艺时间是在石英器中度过的,例如,晶圆固定器、反应炉石英管和传送器。石英也是一种非常大的污染源,通常以释气与微粒的方式产生。即使是高纯度石英也含有许多重金属离子,这些离子可以从石英中释出进入扩散与氧化工艺反应的气流中,特别是在高温反应中。这些微粒来自晶圆与晶圆舟(wafer boat)的擦伤和晶圆舟与反应炉石英管的摩擦(解决这个问题的方法将在第 11 章中讨论)。半导体工业使用的石英一般是用电和焰熔工艺制造的[24]。

5.3.6 设备

污染控制的成功与否与确认污染源是息息相关的。许多分析(见图 5.23)显示机械设备是最大的微粒污染源。到了 20 世纪 90 年代,设备引发的微粒升至所有污染源的 75% 至 90%,但这并不意味机械设备变得越来越脏[25]。是由于对空气、化学品与生产人员污染的控制越来越先进,使得设备变为污染控制的焦点。缺陷产生率是设备生产规格的一部分。一般来讲,每片晶圆每次通过设备后增加的颗粒个数(ppp)是有详细说明的,并使用每片晶圆每次通过的颗粒增加数(Particles per Wafer Pass, PWP)这一术语。

微粒产生率的降低要从设计方法与材料的选择入手。其他因素包括颗粒进入晶圆与淀积反应的机械装置的传播方法,例如静电。大多数设备是在与客户的晶圆制造厂相同洁净度的净化间制造的。一组不同的工艺设备共享同一个洁净局部装卸空间可以降低使用多个装卸站所产生的污染。多反应室的设备将在第 15 章讨论。有一种趋势是在工艺反应室配备现场(in situ)的微粒监控器。

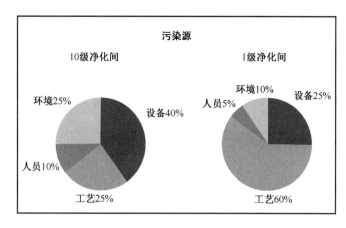

图 5.23 微粒污染源(经 Mark Jamison, 300 *mm Wafer Fab Contamination*, HDR Architecture, Inc. 允许)

5.4 净化间的材料与供给

除工艺化学品外,加工晶圆还需要大量的其他原料与供给。这些物品必须满足洁净度要求。记录单、表格和笔记本都需要用无脱落表面的纸张或聚酯塑料制造。铅笔是不允许使用的,钢笔必须是不能擦去字迹的。计算机监视器被用于维护记录和工艺结果。

晶圆储存盒(前开口通用晶圆匣)是由特殊的不产生微粒的物质制造的,运输车与反应管也是一样的。车轮与设备不使用润滑油脂。在许多区域中,机械工具与工具箱要经过清洁,并存放在净化间里。

5.5 净化间的维护

净化间的定期维护是非常必要的。清洁人员必须穿着与生产人员一样的洁净服,净化间的清洁器具,包括拖把也要仔细选择。一般家庭使用的清洁器具太脏,无法在净化间使用。而且使用真空吸尘器也要特别注意。在真空吸尘器的排风系统中,装有 HEPA 过滤器,现在已经可以在净化间中使用。许多净化间有内置式真空系统来减少清洁时产生的脏东西。

擦净工艺工作台需要使用特殊的不脱落的聚酯材质或尼龙制成的抹布,预清洗以减少污染。有些采用异丙醇和去离子水溶液,这些供给方便消除在净化间喷涂清洗器引起的二次污染[26]。

擦拭的程序也是非常关键的。墙面的擦拭要从上到下,桌面要从后向前。用喷壶喷洒的清洁剂,应喷到洁净布表面,而不是被清洁物表面。这样可以减少在晶圆和设备上的不必要的过量喷洒。这样净化间的清洁本身也就成为支持半导体工艺的辅助技术。许多制造厂聘请外部认证公司[27]来确定洁净等级、工作过程、程序文件与控制程序,并加以文件化。净化间维护程序的认证标准是 ISO 全球净化间标准(ISO 14644-2)。

铜金属化已成为先进甚大规模集成电路器件的优选金属。铜有许多优点(见第 13 章),也有一系列不足。在硅晶圆内部的铜污染会引起器件电性能的灾难。必须将铜工艺区和淀积铜到晶圆隔离开。要对隔离区和隔离工艺设备严格控制,以确保做过铜工艺的晶圆没有进入其他工艺区。

5.6　晶圆表面清洗

洁净的晶圆是芯片生产全过程中的基本要求,但并不是每个高温下的操作前都必须进行的。一般来说,全部工艺过程中多达30%的步骤是晶圆清洗[28]。在这里将要描述的清洗工艺,将贯穿芯片生产的全过程。

半导体工艺的发展过程在很多方面可以说是清洗工艺随着对无污染晶圆需求不断提高而发展的过程。晶圆表面有4大常见类型的污染,每一种在晶圆上体现为不同的问题,并可用不同的工艺去除。这4种类型是:

1. 颗粒;
2. 有机残留物;
3. 无机残留物;
4. 需要去除的氧化层。

通常来说,一个晶圆清洗的工艺或一系列的工艺,必须在去除晶圆表面全部污染物(上述类型)的同时,不会刻蚀或损伤晶圆表面。它在生产配制上是安全的、经济的,是为业内可接受的。通常对清洗工艺的设计适用于两种基本的晶圆状况。一种称为前端工艺线(FEOL),特指那些形成有源电性部件之前的生产步骤。在这些步骤中,晶圆表面尤其是MOS器件的栅区域,是暴露的、极易受损的。在这些清洗步骤中,一个极其关键的参数是表面粗糙度(surface roughness)。过于粗糙的表面会改变器件的性能,损伤器件上面淀积层的均匀性。表面粗糙度是以纳米为单位的表面纵向变差的平方根(nmRMS)。2000年的要求是0.15 nm,2010年已逐渐降低到0.1 nm以下[29]。在FEOL的清洗工艺中,另外一个值得关注的方面是光片表面的电性能条件。器件表面的金属离子污染物改变电性能特征,尤其是MOS晶体管极易受损。钠(Na)连同Fe、Ni、Cu和Zn是典型的问题(见第4章)。清洗工艺必须将其浓度降至2.5×10^9原子/cm^2以下从而达到2010年的器件需要。铝和钙也是存在的问题,它们在晶圆表面的含量需要低于5×10^9原子/cm^2的水平[30]。

另一个最为关键的方面是保持栅氧的完整性。清洗工艺可能会破坏栅氧从而使其粗糙,尤其是较薄的栅氧最易受到损伤。在MOS晶体管中,栅氧是用来做绝缘介质的,因此它必须具有一致的结构、表面状态和厚度。栅氧的完整性(GOI)是靠测试栅的电性短路来测量的[31]。

对于后端工艺线(BEOL)的清洗,除了颗粒问题和金属离子的问题,通常的问题是阴离子、多晶硅栅的完整性、接触电阻、通孔的清洁程度、有机物以及在金属布线中总的短路和开路的数量。这些问题将在第13章中讨论。光刻胶的去除也是FEOL和BEOL都存在的很重要的一种清洗工艺。它所存在的问题将在第9章中探讨。

不同的化学物质与清洗方法相结合以适应工艺过程中特殊步骤的需要。典型的FEOL清洗工艺(例如氧化前的清洗)列在图5.24中。所列出的FEOL清洗称为非HF结尾的工艺。其他类型是以HF去除工艺结尾的清洗。非HF结尾的表面是亲水性的,可以被烘干而不留任何水印,同时还会生成(在清洗过程中形成)一层薄的氧化膜从而对其产生保护作用。这样的表面也容易吸收较多的有机污染物。HF结尾的表面是厌水性的,在有亲水性(氧化物)表面存在时不容易被烘干而不留水印。这样的表面由于氢的表面钝化作用而异常稳定[31]。对于 HF 结尾或非 HF 结尾的工艺的选择,取决于晶圆表面正在制造的器件的敏感度和通常对清洁程度的要求。

- 颗粒去除(机械的)
- 通常的化学清洗(如硫酸/氢气/氧气)
- 氧化物去除(典型的稀释的 HF)
- 有机物和金属去除(SC-1)
- 碱金属和氢氧化物的去除(SC-2)
- 漂洗步骤
- 晶圆烘干

图 5.24　典型的 FEOL 清洗工艺步骤

5.6.1　颗粒去除

晶圆表面的颗粒大小可以从非常大(50 μm)到小于 1 μm。大的颗粒可用传统的化学浸泡池和相应的清水冲洗去除。较小的颗粒被几种很强的力吸附在表面,所以很难除去。一种是范德华(Van der Waals)力,这是一种在一个原子的电子和另一个原子的核之间形成的,很强的原子间吸引力。尽量减小这种静电引力的技术是控制一种称为 z 电势(zeta potential)的变量。z 电势是在颗粒周围的带电区域与清洗液中带相反电荷的带电区域形成平衡的平衡电势。这个电势随着速度(当晶圆在清洗池中移动时清洗液的相对移动速度)、溶液的 pH 和溶液中的电解质的浓度变化而变化的。同时,它还将受到清洗液中的添加剂,如表面活性剂的影响。我们可以通过设定这些条件来得到一个与晶圆表面相同电性的较大电势,从而产生排斥作用使得颗粒从晶圆表面脱落而保留在溶液中。

另一种是表面张力引力。它产生了颗粒与表面之间形成的液体桥(见图 5.25)。表面张力可以比范德华引力大[32]。表面活性剂或一些机械的辅助,例如兆频超声波,被用来去除表面的这些颗粒。

清洗工艺多为一系列的步骤,用来将大小不一的颗粒同时除去。最简单的颗粒去除工艺是用位于清洗台的手持氮气枪喷出的,经过过滤的高压氮气吹晶圆的表面。在存在小颗粒问题的制造区域,氮气枪上配置了离子化器,可以除去氮气流中的静电,从而使晶圆表面呈中性。

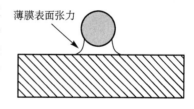

图 5.25　薄膜上的表面张力

氮气枪是手持的,操作员在使用它的时候必须注意不要污染操作台上的其他晶圆或操作台本身。通常在洁净等级为 1/10 的净化间中,不使用喷枪。

5.6.2　晶圆刷洗器

晶圆外延生长对于晶圆清洁程度的严格要求导致了机械式晶圆表面刷洗器的发明。同时这一方法也被用在非常关键的颗粒去除中(见图 5.26)。

刷洗器将晶圆承载在一个旋转的真空吸盘上。在一股去离子水直接冲洗晶圆表面的同时,一个旋转的刷子近距离地接触旋转的晶圆。刷子和晶圆旋转的结合在晶圆表面产生了高能量的清洗动作。液体被迫进入晶圆表面和刷子末端之间极小的空间,从而达到很高的速度,以辅助清洗。必须注意的是,要保持刷子和清洗液管道的清洁以防止二次污染。另外,刷子到晶圆要保持一定的距离以防止在晶圆表面造成划痕。

在去离子水中加入表面活性剂可以提高清洗的效果,同时防止静电的形成。在某些应用中,稀释的氨水被用作清洗液以防止在刷子上形成颗粒,同时控制系统中的 z 电势[33]。

刷洗器可以设计为有自动上/下料功能的独立操作单位,也可以设计为其他设备的一部分,在工艺过程前自动执行对晶圆的清洗。

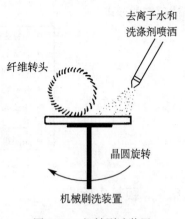

图 5.26　机械刷洗装置

5.6.3　高压水清洗

对由于静电作用附着的颗粒去除首先成为玻璃和铬光刻掩模版的清洗。于是开发了高压水喷洒清洗。将一注小的水流施加 2000~4000 psi 的压力,水流连续不断地喷洒掩模或晶圆的表面,除去大小不一的颗粒。在水流中经常加入小剂量的表面活性剂作为去静电剂。

5.6.4　有机残留物

有机残留物是含碳的化合物,例如指纹中的油分。这些残留物可以在溶剂浸泡池中被去除,例如丙酮、乙醇或 TCE。一般来说,要想将晶圆表面的溶剂完全烘干非常困难,所以如果可能,会尽量避免用溶剂清洗晶圆。另外,溶剂经常会有杂质,从而使其本身成为了污染源。

5.6.5　无机残留物

无机残留物是那些不含碳的物质。这样的例子有无机酸,如盐酸、氢氟酸。它们会在晶圆制造的其他工序中介绍。关于晶圆表面有机物和无机物的去除,有一系列的清洗方案,将在下面的部分介绍。

5.6.6　化学清洗方案

半导体工业中存在大范围的清洗工艺。每个制造区域对于清洁度有着不同的需要,也对不同的清洗方案有着不同的经验。在本节中描述的清洗方案是那些最常用的类型。当然,在不同的晶圆制造区域,它们又将有多种变化或是方案的多种不同组合。在这里描述的是在掺杂、淀积和金属淀积前晶圆的清洗工艺(光刻胶的去除这一特例将在第 8 章中讲解)。

液体的化学清洗工艺通常称为湿法工艺(wet process)或湿法清洗(wet cleaning)。浸泡型清洗在嵌入清洗台的台板上的玻璃、石英或是聚四氟乙烯的槽子中进行(见第 4 章)。如果一种清洗液需要加热,那么槽子会坐落在一个加热盘上,周围被加热用的电阻丝缠绕或者其内部有一个浸入式加热器。化学品也可用于喷洒,应用于直接冲击或离心分离设备中(见 5.6.11 节中的旋转淋洗甩干机)。

5.6.7　常见的化学清洗

硫酸:一种常见的清洗溶液是热硫酸添加氧化剂。它也是一种通常的光刻胶去除剂(见第 8 章)。在 90℃~125℃ 的范围中,硫酸是一种非常有效的清洗剂。在这样的温度下,它可以去除晶圆表面大多数无机残留物和颗粒。添加到硫酸中的氧化剂用来去除含碳的残留物，化学反应将碳转化成二氧化碳，后者以气体的形式离开反应槽：

$$C + O_2 \rightarrow CO_2(气体)$$

通常使用的氧化剂是过氧化氢（H_2O_2）或臭氧（O_3）。为了清洗和剥离，臭氧也被直接用于去离子水中。

硫酸和过氧化氢：硫酸和过氧化氢混合制成一种常见的清洗液，用于各个工艺过程之前，尤其是炉工艺之前晶圆的清洗。它也可用做光刻操作中光刻胶的去除剂。在业内，这种配方有多种命名，包括 Carro 酸和 Piranha 刻蚀（Piranha 是一种非洲的食人鱼）。后者说明了这种溶液的危险性和有效性。

一种手动的方法是在盛有常温的硫酸容器中加入 30%（体积）的过氧化氢。在这一比例下，发生大量的放热反应，使容器的温度迅速升到了 110℃ ~ 130℃ 的范围。随着时间的推移，反应逐渐变慢，反应池的温度也降到有效范围之内。这时，往反应池中添加额外的过氧化氢或者不再添加。往反应池中不断添加最终会导致清洗效率降低。这是因为过氧化氢转化为水，从而使硫酸稀释。

在自动的系统中，硫酸被加热到有效清洗的温度范围内。在清洗每一批晶圆前，再加入少量（50 ~ 100 mL）过氧化氢。这种方法保证清洁池处于合理的温度下，同时，由过氧化氢产生的水可通过气化离开溶液。基于经济和工艺控制因素的考虑，一般选用加热硫酸这一方法。这种方法也使两种化学物质的混合比较容易自动实现。

臭氧：氧化添加剂的作用是给溶液提供额外的氧。有些公司将臭氧（O_3）的气源直接通入硫酸的容器。臭氧和去离子水混合是一种去除轻微有机物污染的方法。典型的工艺是将 1 ~ 2 ppm 的臭氧通入去离子水中，在室温下持续 10 分钟[34]。

5.6.8 氧化层的去除

我们已经提及了硅很容易氧化。氧化反应可以在空气中进行，或者是在有氧存在的加热的化学品清洗池中进行。通常在清洗池中生成的氧化物，尽管很薄（100 ~ 200 Å），但其厚度足以阻挡晶圆表面在其他工艺过程中发生正常的反应。这一层氧化物可成为绝缘体，从而阻挡晶圆表面与金属层之间良好的电接触。

去除这些薄的氧化层是很多工艺的需要。有一层氧化物的硅表面具有吸湿性（hydroscopic）。没有氧化物的表面具有厌水性（hydrophobic）。氢氟酸（HF）是去除氧化物的首选酸。在初始氧化之前，当晶圆表面只有硅时，将其放入盛有最强的氢氟酸（49%）的池中清洗。氢氟酸将氧化物去除，却不刻蚀硅。

在以后的工艺中，当晶圆表面覆盖之前生成的氧化物时，用水和氢氟酸的混合溶液可将孔图形中的薄氧化层去除。这些溶液的强度从 100:1 到 10:7（H_2O:HF）变化。对于强度的选择依赖于晶圆上氧化物的多少，因为水和氢氟酸的溶液既可将晶圆孔中的氧化物刻蚀掉，又可将表面其余部分的氧化物去除。既要保证将孔中的氧化物去除，同时又不会过分地刻蚀其他氧化层，这就要求选择一定的强度。典型的稀释溶液是 1:50 到 1:100。

如何处理硅片表面的化学物质是一直以来清洗工艺所面临的挑战。一般地，栅氧化前的清洗用稀释的氢氟酸溶液，并将其作为最后一步化学品的清洗，这称为 HF 结尾。HF 结尾的表面是厌水性的，同时对低量的金属污染是钝化的。然而，厌水性的表面不易被烘干，经常残留水印(watermark)。另一个问题是增强了颗粒的附着,而且还会使电镀层脱离表面[35]。

RCA 清洗:在 20 世纪 60 年代中期,一名美国无线电公司(RCA)的工程师 Werner Kern 开发出了一种两步清洗工艺以去除晶圆表面的有机和无机残留物。这一工艺被证明非常有效,而它的配方也以简单的"RCA 清洗"为人们所熟知[36]。只要提到 RCA 清洗,就意味着过氧化氢与酸或碱同时使用。第一步,标准清洗-1(SC-1)应用水,由过氧化氢和氨水的混合溶液组成,从 5:1:1 到 7:2:1 变化,加热温度在 75℃~85℃ 之间。SC-1 去除有机残留物,同时建立一种从晶圆表面吸附痕量金属的条件。在工艺过程中,一层氧化膜不断形成又分解。

标准清洗-2(SC-2)应用水、过氧化氢和盐酸,按照 6:1:1 到 8:2:1 的比例混合溶液,其工作温度为 75℃~85℃ 之间。SC-2 去除碱金属离子、氢氧根及复杂的残余金属。它会在晶圆表面留下一层保护性的氧化物。化学溶液的原始浓度及其稀释的混合液均列在图 5.27 中。

RCA 清洗	按体积计的组分
标准清洗-1(SC-1)	5:去离子水
	1:30%过氧化氢
	1:29%氢氧化铵
	清洗条件:70℃,5 分钟
标准清洗-2 (SC-2)	6:去离子水
	1:30%过氧化氢
	1:37%盐酸
	清洗条件:70℃,5~10 分钟

图 5.27　RCA 清洗配方

多年来,RCA 的配方被证实是经久不衰的,至今仍是大多数炉前清洗的基本清洗工艺。随着工业清洗的需求,化学品的纯度也在不断地进行改进。根据不同的应用,SC-1 和 SC-2 的前后顺序也可颠倒。如果晶圆表面不允许有氧化物存在,则需加入氢氟酸清洗这一步。它可以放在 SC-1 和 SC-2 之前进行,或者在两者之间,或者在 RCA 清洗之后。

在最初的清洗配方基础上,曾有过多种改进和变化。晶圆表面金属离子的去除曾是一个问题。这些离子存在于化学品中,并且不溶于大多数的清洗和刻蚀液中。通过加入一种螯合剂(chelating agent),例如乙烯基二胺四乙酸(EDTA),使其与这些离子结合,从而阻止它们再次淀积到晶圆上。

稀释的 RCA 溶液具有更多的用途。SC-1 稀释液的比例为 1:1:50(而不是 1:1:5),SC-2 稀释液的比例为 1:1:60(而不是 1:1:6)。这些溶液被证明具有与比它们更浓的溶液配方同样的清洗效果。而且,它们产生较小的微观上的粗糙,节约成本,同时容易去除[37]。

5.6.9　室温和氧化的化学物质

理想的清洗工艺是应用那些完全安全、易于并比较经济地进行处理的化学品,并且在室温下进行,这种工艺并不存在。然而,关于室温下化学反应的研究正在进行。其中一种[38]是将臭氧与另外两种浓度的氢氟酸溶液(见图 5.28)在室温下注入盛有超纯净水的清洗池。兆频超声波作为辅助以提高清洗的有效性。

室温清洗工艺
- 臭氧化的去离子水
- 氢氟酸/过氧化氢/水/表面活性剂 + 兆频超声波(megasonic)
- 双氧水 + 兆频超声波
- 氢氟酸稀释液(1%)
- 去离子水清洗 + 兆频超声波

图 5.28　试验性的室温下的清洗工艺

喷洒清洗：标准的清洗技术是浸泡在湿法清洗台或全自动机器的化学池中进行的。当湿法清洗被应用到 0.35 ~ 0.50 μm 的技术时代时，也相应出现了一些顾虑。化学品越来越多，浸泡在池中会导致污染物的再次淀积，而且晶圆表面越来越小，越来越深的图形阻碍了清洗的有效性。于是开始将多种清洗方法进行结合。喷洒清洗具有几个优越性。化学品直接喷到晶圆表面而无须在池中保存大量的化学品，使化学品的成本降低。化学品用量的减少也使得处理和运输化学废物的开销降低。清洗效果有所提高。喷洒的压力有助于清洗晶圆表面带有深孔的很小图形。而且，再次污染的概率也会变小。喷洒清洗由于晶圆每次接触的都是新鲜的化学品，所以清洗后可以立即进行清水冲淋，而无须移至其他清水冲洗台上进行。

干法清洗：湿浸泡的方法已引起人们开发蒸气(vapor)或气相(gas-phase)清洗的兴趣与思考。对于清洗，晶圆暴露在清洗液或刻蚀液的蒸气中。氢氟酸/水的混合蒸气经证实可用来去除氧化物，以过氧化物为基础的清洗液的气相取代物也已存在[39]。

这一工艺最终的梦想是完全的干法清洗和干法刻蚀。目前，干法刻蚀(等离子体，见第 9 章)已经很完善地建立起来了。干法清洗正在发展之中。紫外(UV)臭氧可以氧化并光学分离晶圆表面形成的污染物。

低温清洗：高压的二氧化碳(CO_2)，也称雪清洗(snow cleaning)，是一种新兴的技术(见图 5.29)。CO_2 从一个喷嘴中直接喷到晶圆表面。当气体从喷嘴中喷出时，其压力下降从而导致快速冷却，形成 CO_2 颗粒，像雪花一样。相互撞击颗粒的压力驱散晶圆表面的颗粒并由气流将其带走。表面的物理撞击提供了一种清洗作用。氩气喷雾是另外一种低温清洗。氩气相对较重。它的较大原子在压力下直喷到晶圆表面从而除去颗粒。

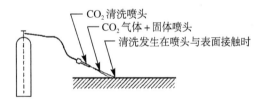

图 5.29　二氧化碳雪清洗(经 Walter Kern 许可)

一种结合了氧气和氩气的综合方法，称为低温动力(Cryokinetic)法。在压力下将气体预冷使其形成液气混合物并流入一个真空反应室中。在反应室中，液体迅速膨胀形成极微小的结晶将颗粒从晶圆表面击走[40]。

5.6.10　水冲洗

每一步湿法清洗的后面都跟着一次去离子水的冲洗。清水冲洗具有从表面上去除化学清洗液和终止氧化物刻蚀反应的双重功效。冲洗可用几种不同的方法来实现。未来的焦点集聚在提高冲洗效果和减少水的用量上。国际半导体技术路线图(ITRS)要求每平方英寸硅片的用水量由之前的 30 加仑减少到 2 加仑。

水清洗技术包括：
- 溢流式或级联式清洗器；
- 快速泄放式(QDR)；
- 超声波或兆频超声波辅助式；
- 喷洒式；
- 旋转-冲洗甩干机。

溢流式或级联式清洗器：自动的表面清洗并不是单独地将晶圆浸泡在池水中。完全、彻底的冲洗需要晶圆表面有清洗的水不断地流过。其中一种方法叫溢流式清洗器(见图5.30)。它通常是嵌入清洗台面板内的一个池子。去离子水从盒子的底部进入，从晶圆周围流过，再经过一个闸门从排水系统排出。从下部的底盘进入冲洗器的一般氮气的气泡加强了流水的冲洗作用。由于氮气的气泡在水中由下向上通过，有助于晶圆表面化学品和水的混合。这一类型称为气泡式。另一不同类型为平行式下流冲洗器。在这一设计中，水从冲洗池外部进入，竖直向下流过晶圆(见图5.31)。

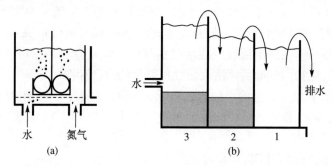

图5.30　水清洗系统。(a)单级溢流；(b)三级溢流

由经验得出的法则是，充分的冲洗要以流速为每分钟等于冲洗池体积的 5 倍流量(每分钟的水更换次数)持续冲洗至少 5 分钟(取决于晶圆的直径)。如果冲洗池的体积为 3 L，则流量应至少为 15 L/min。

冲洗的时间长短是由测量排出冲洗池的水的电阻率决定的。化学清洗液在冲洗的水中有带电的分子，它们的存在可由水的电阻率推测。如果进入冲洗池的水的电阻为 18.2 MΩ 的水平，那么在清洗池的出口处水的电阻为 15 ~ 18.2 MΩ，说明晶圆已经清洗并冲淋干净。由于清水冲洗至关重要，所以通常至少要进行两种冲洗，而总的冲洗时间要设定为由电阻率测量而确定的最小冲洗

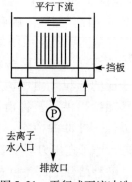

图5.31　平行式下流冲洗

时间的 2 ~ 5 倍。通常在冲洗池出口处安装一个水电阻率测量表以不断地测量出口处水的电阻率，并在冲洗完成时给出信号。

清洗机：水清洗效率是污染控制和生产成本的两个关键因素。平行式下流冲洗(见图5.31)直接将清洗的水冲到晶圆上的通道，在清洗步骤中使混合最小化。

考虑到冲洗的有效性和节约用量水，泄放式冲洗无疑是一个引人注目的方法。系统的构成类似溢流式冲洗，但具有喷洒能力。晶圆被放置到干的冲洗槽中即刻用去离子水喷淋。当

喷淋进行时，冲洗槽被水迅速充满。当水溢流至冲洗槽的顶端，其底部的一个活门开启，将水顷刻间排入泄放系统。这样的填满和泄放的过程反复几次直至晶圆被完全冲洗干净。

超声波辅助进行的清洗和浸洗： 在化学品清洗池或水冲洗系统中，额外超声波振动帮助并加速湿法工艺的进行（见图 5.32）。使用超声波可以提高清洗效率从而允许较低槽温。超声波是由清洗槽外部安装的变频器产生的能量波。通常使用两个波段。在 20 000 ~ 50 000 Hz（1 Hz = 每秒一个周期）范围的叫超声波（ultrasonic），在 850 kHz 左右的波段称为兆频超声（megasonic）波[41]。超

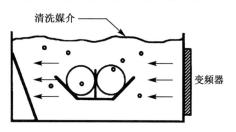

图 5.32　超声波/兆频超声波芯片清洗/刻蚀槽

声波是通过蒸气旋涡来辅助冲洗的。振动在液体中形成极微小的气泡，这些气泡快速地破裂而产生极微小的擦洗动作，从而除去颗粒。这一现象称为气涡。兆频超声波的辅助作用是通过另外一种机理来实现的。依据流体力学，固体表面与液体之间有一个静止或缓慢移动的界面，例如晶圆的表面。小的颗粒可被保持在这层界面中而不会接触化学清洗液。兆频超声波的能量可以消除这一界面，从而使颗粒得以清洗。另外，一种称为声流（acoustic streaming）的现象使得水或清洗液流过晶圆的速度加快，从而提高清洗效率[42]。

喷洒式冲洗： 流动的水通过稀释的机械原理将晶圆表面水溶性的化学物质除去。最表层的化学物质溶解于水并被水流携带走。这种动作在一次一次不间断地进行。较快的水流速度可以更快地将化学物质溶解，从而使冲洗速度提高。水的更换次数直接决定了冲洗的速度。这可以通过想象以一个非常快的水流速度在一个非常大的冲洗池中进行冲洗来理解。从晶圆表面去除掉的化学物质会均匀地分布在冲洗池中，因此一部分化学物质也仍然将会附着在晶圆表面。只有通过足够多的水流进，并携带着化学物质流出冲洗池，才可能将化学物质最终从池中排出。

另一种冲淋速度较快的方法是利用水喷淋的方法。喷洒是通过来自它自身动量的物理作用除去化学物质的。大量的小水滴冲击晶圆表面，可以达到与更换率极高的冲洗方法相同的效果。除了更有效的冲洗效果，与溢流式冲洗相比，喷洒冲洗的用水量相当少。但当用电阻率监测器测量喷洒冲洗器中排出的水的电阻时，一个问题将随之而来，被喷射的水捕捉到的空气中的二氧化碳相当于带电的颗粒，从而被电阻率测量器视为污染物，而其实它们并不是污染物。

泄放式冲洗的另一个好处是全部过程在一个槽中进行，节约设备和空间。它还是一个可以自动操作的系统，操作员只需将晶圆放入槽中（这一操作也可自动实现）然后按下启动键即可。

旋转淋洗烘干机： 清水冲洗后，必须将晶圆烘干。这并不是一个无关紧要的过程。任何保留在晶圆表面的水（甚至是原子）都可能对以后的任何一步操作产生潜在的影响。目前所应用的有 3 种烘干技术（之间有所不同）（见图 5.33）。

5.6.11　烘干技术

- 旋转淋洗甩干机（SRD）；
- 异丙醇（IPA）蒸气蒸干法；
- 表面张力/Marangoni 烘干法；

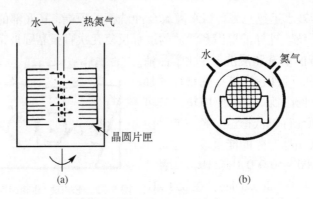

图 5.33　旋转淋洗甩干机类型。(a)多舟型；(b)单舟型

旋转淋洗甩干机(SRD)： 在旋转淋洗甩干机中，完全的甩干是在一个类似离心分离机的设备中完成的。一种方式是将晶圆承载器装入一个圆筒状容器内部的片匣固定器中。在这一圆筒状容器的中心是一排连接着去离子水和热氮气的带孔的管子。

甩干的过程实际起始于晶圆的冲洗，因为晶圆是围绕着喷水的中心管柱旋转的。然后，当热氮气从中心管柱中喷出时，SRD 转换为高速旋转。不难想象，旋转把水从晶圆表面甩掉。热氮气可以帮助去除紧附于晶圆上的小水珠。

SRD 还可以设计用来做单个晶圆承载器的甩干。承载器可以被滑动推入反应室内部的一个旋转固定器中。水和氮气从其侧壁进入反应室而不是通过一个位中心的管柱。冲洗和甩干是在承载器绕其自身的轴线旋转时进行的。这种类型的 SRD 称为轴线甩干机(axial dryer)。这两种烘干机均被应用于全自动的晶圆清洗和刻蚀工艺。作为晶圆清洗机，其所需的化学品通过管道连接到机器上，又由用微处理器控制的阀门将正确的化学品输送到反应室中。

异丙醇(IPA)蒸气蒸干法： 一种近来又被重新发展的烘干技术是醇类蒸干法。在烘干器的底部有一个液体 IPA 的储液罐。其上部充满蒸气(气相)。当一片表面带水的晶圆悬置于蒸气中时，IPA 将取代晶圆表面的水。IPA 蒸气区域周围的冷却管使 IPA 蒸气中的水蒸气凝结，从而除去晶圆表面的水。另一种为直接取代型气相蒸干机(direct displacement vapor dryer)。在这一系统中，晶圆被直接从水池中拿出放入 IPA 蒸气中，IPA 对水的取代在其中发生(见图 5.34)。

表面张力/马拉高尼(Marangoni)烘干： 当晶圆从水中被慢慢拿出水面时，水的表面张力产生一种特殊条件，张力吸走表面的水，使晶圆变干。一种有机物，如 IPA 或 N_2 的气流在晶圆和水的界面出现，将使上述效果增强。IPA/N_2 的气流产生一种表面张力梯度从而使得晶圆上的水从其表面流入水中。这一内部流动进一步加强了晶圆表面去水的效果。在实际应用中，晶圆会从水池中缓慢拿出，或者冲洗池中的水会慢慢下降使晶圆露出水面[43]。

图 5.34　蒸气蒸干法(经 Walter Kern许可)

5.6.12　污染检测

对各种污染形式的检测将在第 8 章和第 14 章中具体描述。

习题

学习完本章后，你应该能够：

1. 指出污染在半导体器件及其工艺生产中的 3 大主要影响。
2. 列出芯片生产工艺中的主要污染源。
3. 说出净化间的洁净等级的定义。
4. 列举等级分别为 100、10 和 1 的芯片生产区域的微尘密度。
5. 描述正压环境、风淋室以及黏性地板垫在保持环境洁净度中所起的作用。
6. 描述用"晶圆隔离"控制污染的两个优点。
7. 列出至少 3 种在芯片厂中尽量减少人员污染的技术方法。
8. 说出在通常所说的水中存在的 3 种污染物，以及在半导体生产厂中对它们的控制。
9. 描述通常所说的工业化学品和半导体级纯度的化学品之间的区别。
10. 说出两个由高静电等级引起的问题以及两种控制静电的方法。
11. 描述典型的前线和后线的晶圆清洗工艺。
12. 列举典型的晶圆冲洗技术。

参考文献

[1] *International Technology Roadmap for Semiconductors*, 1993.

[2] *International Technology Roadmap for Semiconductors*, Yield Enhancement, 2011.

[3] Sherry, J., "Assessing Airborne Molecular Contaminant," *Future Fab* 9, International Issue: 135.

[4] "Clean Room and Work Station Requirements, Federal Standard 209E," 1992, Sec. 1-5, Office of Technical Services, Dept. of Commerce, Washington, DC.

[5] Ibid.

[6] Semiconductor Industry Association, *National Technology Roadmap for Semiconductors*, 1997, San Jose, CA.

[7] "Clean Room and Work Station Requirements, Federal Standard 209E," 1992, Sec. 1-5, Office of Technical Services, Dept. of Commerce, Washington, DC.

[8] Class-10 Technologies, Inc., *Operator Training Course*, 1983, San Jose, CA: 13.

[9] Bonora, A., "Minienvironments and Their Place in the Fab of the Future," *Solid State Technology*, PennWell Publishing, Sep. 1993.

[10] Newboe, B., "Minienvironments: Better Cleanrooms for Less," *Semiconductor International*, Mar. 1993: 54.

[11] Licari, J., and Enlow, L., *Hybrid Microcircuit Technology Handbook*, 1988, Noyes Publications, Park Ridge, NJ: 281.

[12] "Dryden Engineering Inc., Product Description," Santa Clara, CA: 1995.

[13] Ibid.

[14] Licari, J., and Enlow, L., *Hybrid Microcircuit Technology Handbook*, 1988, Noyes Publications, Park Ridge, NJ: 280.

[15] Ibid.

[16] Iscoff, R., "Cleanroom Apparel: A Question of Tradeoffs," *Semiconductor International*, Cahners Publishing, Mar. 1994: 65.

[17] Ibid.

[18] Ibid.

[19] Governal, R., "Ultrapure Water: A Battle Every Step of the Way," *Semiconductor International*, Cahners

Publishing, Jul. 1994:177.

[20] Ibid.

[21] Peters, L., "Point-of-Use Generation: The Ultimate Solution for Chemical Purity," *Semiconductor International*, Cahners Publishing, Jan. 1994:62.

[22] Carr, P., "RTP Characterization Using *In-situ* Gas Analysis," *Semiconductor International*, Cahners Publishing, Nov. 1993:75.

[23] Kobayashi, H., "How Gas Panels Affect Contamination," *Semiconductor International*, Cahners Publishing, Sep. 1994:86.

[24] Hill, "Quartzglass Components and Heavy-Metal Contamination," *Solid State Technology*, PennWell Publishing, Mar. 1994:49.

[25] Busnaina, A., "Solving Process Tool Contamination Problems," *Semiconductor International*, Cahners Publishing, Sep. 1993:73.

[26] Bellville, L., "Presaturated Wipers Optimize Solvent Use," *Cleanrooms*, Apr. 2000:30.

[27] Gale, G., Kirkpatrick, B., and Kern, F., "Surface Preparation," *Handbook of Semiconductor Manufacturing Technology*, 2008, CRC Press, New York, NY: Section 5-1.

[28] Allen, R., O'Brian, S., Loewenstein, L., Bennett, M., and Bohannon, B., "MMST WaferCleaning," *Solid State Technology*, PennWell Publishing, Jan. 1996:61.

[29] The Semiconductor Industry Association, *The National Technology Roadmap for Semiconductors*, 1994:116.

[30] Ibid., p. 113.

[31] Kern, W., "Silicon Wafer Cleaning: A Basic Review," *6th International SCP Surface Preparation Symposium*, 1999.

[32] Steigerwald, J., Murarka, S., and Gutmann, R., *Chemical Mechanical Planarization of Microelectronic Materials*, 1997, John Wiley & Sons, Hoboken, NJ: 298.

[33] Hymes, D., and Malik, I., "Using Double-Sided Scrubbing Systems for Multiple General Fab Applications," *Micro*, Oct. 1996:55.

[34] Burggraaf, P., "Keeping the 'RCA' in Wet Chemistry Cleaning," *Semiconductor International*, Jun. 1994:86.

[35] Kern, W., "Silicon Wafer Cleaning: A Basic Review," *6th International SCP Surface Preparation Symposium*, 1999.

[36] Ibid.

[37] Lin, F., "Effects of Dilute Chemistries on Particle and Metal Removal Efficiency and on Gate Oxide Integrity," *5th International Symposium*, SCP Global, 1998.

[38] Wikol, M., "Application of PTFE Membrane Contactors to the Bubble-Free Infusion of Ozone into Ultra-High Purity Water," *5th International Symposium*, SCP Global, 1998.

[39] Allen, R., O'Brian, S., Loewenstein, L., et al., "MMST Wafer Cleaning," *Solid State Technology*, PennWell Publishing, Jan. 1996:62.

[40] Butterbaugh, J., "Enhancing Yield through Argon/Nitrogen Cryokinetic Aerosol Cleaning after Via Processing," *Micro*, Jun. 1999:33.

[41] Wolf, S., and Tauber, R. N., Silicon Processing for the VLSI Era, p. 519.

[42] Busnaina, A., and Dai, F., "Megasonic Cleaning," *Semiconductor International*, Aug. 1997:85.

[43] Ibid.

[44] Wang, J., Hu, J., and Puri, S., "Critical Drying Technology for Deep Submicron Processes," *Solid State Technology*, Jul. 1998:271.

第6章　生产能力和工艺良品率

6.1　引言

晶圆的制造和封装是一个涉及几百步工艺的相当长而复杂的过程。这些步骤绝不可能每次都完美进行，污染和材料的变化将不断出现在工艺中从而造成晶圆损失，加上在晶圆上一些单个芯片不能满足客户的电性能要求。本章将结合影响良品率的主要工艺及材料要素对主要的良品率测量点做出阐述。对于不同电路规模和良品率测量点的典型良品率也在本章中列出。

6.2　良品率测量点

维持及提高工艺和产品的良品率(yield)对半导体工业至关重要。任何对半导体工业做过些许了解的人都会发现，整个工业对其生产良品率极其关注。的确如此，半导体制造工艺的复杂性，以及生产一个完整封装器件所需要经历的庞大工艺制程数量，是导致这种对良品率的关注超乎寻常的基本原因。这两方面的原因使得通常只有 20% ~ 80% 的芯片能够完成晶圆生产线全过程，成为成品出货。

对于大部分制造工程师来说，这样的良品率看上去真是太低了。可是当我们考虑一下所面临的挑战，是要在极其苛刻的洁净空间中，通过约 39 块不同的掩模版，在 140 mm^2 的芯片范围内，制作出数百万个微米量级的元器件平面构造和立体层次，就会觉得能够生产出任何一种这样的芯片已经是半导体工业了不起的成就了[1]。

另外一个抑制良品率的重要方面是大多数生产缺陷的不可修复性。不像有缺陷的汽车零件可以更换，这样的机会对半导体制造来说通常是不存在的。缺陷芯片或晶圆一般是无法修复的。在某些情况下没有满足性能要求的芯片可以被降级处理用于低端应用。废弃的晶圆或许可以发挥余热，作为某些制程工艺的控制晶圆或假片使用(见第 5 章和第 7 章中关于氧化工艺的讨论)。

除了以上这些工艺方面的因素，规模化的量产也使得良品率越发重要。巨额的资金投入，高于工业界平均比例的工程技术人员的使用，这些都导致了半导体生产高昂的分摊成本。居高不下的分摊成本，加上激烈的竞争使得产品价格持续下滑，驱使大部分芯片生产厂商运行在一个大规模量产，高良品率的水平上。

基于所有这些原因，也就不难理解半导体工业对于良品率的执着了。大部分的设备和原材料供应商都以自己的产品可能提升良品率来作为推销的主要手段。同样，工艺工程部门也把维持和提高制程良品率当作本部门的主要责任。良品率测量在制程的每一种单个工艺开始，并追溯到整个工艺流程，从投入空晶圆到完成电路的封装。

通常，工厂将在工艺的三个主要点监测。它们是晶圆制造工艺完成时、晶圆中测后和封装完成时，并进行终测(见图 6.1)。

主要良品率测试点	
制造阶段	测试
晶圆制造良品率	$\dfrac{晶圆产出数}{晶圆投入数}$
晶圆中测良品率	$\dfrac{合格芯片数}{晶圆上芯片总数}$
封装良品率	$\dfrac{终测合格的封装芯片数}{投入封装的合格芯片数}$

图6.1 主要良品率测量点

6.3 累积晶圆生产良品率

在晶圆完成所有的生产工艺后,第一个主要良品率就被计算出来了。对此良品率有多种不同的叫法,如 FAB 良品率、生产线良品率、累积晶圆厂良品率或"CUM"良品率。

无论怎么命名,都是用完成生产的晶圆总数除以总投入片数的一个百分比来表示。不同类型的产品拥有不同的元件、特征工艺尺寸和密度因子。将会针对产品类型而不是对整个生产线计算一个良品率。

要得到 CUM 良品率,需要首先计算各制程站良品率(station yield),即以离开单一制程站的晶圆数比进入此制程站的晶圆数:

$$站良品率 = \frac{离开此制程站的晶圆数}{进入此制程站的晶圆数}$$

将各制程站良品率依次相乘就可得出整体的晶圆生产 CUM 良品率:

$$晶圆生产 CUM 良品率 = 良品率(制程站 1) \times 良品率(制程站 2) \times \cdots \times 良品率(制程站 n)$$

图6.2 列出了一个11 步的晶圆工艺制程,与我们在第5 章中使用的方法一样。图中第3 列列出了各制程站的典型良品率。累积良品率列在第5 列。对单一产品来说,从制程站良品率计算出的 CUM 良品率与通过晶圆进出计算出的良品率是相同的,输出的晶圆数除以输入的晶圆数。也就是说,对这一产品累积良品率与简单方法算出的 CUM 良品率是相等的。值得注意的是即使单个制程站具有非常高的良品率,CUM 良品率也将随着晶圆通过工艺继续降低。现代的集成电路将需要 300 ~ 500 个工艺步骤,这对维持有收益的生产率将是巨大的挑战。成功的晶圆制造运营必须使累积制造良品率超过 90% 才能保持盈利和具有竞争性。

工艺步骤	进入的晶圆数	良品率 *	输出的晶圆数	累积良品率
1. 场氧化物	1000	99.5	995	99.5
2. 源/漏光刻	995	99.0	965	96.5
3. 源/漏掺杂	965	99.3	978	97.8
4. 栅区光刻	978	99.0	968	96.8
5. 栅氧化	968	99.5	964	96.4
6. 接触孔光刻	964	94.0	906	90.6
7. 金属层淀积	906	99.2	899	89.9
8. 金属层光刻	899	97.5	876	87.6
9. 合金金属层	876	100	876	87.6
10. 钝化层淀积	876	99.5	872	87.2
11. 钝化层光刻	872	98.5	859	85.9
* 所列良品率数值为特定工艺的典型数值。				

图6.2 累积(晶圆生产)良品率计算

晶圆生产 CUM 良品率在 50% 到 95% 之间，取决于一系列的因素。计算出来的 CUM 良品率被用于计划生产，或被工程部和管理者作为工艺有效性的一个指标。

6.4　晶圆生产良品率的制约因素

晶圆生产良品率受到许多方面的制约。下面列出了 5 个制约良品率的基本因素，任何晶圆生产厂都一定会对它们进行严格的控制。这 5 个基本因素的共同作用决定了一个工厂的综合良品率：

1. 工艺制程步骤的数量；
2. 晶圆破碎和弯曲；
3. 工艺制程变异；
4. 工艺制程缺陷；
5. 光刻掩模版缺陷。

6.4.1　工艺制程步骤的数量

从图 6.2 中看出要得到 85.9% 的 CUM 晶圆生产良品率，每个单一制程站良品率必须高于 90%。图 6.2 所示只是一个非常简单的 11 步工艺流程。甚大规模集成电路(ULSI)需要数百个主要工艺操作。具有数百个工艺操作步骤的工艺过程是典型的艺术品[2]。每一个主要工艺操作包含几个步骤，每一个步骤又依序涉及几个分步骤。能够在经过众多的工艺步骤后仍维持很高的 CUM 良品率，这一切显然应归功于晶圆生产厂内持续不断的良品率压力。在众多的工艺步骤作用下，电路本身越复杂，预期的 CUM 良品率也就会越低。

工艺步骤的增加同时提高了另外 4 个制约良品率因素对制程中晶圆产生影响的可能性。这种情况是所谓的数量专治。例如，要想在一个 50 步的工艺流程上获得 75% 的累积良品率，每一单步的良品率必须达到 99.4%。在此类计算中更进一步表现为 CUM 良品率绝不会超过各单步的最低良品率。如果一个工艺制程步骤只能达到 50% 的良品率，整体的 CUM 良品率不会超过 50%。

每一个主要工艺操作都包含了许多工艺步骤及分步，这使得晶圆生产部门面临着日益升高的压力。在图 6.2 所示的 11 步工艺流程中，第 1 步是一个氧化工艺。一个简单的氧化工艺需要完成几个工艺步骤，它们是：清洗、氧化和评估。它们中每一步都包含有分步骤。图 6.3 中列出了一个典型的氧化工艺所包含的 6 个分步骤。每一个分步骤都存在污染晶圆、打碎晶圆，或者损伤晶圆的可能。自动化和隔离技术提供了更多的控制晶圆的环境，但每个转移和新工艺的环境给污染和缺陷增加了一次机会。

分步骤	对晶圆操作次数
1. 将晶圆从片架盒中取出并放入清洗舟中	2
2. 晶圆清洗、漂洗和甩干	1
3. 将晶圆从清洗舟中取出、检查、并放到氧化舟上	2
4. 将氧化舟从反应炉中取出	0
5. 将晶圆从氧化舟中取出并放回到片架盒中	1
6. 将测试的晶圆从片架盒中取出	2
对晶圆操作总次数	8

图 6.3　氧化工艺的分步骤

6.4.2　晶圆破碎和弯曲

在晶圆生产过程中,晶圆本身会通过很多次的手工的和自动的操作。每一次操作都存在将这些易碎的晶圆打破的可能性。一片典型300 mm(12英寸)晶圆的厚度只有大约800 μm厚。必须要仔细操作晶圆,自动化操作必须将晶圆的破碎率维持在最低水平。

对晶圆的多次热处理使得晶圆更容易破裂。热处理造成的晶格结构上的损伤导致晶圆在后续步骤中增加了破碎的机会。自动化的生产设备只能处理完整晶圆。因此,晶圆如果破碎,不论破碎大小,整片晶圆将被拒收并丢弃。

如果操作得当,硅晶圆相对而言易于操作,并且自动化设备已经把晶圆的破碎降到了一个很低的水平。但是砷化镓晶圆就没有这么好的弹性,晶圆破碎是限制其良品率的主要因素。由于砷化镓电路和器件具有很高的性能和高昂的价格,所以在砷化镓生产线上,对破碎晶圆的继续生产是可能的,特别是通过手动的工艺。

在尽量减少晶圆破碎的同时,晶圆的表面在整个生产过程中必须保持平整。这一点对于使用光刻技术将电路图案投射到晶圆表面的晶圆生产至关重要。如果晶圆表面弯曲或起伏不平,投射到晶圆表面的图案会扭曲变形,并且图案尺寸会超出工艺标准。晶圆的弯曲主要归因于晶圆在反应管中的快速加热/冷却(第7章中将阐述对这一问题的解决方案)。

6.4.3　工艺制程变异

在晶圆通过生产的各个工艺制程时,它会接受许多的掺杂、薄膜及光刻工艺制程,每一步都必须达到极其严格的物理特性和洁净度的要求。但是,即使是最成熟的工艺制程也存在不同晶圆之间、不同工艺运行之间,以及不同天之间的变化。当某个工艺制程超出它的制程界限(超出规范)时,在晶圆上或在晶圆的芯片中将产生不能允许的结果。

工艺工程和工艺控制程序的目标不仅仅是保持每一个工艺操作在控制界限之内,更重要的是维持相应的工艺参数稳定不变的分布,例如时间、温度、压力及其他参数。用统计工艺控制技术监测这些工艺参数。本书将在第15章中对统计工艺控制技术进行解释。

在整个晶圆生产工艺流程中,设有许多用来发现有害变异的检查和测试,以及针对工艺标准的周期性设备的参数校准。这些检测一部分由生产部门人员来执行,一部分由质量控制部门来执行。然而,即使最佳的维护和监测工艺也会表现出一些变异。工艺工程和电路设计的挑战之一是要适应这些变异并仍能有功能器件。

工艺制程缺陷:工艺制程缺陷被定义为晶圆表面受到污染或不规则的孤立区域(或点)。这些缺陷经常被称为点缺陷(spot defect)。在一个电路中,仅仅一个非常小的缺陷就可能致使整个电路失效。这样的缺陷被称为致命缺陷(killer defect)(见图6.11)。遗憾的是,这些小的孤立缺陷不一定在晶圆生产过程中能够被检测出来。在晶圆电测时它们会以拒收芯片的形式表现出来。

这些缺陷主要来源于晶圆生产区域涉及的不同液体、气体、净化间空气、人员、工艺设备和水。微粒和其他细小的污染物寄留在晶圆内部或表面。这些缺陷很多是在光刻工艺时造成的。我们知道光刻工艺需要使用一层很薄很脆弱的光刻胶层,以便在刻蚀工艺中保护晶圆表面。在光刻胶层中任何由微粒造成的空洞或破裂将会导致晶圆表层细小的刻蚀洞。这些洞被称为针孔,是光刻工艺师关注的一个主要方面。因此,晶圆会被经常检查受污染程度,通常在每一个主要工艺步骤之后做此类检查。缺陷密度超出允许值的晶圆将被拒收。SIA 的国际半导体技术路线图（ITRS）要求 300 mm 晶圆表面的最大缺陷密度是 0.68 个每平方厘米（个/cm²）。

6.4.4　光刻掩模版缺陷

光刻掩模版是电路图案的母版，在光刻工艺中被复制到晶圆表面。光刻掩模版的缺陷会导致晶圆上的缺陷或电路图案的变形。一般有 3 种掩模版引起的缺陷。第一种是污染物，例如在掩模版透明部分上的灰尘或损伤。在进行光刻时，它们会将光线挡住，并且像图案中不透明部分一样在晶圆表面留下影像。第二种是石英板基中的裂痕。它们同样会挡住光刻光线和/或散射光线，导致错误图案和/或扭曲的图案。第三种是在掩模版制作过程中发生的图案变形。它们包括针孔或铬点、图案扩展或缺失、图案断裂或相邻图案桥接（bridge）（见图 6.4）。器件/电路的尺寸越小，密度越高，并且芯片尺寸越大，控制由掩模版产生的缺陷也就越重要。

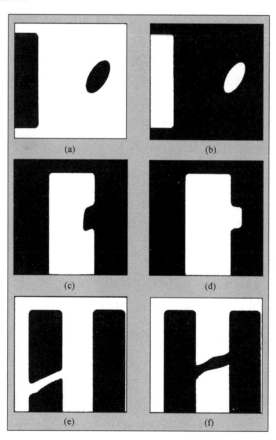

图 6.4　掩模版缺陷。(a)点；(b)空洞；(c)内含；(d)突出；(e)断裂；
(f)桥接（源自：*Solid State Technology*, July 1993, Page 95）

6.4.5　晶圆电测良品率要素

完成晶圆生产过程后，晶圆被送到电测试机上。在测试过程中，每一个芯片将被按照器件的标准和功能性进行电学测试。每个电路会接受多达数百项的电学测试。在这些测试测量产品的电学性能的同时,它们也间接地衡量了晶圆生产工艺的精确性和洁净度。由于工艺制程固有的变异和无法检测的缺陷,晶圆可能在通过了所有制程中的检测后还有许多失效的芯片。

晶圆电测是非常复杂的测试,很多因素会对良品率有影响。它们是:

1. 晶圆直径;
2. 芯片尺寸(面积);
3. 工艺制程步骤的数量;
4. 电路密度;
5. 缺陷密度;
6. 晶圆晶体缺陷密度;
7. 工艺制程周期。

6.4.6　晶圆直径和边缘芯片

半导体工业从引入硅材料起就使用圆形的晶圆。第一片晶圆直径还不到 1 英寸。从那时起,晶圆的直径就保持着持续变大的趋势,20 世纪 80 年代末 150 mm(6 英寸)晶圆是超大规模集成电路(VLSI)的标准,20 世纪 90 年代 200 mm 晶圆被开发出来并投入生产。到 2012 年 300 mm 晶圆处于满额生产,450 mm 直径的晶圆正在引入,到 2018 年实现满额生产[3]。

使用更大直径晶圆的驱动力来自生产效率的提高、不断增加的芯片尺寸以及晶圆电测良品率的影响。生产效率对晶圆尺寸的要求很容易被理解,虽然生产更大直径的晶圆会增加一些生产成本,但是晶圆上完整的芯片数会如图 6.5 所示呈现更快的增长。

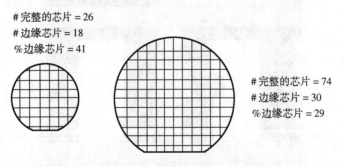

图 6.5　晶圆直径增大对不完整芯片比例的影响

增大的晶圆直径同时对晶圆电测良品率有积极的影响。图 6.6 中给出了两片晶圆,它们直径相同但是芯片的尺寸不同。我们注意到较小尺寸的晶圆表面有很大一部分被不完整的芯片所覆盖,这些芯片不能工作。如果其他条件相同,较大尺寸的晶圆凭借其上更多数量和更大比例的完整芯片将拥有较高的良品率。

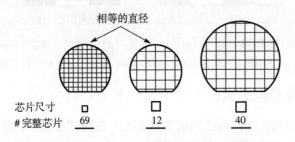

图 6.6　芯片尺寸增大和晶圆直径增大的影响

6.4.7 晶圆直径和芯片尺寸

芯片尺寸增大的趋势是另一个推动晶圆直径增大的因素。从图6.6中看出增大芯片尺寸而不增大晶圆直径将会导致晶圆表面完整芯片的比例缩小。当芯片尺寸增大时需要用增大晶圆直径以维持较好的晶圆电测良品率。图6.7中列出了不同尺寸芯片在不同直径晶圆上存在的数量。总之更大直径的晶圆拥有更好的成本效率。

芯片尺寸	晶圆直径/mm			
	150	200	300	450 *
300 mil × 300 mil	293	531	820	1845
400 mil × 400 mil	113	165	550	1238
500 mil × 500 mil	108	191	410	923

* 以 2.25% 的增量为基础，1 mil = 25.4μm。

图6.7 芯片尺寸与晶圆上芯片的数量

6.4.8 晶圆直径和晶体缺陷

本书在第3章中介绍了晶体位错的概念。晶体位错是指在晶圆(wafer)当中，由晶格的不连续性造成的缺陷点。位错在晶格的各处存在，并且与污染物和工艺缺陷密度一样，对晶圆电测良品率造成影响。

晶圆的生产过程也会造成晶体位错。它们发生(或成核)在晶圆边缘有崩角和磨损的地方。这些崩角和磨损是由较差的操作技术和自动化操作设备造成的。被磨损的区域导致了晶体位错。遗憾的是，在后续的热处理中，晶体位错会向晶圆中心蔓延(见图6.8)，例如氧化和扩散工艺。晶体位错线伸入晶圆内部的长度是一个晶圆热力学历史的函数。也就是说，晶圆经受越多的工艺步骤和/或越多的加热处理，晶体位错的数量就越多，长度就越长，也就会影响更多的芯片。对这个问题有一种显而易见的解决方案，增大晶圆的直径使得晶圆中心保留更多未受影响的芯片。

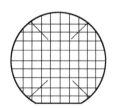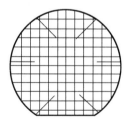

图6.8 晶体位错对不同直径晶圆的电测良品率的影响

6.4.9 晶圆直径和工艺制程变异

在本章晶圆生产良品率部分讨论过的工艺制程变异会对晶圆电测良品率造成影响。在晶圆生产区域，工艺制程变异是通过随机抽样的方法来检测和测量的。检查抽样的固有特点使得并非所有的变异和缺陷都能被检测到，因此通过检测的晶圆会有一些问题。这些问题在晶圆电测时作为失效器件显示出来。

工艺制程变异在晶圆边缘发生的概率较高。在反应炉管内进行的高温工艺制程中，晶圆表面各处的温度总是有些不一致。温度的变化会导致晶圆一致性的改变。在晶圆外围边缘，加热和冷却的速度稍快一些,变异也会多一些。另一个导致这种晶圆边缘现象的因素是由于操作而接触晶圆边缘所带来的污染物和对晶圆各层的物理损伤。光刻工艺中,使用 Mask-Driven 工艺制程(掩模版整体投影,接近和接触式曝光)会存在工艺尺寸一致性的问题。光源系统有中心区域一致性比边缘地区好的特点。对使用 Reticle-Driven 的光刻工艺制程(步进光刻机),由于曝光区域较小(一个或几个芯片),使晶圆各处的图案畸变得以减小。

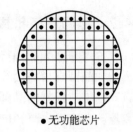

●无功能芯片

图 6.9　晶圆电测后合格芯片的典型分布

所有这些问题导致了晶圆边缘的电测良品率较低,如图 6.9所示。增大晶圆的直径,使其中部拥有更大的未受影响的芯片区,这对维持晶圆电测良品率有帮助。

6.4.10　芯片面积和缺陷密度

与晶圆表面的缺陷密度对应,芯片的尺寸也对晶圆电测良品率有一定的影响。图 6.10显示了它们之间的关系。图 6.10(a)给出了一片没有芯片图案,只有 5 个缺陷的晶圆。该图展示了这片晶圆的背景缺陷密度,也就是说,综合了所有晶圆制造领域的因素,而不考虑芯片尺寸、产品类型、工艺控制要求等因素。图 6.10(b)和图 6.10(c)显示了同样的背景缺陷密度对不同芯片面积的晶圆在电测良品率方面的影响。对于给定的缺陷密度,芯片尺寸越大,良品率就越低。

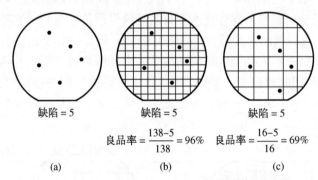

缺陷 = 5　　　　缺陷 = 5　　　　缺陷 = 5

$$良品率 = \frac{138-5}{138} = 96\%$$　　$$良品率 = \frac{16-5}{16} = 69\%$$

(a)　　　　　　　(b)　　　　　　　(c)

图 6.10　缺陷对不同芯片尺寸晶圆电测良品率的影响

6.4.11　电路密度和缺陷密度

晶圆表面的缺陷通过使部分芯片发生故障从而导致整个芯片失效。有些缺陷位于芯片不敏感区,并不会导致芯片失效。然而,由于日益减小的特征工艺尺寸和增大的元器件密度,电路集成度有逐渐升高的趋势。这种趋势使得任何给定缺陷落在电路有源区域的可能性增加了,如图 6.11 所示,晶圆电测良品率将会降低。

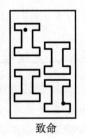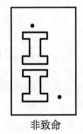

致命　　　　　　非致命

图 6.11　致命缺陷(失效的芯片)和非致命缺陷(通过的芯片)

6.4.12　工艺制程步骤的数量

工艺制程步骤的数量被认为是晶圆厂 CUM 良品率的一

个限制因素。步骤越多，打碎晶圆或对晶圆误操作的可能性就越大。这个结论同样适用于晶圆电测良品率。随着工艺制程步骤数的增加，除非采取相应措施来降低由此带来的影响，晶圆背景缺陷密度将增加。增加的背景缺陷密度会影响更多的芯片，使晶圆电测良品率变低。

6.4.13　特征工艺尺寸和缺陷尺寸

更小的特征工艺尺寸从两个主要方面使维持一个可以接受的晶圆电测良品率变得更困难：第一，较小图案的光刻比较困难（见 6.4.4 节和第 8 章）。第二，更小的图案对更小的缺陷承受力很差，对整体的缺陷密度的承受力也很差。最小特征工艺尺寸对允许缺陷尺寸的 10∶1 定律已经讨论过了。一项评估指出，如缺陷密度为每平方厘米 1 个缺陷，特征工艺尺寸为 0.35 μm 的电路的晶圆电测良品率会比相同条件下的 0.5 μm 电路低 10%[4]。

6.4.14　工艺制程周期

晶圆在生产中实际处理的时间可以用天来计算。但是由于在各工艺制程站的排队等候和工艺问题引起的临时性减慢，晶圆通常会在生产区域停留几个星期。晶圆等待时间越长，受到污染而导致电测良品率降低的可能性就越大。向即时生产方式的转变（见第 15 章）是一种提高良品率及降低由生产线存量增加带来的相关成本的尝试。

6.4.15　晶圆电测良品率公式

理解及较为准确地预测晶圆电测良品率的能力是对一个盈利且可靠的芯片供应商的基本要求。多年来，建立了许多把工艺制程、缺陷密度和芯片尺寸参数与晶圆电测良品率联系起来的模型[5]。图 6.12 给出了 5 种良品率模型的公式，每一种都将不同的参数和晶圆电测良品率联系起来。随着芯片尺寸的增大，工艺制程步骤的增加，以及特征工艺尺寸的减小，芯片对较小缺陷的敏感性增加了，并且更多的背景缺陷变成了致命缺陷。

负二项式模型
$$Y_r = \frac{1}{\left(1 + \dfrac{AD_0}{\alpha}\right)^\alpha}$$

Murphy 模型
$$Y_r = \left(\frac{1 - e^{-AD_0}}{AD_0}\right)^2$$

Bose-Einstein 模型
$$Y_r = \frac{1}{(1 + AD_0)^n}$$

Seed 模型
$$Y_r = e^{-\sqrt{AD_0}}$$

Poisson 模型
$$P(k) = \frac{\lambda^k k e^{-\lambda}}{k!}$$
$$Y_r = P(0) = e^{-\lambda} = e^{-AD_0}$$
$$Y_r = \int_0^\infty F(D) e^{-AD} \, dD$$

图 6.12　晶圆电测良品率模型

指数函数模型：指数关系（见图 6.12）或泊松（Poisson）模型是最简单也是最早被建立出来的良品率模型之一[6]。它适用于单项工艺步骤，并且假设在晶圆上缺陷（D_0）是随机分布的。对于多步骤分析，该因子（n）等于使用的工艺步骤数（见图 6.12）。该模型一般用于包含多于 300 个芯片的晶圆，并且是低密度的中规模集成电路。Seed 模型适用于更小的芯片尺寸的情况。

指数函数模型、Poisson 模型和 Seed 模型都阐明了芯片面积、缺陷密度和晶圆电测良品率之间的主要关系。这里 e 常数的值为 2.718。

B. T. Murphy 提出了使用更精确的缺陷分布的模型。Bose-Einstein 模型增加了工艺步骤数(n)。在负二项式模型中有一个群因子,它认为缺陷在晶圆表面趋向于成群分布,而不是表现为简单的随机分布。它已被 SIA 在其 ITRS 中采用,群因子赋值 2[6]。

在大多数良品率模型中,工艺步骤数因子(n)实际是光刻工艺步骤数。经验已经证明光刻工艺步骤对点缺陷数贡献最大,因此在中测良品率有直接的影响。

图 6.13 阐明了各种良品率模型的不同预测[7]。没有任何两个复杂电路在设计和工艺上是可比的。不同公司使用不同的工艺制程,基本的背景缺陷密度也不一样。这些因素使得开发一套精确通用的良品率模型非常困难。大多数半导体公司拥有自己特有的良品率模型,这些模型反映了它们各自的生产工艺和产品设计。但这些模型都是和缺陷直接相关的。因为它们都假定所有晶圆生产工艺是受控的,并且缺陷水平是所用工艺固有的。这里面不包含重大的工艺问题,例如工艺气体罐的污染等。

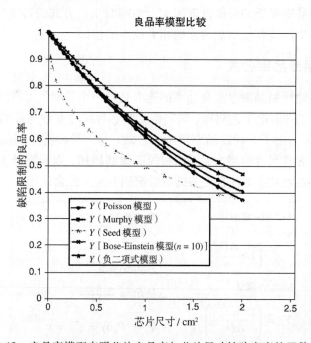

图 6.13　良品率模型表明芯片良品率与芯片尺寸缺陷密度的函数关系

在所有模型中使用的缺陷密度并不是通过对晶圆表面进行光学检查所得到的缺陷密度。良品率模型中的缺陷密度包含了所有情况:污染、表面及晶体缺陷。进一步说,它只是估计能损坏芯片的缺陷,即致命缺陷。落在芯片非重要区域的缺陷不在模型的考虑范围内,在同一敏感区的两个或两个以上的缺陷不被重复计算[8]。

另外一个需要了解的重要方面是,良品率模型得出的良品率是基于工艺制程基本受控的前提的。实际上不同晶圆的电测良品率会有变化,因为晶圆生产工艺存在着正常的工艺制程变异。图 6.14 是一个典型的晶圆电测良品率的图表。

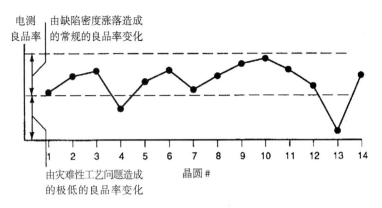

图 6.14　晶圆电测良品率曲线

其中晶圆 13 的电测良品率远低于正常范围。对于这种情况，工艺师会寻找某些灾难性的工艺制程失误，比如说超标的层厚、太深或太浅的离子注入层。

6.5　封装和最终测试良品率

完成晶圆电测后，晶圆进入封装工艺，又称为封装(assembly)与测试(test)。在那里它们被切割成单个芯片并被封装进保护性外壳中。这一系列步骤中也包含多次目检和封装工艺制程的质量检查。

在封装工艺完成后，封装好的芯片会经过一系列的物理、环境和电性能测试，总称为最终测试(final test)(工艺、检测和最终测试的细节将在第 18 章中介绍)。最终测试后，第三个主要良品率被计算出来，即最终测试的合格芯片数与晶圆电测合格芯片数的比值。

6.6　整体工艺良品率

整体工艺良品率是 3 个主要良品率的乘积(见图 6.15)。这个数字以百分数表示，给出了出货芯片数相对最初投入晶圆上完整芯片数的百分比。它是对整个工艺流程成功率的综合评测。

图 6.15　整体良品率公式

整体良品率随几个主要的因素变化。图 6.16 列出了典型的工艺良品率和由此计算出的整体良品率。前两列是影响单一工艺及整体良品率的主要工艺制程因素。

第一列是特定电路的集成度。电路集成度越高，各种良品率的预期值就越低。更高的集成度意味着特征图形尺寸的相应减小。第二列给出了生产工艺的成熟程度。在产品生产的整个生命周期内，工艺良品率的走势几乎都呈现出 S 曲线的特性(见图 6.17)。开始阶段，许多初始阶段的问题逐渐被解决，良品率上升较缓慢。接下来是一个良品率迅速上升的阶段，最终良品率会稳定在一定的水平上，它取决于工艺成熟程度、芯片尺寸、电路集成度、电路密度和缺陷密度共同作用。图 6.16 中的数据显示,对于简单成熟的产品,整体良品率可能在很低的良品率(对于设计很差的新产品可能会是零)到 90% 的范围内变化。半导体制造商把它们的良品率水平视为机密信息,因为从工艺良品率直接就可以推算出相应的利润和生产管理水平。

集成规模	产品成熟度	加工 良品率/%	中测 良品率/%	封装 终测/%	整体 良品率/%
甚大规模集成电路	成熟	95	85	97	78
甚大规模集成电路	中等	88	65	92	53
甚大规模集成电路	新品	65	35	70	16
大规模集成电路	成熟	98	95	98	91
分立器件	成熟	99	97	98	94

图 6.16　不同产品的典型良品率

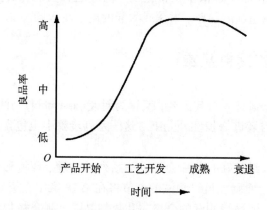

图 6.17　良品率相对工艺成熟水平的变化

从表中的数据可以看出晶圆电测良品率是 3 个良品率点中最低的,这就是为什么会有许多致力于提高晶圆电测良品率的计划。有一段时间晶圆电测良品率的提升对生产率的提高产生最大的影响。更大和更复杂的芯片(如兆位级的存储器)的出现使得如设备持有成本(见第 15 章)等其他因素被加入提高生产率的范畴。百万级芯片时代要求的成功是晶圆电测良品率需要在 90% 的范围[9]。

习题

学习完本章后,你应该能够:

1. 指出 3 个工艺良品率的主要测量点。
2. 解释晶圆直径、芯片尺寸、芯片密度、边缘芯片数量和制程缺陷密度对晶圆电测良品率的影响。
3. 通过单步工艺制程良品率来计算出累积晶圆生产良品率。
4. 解释及计算整体工艺良品率。
5. 对影响制造良品率的 4 个主要方面做出解释。
6. 建立良品率相对时间的曲线来反映不同工艺和电路的成熟程度。
7. 解释高水平工艺良品率和器件可靠性之间的联系。

参考文献

［1］Beaux，L.，and Collins，S.，"Yield Management," *Handbook of Semiconductor Manufacturing Technology*，2007，CRC Press，New York，NY：27-3.

［2］Baliga，J.，"Yield Management," *Semiconductor International*，Jan. 1998：74.

［3］Peters，L.，"Speeding the Transition to 0. 18 μm," *Semiconductor International*，Jan. 1998：66.

［4］APT Presentation "Overall Roadmap Technology Characteristics," *Industry Strategy Symposium sponsored by The Semiconductor Equipment and Materials Institute*，Jan. 1995.

［5］Walker，B.，"Motorola VP Defines Sub-Micron Manufacturing Challenges," *Semiconductor International*，Cahners Publishing，Oct. 1994：21.

［6］Ross，R.，and Atchison，N.，"Yield Modeling," *Handbook of Semiconductor Manufacturing Technology*，2nd ed.，2008，CRC Press，New York，NY：26-1.

［7］Sze，S. M.，*VLSI Technology*，1983，McGraw-Hill Publishing Company，New York，NY：605.

［8］Horton，D.，"Modeling the Yield of Mixed-Technology Die," *Solid State Technology*，Sep. 1998：109.

［9］George，B.，and Billatin，S.，"Process Control: Covering All of the Bases," *Semiconductor International*，Cahners Publishing，Sep. 1993：80.

第7章　氧　化

7.1　引言

在硅表面形成二氧化硅钝化层的能力是硅技术中的关键因素之一。本章将解释二氧化硅生长的工艺、形成及用途。其中，要详细解释本工艺中最重要的部分——反应炉，因为它是氧化、扩散、热处理及化学气相淀积反应的支柱。另外，也会涉及氧化反应的不同方法，其中包括快速热氧化工艺。

在形成半导体器件的硅的所有优点当中，容易生长出二氧化硅膜层这一点可能是最有用的。无论任何时候，当硅表面暴露在氧气中时，都会形成二氧化硅（见图 7.1）。二氧化硅是由一个硅原子和两个氧原子组成的（SiO_2）。在日常生活中，我们经常会遇到二氧化硅，它是普通玻璃的主要化学组成成分。但用于半导体上的二氧化硅，是高纯度的，经过特定方法制成的。用湿法和干法氧化、等离子体工艺和气相反应生成二氧化硅层。在有氧化剂存在的高温工艺（称为热氧化）是用于半导体器件的工艺[1]。

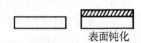

图 7.1　表面用二氧化硅钝化

尽管硅是一种半导体材料，但二氧化硅却是一种绝缘材料。在半导体上结合一层绝缘材料，再加上二氧化硅的其他特性，使得二氧化硅成为硅器件制造中得到最广泛应用的一种薄膜。科学家发现二氧化硅可以用来处理硅表面，做掺杂阻挡层、表面绝缘层，以及器件中的绝缘部分。在 MOS 器件中，最关键的层是栅，大部分栅是由二氧化硅薄层组成的（见图 7.4）。

7.2　二氧化硅层的用途

7.2.1　表面钝化

第 4 章论及了半导体器件对污染的极端敏感性。当一个半导体厂把主要精力放在控制及消除污染时，技术并不总是百分之百有效的。二氧化硅层在防止硅器件被污染方面起了重要作用。

二氧化硅在以下两个方面起重要作用：一是保护器件的表面及内部。在表面形成的二氧化硅密度非常高（无孔），非常硬。因此二氧化硅层（见图 7.1）起污染阻挡层的作用，它可以阻挡环境中脏物质侵入敏感的晶圆表面。同时，它的硬度可防止晶圆表面在制造过程中被划伤及增强晶圆在生产流程中的耐用性。

另一方面，二氧化硅对器件的保护是源于其化学特性的。不管工艺过程多么洁净，总有一些电特性活跃的污染物（移动的离子污染）最终会进入或落在晶圆表面。在氧化过程中，硅的最上一层成为二氧化硅，污染在表面形成新的氧化层，远离电子活性表面。其他污染物被禁锢在二氧化硅膜中，在那里对器件而言伤害是很小的。在早期的 MOS 器件工艺中，通常在晶圆氧化后和在进行下一步工艺之前，要去除氧化物以去掉表面那些不需要的移动离子污染物。

7.2.2 掺杂阻挡层

在第 5 章中，掺杂被定义为 4 种基本制造工艺之一。掺杂需要在表面层上建立一些洞，通过离子注入或扩散的方法把特定的掺杂物引入到暴露的晶圆表面。在硅技术里，最常见的表面层是二氧化硅（见图 7.2）。留在硅表面的二氧化硅能够阻挡掺杂物浸入硅表面。在硅技术里用到的所有掺杂物，其在二氧化硅里的运行速度低于在硅中的运行速度。当掺杂物在硅中穿行达到所要求的深度时，它在二氧化硅里才走了很短的路程。所以，只要一层相对薄的二氧化硅，就可以阻挡掺杂物浸入硅表面。

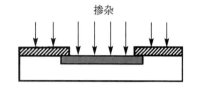

图 7.2　作为掺杂阻挡层的二氧化硅

另一个钟爱二氧化硅的原因是它的热膨胀系数与硅的热膨胀系数很接近。在高温氧化工艺、掺杂扩散或其他一些工艺中，晶圆会热胀冷缩。二氧化硅与硅胀缩的速率接近，这就意味着，在加热或冷却时，晶圆不会发生弯曲。

7.2.3 表面绝缘体

二氧化硅被归类为绝缘材料，这意味着在正常情况下它不导电。当它用于电路或器件时，它们被称为绝缘体（insulator）。作为绝缘体是二氧化硅扮演的一个重要角色。图 7.3 表示了一个晶圆的横截面，二氧化硅层的上面是一层金属导电层。氧化层使得金属层不会与下面的金属层短路，就像电线的绝缘材料保护电线不会短路一样。氧化层的这种能力要求氧化层必须是连续的，膜中不能有空洞或孔存在。

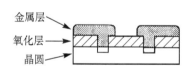

图 7.3　在晶圆和金属之间作为绝缘层的二氧化硅层

氧化层必须足够厚，以避免感应（induction）现象的产生。感应产生于足够薄的金属层，以至于电荷在晶圆表面产生聚积效应。表面电荷可导致短路及不希望的电荷影响。足够厚的膜层可防止在晶圆表面感应产生电荷。绝大多数晶圆表面被覆盖了一层足够厚的氧化层来防止从金属层产生的感应，这被称为场氧化物（field oxide）。

7.2.4 器件绝缘体（MOS 栅）

从另一个角度讲，感应现象就是 MOS 技术。在一个 MOS 晶体管中，栅极区会长一层薄的二氧化硅（见图 7.4）。如果栅上没有电荷，在源漏之间没有电流流过（见第 16 章）。但是有了合适的电荷，在栅下面区域感应出电荷，这样允许在源漏之间流过电流。氧化层起到介电质的功能，它的厚度是专门选定的，用来让氧化层下面栅极区产生感应电荷。栅极是器件中控制电流的部分（见第 16 章）。甚大规模集成电路（ULSI）中占主导地位的 MOS 技术，使得栅极的形成成为工艺发展中关注的焦点。通常还有其他介质材料淀积在栅极区的薄氧化层上。这些组合称为叠层栅（gate stack），具有不同的介电常数，它能改变晶体管的电性能。因热生成的氧化层也可用来做硅晶圆表面和导电表面之间形成的电容所需的电介质层(见图7.5)。

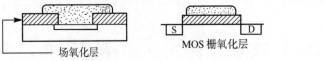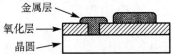

图7.4　二氧化硅作为场氧化层和MOS的栅氧化层　　　图7.5　在固态电容里的二氧化硅层

二氧化硅电介质层还用在两层或多层金属层的结构中。在这种应用里,二氧化硅层用化学气相淀积(CVD)的方法而不是用热氧化的方法形成(见第12章)。

7.2.5　器件氧化物的厚度

应用在硅基器件中的二氧化硅层的厚度的变化范围是很大的。薄的氧化层主要有MOS器件里的栅氧化层,技术进步已经允许栅的厚度达到1 nm(10 Å)[2]。厚的氧化层主要用于场氧化层,图7.6列出了不同厚度范围及其相对应的主要用途。

二氧化硅厚度/Å	用　　　途
10 ~ 100	隧道栅
150 ~ 500	栅氧化层、电容介质层
200 ~ 500	LOCOS 垫氧化层
2000 ~ 5000	掩蔽氧化层、表面钝化层
3000 ~ 10 000	场氧化层

图7.6　二氧化硅厚度表

7.3　热氧化机制

热氧化生长是非常简单的化学反应,如图7.7所示。这个反应甚至在室温条件下也能发生。可是,在实际应用中,需要在高温下,在合理的时间内获得高质量的氧化层。氧化温度一般在900℃ ~ 1200℃之间。

尽管化学方程式表示了硅与氧所发生的反应,但并没有说明氧化的生长机制。为了理解生长机制,我们可以想象把一片晶圆放到加热室中,暴露在氧环境中[见图7.8(a)]。开始时,氧原子与硅原子结合,这一阶段是线性的(linear),因为在每个单位时间里,氧的生长量是一定的[见图7.8(b)]。大约长了1000 Å(1 Å $=10^{-1}$ nm)后,线性生长率达到极限。

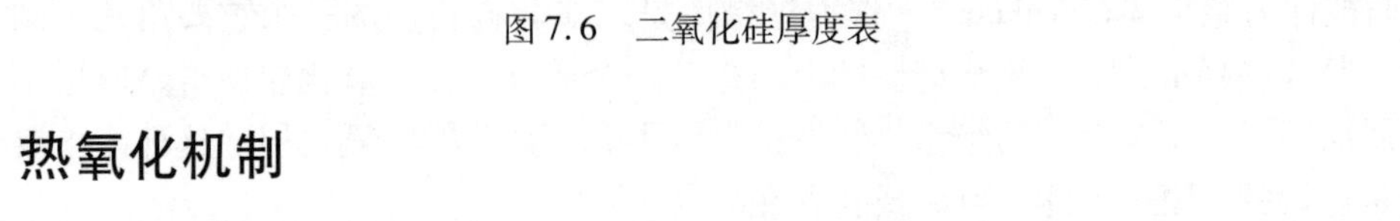

$$Si(固态) + O_2(气态) \xrightarrow{加热} SiO_2(固态)$$

图7.7　氧与硅反应生成二氧化硅的化学反应方程式

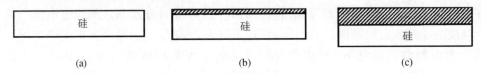

(a)　　　　　　　　　　　(b)　　　　　　　　　　　(c)

图7.8　二氧化硅的生长阶段。(a)初始;(b)线性;(c)抛物线

为了保持氧化层生长，氧原子与硅原子必须接触。可是，在硅表面生长的一层二氧化硅层阻挡了氧原子与硅原子的接触。为了使二氧化硅持续生长，可以让晶圆中的硅原子通过已经生长的氧化层浸入到氧气中，或是让氧气接触到晶圆表面。在二氧化硅的热生长中，氧气通过现存的氧化层到硅晶圆表面（技术上称为扩散）。因此二氧化硅从硅晶圆表面消耗硅原子，氧化层长入（grow into）硅表面。

随着每一个新的生长层出现，扩散的氧必须移动更多的路程才能到达晶圆。其后果是，从时间角度来讲，氧化生长率（growth rate）会变慢，这一阶段称为抛物线阶段（parabolic stage）。当画出关系曲线，就会发现氧化膜厚度，生长率及时间的数学关系是抛物线形的。其他描述这个阶段的词是受限输运反应（transport limited reaction），或受限扩散反应（diffusion limited reaction）。这意味着生长率受限于氧在已形成的二氧化硅里的传输和扩散。图 7.9 表示的是线性和抛物线形的两个阶段。图 7.10 的公式表述了大约超过 1200 Å 时，基本的抛物线关系。

$$X = B/A \times t$$
硅的线性氧化
$$X = \sqrt{Bt}$$
硅的抛物线形氧化

X = 氧化膜厚度
B = 抛物线形速率常数
B/A = 线性速率常数
t = 氧化时间

图 7.9　二氧化硅的线性和抛物线生长

$$R = \frac{X^2}{t}$$
式中，R = 二氧化硅生长速率
X = 氧化膜厚度
t = 氧化时间

图 7.10　二氧化硅生长参数的抛物线关系

因此，生长氧化层会经过两个阶段：线性阶段和抛物线阶段。从线性阶段到抛物线阶段的变化依赖于氧化温度和其他因素（见 7.3.1 节）。通常来说，小于 1000 Å（0.1 μm）是由线性机理控制的，这是大部分 MOS 栅极氧化层的范围[2]。

抛物线关系的主要含义是厚氧化层比薄氧化层需要更多的时间。例如，在 1200℃ 的干氧（dryox）反应中，生长 2000 Å（0.20 μm）需要 6 分钟，如图 7.11 所示[3]。如果加倍到 4000 Å 需要约 220 分钟，超过原来的 36 倍。这么长的时间，对于半导体工艺来讲是个问题。当用纯氧作为氧化气体，生长厚的氧化层需要更长的时间，特别是在低温条件下。一般来说，工艺师希望在保证质量的前提下，时间越短越好。在前面的例子中提到的 220 分钟实在太长了，也就是一个氧化反应需要一个班次的时间才能完成。

一个加速氧化的方法是用水蒸气（H_2O）来代替氧气做氧化剂。图 7.12 说明了在水蒸气中生长二氧化硅的过程。在气态时，水以 $H\text{-}OH^-$ 基离子的形式存在。它由一个氢原子（H）和一个带负电的氢氧根（OH^-）组成，这个分子称为氢氧基离子（hydroxyl ion）。氢氧基离子扩散穿过晶圆上的氧化层的速度比氧气快。如图 7.11 所示的生长曲线，这是一个比较快的硅氧化过程。

水在氧化反应时是以水蒸气的形态存在的，这种工艺称为蒸气氧化（steam oxidation）、湿氧化（wet oxidation）或高温蒸气氧化（pyrogenic steam）。湿氧化一词来源于那个时代，当时气态水来源于液态水。只有氧参与的氧化称为干氧化。如果只用氧气一定是干的（无水蒸气的），而其他类型的生长氧化物可能用水蒸气，并要求额外的工艺。

需注意，当水蒸气与硅反应时，方程的右边有两个氢分子($2H_2$)。初始时，这些氢分子被陷在二氧化硅层中，使其密度低于干氧生成的二氧化硅层。而在惰性气体中进行氧化加热后，如在氮气中(见7.4节)，这两种氧化在结构和性能上就非常相似了。

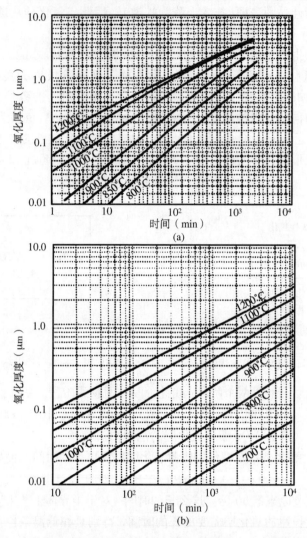

图 7.11　二氧化硅厚度与时间、温度之间的关系图。(a)干氧化；(b)水蒸气

$$\mathrm{Si(固态)} + 2H_2O\mathrm{(气态)} \xrightarrow[\text{加热}]{} \mathrm{SiO_2(固态)} + 2H_2\mathrm{(气态)} \uparrow$$

图 7.12　硅和水蒸气反应形成二氧化硅和氢气

7.3.1　氧化率的影响

原始的氧化厚度与时间的曲线是由〈111〉晶格方向及未掺杂的晶圆所决定的[4]。MOS 器件是在掺杂后的〈100〉晶格方向的晶圆表面制造的。这两个因素在特定的温度和氧化剂环境中影响氧化率。其他影响氧化率的因素包括在多晶硅层中有意地使氧化物和氧化不纯，如加入氯化氢。

晶格方向：晶格方向对氧化生长率有影响。〈111〉晶圆比〈100〉晶圆有更多的原子。更大量的原子使得氧化层生长得更快。图 7.13 表示两个不同的晶格方向在水蒸气中有不同的氧化生长率。这种不同在低温时的线性阶段表现得尤为突出。

晶圆掺杂物的再分布：氧化过的硅表面总是有杂质的。在开始生产的硅晶圆上，一般被掺杂为 N 型半导体或 P 型半导体。在以后的工艺中，晶圆表面用扩散或离子注入工艺完成掺杂。掺杂元素和浓度都对氧化生长率有影响。例如，在经过高浓度的磷掺杂后的表面上，氧化层比在其他层上生长的氧化层的密度低。这些磷掺杂的氧化层被刻蚀得更快，并且由于光刻胶的脱落及快速的钻蚀现象的存在，使得刻蚀工艺更加难做，面临一个新的挑战。

另一个对氧化生长率有影响的是氧化完成后，在硅中掺杂原子的分布[5]。回顾在热氧化时，氧化层长入晶圆。问题是"在硅转化成二氧化硅后，掺杂原子发生了什么？"，答案取决于掺杂物的传导类型。N 型掺杂物，如磷、砷、

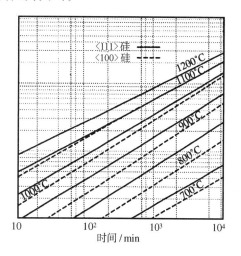

图 7.13　〈111〉和〈100〉型硅
在水蒸气中的氧化

锑，它们在硅中比在二氧化硅中有更高的溶解度。当前面的氧化层碰到它们时，它们将进入晶圆里。在硅及二氧化硅之间，就像铲雪机推一个大雪堆一样。结果就是，N 型掺杂物在硅及二氧化硅之间比在晶圆里有更高的浓度，称之为"堆积"（pile-up）。

当掺杂物是 P 型材料的硼元素时，就会产生相反的结果。硼原子被拉入二氧化硅层，导致在交界处的硅原子被硼原子消耗尽，称之为"耗尽"（depletion）。堆积和消耗这两种不同作用的结果，会显著地影响器件的电特性。堆积和消耗对于掺杂浓度的精确影响，将在第 17 章中说明。

掺杂浓度对氧化率的影响随着掺杂物的类型及浓度的不同而变化。通常来讲，高掺杂区比低掺杂区氧化得更快。高浓度磷掺杂区是不掺杂区氧化率的 2 ~ 5 倍[6]。

可是，掺杂氧化影响在线性阶段（薄氧化层）表现得更为显著。

氧化杂质：特定的杂质，特别是氯化氢（HCl）中的氯，被包含在氧化环境中（见 7.4 节）。这些杂质对生长率有影响。在有氯化氢的情况下，生长率可提高 1% 到 5%[6]。

多晶硅氧化：多晶硅的导体和栅极是大多数 MOS 器件或电路的特性。器件或电路工艺要求多晶硅氧化。与单晶硅相比，多晶硅可以更快、更低或相似。一些和多晶硅形成有关的因素会影响接下来的氧化。这些因素包括多晶硅淀积方法、淀积温度、淀积压力、掺杂的类型和浓度，以及多晶硅的晶体结构[7]。

差值氧化率及氧化台阶：经过器件或电路制造工艺的初始氧化后，晶圆表面的条件会有所不同，有些是场氧化的，有些是掺杂的，有些是多晶硅区，等等。每个区有不同的氧化率并依赖不同的条件氧化厚度会增加。氧化厚度的不同称为差值氧化（differential oxidation）。以 MOS 晶圆上的氧化为例，在相邻的经过轻度掺杂的漏极和源极，形成的多晶硅栅极，可以导致在栅极上的氧化层比较厚，这是因为二氧化硅在多晶硅上生长得比较快[见图 7.14(a)]。

差值氧化率导致了在晶圆表面形成台阶[见图7.14(b)]。图中显示的是与比较厚的场氧化区相邻的氧化区形成了一个台阶。在暴露区的氧化反应比较快,因为抛物线特性的限制,场氧化里的再氧化会受到限制。在暴露区,快速的氧化会比在场氧化层里消耗更多的硅。这一步如图7.14(b)所示。

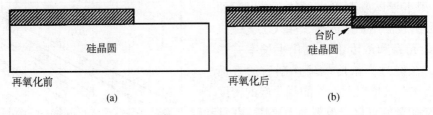

再氧化前　　　　　　　　　　　　　　　　　再氧化后

(a)　　　　　　　　　　　　　　　　　　　　(b)

图7.14　硅的差值氧化

7.3.2　热氧化方法

在氧化反应方程式的反应方向的箭头下,有一个三角形。这个三角形表示化学反应需要的能量。在硅技术里,这些能量来源于对晶圆的加热,所以称为热氧化反应(thermal oxidation)。二氧化硅层在常压或高压条件下生长。常压氧化发生在不必有意控制内部压力的系统中,其压力就是当地的大气压。有两种常压技术:管式反应炉(tube furnace)和快速氧化系统(rapid thermal system)(见图7.15)。

热氧化		
常压氧化		干氧
		湿氧
		气泡装置
		点火系统
		干氧氧化
	快速热氧化	干氧氧化
高压氧化	管式反应炉	干氧或湿氧氧化
化学氧化		

图7.15　氧化方法

7.3.3　水平管式反应炉

水平管式反应炉从20世纪60年代早期开始应用在氧化、扩散、热处理以及各种淀积工艺中。转换到200 mm和300 mm晶圆后开始使用垂直管式反应炉。加工较小直径晶圆的晶圆制造厂仍然采用水平管式反应炉。两种系统的基本工作原理是一样的。

图7.16显示了一个有3个加热区的水平单炉管式反应炉的截面图。它包含一个由多铝红柱石材料制成的陶瓷炉管,管的内表面有铜材料制成的加热管丝。每一段加热管丝决定一个加热区并且由相应独立的电源供电,并由比例控制器控制其温度。在反应炉里有个石英的炉管,它被用作氧化(或其他工艺)反应室。反应室可以在一个瓷套管里,瓷套管称为套筒(muffle)。它起到一个热接受器的作用,可以使沿石英炉管的热分配比较均匀。

热电偶紧靠着石英炉管和控制电源。它们把温度信号发回比例控制器,这样依次靠热辐射和热传导加热反应炉管。热辐射来源于炉丝的能量散发和炉管的反射。传导发生在炉丝和炉管接触处。控制器非常复杂,可以通过控制使得中央区(flat zone)的温度精度达到±0.5℃。

对于一个在1000℃反应的工艺来讲，温度变化只有±0.05%。对于氧化工艺，晶圆被放在承载器中，置于恒温区(flat zone)，氧化气体进入石英炉管，在那里发生氧化反应。

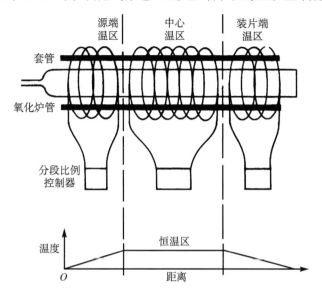

图 7.16 具有 3 个加热区的水平单炉管式反应炉的截面图

生产中的石英反应炉是一个由 7 种不同部件组成的集成系统：

1. 反应室；
2. 温度控制系统；
3. 反应炉；
4. 气体柜；
5. 晶圆清洗台；
6. 装片台；
7. 工艺自动化。

水平石英炉管的一个缺点是在温度高于1200℃时炉管趋于破碎和下陷。破碎是一种退化(devitrification)并导致石英炉管表面的剥落物掉到晶圆上[8]。

7.3.4 温度控制系统

温度控制系统把紧靠反应管的热电偶连接到分段比例控制器上，分段比例控制器把能量加到加热炉丝上。分段比例控制器按照炉管与设定值的差值按比例开关通向炉丝的电流以保持炉管里的温度均匀。温度越接近设定值，供给炉丝的能量就越少。此系统可以使炉管在没有过冲的状态下，快速恢复到冷态状态。偏差调整一直在进行，直到炉管恒温区的温度达到设定值。

过冲(overshoot)现象是由于控制温度时，给线圈施加了太多能量，以至于温度超过设定值的一种现象(见图 7.17)[9]。

对于较大直径的晶圆，我们要关心晶圆的翘曲问题(见图 7.18)。硅比二氧化硅膨胀更快。当加热时，二氧化硅将硅拉成凹面形。快速的加热和冷却使得晶圆翘曲到不可用的程度。在超过1150℃时，随着温度的升高，翘曲的程度会更高。

有两种方法可以减轻晶圆的翘曲：一种是逐渐升降(ramping)或温度逐渐升降(temperature ramping)。这种技术让炉管平时保持在一个低于反应温度几百摄氏度的温度上，晶圆在此温度下被缓慢送入炉管，然后经过一个短暂的温度稳定期，控制器自动把温度加到设定值。在工艺反应的最后，炉管被冷却到低温，然后卸载晶圆。在逐步温控时，控制器必须保持炉管恒温区(flat zone)的温度控制。由于石英炉管

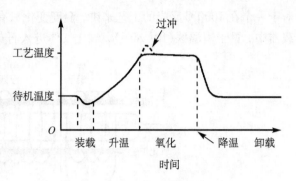

图7.17　氧化中不同的温度水平

的退化现象和需要很长时间来使恒温区温度稳定，反应炉需要一天24小时保持接近工艺所需的温度。但从经济角度来考虑，一些晶圆制造商，喜欢在不生产时把温度保持在低温，这称为待机状态(idle)。

图7.18　晶圆翘曲

第二种防止晶圆翘曲的方法是缓慢地把装载晶圆的石英舟推进炉管。推进速率在每分钟1英寸时，翘曲最小。对于大直径晶圆和多晶圆的批量生产，以上两种方法会同时使用。然而，这种慢装载延长了总的工艺过程时间。垂直式炉管将这一问题的影响降到最小。

另一个对加热系统的要求是在装载晶圆进入炉管后，要有一个快速的恢复时间。当满载时，温度会下降50℃或更多[10]。加热系统应在不引起翘曲或温度过冲的前提下，尽快使恒温区(flat zone)达到工艺要求的温度。图7.17表示了一个有5个加热区反应炉的典型温度恢复曲线。

一个在实际生产应用中的管式反应炉有3~4个炉管，每个炉管有自己的温度控制器。这些炉管垂直地叠放在一起，炉管接在排风腔上，排风腔把反应完的气体和热气排出炉管。反应炉的这部分连接到厂房设施的排气系统中，此系统包含一个废气处理器来进行废气处理。

7.3.5　气体柜

每个炉管需要一定数量的不同气体来完成所要求的化学反应。在氧化反应的例子中，作为氧化剂的氧气和水蒸气已被详细论述过。几乎所有的炉管工艺都有通入氮气的能力。氮气用来在装片或卸片时防止意外氧化。在待机状态时，氮气一直在流过炉管。这些氮气流用于保持系统的洁净和维持之前建立的恒温区。

每个工艺要求气体以一定的次序、压力、流量和时间流入炉管。用来调节气体的设备附着在炉管部分，称为气体柜(source cabinet)。还有一个独立单元称为气体控制面板(gas control panel)或气体流量控制器(gas flow controller)，它连到每个炉管上。控制面板由电磁阀、压力表、质量流量计或流量计、过滤器和计时器组成。在最简单的系统里，气体控制器由手动阀和计时器组成。在生产系统里，进入炉管的各种气体的先后次序和时间是由微处理器来控制的。工艺

所需的气体被接到面板上。在操作时,计时器打开电磁阀门让所需的气体流入面板。压力由压力表来控制,进入炉管的流量由流量计或质量流量计控制。

由于质量流量计(mass flowmeter)特有的高精度,所以比流量计更好。按化学计量组成所需的流入炉管的气体用其质量来计算材料量。标准的流量计以材料的体积来测量,由于温度和压力的不同,同样体积的材料所含的物质量可能不同。半导体工艺用热型的质量流量计,这个系统包含一个有两个传感器的加热气体的通道。当没有气体流过时,温度传感器的温度相同;当有气体流动时,下游的传感器读数比较高。两个传感器的读数偏差与流过的热质量(而非体积)有关。控制器由反馈机构来控制气体以稳定的、一定量的质量流过质量流量计。气体源也有一个由微处理器控制的阀门来计量气体以一定的次序和一定的时间流入炉管。图7.19 显示了一个质量流量计的基本结构。质量流量计可以被设计为一个定量值,并由在线传感器检测和用反馈输出控制系统控制输出量[11]。气体流量控制器中的管路材料是不锈钢材料,用来保持高洁净度,使气体与炉管材料之间的化学反应达到最小。

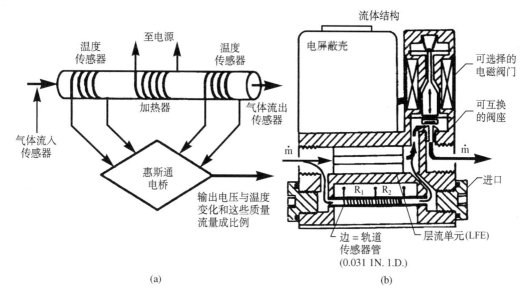

图 7.19 质量流量计

气体有来自厂房设施的液态气源或附着在机器内部的小瓶气源(lecture bottle),经过管道流入气体控制器。

有些工艺要求的化学气体以气体形式传输起来非常困难。在这种情况下,气泡发生器和液体源就应运而生了。气泡发生器包含一个石英部件,它用来使气体液化。当气泡通过液体,与在气泡发生器顶端的源气体混合,由载体气体携带进入炉管。气泡发生器被用在氧化、扩散和化学气相淀积工艺中。

7.3.6 垂直式反应炉

对于较大直径晶圆,水平式反应炉是氧化设备的选择[13]。

对于更大直径的水平式反应炉来讲,也会有相应的工艺问题。其中一个是如何保证气流是层流状态的。层流状态(laminar gas flow)是均匀的、无气体分离的、不产生不均匀反应的湍流。

这些考虑导致了垂直式反应炉(VTF)的开发,它选择更高的生产量、更大直径工艺的配置[14]。在这种配置里,炉管被设计成垂直状态(见图7.20),从底部或顶部装载晶圆,但炉管材料和加热系统与水平式反应炉一样(见图7.21)。

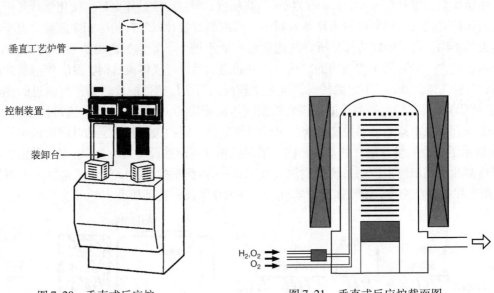

图 7.20　垂直式反应炉　　　　　　　图 7.21　垂直式反应炉截面图

晶圆被装入标准的片架中,降低或升高到恒温区(flat zone)。这个运动过程中不会使片架刮擦到炉管内壁而产生颗粒。在这种结构里,可以最大密度地装载晶圆到炉管里;垂直式反应炉的另一个好处是晶圆可以在炉管里旋转,这可以使晶圆的温度更均匀。垂直式反应炉和水平式反应炉拥有同样的子系统。

在垂直式反应炉中,更均匀的(层流)气流使得工艺均匀度得到加强。在水平式反应炉里,重力会使混合的气体产生分离倾向。在垂直式反应炉中,气体平行运动,使重力造成气体分离的问题影响减到最小,舟的旋转使湍流产生的可能性减到最小。垂直式反应炉产生的工艺漂移量仅为水平式反应炉生产的60%[15]。

伴随着水平式反应炉中石英舟容易产生的刮擦炉管内壁而产生颗粒的问题,在垂直式反应炉中被彻底解决了,并且洁净系统范围中需要的装卸区面积更小[16]。

一个最具吸引力的方面是垂直式反应炉的占地面积很小。该系统小于传统的4层系统。垂直式反应炉提供了在净化间外面装载晶圆的可能性,这只需让装载入口开在净化间内。在这种布局里,反应炉在净化间的占地面积为零。维修可以在维修区进行。另一个可能的布局是把垂直式反应炉按岛块/集群布置。几台反应炉围绕一个机械手分布,这个机械手可以分别给几台反应炉装片。这样设计更简单,设备可靠性更高,维修费用更低,正常运行时间更长。垂直式反应炉可以配置成在晶圆制造中需要的氧化、扩散、退火和淀积的任一种工艺。

对于垂直式反应炉,自动化是一个巨大的优势。由传递晶圆的机器人从一个FOUP将晶圆装载在一个靠近1级环境的炉子承片架上。同样,升温和降温更快,并且占地面积也明显比堆叠的水平式炉管小。

垂直式反应炉的优点:

- 适用大直径晶圆;
- 更严格的温度控制(转动);

- 改善了氧化层的均匀性；
- 更快的升温和降温；
- 在装卸台中更洁净的工艺环境；
- 自动化兼容。

7.3.7 快速热处理(RTP)

离子注入工艺由于其与生俱来的, 对于掺杂的控制而取代了热扩散工艺。可是离子注入工艺要求一个称为退火(annealing)的加热操作来把离子注入产生的晶格损伤消除。传统上, 退火工艺由管式反应炉来完成。尽管退火工艺可以消除晶格损伤, 但它同时也引起掺杂原子晶圆内部分散开, 这是不希望发生的。这个问题促使人们去研究是否还有其他的能量源来达到同样的退火效果而不使掺杂物扩散开。这一研究导致了快速热处理(RTP)的开发。

RTP 工艺基于热辐射原理(见图 7.22)。晶圆被自动放入一个有进气口和排气口的反应室中。在内部, 加热源在晶圆的上面或下面, 使晶圆被快速加热。热源包括石墨加热器、微波、等离子体和碘钨灯[17]。碘钨灯是最常见的[18]。热辐射耦合进入晶圆表面并以每秒 50℃ ~100℃ 的速率达到 800℃ ~1050℃ 工艺温度[19]。在传统的反应炉里, 需要几分钟才能达到同样的温度。图 7.23 是一个典型的时间-温度周期。同样地, 在几秒之内就可以冷却下来。对于辐射加热, 由于加热时间很短, 晶圆本体并未升温。对于离子注入的退火工艺, 这就意味着, 晶格损伤被修复了, 而注入的原子还待在原位置。

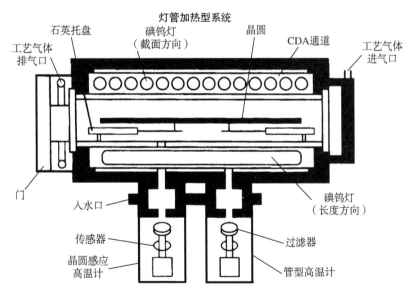

图 7.22　RTP 设计(源自: *Semiconductor International*, May 1993)

RTP 的应用减少了工艺所需的热预算(thermal budget)。每次在扩散温度附近加热, 使晶圆中的掺杂区向下或向旁边扩散(见第 11 章)。每次晶圆的加热或冷却都会产生更多晶格位错(见第 3 章)。因此, 减少加热的总时间可以使设计的密度增加, 减少由位错引起的失效。

另一个优点是单片工艺。随着晶圆的直径越来越大, 对均匀度的要求使得许多工艺最好采用单片工艺的设备。

RTP 技术对于 MOS 栅极中薄的氧化层的生长是一种自然而然的选择。由于晶圆上的尺寸越来越小的趋势使得加在晶圆上的每层厚度越来越薄。厚度减小最显著的是栅极氧化层。先进的器件要求栅极厚度在 10 Å 范围内。如此薄的氧化层对于传统的反应炉来说,由于需要氧气的快速供应和快速排出,有时变得很难控制。RTP 系统快速升温降温可以提供所需的控制能力。用于氧化的 RTP 系统也称为快速热氧化(Rapid Thermal Oxidation, RTO)系统。它与退火系统很相似,只是用氧气代替了惰性气体。图 7.24 显示了一个典型的 RTO 工艺中时间-温度-厚度之间的关系。

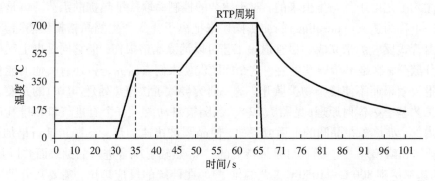

图 7.23　RTP 时间-温度曲线(源自: *Semiconductor International*)

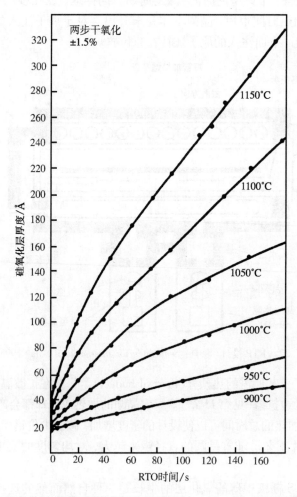

图 7.24　RTO 工艺中时间-温度-厚度之间的关系(源自: Ghandhi, *VLSI Fabrication Principles*)

其他应用 RTP 技术的工艺包括：湿氧化膜(水蒸气)生长、局部氧化生长、离子注入后的源极/漏极的活化、LPCVD 多晶硅、非晶硅、钨、硅化物接触、LPCVD 氮化物和 LPCVD 氧化膜[20]。RTP 系统用于常压、低压以及超高真空设计。

在辐射反应腔内，对晶圆温度控制与反应炉管是不同的。在 RTP 系统中，晶圆绝不可能达到热稳定。这个问题在晶圆边缘尤为严重。另一个问题来自不同的膜层，这些不同的膜层以不同的方式吸收辐射能量，晶圆上温度不同，产生了晶圆上温度的不均匀性。这种现象称为发射性(emissivity)，是特定物质和热辐射波长的特性。温度的不均匀性可以引起晶圆里或晶圆表面上工艺结果的不均匀，如果温度的差异过大，会在晶圆边缘产生晶格滑移位错。

这一问题的解决方案就是对加热灯的布置和对每个加热灯——上部和底部的加热灯的控制。有些系统有个加热环，用来使边缘的温度保持在要求的温度范围内。温度通常由热电偶检测，可是它要求接触晶圆的背面，这在单片系统中是不可行的，并且热电偶的反馈时间长于有些 RTP 的加热循环。光学的高温测量计通过测量物体发出的热能量而显示温度，这种方法是比较好的。可是，它太容易发生失误，特别是对于具有多层膜的晶圆。难点在于晶圆发射的温度与表面实际温度的差异，解决方法是在晶圆背面加一层氮化硅以减小背面发射率的变化[21]和灯管开环控制技术的应用。开环控制(open loop control)基于把灯的控制直接转换成直流电(DC)，从而去除了电压变化对灯的影响。其他研究包括对来自晶圆辐射的经过与逻辑过滤后的精确取样，使之更接近晶圆表面的实际温度。由于温度提高，测量晶圆的膨胀可能是一种更可靠、更直接的技术[22]。由于 RTP 的种种益处，包括易于自动化，它已变成一种常用的工艺。

7.3.8 高压氧化

热预算问题推动了高压氧化的发展。晶圆中位错的生长和在晶圆表面层中开口的边缘[23]是由于氢产生的位错高温氧化的两个问题。在第一种情况下，位错造成了器件性能的各种问题；在第二种情况下，表面位错引起表面漏电或双极型电路硅生长层的退化。

位错的生长是反应温度和在此温度时反应时间的函数。针对这个问题，一种解决方案是降低反应温度，此方案本身使得氧化时间变长。一种可以解决两个问题的方案是高压氧化(见图 7.25)。这些系统结构很像传统的水平式反应炉，但有一点显著不同是：这种炉管是密封的并且氧化剂被用 10 ～ 25 倍大气压的压力泵入炉管。高压氧化的外围要求用一个不锈钢套包住石英管以防止爆裂。

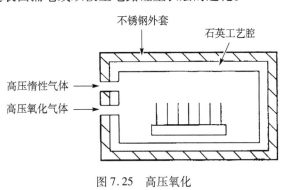

图 7.25 高压氧化

在这种压力下，氧化速率比常压下更快。一个简单法则是压力每增加一个大气压，温度可以降低 30℃。在高压系统里，由于压力的增加使温度降低 300℃ ～750℃。这种降低可以使晶圆里或表面的位错生长最小。

另一种选择是用高压系统来维持正常的反应温度，但减少了氧化时间。其他要担心的是，高压系统的安全操作问题以及由于要产生高压而从附加的泵和管道里产生的污染。

非常薄的 MOS 栅极氧化生长是高压氧化工艺的候选。薄氧化层必须要结构完整(没有孔等)。足够强的电介质可以防止在栅区的电荷积累。在高压氧化中生成的栅极比在常压时生成的栅极绝缘性强[24]。高压氧化工艺也可以解决在局部氧化中(LOCOS)产生的"鸟嘴"问题,见 16.4.1 节里的局部氧化隔离工艺。图 7.26 解释了在 MOS 器件中不希望出现的"鸟嘴"长入了有源区。高压氧化可以将"鸟嘴"侵蚀进器件的区域减到最小,并在 LOCOS 工艺中使场氧化层最薄[25]。

另外对于氧化来讲,高压系统也可以应用于 CVD 外延淀积和晶圆表面的回流玻璃层这些领域中[26]。这两种工艺如果在低温下形成,会得到很好的质量。

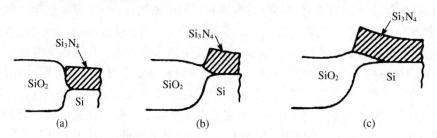

图 7.26 "鸟嘴"的生长。(a)无预刻蚀;(b)1000 Å 预刻蚀;(c)2000 Å
预刻蚀(源自 Ghandhi , *VLSI Fabrication Principles*)

7.3.9 氧化源

干氧: 当氧气被用作氧化剂时,它由厂房设施供应或由靠近气体柜的压缩氧气罐供应。气体必须是干燥的,不能有水分。氧气中的水分可以加快氧化速度,使得氧化层厚度超出规定范围(例如,out-of-spec)。干氧适合于 MOS 器件中非常薄的栅极氧化层(约为 1000 Å)。

水汽氧化: 给炉管供应水蒸气有好几种方法。方法的选择取决于厚度的要求和器件对氧化层洁净度的要求。

气泡发生器: 历史上,炉管中所需的水蒸气由气泡发生器产生。它是具有加热器和保持去离子水(DI)被加热到接近沸点(98℃~99℃)的容器,这样在液体上面的空间产生水蒸气。携带气体带着水汽进入加热的炉管,在那里它变成水蒸气。(氧化气泡发生器与在第 11 章描述的液态掺杂剂气泡发生器结构相同。)

气泡发生器的主要缺点是当控制水蒸气进入炉管时,会使液面变化并引起水温的波动。气泡发生器中由于脏水和脱落物导致污染炉管和氧化层的问题,一直无法解决。这个问题由于定期打开系统补充水而变得更加严重。

干氧氧化(dryox): 随着 MOS 器件的引进,对洁净度及厚度的控制有了新的要求。MOS 晶体管的心脏是栅极的结构,栅极的关键层是很薄的热氧化层,液态水蒸气系统对于生长薄的、洁净的栅氧化是不可靠的。答案是要用干氧氧化(或干蒸气)工艺(见图 7.27)。

在干氧化系统中,气态氧气和氢气直接进入炉管。在炉管中两种气体混合,并在高温的影响下形成水蒸气,导致在水蒸气中的湿氧化。干氧化系统提供了一个比液态系统改进了的控制及洁净度。第一,可以买到非常干净和干燥的气体;第二,进入炉管的气体总量可以被质量流量控制器非常精确地控制。在制造高级器件时,干氧氧化比其他氧化方法更优越。

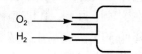

图 7.27 "干氧"(干蒸气)水汽源

干氧氧化的缺点是氢气的易爆炸性。在达到氧化温度时,氢气非常容易爆炸。可以用一些保护措施来减少潜在的爆炸可能性。例如把进入炉管的氧气和氢气管分开,并流入过量的氧气。过量的氧气可以保证每个氢分子(H_2)和氧原子形成不爆炸的水分子(H_2O)。其他的防护措施还有氢气报警,以及在气体柜和清除机之间安装热灯丝,它可以在爆炸发生前就燃烧掉跑出的多余氢气。

掺氯氧化: 更薄的 MOS 栅极氧化要求非常洁净的膜层。当在氧中加入氯时,器件的性能和洁净度就会得到改善。氯可以减少氧化层里的移动离子电荷,减少硅表面及氧化层的结构缺陷,减少氧化膜和硅界面的电荷。氯来自干氧气流中氯气(Cl_2)、氯化氢(HCl)、三氯乙烯(TCE)或氯仿(TCA)。对于气态源,氯、氯化氢以及氧气由不同气体流量计控制进入炉管。对于液态源,像三氯乙烯(TCE)或氯仿(TCA),从液态发泡器中以气态形式进入炉管。从安全和方便的角度来讲,氯仿(TCA)是比较好的氯源。掺氯氧化循环可以在一步反应里完成,也可以在干氧前或干氧后进行。

氧化后,通常借助于紫外(UV)灯进行一个快速的表面检查。这些高强度的光源可以使操作者看见肉眼看不到的小颗粒和瑕疵。有时还要进行显微镜的表面检查。

自动晶圆装载: 一旦晶圆进化到 200 mm 直径,装卸晶圆对于水平式炉管操作员就变成了一个挑战。一批水平式石英晶圆承载架很重,甚至对于机器手装载进水平式炉管也是笨拙和低效率的(见图7.28)。装卸单个晶圆进出垂直式叠放炉就容易多了。拿取-放置式机械,有时也称机械手(robot),从晶圆片架(cassette)取出一片晶圆,然后把它放入一个炉用石英舟里。对于晶圆装舟系统,难点在于把测试片、生产片和"假片"正

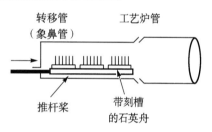

图 7.28　装晶圆的转移管

确地放到石英舟里(假片通常是放在顶部和底部)。这些晶圆必须从不同的石英舟中取出。

手动装载晶圆: 晶圆被放在聚四氟乙烯(Teflon)或其派生物制成的承载器[也称"舟"(boat)或"片架"(cassette)]中进行清洗步骤,然后被转移到石英或碳化硅的承载器中进行反应炉反应。

对于这些传递较小晶圆的操作使用真空吸头或限制夹紧的镊子(见图7.29)。尽管通常避免使用镊子,还是有为大直径晶圆设计的镊子。

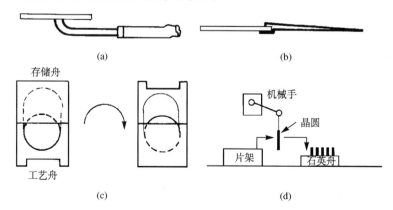

图 7.29　手动晶圆操作单元。(a)真空吸头;(b)限制夹紧的镊子;(c)翻转传送舟;(d)自动取放

真空吸头连着真空气源,从晶圆背面吸取晶圆。这样设计可以将对敏感的晶圆正面的损伤和污染减到最小。大部分传递晶圆的机械手沿着圆周抓取不同的点,取决于晶圆的直径和重量。

7.4　氧化工艺

若不考虑使用专门的氧化方法和设备,一般氧化工艺的顺序是相同的(见图7.30)。晶圆预清洗、清洗和刻蚀,并将其装载在氧化舟上或氧化室内(RTP)。实际的氧化是在不同的气体循环中进行的(见图7.31)。随着晶圆被装进炉管,进行第一个气体周期。由于晶圆是在室温条件下,且精确的氧化层厚度是生产的目标,所以在装片期间进入炉管的气体是干的氮气。在晶圆加热到要求的氧化温度期间,为了防止氧化,通入氮气是必要的。

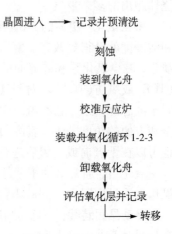

图7.30　氧化工艺流程

7.4.1　氧化前晶圆的清洗

去除表面的污染和不期望的自然生长的氧化层对于一个成功的氧化工艺来讲是基本的。进入晶圆的污染会对器件产生电特性问题,对二氧化硅膜产生结构完整性问题。自然生长的薄氧化层能改变厚度和氧化层生长的完整性。

循环	气体	目的
1.	氮气	在惰性气体的气氛中使温度稳定
2.	氧气或水蒸气	氧化膜生长
3.	氮气	停止氧化并在惰性气体的气氛中取出晶圆

图7.31　氧化工艺循环

典型的前氧化工艺(见第5章)是从机械洗刷开始的,接着是RCA湿法清洗步骤,去掉有机物和非有机物污染,最后用氢氟酸(HF)或稀释的氢氟酸刻蚀掉先天或化学生长的氧化层。这是氢氟酸的最后工艺。

晶圆的氧化工艺分为几个不同的步骤,如图7.31流程图所示。一旦晶圆进入清洗台,这些晶圆将经过彻底清洗。洁净的晶圆对于制造过程的所有工艺来讲都是基本的。对于在高温工艺之前,此过程更为重要。

一旦晶圆稳定在正确的温度条件时,气体控制器就会把流入的气体转到所选择的氧化剂。对于厚于1200 Å的氧化层,氧化剂通常是前面已讨论过的一种蒸气源。对于薄于1200 Å的氧化层,通常采用纯氧,因为其更佳的工艺控制和更洁净,产生的氧化膜更致密。薄的MOS栅极氧化膜通常是在较低温度(900℃)的氧气中生长的。然而,在反应炉中氧化工艺时间可能需要几个小时。一个替代的方式是在湿氧环境中生长薄栅氧膜以减少工艺时间,而且是在减压的情况下。降低压力可以维持氧化膜的密度和结构完整[27]。薄的MOS栅氧化层要求非常洁净的层。当在氧化过程中加入氯后,洁净度和器件性能得到改善[28]。

掺氯氧化循环可以在一步工艺中发生,也可以在干氧氧化反应前或干氧氧化反应后发生。当完成氧化循环后,炉管里的气体回到充满干燥氮气的状态。氮气通过稀释和去除氧化剂来结束硅的氧化。它也保护晶圆在撤出步骤中不被氧化。

7.5 氧化后评估

当把晶圆从石英舟上卸下后，要对这些晶圆进行检测和评估。评估的特性和数目依赖于氧化层和特定电路对精确度及洁净度的要求（评估过程的详细内容将在第14章中予以讲述）。

氧化工艺的要求就是在晶圆的表面生长一层均匀、无污染的二氧化硅层。当进行晶圆制造操作时，在晶圆表面积累了热生长的氧化和其他淀积层。那些其他淀积层干扰了特殊氧化的最终质量。因为这个原因，一批具有氧化膜的晶圆进入炉管时，这其中包括一定数量的测试晶圆，这些表面裸露的晶圆被按一定的目的放入石英舟中的特定位置。测试晶圆对于那些需要破坏性或要求大面积未受到干扰的氧化区域的评估是必需的。作为氧化操作的结论，它们被用来做工艺的评估。一些评估由操作员在线实行，另一些评估由质量控制（QC）实验室离线实施。

7.5.1 表面检测

对氧化膜洁净度的快速检测是由操作员在晶圆从氧化石英舟卸下后实施的。在高亮度的紫外线（UV）下对每片晶圆进行检测。晶圆的表面颗粒、不规则度、污点都会在紫外线下显现。

7.5.2 氧化膜厚度

氧化膜的厚度是非常重要的。可以选用几种不同的技术在测试晶圆上来测量（见第14章）。这些技术包括：颜色比较、边缘记数、干涉、椭偏仪、刻纹针振幅仪和电子扫描显微镜（SEM）。

7.5.3 氧化膜和炉管清洗

除了颗粒和污点的物理污染，氧化膜应该将可移动离子污染量减到最小。这些可以用复杂的电容-电压（C/V）技术来检测，这种技术检测氧化层中可移动离子的总数，但它不能确定这些污染的来源，这些污染也许来自炉管、气体、晶圆或清洗工艺。因此，C/V分析仅是一个晶圆合格/不合格的指标，是对整个炉管操作的检验。

在大多数制造生产线上，C/V分析也用来确认炉管及相关部件的洁净度。一个低的可移动离子污染的氧化膜意味着整个系统是洁净的。当氧化膜不能通过这一测验规定的标准时，需要进一步调查来确定其污染来源。

第二个与氧化膜清洁有关的参数是介电强度。这一参数通过对氧化层的破坏性测试来测量氧化层的介电特性（非导电）。

第三个洁净度因素是氧化层的折射率。折射是光线通过透明物质时产生的弯曲现象。一种物体的底部在水中的实际位置与其外观上看到的位置不同就是一个典型的例子。纯氧化膜的折射率是1.46。这一数值的变化反映了氧化层不纯的程度。折射率常数是许多应用干涉原理测量厚度技术的基础。参数的变化会导致错误的测量结果。折射率用干涉和椭圆偏光法技术来测量（见第14章）。

不同氧化工艺的组成可以安排成一个组合形式（cluster arrangement）（见第15章）。

7.5.4　热氮化

在小的、高性能的 MOS 晶体管的生产中,一个重要因素是薄的栅氧化层。然而,在 100 Å (或更薄)范围内,二氧化硅膜的质量趋于变差,并难以控制(见图 7.32)。二氧化硅膜的一种替代品是热生长氮化硅膜(Si_3N_4)。在这么薄的范围内,氮化硅膜比二氧化硅膜更致密,针孔更少。它还是一种很好的扩散阻挡层。由于在最初快速生长之后的平滑生长特性,使得薄膜的生长控制得到加强。图 7.32 显示了这个特性。在 950℃ ~ 1200℃ 之间,硅表面暴露在氨气(NH_3)中从而生成氮化硅[29]。

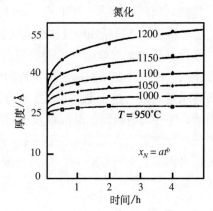

图 7.32　〈100〉硅的氮化(源自: Wolf, *Silicon Process*)

有些先进器件使用氮化氧化硅(SiO_xN_y)膜,也称为氮氧化物(nitride-oxide)膜。它们形成于二氧化硅膜的氮化。但和二氧化硅膜不同,氮氧化物膜的组分随着不同的生长工艺而变化[30]。另一种 MOS 栅极结构是三明治式的,即氧化膜/氮化膜/氧化膜(ONO)[31,32]。

习题

学习完本章后,你应该能够:
1. 列出硅器件中,二氧化硅膜层的 3 种基本用途。
2. 描述热氧化机制。
3. 概略了解和识别反应炉的基本结构组成。
4. 列出在热氧化反应中的两种氧化剂。
5. 简略画出干氧化反应的系统图。
6. 画出一个典型的氧化工艺流程图。
7. 解释在二氧化硅膜层经过热生长形成膜层厚度的反应时间、压力及温度之间的相互关系。
8. 描述快速热氧化、高压氧化、阳极氧化的反应原理及用途。

参考文献

[1] Cleasvelin, C. R., Columbo, L., Nimi, H., and Pas, S., *Oxidation and Gate Dielectrics*, *Handbook of Semiconductor Manufacturing Technology*, 2nd ed., 2008, CRC Press, New York, NY: 9-1.

[2] Hu, C., "MOSFET Scaling in the Next Decade and Beyond," *Semiconductor International*, Cahners Publishing, Jun. 1994: 105.

[3] Wolf, S., and Tauber, R., *Silicon Processing for the VLSI Era*, 1986, Lattice Press, Sunset Beach, CA: 1986.

[4] Gise, P., and Blanchard, R., *Modern Semiconductor Fabrication Technology*, 1986, Reston Books, Reston, VA: 43.

[5] Sze, S. M., *VLSI Technology*, 1983, McGraw-Hill Book Company, New York, NY: 137.

[6] Gise, P., and Blanchard, R., *Modern Semiconductor Fabrication Technology*, 1986, Reston Books, Reston, VA:46.

[7] Ghandhi, S. K., *VLSI Fabrication Principles*, 1994, John Wiley & Sons, Inc., New York, NY:464.

[8] Sze, S. M., *VLSI Technology*, 1983, McGraw-Hill Book Company, New York, NY:147.

[9] Ibid., p. 159.

[10] Hill, M., Helman, D., and Rother, M., "Quartzglass Components and Heavy Metal Contamination," *Solid State Technology*, PennWell Publishing Corp., Mar 1994:49.

[11] Maliakal, J., Fisher, D., Jr., and Waugh, A., "Trends in Automated Diffusion Furnace Systems for Large Wafers," *Solid State Technology*, Dec. 1984:107.

[12] Murray, C., "Mass Flow Controllers: Assuring Precise Process Gas Flows," *Semiconductor International*, Cahners Publishing, Oak Brook, IL, Oct. 1985:72.

[13] Burggraaf, P., "Hands-Off Furnace Systems," *Semiconductor International*, Sep. 1987:78.

[14] Burggraaf, P., "Verticals: Leading Edge Furnace Technology," *Semiconductor International*, Cahners Publishing, Sep. 1993:46.

[15] Singer, P., "Trends in Vertical Diffusion Furnaces," *Semiconductor International*, Apr. 1986:56.

[16] Burggraaf, P., "Verticals: Leading Edge Furnace Technology," *Semiconductor International*, Cahners Publishing, Sep. 1993:46.

[17] Singer, P., "Furnaces Evolving to Meet Diverse Thermal Processing Needs," *Semiconductor International*, Mar. 1997:86.

[18] Singer, P., "Rapid Thermal Processing: A Progress Report," *Semiconductor International*, Cahners Publishing, May 1993:68.

[19] Cleasvelin, C. R., Columbo, L., Nimi, H., et al., *Oxidation and Gate Dielectrics*, Handbook of Semiconductor Manufacturing Technology, 2nd ed., 2008, CRC Press, New York, NY:9-4.

[20] Leavitt, S., "RTP: On the Edge of Acceptance," *Semiconductor International*, Mar. 1987.

[21] Moslehi, M., Paranjpe, A., Velo, L., et al., "RTP: Key to Future Semiconductor Fabrication," *Solid State Technology*, PennWell Publishing, May 1994:37.

[22] Ibid., p. 38.

[23] Singer, P., "Rapid Thermal Processing: A Progress Report," *Semiconductor International*, Cahners Publishing, May 1993:69.

[24] Toole, D., and Crabtree, P., "Trends in High-Pressure Oxidation," *Microelectronic Manufacturing and Test*, Oct. 1988:1.

[25] Ghandhi, S. K., *VLSO Fabrication Principles*, 1994, John Wiley & Sons, Hoboken, NJ:466.

[26] Kim, S., Emami, A., and Deleonibus, S., "High-Pressure and High-Temperature Furnace Oxidation for Advanced Poly-Buffered LOCOS," *Semiconductor International*, May 1994:64.

[27] Toole, D., and Crabtree, P., "Trends in High-Pressure Oxidation," *Microelectronic Manufacturing and Test*, Oct. 1988:8.

[28] Dance, B., "Growth of Ultrathin Silicon Oxides by Wet Oxidation," *Semiconductor International*, Feb. 2002:44.

[29] Wolf, S., and Tauber, R. N., *Silicon Processing for the VLSI Era*:226.

[30] Ibid., p. 210.

[31] Ghandhi, S. K., *VLSI Fabrication Principles*, 1994, John Wiley & Sons, Inc., New York, NY:484.

[32] Singer, P., "Directions in Dielectrics in CMOS and DRAMs," *Semiconductor International*, Cahners Publishing, April 1994:57.

第8章 十步图形化工艺流程——从表面制备到曝光

8.1 引言

图形化工艺是要在晶圆内和表面层建立图形的一系列加工,这些图形根据集成电路中物理"部件"(器件)的要求来确定其尺寸和位置。本章介绍基本十步图形化工艺流程的前4步,并讨论光刻胶的化学性质。

图形化工艺还包括光刻(Photolithography)、光掩模(Photomasking)、掩模(Masking)、去除氧化膜(Oxide Removal, OR)、去除金属膜(Metal Removal, MR)和微光刻(Microlithography)。图形化工艺是半导体工艺过程中最重要的工艺之一,它是用来在不同的器件和电路表面上建立图形的工艺过程。这个工艺过程的目标有两个:

1. 在晶圆中和表面上产生图形,这些图形的尺寸在集成电路或器件设计阶段建立(见图8.1)。
2. 将电路图形相对于晶圆的晶向及以所有层的部分对准的方式,正确地定位于晶圆上(见图8.2)。

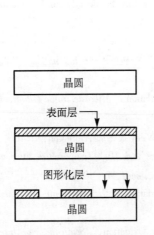

图8.1 基本图形化工艺

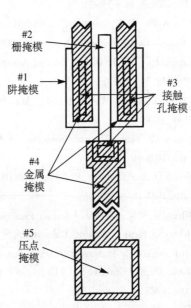

图8.2 5层掩模的硅栅晶体管

除两个结果外,还有许多工艺变化,如限定晶圆表面层被去除部分(孔),或者限定晶圆表面层留下部分(岛),如图8.1所示。

正确的放置被称为各种电路图形的对准(Alignment)或注册(Registration)。一种集成电路工艺要求40个以上独立的光刻(或掩模)步骤。图形定位的要求就好像是一幢建筑物每一层之间所要求的正确对准。很容易想象,如果建筑物每一层和每一层不能很好地对准,那么它会对电梯以及楼梯带来什么样的影响。在一个电路中，如果每层和它的上一层不能很好地对准可能会导致整个电路的失效。

此外，光刻工艺必须控制所要求的尺寸和缺陷水平。给出在每次图形化操作中的步骤数和掩模层数，掩模工艺是主要的缺陷来源。在图形化工艺中每个掩模步骤贡献不同。图形化工艺是一个折中和权衡的过程(见第 10 章)。

8.2　光刻工艺概述

光刻工艺是和照相、蜡纸印刷比较接近的一种多步骤的图形转移过程。开始将一个电路的设计转化为器件和电路的各个部分的 3 个维度。接下来绘出 X-Y(表面)的尺寸、形状和表面对准的复合图。然后将复合图分割成单独掩模层(一套掩模)。这个电子信息被加载到图形发生器中。来自图形发生器(pattern generator)的信息又被用来制造放大掩模版(reticle)和光刻掩模版(photomask)。或者信息可以驱动曝光和对准设备来直接将图形转移到晶圆上。

有 3 种主要技术被用于在晶圆表面层产生独立层图形。它们是：

1. 复制在一块石英板(reticle)上铬层的芯片专门层的图形。依次使用 reticle 来产生一个携带用于整个晶圆图形的光掩模(见图 4.13)。
2. reticle 可以使用步进光刻机(stepper)，直接用于晶圆表面层的图形(见第 10 章)。
3. 在图形发生器中的电路层的信息(尺寸、形状和对准等)可以直接用于导引电子束或其他源到晶圆表面(direct write)(见第 10 章)。

这里描述的基本十步图形化工艺在对准和曝光步骤使用放大掩模版或光刻掩模版。图形转移是通过两步来完成的。首先，图形被转移到光刻胶层(见图 8.3)。光刻胶类似胶卷上所涂的感光物质。曝光后会导致它自身性质和结构的变化。如图 8.3 所示，光刻胶被曝光的部分由可溶性物质变成了非溶性物质。这种光刻胶类型被称为负胶(negative acting)，这种化学变化称为聚合(polymerization)。通过化学溶剂(显影剂)把可以溶解的部分去掉，就会在光刻胶层留下一个孔，这个孔和掩模版或光刻母版不透光的部分相对应。

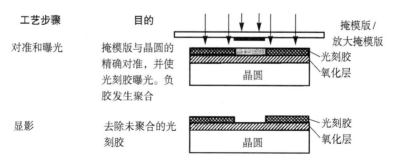

图 8.3　第一次图形转移——从掩模版/放大掩模版到光刻胶层

第二次图形转移是从光刻胶层到晶圆层(见图 8.4)。当刻蚀剂把晶圆表面没有被光刻胶盖住的部分去掉时，图形转移就发生了。光刻胶的化学性决定了它不会在化学刻蚀溶剂中溶解或是慢慢溶解；它们是抗刻蚀的(etch resistant)，因此被称为抗蚀剂(Resist)或是光致抗蚀剂(Photoresist)。

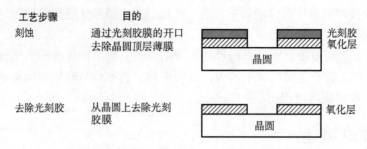

图8.4　第二次图形转移——从光刻胶层到晶圆层

在图8.3和图8.4的例子中，晶圆表面形成了孔洞。孔洞的形成是由于在掩模版上那一部分是不透光的。如果掩模版的图形是由不透光的区域决定的，则称为亮场掩模版(clear-field mask)，如图8.5所示。而在一个暗场掩模版(dark-field mask)中，在掩模版上图形是用相反的方式编码的。如果按照同样的步骤，就会在晶圆表面留下岛区，如图8.6所示。

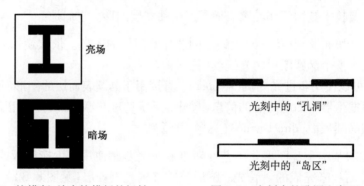

图8.5　掩模版-放大掩模板的极性　　　　图8.6　光刻中的孔洞和岛区

刚刚我们介绍了对光有负效应的光刻胶，称为负胶。同样还有对光有正效应的光刻胶，称为正胶。光可以改变正胶的化学结构使其从不可溶到可溶。这种变化称为光致溶解(photosolubilization)。图8.7显示了用正胶和亮场掩模版在晶圆表面产生岛区的情况。

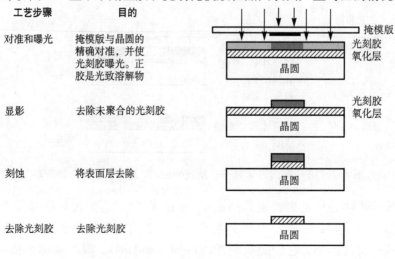

图8.7　用正光刻胶和亮场掩模版转移以产生岛区

图 8.8 显示了用不同极性的掩模版和不同极性的光刻胶相结合而产生的结果。通常来讲，我们是根据控制尺寸和防止缺陷的要求来选择光刻胶和掩模版极性，从而使电路工作的。这些问题会在本章的工艺部分中讨论。

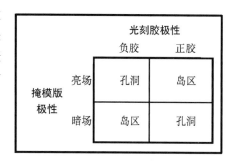

	光刻胶极性	
	负胶	正胶
掩模版极性　亮场	孔洞	岛区
暗场	岛区	孔洞

图 8.8　掩模版和光刻胶极性的结果

8.3　光刻十步法工艺过程

把图案从掩模版转移到晶圆表面是由多个步骤来完成的(见图 8.9)。特征图形尺寸、对准容限、晶圆表面情况和光刻层数都会影响到特定光刻工艺的难易程度和每一步骤的工艺。许多光刻工艺都被定制成特定的工艺条件。然而，大部分都是基本光刻十步法的变异或选项。我们所演示的这个工艺过程是一个亮场掩模版和负胶相作用的过程。

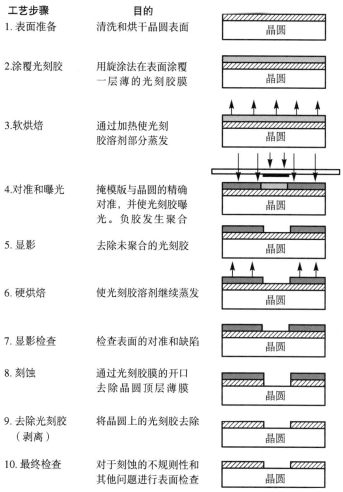

工艺步骤	目的
1. 表面准备	清洗和烘干晶圆表面
2. 涂覆光刻胶	用旋涂法在表面涂覆一层薄的光刻胶膜
3. 软烘焙	通过加热使光刻胶溶剂部分蒸发
4. 对准和曝光	掩模版与晶圆的精确对准，并使光刻胶曝光。负胶发生聚合
5. 显影	去除未聚合的光刻胶
6. 硬烘焙	使光刻胶溶剂继续蒸发
7. 显影检查	检查表面的对准和缺陷
8. 刻蚀	通过光刻胶膜的开口去除晶圆顶层薄膜
9. 去除光刻胶（剥离）	将晶圆上的光刻胶去除
10. 最终检查	对于刻蚀的不规则性和其他问题进行表面检查

图 8.9　光刻十步法工艺

从第 1 步到第 7 步发生了第一次图形转移。在第 8 步、第 9 步和第 10 步中，图形被转移到了晶圆表面层(第二次图形转移)。读者可以挑战一下使用暗场掩模版和正胶列出工艺步骤并画出相应的截面图。本书强烈建议读者，一定在掌握基本光刻十步法工艺之后再去学习先进的光刻工艺过程。

8.4　基本的光刻胶化学

光刻胶被应用在印刷工业上已经超过一个世纪了。在 20 世纪 20 年代，人们才发现它在印制电路板领域可以有广泛的应用。半导体工业使用这种技术来生产晶圆是在 20 世纪 50 年代。在 20 世纪 50 年代末，Eastman Kodak 和 Shipley 公司分别设计出适合半导体工业需要的正胶和负胶。

光刻胶是光刻工艺的核心。表面制备、软烘焙、曝光、刻蚀和去除光刻胶工艺会根据特定的光刻胶性质和想达到的预期结果而进行微调。光刻胶的选择和光刻胶工艺的研发是一项非常漫长而复杂的过程。一旦一种光刻工艺被建立，是极少改变的。

8.4.1　光刻胶

光刻胶的生产既是为了普通的需求，也是为了特定的需求。它们会根据不同光的波长和不同的曝光源而进行调试。光刻胶具有特定的热流动性特点，用特定的方法配制而成，与特定的表面结合。这些属性是由光刻胶里不同化学成分的类型、数量以及混合过程来决定的。在光刻胶里有 4 种基本的成分(见图 8.10)：聚合物、溶剂、感光剂和添加剂(见第 10 章)。

成　分	功　能
聚合物	当在光刻机曝光时,聚合物的结构由可溶变成聚合(或反之)
溶剂	稀释光刻胶,通过旋转涂覆形成薄膜
感光剂	在曝光过程中控制和调节光刻胶的化学反应
添加剂	各种添加的化学成分以实现工艺效果,如染色

图 8.10　光刻胶的成分

光敏性和对能量敏感的聚合物：对光刻胶光敏性有影响的成分是一些对光和能量敏感的特殊聚合物。聚合物是由一组大而重的分子组成的，这些分子包括碳、氢和氧。塑料就是一种典型的聚合物。

光刻胶被设计成与紫外线和激光反应，称为光学光刻胶(optical resist)。还有其他光刻胶可以与 X 射线或者电子束反应。在一种负胶中，聚合物曝光后会由非聚合态变为聚合态。实际上这些聚合物形成了一种相互交联的物质，它是抗刻蚀的物质(见图 8.11)。当光刻胶被加热或正常光照射也会发生聚合反应。为了防止意外曝光，负胶的生产是在黄光的条件下进行的。

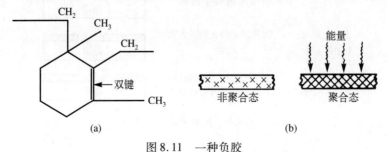

图 8.11　一种负胶

正胶的基本聚合物是苯酚-甲醛（phenol-formaldehyde）聚合物，也称为苯酚-甲醛酚醛（Novolak）树脂（见图 8.12）。在光刻胶中，聚合物是相对不可溶的。在用适当的光能量曝光后，光刻胶转变成可溶状态。这种反应称为光致溶解反应（photosolubilization）。光刻胶中光致溶解部分会在显影工艺中用溶剂去掉。

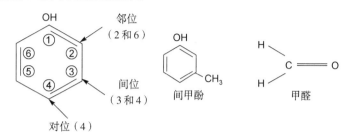

图 8.12　苯酚-甲醛酚醛树脂的结构（源自：W. S. DeForest, Photoresist: *Materials and Processes*, McGraw-Hill New York, 1975）

光刻胶会对许多形式的能量有反应。这些形式的能量通常是指光能、热能等，或者是指电磁光谱中具体的某一部分光[如紫外线（UV）、深紫外线（DUV）、I 线光（I-Line）等]（见8.11.2 节）。在 8.11 节中，会对曝光能量有详细的说明。有很多策略是专门用来实现小图形曝光的（见 8.5.8 节）。其中一种使用更窄波（或单色波）作为曝光源。传统的基于 Novolak 的正胶已经被微调过可以用在 I-Line 曝光源上。然而，在 DUV 曝光源上，这种光刻胶却不能很好地工作。针对 DUV 曝光源，光刻胶生产商已经开发了化学放大光刻胶（chemically amplified resist）。化学放大的意思是光刻胶的化学反应会因有化学催化剂而被加快。用于 X 射线和电子束（e-beam）的光刻胶是不同于传统的正胶和负胶的聚合物。

溶剂：光刻胶中容量最大的成分是溶剂。溶剂使光刻胶处于液态，并且使光刻胶能够通过旋转的方法涂在晶圆表面形成一个薄层。光刻胶是和涂料相类似的，包含染色剂，这种染色剂在适当的溶剂中会被溶解。用于负胶的溶剂是一种芬芳的二甲苯（xylene）。在正胶中，溶剂是乙酸乙氧乙酯（ethoxyethyl acetate）或者是二甲氧基乙醛（2-methoxyethyl）。

光敏剂：光敏剂被加到光刻胶中用来限制反应光的波谱范围或者把反应光限制到某一特定波长。在负胶中，一种称为 bis-aryldiazide 的混合物被加到聚合物中来提供光敏性[1]。在正胶中，光敏剂是 o-naphthaquinonediazide。

添加剂：不同类型的添加剂和光刻胶混合在一起来达到特定的结果。一些负胶包含染色剂，它在光刻胶薄膜中用来吸收和控制光线。正胶可能会有化学的抗溶解系统（dissolution inhibitor system）。这些添加剂可以阻止光刻胶没有被曝光的部分在显影过程被溶解。

8.5　光刻胶性能的要素

光刻胶的选择是一个复杂的过程。主要的决定因素是晶圆表面对尺寸的要求。光刻胶首先必须具有产生那些所要求尺寸的能力。除了这些，还必须有在刻蚀过程中阻挡刻蚀的功能。在阻挡刻蚀的作用中，保持特定厚度的光刻胶层中一定不能存在针孔。另外，光刻胶必须能和晶圆表面很好地黏结，否则刻蚀后的图形就会发生扭曲，就像是如果在印刷过程中蜡纸没有和表面贴紧的话，就会得到一个溅污的图形。以上功能，连同工艺纬度和阶梯覆盖能力,都是光刻胶性能的要素。在光刻胶的选择过程中,工艺师通常会在不同的性能因素中做出权衡。光刻胶是复杂化学工艺和设备系统的一部分,它们必须一起工作来产生好的图形结果和可生产性,其设备必须使厂商拥有可接受的购买成本。

8.5.1　分辨率

在光刻胶层能够产生的最小图形或其间距通常被作为对光刻胶分辨率(resolution capability)的参考。在晶圆上最关键的器件和电路的尺寸(CD)是图形化工艺的目标。产生的图形或其间距越小,说明分辨率越高。一种特定光刻胶的分辨率,实际是指特定工艺的分辨率,它包括曝光源和显影工艺。改变其他的工艺参数会改变光刻胶固有的分辨率。总体来说,越细的线宽需要越薄的光刻胶膜来产生。然而,光刻胶膜必须要足够厚来实现阻挡刻蚀的功能,并且保证不能有针孔。光刻胶的选择是这两个目标的权衡。

用深宽比(aspect ratio)来衡量光刻胶与分辨率和光刻胶厚度相关的特殊能力(见图 8.13)。深宽比是光刻胶厚度与图形开口尺寸的比值。随着业界要求更小的图形,图形密度和形状因子开始在光刻胶设计方面产生影响。对于一种给定的光刻胶,孤立图形、小接触孔和高密度图形的区域,由于反射效果和化学反应因素,整个曝光和显影都不同。从而,有专门用于这些情况而设计的光刻胶。

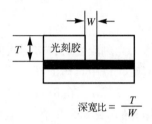

$$深宽比 = \frac{T}{W}$$

图 8.13　深宽比

正胶比负胶有更高的深宽比,也就是说,对于一个给定的图形尺寸开口,正胶的光刻胶层可以更厚。由于正胶的聚合物分子尺寸更小,所以它可以分解出更小的图形。其实这就有点像用更小的刷子来画一条更细的线。对于先进的高密度甚大规模集成电路,更适合选用正胶。

8.5.2　黏结能力

作为刻蚀阻挡物,光刻胶层必须和晶圆表面层黏结得很好,才能够忠实地把光刻胶层的图形转移到晶圆表面层。缺乏黏附性将导致图形畸变。在半导体生产过程中,对于不同的表面,光刻胶的黏结能力是不同的。在光刻胶工艺中,有很多步骤是特意为了增加光刻胶对晶圆表面的自然黏结能力而设计的。负胶通常比正胶有更强的黏结能力。

光刻胶的曝光速度、敏感度和曝光光源:光刻胶对光或者射线主要的反应就是结构上的变化。一个主要的工艺参数就是反应发生的速度。反应速度越快,在光刻和刻蚀区域晶圆的加工速度就越快。

光刻胶的敏感度是与导致聚合或者光致溶解发生所需要的能量总和相关的。另外,这种与敏感度相关的能量又是和曝光源特定的波长有联系的。对这种属性的理解需要对电磁光谱的性质非常熟悉(见图 8.14)。通过这些性质,我们确定了一些不同类型的能量:可见光、长的和短的无线电波、X 射线,等等。实际上它们都是电磁能量(或辐射),并且根据它们波长的不同而被区分开来,波长越短的射线能量越高。

普通的正胶和负胶会对光谱中紫外线(UV)和深紫外线(DUV)的部分有反应(见图 8.15)。一些光刻胶是被设计成对某一特定范围内的波长波峰有反应的(见图 8.17 中的 g、h、i 线)。一些光刻胶被设计成对 X 射线或电子束(e-beam)有反应。由于其能量高、波段窄,产业界已经转向激光。

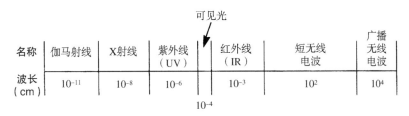

图 8.14　电磁波谱

作为一个参数，光刻胶灵敏度是通过能够使基本的反应开始所需的能量总和来衡量的。它的单位是每平方厘米毫焦耳（mJ/cm^2）[2]。能够使光刻胶有反应的那些特定的波长，称为光刻胶的光谱响应特性（spectral response characteristics）。图 8.16 是一种典型的生产用光刻胶的光谱响应特性图。光谱图中的波峰部分是携带高能量的波长区域（见图 8.17）。在光刻蚀工艺过程中所用的不同光源会在 8.11 节中介绍。

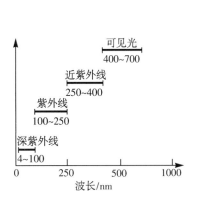

图 8.15　紫外线和可见光光谱（源自：Elliott[1]）

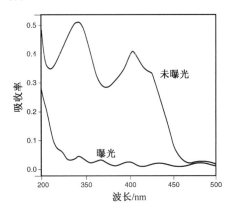

图 8.16　吸光率曲线

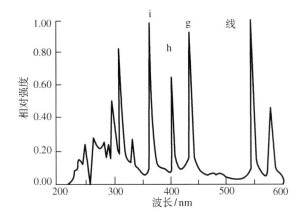

图 8.17　汞光谱（Hg）（源自：*Silicon Processing for the VLSI*，Wolf 和 Tauber）

8.5.3　工艺宽容度

在阅读光刻工艺的每一个工艺步骤时，应时刻记住这样一个事实，那就是光刻工艺的根本目标是在晶圆表面层忠实地再现所需的图形尺寸。每一个步骤都会影响最终的图形尺寸，并且每一步工艺步骤都有它的内部变异。有些光刻胶对工艺变异裕度更大，也就是说，它们有更宽的工艺范围。工艺范围越宽，在晶圆表面达到所需要尺寸规范的可能性就越大。

8.5.4　针孔

针孔是光刻胶层尺寸非常小的空洞。针孔是有害的，因为它会允许刻蚀剂渗过光刻胶层进而在晶圆表面层刻蚀出小孔。针孔是在涂胶工艺中由环境中的微粒污染物造成的，也可以由光刻胶层结构上的空洞造成。

光刻胶层越薄，针孔越多。因此，光刻胶厚膜上的针孔比薄膜上的针孔要少，但是厚膜却降低了光刻胶的分辨率。这两个因素是光刻胶厚度选择过程中的一个典型的权衡。正胶的一个重要的优点就是有更高的深宽比，这个特性能够允许正胶用更厚的光刻胶膜，以达到想要的图形尺寸并且针孔更少。

8.5.5　微粒和污染水平

光刻胶，和其他工艺化学品一样，必须在微粒含量、钠和微量金属杂质，以及水含量方面能达到严格的标准。

8.5.6　台阶覆盖度

晶圆在进行光刻工艺之前，晶圆表面已经有了很多层。随着晶圆生产工艺的进行，晶圆表面得到了更多的层。为了使光刻胶有阻挡刻蚀的作用，它必须在以前层上面保有足够的膜厚。光刻胶用足够厚的膜覆盖晶圆表面层的能力是一个非常重要的参数。

8.5.7　热流程

在光刻工艺过程中有两个加热的过程。第一个称为软烘焙(soft bake)，用来把光刻胶里的溶剂蒸发掉。第二个称为硬烘焙(hard bake)，它发生在图形在光刻胶层被显影之后。硬烘焙的目的是为了增加光刻胶对晶圆表面的黏结能力。然而，光刻胶作为像塑料一样的物质，在硬烘焙工艺中会变软和流动。流动的量会对最终的图形尺寸有重要的影响。在烘焙的过程中光刻胶必须保持它的形状和结构，或者说在工艺设计中必须考虑到热流程带来的尺寸变化。

目标是使烘焙尽可能达到高温来使光刻胶黏结能力达到最大化。这个温度是受光刻胶热流程特性限制的。总体来说，光刻胶热流程越稳定，它对工艺流程越有利。

8.5.8　正胶和负胶的比较

直到20世纪70年代中期，负胶一直在光刻工艺中占主导地位。随着超大规模集成电路(VLSI)和 $2\sim5~\mu m$ 图形尺寸范围的出现使负胶的分辨率变得困难。正胶存在了20多年，但是它们的缺点是黏结能力差，而且它们的良好分辨率和防止针孔能力在那时也并不需要。

到了20世纪80年代，正胶逐渐被接受。这个转换过程是很不容易的。转化到正胶需要改变掩模版的极性。遗憾的是，它不是简单的图形反转。用掩模版和两种不同光刻胶结合而在晶圆表面光刻得到的尺寸是不同的(见图8.18)。由于光在图形周围会有衍射，用负胶和亮场掩模版组合在光刻胶层上得到的图形尺寸要比掩模版上的图形尺寸小。用正胶和暗场掩模版组合会使光刻胶层上的图形尺寸变大。这些变化必须在掩模版/放大掩模版的制作和光刻工艺的设计过程中考虑到。换句话说,光刻胶类型的转变需要一个全新的光刻工艺。

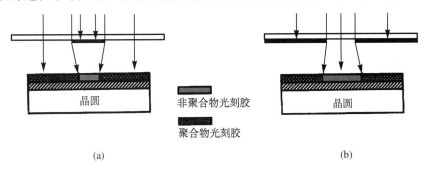

图 8.18　使用负胶和正胶时图形尺寸的变化。(a)亮场掩模版和负胶组合,
图形尺寸变小;(b)暗场掩模版和正胶组合,图形尺寸变大

对于大多数掩模版来说,图形大部分都是空洞。用正胶和暗场掩模版组合还可以在晶圆表面得到附加的针孔保护(见图 8.19)。亮场掩模版在玻璃表面会倾向于有裂纹。这些裂纹称为玻璃损伤(glass damage),它会挡住曝光源而在光刻胶表面产生不希望的小孔,结果就会在晶圆表面刻蚀出小孔。那些在光刻胶透明区域上的污垢也会造成同样的结果。在暗场掩模版上,大部分都被铬覆盖住了,所以不容易有针孔出现。因此,晶圆表面也就会有比较少的孔洞。对于非常小的图形面积,正胶是唯一的选择。

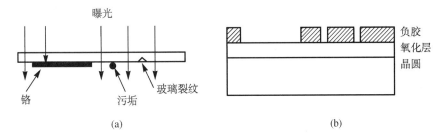

图 8.19　(a)有污垢和玻璃损伤裂纹的亮场掩模版;(b)显影后在负胶上的结果

去除光刻胶也是一个因素。总体来说,去除正胶会比去除负胶要容易,它发生在那些受环境影响比较小的化学品中。生产器件和电路的制造领域,对于那些图形尺寸大于 2 μm 的工艺还是在用负胶。图 8.20 显示了这两种类型光刻胶属性的比较。

参　　数	负　胶	正　胶
深宽比(分辨率)		更高
黏结性	更好	
曝光速度	更快	
针孔数		更低
台阶覆盖		更好
成本		更高
显影液	有机溶剂	水溶液
去胶剂		
● 氧化层步骤	酸	酸
● 金属层步骤	含氯溶剂化合物	一般溶剂

图 8.20　正负胶比较结果

8.6　光刻胶的物理属性

光刻胶的性能因素已经被详细地说明了，基本光刻十步法工艺每一步都和光刻胶的物理性质和化学性质有一定联系。而这些性质都受光刻胶生产商的严格控制。

8.6.1　固体含量

光刻胶是一种液体，它通过旋转的方式涂到晶圆表面。光刻胶留在晶圆表面的厚度是由涂胶工艺的参数和光刻胶的属性——固体含量(solid content)和黏度(viscosity)来决定的。

光刻胶是由聚合物、光敏剂和添加剂混合在溶剂中构成的。不同的光刻胶会包含有不同数量的固体物。这个数量指的是光刻胶的固体含量，它是由光刻胶中质量百分比来表示的。固体含量的范围通常在20%～40%之间[3]。

8.6.2　黏度

黏度是液体流动数量上的测量。高黏度液体流动较慢，如拖拉机油。低黏度液体比较容易流动，如水。对于这两种情况，流动的机理是一样的。当液体被灌注时，液体中的分子之间相互滚动。当分子滚动时，它们之间存在一种引力。这种引力起到了一种类似于内部摩擦力的作用。黏度就是这种摩擦力的度量。

黏度可以通过几种不同的技术方法来测量。大多光刻胶生产商是通过在光刻胶中转动叶片来测量黏度的。黏度越高，在恒定速度下转动叶片所需要的力就越大。旋转叶片的测量方法说明了黏度的力相关性。

黏度的单位是厘泊(centipoise)(1 poise 的百分之一)[1 厘泊(cP) = 10^{-3} Pa·s]。它以法国科学家 Poisseulle 的名字命名，他研究了流体的黏滞流动。1 poise 等于每厘米 1 达因(dyne)秒。黏度单位厘泊更准确地说明了绝对黏度(absolute viscosity)。

另外一种单位称为运动黏度(kinematic viscosity)，它是厘斯(centistoke)[1 厘斯(cSt) = 10^{-6} m^2/s]，是由绝对黏度(厘泊)除以光刻胶密度而得到的。黏度会随着温度的变化而变化；因此，它的指定值是在特定温度条件下声明的，通常是 25℃。黏度是在涂胶工艺中决定光刻胶厚度的主要参数。黏度和光刻胶固体含量密切相关。固体含量越高，光刻胶黏度就越高。

8.6.3　表面张力

光刻胶表面张力也会影响涂胶工艺的结果。表面张力是液体表面吸引力的测量(见图 8.21)。具有高表面张力的液体在一个平面上不易流动。表面张力会使液体在表面或管子中拉成一个球面。

8.6.4　折射系数

光刻胶的光学性质会在曝光系统中产生作用。一个性质是折射(refraction)，或者说光通过一个透明或半透明介质时会被弯曲。物体在水中的实际位置与从水表面所看到的位置是不同的，这种现象

低分子吸引面
的低表面张力

高分子吸引面
的高表面张力

图 8.21　表面张力

就是折射。这是由于光线被物质减慢而造成的。折射系数(index of refraction)是光在物质中速度相对于光在空气中的速度的测量(见图8.22)。它是反射角度和入射角度的比值。对于光刻胶,它的折射率和玻璃比较接近,大约是1.45。

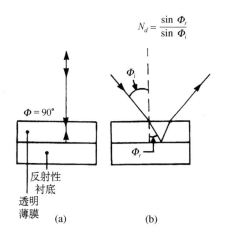

$$N_d = \frac{\sin \Phi_r}{\sin \Phi_i}$$

图8.22 折射率。(a)90°入射光;(b)斜入射光在透明薄膜中折射

8.6.5 光刻胶的存储和控制

光刻胶是一种精细的高科技混合物。它们的生产是高精度的。一旦一种光刻工艺被开发,它的持续成功是靠对工艺参数日复一日的控制和产生恒定的光刻胶产品。提供光刻胶批与批之间的一致性是光刻胶生产商的责任。保持光刻胶批与批之间的一致性则是使用者的责任。光刻胶的几个特性决定了光刻胶储存和控制所需要的条件。

8.6.6 光和热敏感度

光和热都会激化光刻胶里的敏感机制,而这些本来是应该在受控的光刻工艺过程中来完成的。光刻胶必须在存储和处理过程中受到保护,以免产生不希望的反应,进而影响到光刻工艺的结果。这就是为什么在光刻工艺区域使用黄光。光刻胶使用褐色的瓶子来存储也是由于同样的原因。彩色玻璃也可以保护光刻胶,以免受到杂散光的照射。正确的光刻胶存储和运输需要把温度严格地控制在生产商所要求范围之内。

8.6.7 黏性敏感度

黏性的控制对于良好的膜厚控制是最基本的。要想保持光刻胶的黏性,光刻胶在使用之前必须保持密封状态。打开瓶子会使光刻胶里的溶剂蒸发,光刻胶里的固体含量就会相应增加,进而光刻胶的黏性就会增强。如果光刻胶从塑料管中喷洒出来,那么这种塑料物质必须经过测试以保证光刻胶不会从这种物质中渗出可塑剂。可塑剂会增加光刻胶的黏性。

光刻胶还可以存储在密封的真空袋中。光刻胶在存储和运输过程中都要受到保护。在使用过程中,光刻胶喷洒时,密封袋连续塌进,以保证空气不会到达光刻胶表面。

8.6.8 保存期

光刻胶容器都有推荐的保存期。问题在于光刻胶自身的聚合和光致溶解。随着时间的推移,光刻胶里的聚合物会发生变化,当光刻胶用于生产时它的性能就会受到影响。

8.6.9 清洁度

不用说,所有用来喷洒光刻胶的设备都保持在尽可能洁净的条件下。除了系统中颗粒污染物的影响,干化的光刻胶也会累积在光刻胶管内进而污染光刻胶,所以光刻胶管必须定期清洗。清洗代理商必须核实它和光刻胶的兼容性。例如,三氯乙烯(TCE)不能用于负胶,因为它能在光刻胶中产生气泡。

8.7　光刻工艺：从表面制备到曝光

接下来的内容将介绍基本光刻十步法工艺。其中包括每一步的目的、技术考虑和挑战、选项和工艺控制方法等。对于先进的设计规则光刻工艺使用这些基本的工艺步骤的变化和不同的组合(见第10章)。

8.8　表面制备

贯穿全文，我们会用不同的类推方法来帮助读者理解复杂的工艺过程。对于光刻工艺的一个很好的类比就是涂漆工艺。即使是一个业余的油漆匠也会很快学会，要想最终得到一个平滑而且结合很好的膜，表面必须干燥而且干净。这个道理在光刻工艺过程中同样也适用。为确保光刻胶能和晶圆表面很好地黏结，必须进行表面制备。这一步骤是由3个阶段完成的：微粒清除、脱水烘焙和晶圆涂底胶。

8.8.1　微粒清除

晶圆几乎总是从一个清洁的区域来到光刻区域的，如氧化、掺杂、化学气相淀积。然而，晶圆在存储、装载和卸载到片匣过程中，可能会吸附到

一些颗粒状污染物，而这些污染物是必须清除掉的。根据污染的等级和工艺的需要，可以用几种不同的微粒清除方法(见图8.23)。最极端的情况是，可能会给晶圆进行化学湿法清洗，这种方法和氧化前清洗比较相似，它包括酸清洗、水冲洗和烘干。所使用的酸必须要和晶圆表面层兼容。微粒清除方法和第7章所介绍的是相同的：手动吹扫、机械洗刷和高压水喷洗。

● 高压氮气吹扫
● 湿法化学清洗
● 转动刷洗
● 高压水喷洗

图8.23　旋转前晶圆清洗方法

8.8.2　脱水烘焙

我们已经提到过，晶圆表面必须要干燥以增加它的黏附性。一个干燥的表面称为厌水性(hydrophobic)表面，它是一种化学条件。在厌水性表面上液体会形成小滴，例如水在刚刚打完蜡的汽车表面会形成很多小水珠。厌水性表面有益于光刻胶的黏结(见图8.24)。晶圆在进行光刻蚀加工之前表面通常是厌水性的。

遗憾的是，当晶圆暴露于空气中的湿气或是清洗结束后的湿气时，表面会变成亲水性(hydrophilic)。在这种条件下液体会在晶圆表面形成较大的一滩水，就像是水在没有打蜡的汽车表面一样。亲水性表面同时也称为含水的表面。在含水的表面光刻胶不能很好地黏结(见图8.24)。

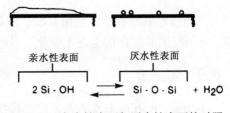

图8.24　亲水性表面与厌水性表面的对照

有两个重要的方法可以保持厌水性表面。一种方法是把室内湿度保持在50%以下，并且在晶圆完成前一步工艺之后尽可能快地对晶圆进行

涂胶。另一种方法是把晶圆存储在用干燥并且干净的氮气净化过的干燥器中,或者存储在干燥的小环境中,例如前开口标准晶圆匣(FOUP)(见第 4 章)。为了使晶圆表面达到可以接受的黏附性,需要加入一些附加的步骤。这些步骤包括:脱水烘焙和晶圆涂底胶。

一个加热的操作可以使晶圆表面恢复到厌水性条件。针对 3 种不同的脱水机制脱水烘焙有 3 种温度范围。在 150℃ ~ 200℃ 的温度范围内(低温),晶圆表面会被蒸发。到了 400℃(中温)时,与晶圆表面结合比较松的水分子会离开。当温度超过 750℃(高温)时,晶圆表面从化学性质上讲恢复到了厌水性条件。

在大多数光刻工艺中,只用低温烘焙。因为低温的温度范围可以通过热板、箱式对流传导或真空烤箱很容易达到。低温烘焙的另一个好处就是在进行旋转工艺之前不用花费很长的时间等待晶圆冷却,系统可以很容易地把这一步和旋转烘焙结合起来,进而形成脱水-旋转-烘焙系统。这些加热系统的解释在 8.10 节中讲述。

高温烘焙很少用到。一个原因是 750℃ 高温通常只能通过炉管反应炉才能达到,而炉管反应炉都比较大,而且不能和旋转烘焙工艺结合。第二个原因就是温度本身。在 750℃ 高温下,晶圆内掺杂结合处能够移动(那不是所希望的),并且晶圆表面的可移动离子污染物可以移入晶圆内部,从而造成器件可靠性和功能方面的问题。

8.8.3 晶圆涂底胶

除脱水烘焙外,晶圆还可以通过涂化学底胶来保证它能和光刻胶黏结得很好。涂胶时,所选择的底胶有很好的吸附表面并且能够为正式涂胶提供一个平滑的表面。在半导体光刻工艺中,底胶的作用和这一点比较相似。底胶从化学上把晶圆表面的水分子系在一起,因此增加了表面的附着能力[4]。

有很多化学品提供了涂底胶的功能,但是目前被广泛应用着的是六甲基乙硅胺烷(HMDS)。HMDS 是由 IBM 公司的 R. H. Collins 和 F. T. Deverse 1970 年发明的,它的性能在美国专利 3549368 中有所说明。HMDS 是由在溶液中混合了 10% ~ 100% 二甲苯而得到的。而准确的混合物是由净化间里的环境因素和特定的晶圆表面来决定的。和涂胶不一样,几个分子厚的底胶就足够具有提供黏附催化剂的作用了。

8.8.4 旋转式涂底胶

对于大多数光刻蚀工艺,晶圆是在光刻胶涂胶吸盘上进行涂底胶的(见图 8.25)。HMDS 是以手动或自动的方式从注射器中喷洒出来的。自动旋转器(见 8.9 节)有一个单独的系统,它用来在涂光刻胶之前在晶圆表面喷洒 HMDS。当旋转的晶圆涂完 HMDS 后,吸盘的转速被提高以便使 HMDS 层干燥。旋转式涂底胶最大的好处是它可以和涂光刻胶步骤连续进行。

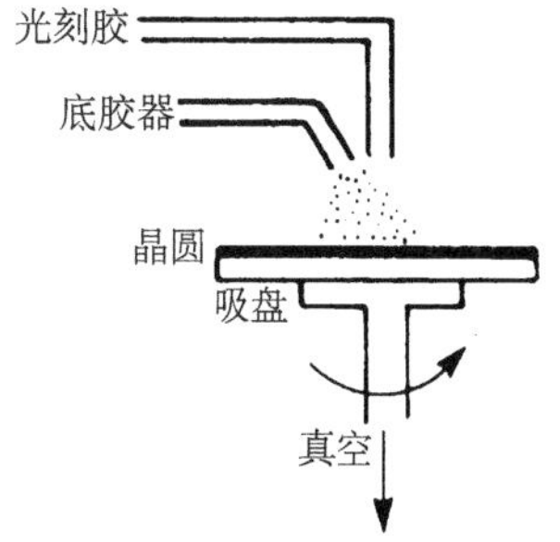

图 8.25 底胶旋转喷洒

8.8.5 蒸气式涂底胶

浸泡式涂底胶和旋转式涂底胶都要求 HMDS 液体和晶圆表面直接接触。每当晶圆和液体接触时,晶圆就会有被污染的危险。另外一个考虑就是在涂光刻胶之前 HMDS 层必须干燥,湿 HMDS 会溶解光刻胶层底部,并且会干涉曝光、显影和刻蚀。最后一点是 HMDS 相对比较昂贵,在旋转式涂胶过程中大量的 HMDS 被喷洒在晶圆表面以确保足够的覆盖面,而其中大部分 HMDS 都被浪费掉了。

以上所考虑的那些问题可以通过蒸气式涂底胶来解决。蒸气式涂底胶是通过 3 种形式来实践的。两种形式是在常压下进行的,一种是在真空中进行的(见图 8.26)。其中一种常压系统采用一个带有喷水式饮水口的反应室和干燥反应室相连。氮气以气泡方式通过 HMDS 并且携带着 HMDS 进入反应室,晶圆就在这个反应室中进行涂胶。另一种常压系统采用一个存有液体 HMDS 的蒸气脱脂器给 HMDS 加热至沸点,之后晶圆被悬置于蒸气中进行涂胶。

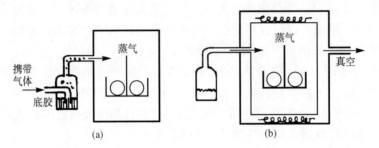

图 8.26　蒸气式涂底胶法。(a)常压式;(b)真空烘焙式蒸气涂底胶

第 3 种蒸气技术是真空蒸气涂底胶,它用一个密封的 HMDS 长颈瓶和一个真空烤箱或是单一晶圆反应室相连。刚开始晶圆在充满氮气的烤箱中被加热。在温度达到 150℃ 后,反应室切换成真空。一旦达到真空水平,阀门打开并且 HMDS 蒸气通过负压被吸入反应室。在反应室内,当蒸气充满整个反应室时,晶圆就会被彻底涂底胶。即使在高湿度环境中,这种方法也显示了很好的黏结寿命。

真空蒸气涂底胶的另一个好处就是能与脱水烘焙、涂胶步骤合并在一起,并且它能非常显著地降低 HMDS 的使用量。真空蒸气涂底胶在光刻工艺过程中增加了额外的一步,它是在箱式烤箱中完成的。许多自动涂胶器系统中都包括联机的真空蒸气涂底胶器组件。

8.9　涂光刻胶(旋转式)

涂胶工艺的目的就是在晶圆表面建立薄的、均匀的并且没有缺陷的光刻胶膜。

这些好的质量说起来容易,却需要用精良的设备和严格的工艺控制才能达到。一般来说,光刻胶膜厚从 $0.5 \sim 1.5\ \mu m$ 不等,而且它的均匀性必须要达到只有 $\pm 0.01\ \mu m(100\ \text{Å})$ 的误差。

普通的光刻胶涂胶方法有 3 种方法:刷法、滚转法和浸泡法。但是这 3 种方法中没有一种能够达到光刻胶工艺所要求的质量标准。在上节中,我们简单地介绍了旋转涂胶方法(旋涂法),这也就是我们普遍应用的涂胶方法。涂胶器有手动式、半自动式和全自动式。自动化程度不同,所应用的系统也会不同。在下文我们会有所介绍。然而,每个系统光刻胶膜的淀积确实是共同的。

涂胶工艺被设计成防止或是降低晶圆外边缘部分光刻胶的堆起,也称为边缘珠子(edge bead),这种堆起会在曝光和刻蚀过程中造成图形的畸变。

8.9.1 静态涂胶工艺

晶圆在涂完底胶之后会停在针孔吸盘上面,这就为下一步涂胶工艺做好了准备。几立方厘米(cm^3)的光刻胶被堆积在晶圆的中心(见图8.27),并且允许被涂成一个小的水洼,这个小的水洼被继续涂开直到光刻胶覆盖了晶圆的大部分。水洼的大小是一个工艺参数,它是由晶圆的大小和所用光刻胶的类型决定的。所涂光刻胶总量的大小是非常关键的。如果量少了会导致晶圆表面涂胶不均,如果量大了会导致晶圆边缘光刻胶的堆积或光刻胶流到晶圆背面(见图8.28)。

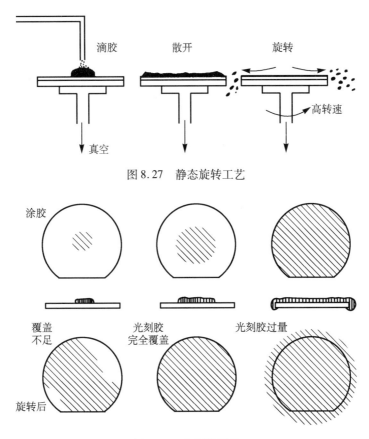

图 8.27　静态旋转工艺

图 8.28　光刻胶覆盖

当水洼达到规定的直径,吸盘会很快地加速到一个事先设定好的速度。在加速过程中,离心力会使光刻胶向晶圆边缘扩散并甩走多余的光刻胶,只把平整均匀的光刻胶薄膜留在晶圆表面。在光刻胶被分散开之后,高速旋转还会维持一段时间以便使光刻胶干燥。

光刻胶膜的最终厚度是由光刻胶黏度、旋转速度、表面张力和光刻胶的干燥性来决定的。在实践中,表面张力和干燥性是光刻胶的自身性质,黏度和旋转速度之间的关系是由光刻胶供应商所提供的曲线来决定的,或者是根据特定的旋转系统而建立的。图8.29所示是典型厚度与旋转速度的关系。

尽管旋转速度被指定来控制光刻胶膜厚,但是最终膜厚是由实际的旋转加速度来建立的。涂胶器的加速属性必须被详细说明,而且它必须被定期维护以保证它在旋转工艺中保持恒定。

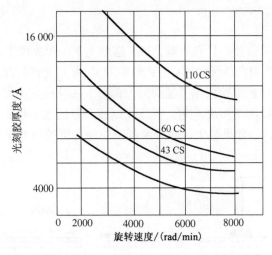

图 8.29 光刻胶厚度与旋转速度对照

8.9.2 动态喷洒

大直径晶圆对均匀光刻胶膜的需求促成了动态旋转喷洒技术的研发(见图 8.30)。对于这种技术,晶圆在以 500 弧度/分低速旋转的时候,光刻胶被喷洒在晶圆表面。低速旋转的作用是帮助光刻胶最初的扩散。用这种方法我们可以用少量光刻胶达到更均匀的光刻胶膜。光刻胶扩展开之后,旋转器加速至高速来完成最终的光刻胶扩展并得到了薄而均匀的光刻胶膜。

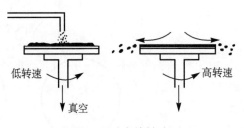

图 8.30 动态旋转喷洒

8.9.3 移动手臂喷洒

动态喷洒技术的一项提高是移动手臂喷洒(见图 8.31)。手臂从晶圆的中心向晶圆的边缘缓慢移动。这个动作会给最初和最后一层带来更好的表面均匀性。移动手臂喷洒,还能节省光刻胶,特别是对于大直径晶圆。

8.9.4 手动旋转器

手动旋转器是一个简单的器械,它包括 1 ~ 4 个真空吸盘(被称为"头")、1 台电机,1 个转速计和 1 个用来连接真空的接口。每个头用一个捕获杯包围着,用来收集剩余的光刻胶,并且把那些光刻胶输送到一个收集容器中。捕获杯也是用来预防晶圆加速旋转时把光刻胶从晶圆表面甩走的。这个工艺是从用氮气枪来去除微粒开始的。晶圆被用镊子或是真空吸笔固定在探头上,吸盘的真空同时也被打开。接着HMDS 从注射器或是压瓶中喷洒到晶圆表面,晶圆同时也在旋转和烘干。最后,光刻胶水注从另外的注射器或是压瓶中喷洒到晶圆表面。大多数在手工旋转器上进行的涂胶工艺使用的是静态喷洒方法。

8.9.5 自动旋转器

一个半自动涂胶器增加了光刻胶自动吹气，光刻胶喷洒和旋转周期的功能。氮气吹气是通过真空吸盘上面一个单独的管子来完成的。这个管子连接着加压的氮气源（见图8.32）。在喷洒反应室里面还有一个用来涂底胶的管子和一个光刻胶喷洒管。光刻胶管子是从加压氮气容器或通过隔膜泵来供给光刻胶的。由于氮气会被吸收到光刻胶里面，所以工业上基本上已经不再用氮气加压光刻胶喷洒系统了。在光刻胶喷洒周期完成之后，氮气会从光刻胶里面出来，这样会在光刻胶膜上留下小孔。而隔膜泵则不会出现这样的问题。

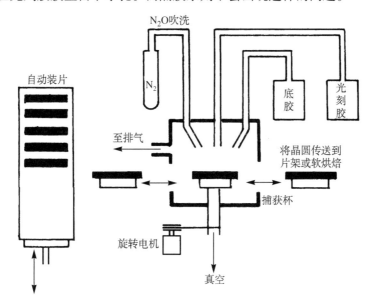

图 8.32 自动旋转器示意图

自动光刻胶喷洒器具备负压的功能，它能在光刻胶喷洒操作完成之后自动地把光刻胶吸回到喷洒管中。这个回吸功能（drawback 或 suckback）减少了管子中光刻胶暴露的表面，从而防止了暴露的光刻胶干化成硬球而落到晶圆表面。对于一个全自动系统，所有的旋转工艺事件是用微处理器来控制的。这个系统能够自动地把晶圆从片匣中取出来放在吸盘上，进行涂底胶、滴光刻胶、去除边缘珠、软烘焙，再把晶圆放回到片匣中。标准的系统配置是一条流水线，又称轨道（track）。生产上的涂胶机一般会有 2~4 个并排的轨道。

8.9.6 边缘堆积去除

高速转动的结果可以使光刻胶在晶圆边缘堆积，称为边缘珠子（edge bead）。可以采用溶剂直接喷洒到晶圆正面和背面的边缘附近的方法将其去除（见图 8.33）。

8.9.7 背面涂胶

在某些器件的工艺中，需要在光刻过程中保持晶圆背面氧化物的存在。一种方法是通过

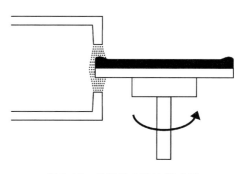

图 8.33 化学法去除边缘珠子

在晶圆背面涂光刻胶来完成的。这种背面涂胶的要求仅仅是一个足够厚的光刻胶膜来阻隔刻蚀。

8.10　软烘焙

软烘焙是一种以蒸发掉光刻胶中一部分溶剂为目的的加热过程。软烘焙完成之后,光刻胶还保持"软"状态,而不是被烘焙成像灰烬一样。蒸发溶剂有两个原因。溶剂的主要作用是能够让光刻胶在晶圆表面涂一薄层,在这个作用完成以后,溶剂的存在干扰余下的工艺过程。第一个干扰是在曝光的过程中发生的。光刻胶里面的溶剂会吸收光,进而干扰光敏感聚合物中正常的化学变化。第二个问题是和光刻胶黏附性有关系的。通过对涂漆工艺的理解,我们可以知道光刻胶的烘干(溶剂的蒸发)会帮助光刻胶和晶圆表面更好地黏结。光刻胶增加黏结性是类似的。

时间和温度是软烘焙的主要参数。在光刻过程中,两大主要目标是正确的图形定义和在刻蚀过程中光刻胶和晶圆表面良好的黏结。这两个目标都会受软烘焙温度的影响。在极端情况下,不充分的烘焙会在曝光过程中造成图形成形不完整和在刻蚀过程中造成多余的光刻胶剥落(黏附性差)。过分烘焙会造成光刻胶中的聚合物产生聚合反应,并且不与曝光射线反应。

光刻胶供应商会提供软烘焙温度和时间的范围,之后光刻工艺师再把这些参数优化。负胶必须要在氮气中进行烘焙,而正胶可以在空气中烘焙。软烘焙的方法很多,它们是通过设备和三种热传递方法组合来完成的。

热传递的 3 种方式是:传导、对流和辐射。传导是热量通过直接接触物体的热表面传递的。热板就是通过传导加热。在传导过程中,热表面的振动原子使待加热对象的原子也振动起来。由于它们的振动和碰撞,这些原子就会变热。

一些脱水烘焙在对流烘箱中进行。使用对流加热的系统包括:家用强制对流炉、电吹风、空气和氮气烘箱,以及氧化炉。在这些系统中,一个装置将气体加热,然后利用鼓风机或压力将气体推向一个空间,这样一来,能量就传递给了物体。

第 3 种方式是辐射。辐射(radiation)这个词所描述的是电磁能量波在空间的传播。辐射波在真空和气体中都能够传播。太阳就是通过辐射将热量传递给地球的。加热灯也是靠辐射传递热量的。辐射是快速热处理(RTP)系统所使用的加热方式。当物体受到辐射时,由波携带着的能量直接传递给物体的分子。

8.10.1　对流烘箱

对流烘箱是非自动化生产线的主要烘焙设备(见图 8.34)。它是一个在隔热封闭环境中的不锈钢反应室。环绕反应室的管道提供氮气或空气,气体在被导入反应室前先经过一个加热器加热。反应室内配有放置晶圆承片器的搁架。承片器要在烘箱中停留预先设定的一段时间,这时加热气体会把它们的温度升高。在超大规模集成电路(VLSI)应用中使用的对流烘箱有比例调节器和高效过滤器(HEPA),用以保持洁净的烘焙环境。

使用对流烘箱做软烘焙有几个缺点,其中之一是批与批之间的温度变异。这些变异来自:装载晶圆时门打开时间的长短,装载量,烘箱中所有部件达到恒定温度的不同时间。一个与对流加热相关联的工艺问题是光刻胶层的顶部有"结壳"的趋势,使溶剂存留在光刻胶中(见图 8.35)。

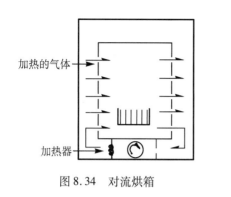

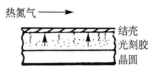

图 8.34　对流烘箱　　　　　　　　　图 8.35　烘箱的结壳效应

8.10.2　手工热板

在手工和实验室操作中，软烘焙经常使用一种简易的热板。把晶圆放在一个铝制夹具上，夹具有一个钻孔，里面装有一个刻盘温度计。晶圆被安装在热板的夹具上（见图 8.36）。操作员监控温度计上温度的升高，当达到适当的温度时，将夹具移开。用一个控制良好的热板可得到有效的软烘焙。热板的一个工艺优势是它的背面先被加热。这样就允许溶剂从上面蒸发出来，还可以使表面的"结壳化"减到最小。热板加工依赖于操作员，且生产效率低下。

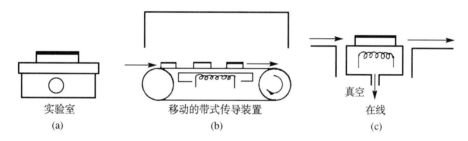

图 8.36　（a）手工热板；（b）内置连续式热板；（c）内置式单片晶圆热板

8.10.3　内置式单片晶圆热板

热板加热的背面优势可以通过轨道系统获得。把单片晶圆热板装入回转系统中。晶圆离开旋转器后被放在热板上，用真空将其固定在上面。晶圆和光刻胶被加热（事先设定的一段时间），然后释放真空，晶圆被移至载片器中。为去掉溶剂蒸气，这些内置系统要连接到工厂的排风系统上。

8.10.4　移动带式热板

在集成系统中，使用单片晶圆热板在生产率上的局限在于旋转步骤的总体时间。典型的旋转时间为 25～40 s，这就意味着要想使晶圆连续不停地"流动"，软烘焙就必须在这个时间范围内完成。这个时间长度对某些光刻胶和某些工艺来说太短了。解决这个问题的一个方法就是使用移动带式热板。把晶圆放到加热过的移动钢带上，设定温度和钢带速度以满足软烘焙的要求。这样就可以使晶圆连续不断地"流动"。

8.10.5 移动带式红外烘箱

对快速、均匀和不结壳的软烘焙方法的渴望,使得红外(IR)辐射源得以发展(见图8.37)。红外烘焙比传导式烘焙要快得多,而且是"由内至外"加热的。由外至内烘焙就是利用传导式热板烘焙的原理。红外波穿过光刻胶涂层,但并不将其加热。很像是日光穿过一扇窗,但并不给窗加热。然而,晶圆吸收了能量,变热,继而从底部加热光刻胶涂层。

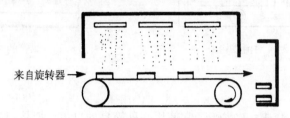

图8.37 移动带式红外(IR)加热

8.10.6 微波烘焙

作为软烘焙加热源,微波具有红外线加热的优点,而且由于微波所带的能量更高,因此加热速度更快。软烘焙温度在1分钟内就完全可以达到。简短的时间适用于"载片器"软烘焙。旋转后,立刻将微波源导向晶圆,从而完成软烘焙(见图8.38)。

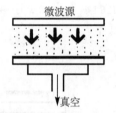

图8.38 微波加热

8.10.7 真空烘焙

对于一定数量的工艺步骤,真空烘焙提供了几大优点。真空烘箱与对流烘箱的构造相似,只不过是连接到一个真空源。真空对于蒸发过程特别有效,这是因为减小的压力有助于溶剂的蒸发,于是就减少了对温度的依赖。然而,对于软烘焙,晶圆必须加热到一个均衡的温度。由于在真空烘箱中加热是靠热反应室内壁向晶圆辐射的,由此就会产生一个问题。这种热传递方式有时被称为瞄准线式(line-of-sight),为了得到均匀性,每片晶圆都必须有各自对热源明确的瞄准线。在一个箱型真空烘箱中,排满了竖直夹持晶圆的承片器,这个条件就不能满足了,大多数真空烘箱所得到的温度均匀性都很差。

真空和均匀热板加热的益处可以通过内置式,单片晶圆热板系统来获得。图8.39总结了各种不同的软烘焙方式。

方法	烘焙时间/min	温度控制	生产类型
热板	5~15	好	单片到小批量
对流烘箱	30	一般—好	批量
真空烘箱	30	差——一般	批量
红外移动带	5~7	差——一般	单片
传导移动带	5~7	一般	单片
微波	0.25	差——一般	单片

图8.39 软烘焙图表

软烘焙后冷却:轨道系统通常将晶圆移动到冷却台。由温度控制冷却。冷却板以固态冷却技术为特色。

8.11　对准和曝光

对准和曝光(A&E)，是基本光刻十步法工艺步骤之一，顾名思义，有两个分立的动作。对准和曝光的第一步是把所需图形在晶圆表面上定位或对准。第二步是通过曝光灯或其他辐射源将图形转移到光刻胶涂层上。图形的准确对准，以及光刻胶上精确的图形尺寸的形成是器件和电路正常工作的决定性因素。此外，晶圆加工时间的60%都在光刻区域中。

除了图形的形状和尺寸控制，图形套准或对准误差是一个关键的参数。再次用摩天大楼类比，如果电梯的楼层不对齐，将造成电梯系统功能的严重问题。在集成电路也适用同样的原则。个别图形层必须恰当地放到里面和遮盖，以确保器件功能。精确的误差是关键尺寸和特定电路节距的百分比。随着图形层数增多，套准误差受到挑战。在2011版ITRS关于光刻章节讨论了被使用的不同规则[2]。

8.11.1　对准系统的性能

直到20世纪70年代中期，可供光刻胶工艺师选择的光刻和曝光设备只有两种：接触式光刻机和接近式光刻机。这两种使用掩模图形系统。所需层的图形首先产生在玻璃基板上的铬层中。这种图形又被转移到光刻胶层。光源照射穿过掩模，并在光刻胶层中将图形编码为聚合和未聚合区域。

一个具有掩模的对准系统需要将掩模版定位到空白晶圆(第一掩模版)或定位到晶圆表面上已有的图形。在第4章介绍了该工艺。它指出，在一个放大掩模版产生一个电路的硬拷贝。这样依次复制一个完整的晶圆掩模(见图4.13)。第9章详细介绍掩模制造工艺。A&E系统包括使用完整的掩模版，或只是图形在一步一步的过程(stepper)中覆盖晶圆的放大掩模版。

非掩模版系统让所需的图形编码到曝光源中。随着曝光能量波被"引渡"到晶圆表面上正确的位置，无掩模版的图形被直接"投影"到光刻胶层。

第二个子系统是曝光源。它们包括光学和非光学的源(见图8.40)。光学光刻机采用紫外线作为光源，而非光学光刻机的光源则来自电磁光谱的其他部分。为满足减小特征图形尺寸，增加电路密度，以及甚大规模集成电路(ULSI)时代对产品缺陷的要求，光刻设备得以不断发展。

选择和比较光刻机有几个标准(见图8.41)，这些标准与它们连贯高效地生成所需图形的能力有关。最重要的参数大概要算分辨率(resolution capability)了，或者说是机器产生特定尺寸图形的能力。分辨率越高，机器就越好。除所需图形尺寸的分辨率外，对准机还必须具有将图形准确定位的能力。这一性能参数称为对准机的套准能力(registration capability)。这两项指标都必须在整个晶圆上实现，这就是尺寸控制(dimensional control)。最后一项性能指标是拥有成本，它包括最初的采购成本、晶圆产量(wafer throughput)(装载、对准、曝光和卸载所用的时间)、机器的维护费用以及机器的可运行时间。这些指标将在第15章中加以讨论。

所以选项是硬图形系统(掩模版/放大掩模版)或直接写对准，还有些曝光源选项。

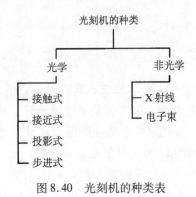

图 8.40　光刻机的种类表

光刻机选择标准
● 分辨率/极限
● 对准精度
● 污染等级
● 可靠性
● 生产率
● 总体拥有成本(COO)

图 8.41　光刻机选择标准

8.11.2　曝光光源

虽然光刻机是非常复杂的设备,但它的工作原理却建立在几个基本的光学理论上。可以把它理解为在离墙面很近的地方用手拿着一把叉子,用闪光灯照射叉子,这时墙面上就形成了一个叉子的图像。用半导体行业的标准衡量,这个叉子的图像很不精确。我们可以通过几种方法来对图像进行改进。一种方法是用波长更狭窄的光来代替闪光灯发出的光。闪光灯所发出的白光是多种不同波长(颜色)的混合。在叉子的边缘处,产生了一种现象称为衍射(diffraction)。衍射就是光线在不透明的边缘区域发生弯折(或穿过狭缝),弯折量由波长决定。由于白光有多个波长,因此多条光线会在边缘发散,从而图像变得模糊。使用较短波长或单一波长的光源可以减少衍射。另一种改进图像的方法是使所有光线通过同一光路。在普通白光中,光线由灯泡从各个方向发出,而后又以不同的方向从叉子边缘离开,使得影像模糊。通过反射镜和透镜,可以把光线转化成一束平行光,这样就改善了图像质量。图像的清晰度和尺寸也受到光源到叉子以及叉子与墙面之间距离的影响。缩小这两个距离会使图像更清晰。为得到所需的图像,使用狭波或单一波长曝光光源,准直平行光,以及对上述距离严格控制的方法都被运用到光刻机中。

选择曝光光源配以特定的光刻胶可以得到所需的图形尺寸(见 8.5.2 节光刻胶的曝光速度、敏感度和曝光光源)。使用最广泛的曝光光源是高压汞灯,它所产生的光为紫外线(UV)。为减小特征图形尺寸,起初使用的灯泡和光刻胶不断地发展和改进。为获得更高的清晰度,光刻胶被设计成只与汞灯光谱中很窄一段波长的光反应。这种需求使得在光谱更短波长中使用的灯泡和光刻胶得以发展。光谱中的这一部分称为深紫外(deep ultraviolet)区或 DUV。

其他可以提供波长较低,曝光能量较高的光源还有:准分子激光器、X 射线及电子束。本书第 10 章将对各种曝光光源做更加具体的介绍。

8.11.3　对准法则

第一个掩模版的对准是把掩模版上的 y 轴与晶圆上的主定位边成 90°角放置(见图 8.42)。接下来的掩模都用对准标记(又称"靶")与上一层带有图形的掩模对准。这是一些特殊的图形(见图 8.43)。它们分布在每个芯片图形的边缘或在晶圆上的每个芯片周围的划片线上,很容易找到。

对准由操作员把掩模版上的标记放在晶圆图形上相应的标记上来完成。对于自动系统

（见8.11.4节的步进式光刻机），对准标记也起着相同的作用。经过刻蚀工艺后，对准标记就永远成为了芯片表面的一部分。于是它们就可以在下一层对准时使用了。

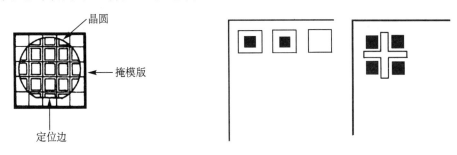

图8.42 光刻胶上图形衍射缩小   图8.43 对准标记种类

被称为未对准（misalignment）的对准错误分为几种不同类型（见图8.44）。常见的一种就是简单的 x-y 方向位置错误。另一种常见的未对准是转动的，也就是说，晶圆的一边是对准的，然而在通过晶圆的方向上，图形会逐渐变得不对准。如果芯片图形在掩模版上有旋转，第3个转动的未对准就会产生。

其他与掩模版和步进式光刻机有关的未对准问题还有伸入和伸出。当芯片图形没有在掩模版的恒定中心形成，或偏心放置时，这样的问题就会出现。它的结果就是只有一部分掩模版上的芯片图形可以准确地和晶圆上的图形对准。而在通过晶圆的方向上，图形会逐渐变得对不准。

一种由经验得来的方法是，对于具有微米或亚微米特征图形尺寸的电路，必须满足最小特征图形尺寸1/3的套准容差。计算得到整个电路的套准预算（overlay budget），它是整套掩模允许对准误差的累加（见图8.2）。对于 $0.35~\mu m$ 的产品，允许的套准预算大约是 $0.1~\mu m$[5]。

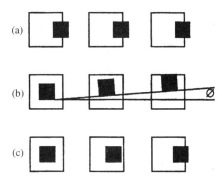

图8.44 未对准种类：（a）x 方向；（b）转动；（c）伸出

8.11.4 光刻机的分类

接触式光刻机： 直到20世纪70年代中期，接触式光刻机一直是半导体工业中主要使用的光刻机。系统中的对准部分是用一个晶圆尺寸大小的掩模版放置在一个真空晶圆载片盘上。晶圆被放到在载片盘上后，通过一个分立视场物体显微镜仔细观看（见图8.45）。显微镜可以让操作员同时看到掩模版和晶圆的各个边。通过手动控制，可以左、右移动或转动载片盘（x，y，z 方向运动），直到晶圆和掩模版上的图形对准。

当掩模版与晶圆准确对准后，活塞推动晶圆载片盘使晶圆和掩模版接触。接下来，由反射和透镜系统得到的平行紫外线穿过掩模版照在光刻胶上。

接触式光刻机用于分立器件产品、小规模（SSI）和中规模（MSI）集成电路，以及大约在5 μm 或更大的特征图形尺寸。它还可用于平板显示，红外传感器，器件封装和多芯片封装（MCM）[6]。如果光刻胶选择适当，工艺调整良好，接触式光刻机可加工出亚微米图形。它被其他系统所取代，更大程度是由于掩模版与晶圆的接触带来的良品率损失。接触会损坏较软的光刻胶层或掩模版,或二者皆是。黏在掩模半透明部分上的尘埃在曝光过程中会挡住光。外延层尖峰在双极晶圆上会使掩模版退化。掩模版的损伤十分普遍,每曝光 15 ~ 25 次,它们就会被移开、丢弃或清洁。掩模版和晶圆之间的尘埃会在接近该尘埃的区域产生分辨率问题。更大直径晶圆的对准引出了光均匀性问题,会造成图形尺寸的变异以及对准问题。

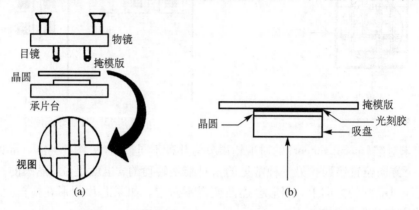

图 8.45　接触式光刻机。(a)对准阶段;(b)接触阶段

接近式光刻机:接近式光刻机是接触式光刻机的自然演变。该系统本质上是一个接触式光刻机,只是带有使晶圆近距离接触或软接触掩模版的机械装置。有时接近式光刻机也称为软接触机器(soft-contact machine)。

接近式光刻机的性能表现是分辨率与缺陷密度的折中。当晶圆与掩模版软接触时,总会有一些光发散,这样会使光刻胶上的图形模糊。而另一方面,软接触可以使由掩模版和光刻胶的损伤所导致的缺陷数量大大减少。但即使缺陷密度得以改善,接近式光刻机在超大规模集成电路(VLSI)的光刻掩模工艺中也少有用武之地。

扫描投影光刻机:接触式光刻机的末期持续了几年时间,在此期间探索和开发一种替代品的工作也在进行之中。探索工作的中心思想是将掩模版上的图形投影到晶圆表面上(见图 8.46),很像是幻灯片(掩模版)被投影到屏幕(晶圆)上。然而,看似简单,在技术上却要有一个极佳的光学系统才能准确地将掩模版上的尺寸在光刻胶上曝光。这个问题随着 Perkin Elmer 的扫描投影光刻机引入而得以解决。Perkin Elmer 使用扫描技术,避免了全局掩模投影曝光产生的问题。它采用了一个带有狭缝的反射镜系统,狭缝挡住了部分来自光源的光。这个系统有一个新的参数需要控制:扫描速度(scan speed)。由于掩模版上的图形尺寸与在晶圆表面想要得到的图形尺寸相同,因此这种光刻机称为 1∶1 光刻机。

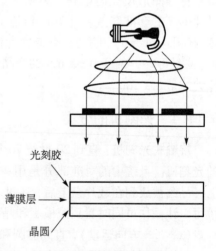

图 8.46　投影曝光的概念

步进式光刻机:虽然扫描投影光刻机是在生产工作中超越接触式光刻机的一个重大飞跃,但它们仍有一些局限性,比如说与全局掩模、图形失真,以及掩模版上的尘埃和玻璃损坏造成的缺陷相关的对准和套准问题。

下一步是直接把图形从掩模版上分步曝光到晶圆表面上(见图 8.47),它与制造掩模版的技术是相同的。带有一个或几个芯片图形的放大掩模版被对准、曝光,然后步进(stepped)到下一个曝光场,重复(repeated)这样的过程。这种放大掩模版比全局掩模版的质量高,因此产生缺陷的数量就更小。由于每个芯片分别对准,使得套准和对准变得更好。分步的过程使更大直径的晶圆能够精确匹配。它的其他优点还有:由于每次曝光区域变小,以及对尘埃敏感性的减小,分辨率得以提高。有些步进式光刻机是 1∶1 型的,就是掩模版上的图形尺寸与晶圆上需要的图形尺寸相同。其他的则采用为最终尺寸 5 ~ 10 倍的掩模版,它们被称为缩小步进光刻机(reduction stepper)。制造加大尺寸的放大掩模版更加容易,而且尘埃和玻璃的细小变形会在曝光过程中减小乃至消失(见图 8.50)。一般来说,缩小倍数 ×5 是较佳的。

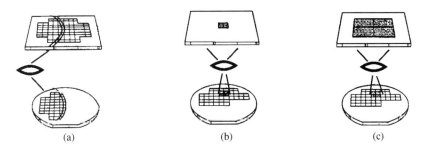

图 8.47　投影成像技术。(a)扫描;(b)1∶1 分步/重复;(c)缩小分步/重复

比起 ×10 的掩模版,×5 的掩模版更小也更容易制造。而且,×5 掩模版能够在晶圆上投影更大区域(最大可至 20 mm × 20 mm),使晶圆的产量更高(见图 8.48)[7]。国际半导体技术路线图已立项设计具有 25 mm × 50 mm 区域尺寸能力的 9 英寸掩模版[8]。

步进式光刻机用于生产的关键在于自动对准系统。因为操作员不可能将晶圆上的几百个芯片逐一对准。自动对准是靠低能激光束穿过掩模版上的对准标记,然后将它们反射到晶圆表面相应的对准标记上。经过信号分析,信息反馈给由计算机控制可在 x-y-z 方向调整的晶圆载片器上,载片器移动直至晶圆与放大掩模版对准。接下来,图形被逐个,再逐行地在光刻胶上曝光(见图 8.49)。

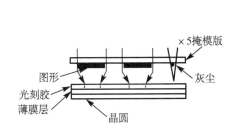

图 8.48　×5 掩模版图形转移

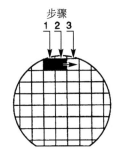

图 8.49　分步重复图形对准和曝光

一种可替代激光信号控制的方法是用一个图形系统。该系统采用一个照相机捕捉一个芯片的图形,并将其与数据库比较。晶圆将被移动,直至它和掩模版上的图形与数据库相吻合。

使用对准标记的对准系统(见图 8.43)被称为离轴对准,因为对准是一个参考图形,而不是实际电路图形的部分。具有离轴对准是对准误差的另一个来源。一个更直接的方法是通过镜头(TTL)。一个 TTL 系统直接看到晶圆上的图形。用来自氦氖曝光光线,或从晶圆图形反射信号的氪激光,并使对准自动调整[9]。

大部分生产用步进式光刻机具有 G 线或 I 线能力的紫外曝光光源。若想得到更小的几何尺寸,光刻机则须选用深紫外范围的激光光源[9]。为在曝光过程中保持准确的图形尺寸,温度和湿度必须加以严格控制。大部分步进式光刻机被放在封闭的反应室内,这种环境不仅控制上述重要参数,而且还可保持晶圆清洁。

步进扫描光刻机:通常对更大芯片尺寸的需求推动了具有更大视场镜头的系统。增大视场使得对准和曝光时间缩短。然而,越大的镜头就越昂贵。一种可替代的方法是,用一个带有较小镜头、且能够以扫描小区域来覆盖所需区域的步进式光刻机(见图 8.50)。

其他曝光源和先进的对准和曝光设备在第 10 章中探讨。

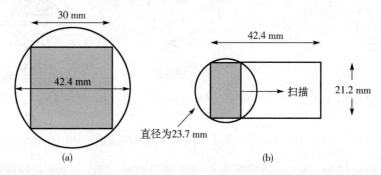

图 8.50　步进式和扫描式光刻机的比较。(a)对于 9 cm^2 的图形,步进重复式光刻机需要 42.4 mm
直径的透镜区域;(b)同样的图形,步进扫描式光刻机只需23.7 mm直径的透镜区域

8.11.5　曝光后烘焙

驻波是使用光学曝光和正光刻胶时出现的问题(见第 10 章)。一种减小驻波效应的方法是在曝光后烘焙晶圆。烘焙的方法可以是前述方法的任何一种。曝光后烘焙(PEB)的时间和温度的规范是由烘焙方法、曝光条件,以及光刻胶化学所决定的。

电子束光刻机:电子束光刻是一项成熟的技术,用于制造高精度掩模版(见图 8.51)。该系统包括一个电子发射源,它能产生小直径束斑和一个能够开关电子束的快门。为防止空气分子对电子束的影响,曝光必须在真空环境中进行。束流通过具有定向(或转向)能力的静电板,可以导向掩模版或晶圆的 x-y 方向。该系统在功能上类似于电视机的束流控制系统。为得到精确的束流方向,束流需要在真空反应室中穿行,该反应室中有电子束发射源,支撑结构以及可以曝光的衬底。

由于所需图形从计算机中生成,因此没有掩模版。束流通过偏转子系统对准表面特定位置,然后在将要曝光的光刻胶上开启电子束。较大的衬底则被放置在 x-y 承片台上,并在电子束下移动,从而得到整个表面的曝光。这种对准和曝光技术称为直写(direct writing)。

图形在光刻胶上的曝光是通过光栅扫描或矢量扫描完成的(见图 8.50)。光栅扫描就是电子束由一边移动到另一边,再向下逐行扫描。计算机控制扫描的运动过程,并在将要被曝光区域的光刻胶上开启快门。光栅扫描的一个缺点是由于电子束必须经过整个表面,因此扫描所需的时间较长。对于矢量扫描,电子束直接移动到需要曝光的区域(见图 8.51)。在每一个位置上,对小正方形或矩形面积的曝光构成了想要得到的整个曝光区域的形状。

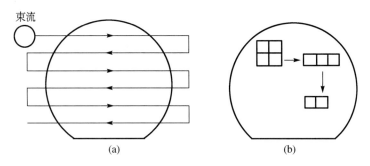

图 8.51　电子束扫描。(a)光栅扫描；(b)矢量扫描

混合和匹配光刻机：较小几何尺寸的成像十分昂贵。但幸好一个产品的掩模版组中只有某几个关键层需要先进的成像技术。对于先进的电路，至少也有 50% 的非关键层[10]。这些非关键层可以通过更加成熟的技术成像，如投影式分步重复光刻机或较便宜的步进式光刻机。使用 X 射线或电子束技术的混合和匹配光刻机可能会成为工厂的生产特色。

8.12　先进的光刻

工业界正沿着摩尔定律，向不久的将来的 5 nm 节点[11]前进。第 8 章和第 9 章介绍的基本工艺将不能满足生产比 200 nm 节点小得多的特征尺寸。高于这个里程碑式的进步要求整个基本工艺的改善[12]。它们包括将在第 10 章讨论的新光刻胶、新曝光源和改善的掩模版等。

习题

学习完本章后，你应该能够：

1. 画出基本光刻十步法工艺制程的晶圆截面图。
2. 解释正胶和负胶对光的反应。
3. 解释在晶圆表面建立孔洞和岛区所需要的正确的光刻胶和掩模版的极性。
4. 列出基本光刻十步法工艺每一步的主要工艺选项。
5. 从习题 4 的列表中选出恰当的工艺来建立微米和亚微米的特征图形。
6. 解释双重光刻、多层光刻胶工艺和平坦化技术的工艺需求。
7. 描述在"小"特征尺寸图形光刻过程中，防反射涂胶工艺和对比度增强工艺的应用。
8. 列出用于对准和曝光的光学方法和非光学方法。

参考文献

［1］Elliott, D. J., *Integrated Circuit Fabrication Technology*, McGraw-Hill, 1976, New York, NY: 168.

［2］"Photoresists for Microlithography," *Solid State Technology*, PennWell Publishing Company, Jun. 1993: 42.

［3］Ibid., p. 71.

［4］Ibid., p. 116.

［5］Simon, K., "Abstract Alignment Accuracy Improvement by Consideration of Wafer Processing Impacts," *SPIE Symposium on Microlithography*, 1994: 35.

[6] Cromer, E., "Mask Aligners and Steppers for Precision Microlithography," *Solid State Technology*, PennWell Publishing Company, Apr. 1993:24.

[7] Wolf, S., and Tauber, R. N., *Silicon Processing*, vol. 1, 2000, Lattice Press, Sunset Beach, CA:473.

[8] Singh, R., Vu, S., and Sousa, J., "Nine-Inch Reticles: An Analysis," *Solid State Technology*, Oct. 1998:83.

[9] Fuller, G., *Optical Lithography*, *Handbook of Semiconductor Manufacturing Technology*, 2008, CRC Press, Hoboken, NJ:18-11.

[10] Cromer, E., "Mask Aligners and Steppers for Precision Microlithography," *Solid State Technology*, PennWell Publishing Company, Apr. 1993:26.

[11] Shankland, S., "Moore's Law: The Rule That Really Matters in Tech," *CNET News*, Oct. 2012.

[12] Greeneich, J., "Mixing Critical and Noncritical Steppers," *Solid State Technology*, PennWell Publishing Company, Oct. 1994:79.

第9章 十步图形化工艺流程——从显影到最终检验

9.1 引言

本章将介绍从光刻胶的显影到最终检验所使用的基本方法(基本工艺的第5步到第10步)。本章末尾将涉及掩模版的制作。

9.1.1 显影

晶圆完成对准和曝光后,器件或电路的图案被以曝光和未曝光区域的形式记录在光刻胶上(见图9.1)。通过对未聚合光刻胶的化学分解来使图案显影。显影技术被设计成使之把完全一样的掩模版图案复制到光刻胶上。不良的显影工艺造成的问题是显影不充分,它会导致开孔的尺寸不正确,或使开孔的侧面内凹。在某些情况下,显影不够深而在开孔内留下一层光刻胶。第3种问题是过显影,这样会过多地从图形边缘或表面上去除光刻胶。要在保证高深宽比的塞孔的直径一致,和由于清洗深孔时液体不易进入而造成的清洗困难的情况下,保持具有良好形状的开孔是一个特殊的挑战。

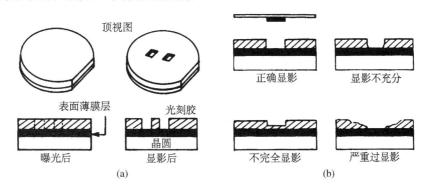

图9.1 光刻胶显影。(a)过程;(b)问题

负光刻胶和正光刻胶有不同的显影性质并要求不同的化学品和工艺(见图9.2)。

	正 胶	负 胶
显影液	氢氧化钠(NaOH)	二甲苯
	四甲基氢氧化铵(TMAH)	斯托达德(Stoddard)溶剂
冲洗	水(H$_2$O)	n-醋酸丁酯

图9.2 光刻胶显影液和冲洗用化学品

9.1.2 正光刻胶显影

曝光后,预期的图形在正光刻胶中按照聚合光刻胶(启动条件)和未聚合的光刻胶(由曝光引起的)的区域被编码。两个区域(聚合的和未聚合的区域)有不同的溶解率,约为1:4。

这意味着在显影中总会从聚合的区域失去一些光刻胶(见图9.3)。使用过度的显影液或显影时间过长可能导致光刻胶薄到不能接受的程度,其结果是可能导致在刻蚀中翘起或断裂。

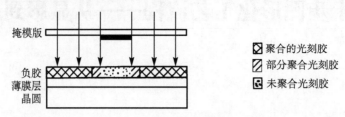

图9.3　在光刻胶图案边缘的过渡区

有两种类型的化学显影液用于正光刻胶,碱-水溶液和非离子溶液。碱-水溶液可以是氢氧化钠或氢氧化钾。因为这两种溶液都含有可动的离子污染物,所以在制造敏感的电路时不能使用。大多数用正光刻胶的工艺线使用非离子的四甲基氢氧化铵(TMAH)溶液。有时要添加表面活性剂来去除表面张力,使溶液更易亲合晶圆表面。正光刻胶的水溶性使它们在环保上比有机溶液的负光刻胶更具吸引力。

接着的显影步骤是为了停止显影过程和从晶圆表面去除显影液的冲洗。对正光刻胶冲洗用的是水,它带来的是更简单的处理和成本的降低,并有利于环境。

正光刻胶的显影工艺比负光刻胶更为敏感[1]。影响结果的因素是软烘焙时间和温度、曝光度、显影液浓度、时间、温度,以及显影方法。显影工艺参数由所有变量的测试来决定。图9.4显示了一个特定的工艺参数对线宽的影响。

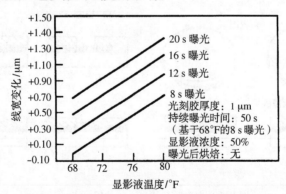

图9.4　显影液温度和曝光关系与线宽变化的比较

当使用正光刻胶时,显影和清洗工艺的严格控制是尺寸控制的关键。对正光刻胶显影液清洗的化学品是水。它的作用与负光刻胶清洗液相同,但是更便宜,使用更安全,更容易处理。

9.1.3　负光刻胶显影

在光刻胶上成功地使图案显影要依靠光刻胶的曝光机理。负光刻胶暴露在光线下,会有一个聚合的过程,它会阻止光刻胶在显影液中分解。在两个区域间有足够高的分解率,使得聚合的区域光刻胶几乎没有损失。大多数负光刻胶显影是用二甲苯作为显影液,它还被用作负光刻胶配方中的溶液。

显影完成前还要进行冲洗。对于负光刻胶,通常使用 n-醋酸丁酯作为冲洗化学品,因为它既不会使光刻胶膨胀也不会使之收缩，从而不会导致图案尺寸的改变。对具有台阶图案的晶圆，可能使用一种性质较温和的 Stoddard 溶剂。

9.1.4　湿法显影

有几种方法用于光刻胶显影（见图 9.5）。方法的选择依据包括光刻胶极性、特征图形尺寸、缺陷密度的考虑、刻蚀层的厚度以及产能。

```
● 沉浸式显影
● 喷雾式显影
● 混凝式显影
```

图 9.5　显影方法

沉浸式显影：沉浸式显影是最古老的显影方法。在这种最简单的方式中，在耐化学腐蚀的传输器中的晶圆被放进盛有显影液的池中一定时间，然后再被放入加有化学冲洗液的池中进行冲洗（见图 9.6）。这种简单的湿法过程的问题如下：

1. 液体的表面张力阻止了化学液体进入微小开孔区；
2. 部分溶解的光刻胶块会粘在晶圆表面；
3. 随着几百片晶圆处理过后化学液池会被污染；
4. 当晶圆被提出化学液面时会被污染；
5. 显影液（特别是正显影液）随着使用会被稀释；
6. 为了消除 1、2 和 3 的问题需要经常更换化学液从而增加了成本；
7. 室温的波动改变溶液的显影率；
8. 晶圆必须迅速送到下一步进行干燥，这就增加了一个工艺步骤。

经常在化学液池上增加附属方法来提高显影工艺。通过使用机械搅动的办法来辅助增加均匀性和对微小开孔区的渗透。一种流行的系统由置于池内的用聚四氟乙烯（Teflon）密封的磁体与池外可产生旋转磁场的装置构成。

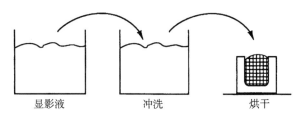

显影液　　　　冲洗　　　　烘干

图 9.6　沉浸式显影步骤

搅动也可用向液体施加超声波或兆频超声波的方法来实现。超声波可产生气穴现象。波中的能量使液体分离成微小的空洞，随即空洞会破裂（cavitation）。成千上万个微小空洞的快速产生和破裂会产生均匀显影并有助于液体渗透进微小的开孔区。在兆频超声波范围（1MHz）的声波能量会减小粘在晶圆表面的迟钝的界线层[2]。另外也通过对液体池进行加热和温度控制来增强均匀的显影率。

喷雾式显影：最受欢迎的化学显影方法是喷雾式的。事实上，通常有很多原因使喷雾式工艺对于任何湿法工艺（清洁、显影、刻蚀）来讲比沉浸式工艺更受欢迎。例如，用喷雾式系统可大大降低化学品的使用。工艺的提高包括由于因喷雾压力的机械动作而限定光刻胶边缘和去除部分光刻胶块而带来较好的图案清晰度。因为每个晶圆都是用新的化学显影液（或刻蚀，或清洗），所以喷雾式系统总是比沉浸式系统清洁。

喷雾式工艺可在单片或批量系统中完成。在单片晶圆配置中(见图9.7),晶圆被真空吸在吸盘上并旋转,同时显影液和冲洗液依次喷射到晶圆表面。冲洗之后,立即提高晶圆吸盘旋转速度将晶圆甩干。在外观和设计上,单晶圆喷雾式系统和旋转式涂胶机一样只是通入不同的化学品。单晶圆喷雾式系统具有可集成显影和硬烘焙工艺而实现自动化的优点。这些工艺系统的一个主要优点是直接喷洒到晶圆表面的化学品的均匀性的提高。

正光刻胶显影液对于温度比负光刻胶更敏感。问题在于液体在压力下从喷嘴喷出后便很快冷却。称为隔热冷却(adiabatic cooling),用于正光刻胶的喷射显影系统通常由加热的晶圆吸盘或加热的喷嘴来控制温度。用于正光刻胶的喷射显影所遇到的其他问题,是当使用碱显影液和水基显影液喷出时产生的泡沫而造成机器的老化。批量显影系统有两种形式:单舟和多舟。这些机器是旋转-冲洗-甩干,这在第7章中有所描述。显影系统要求额外的管道来供应显影化学品。多批显影系统一般比直接喷射单晶圆系统的均匀性低,因为它不是喷射到每个晶圆的表面上,并且正光刻胶工艺的温度控制更加复杂。

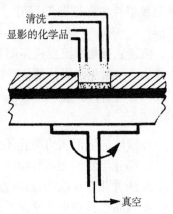

图9.7　喷雾式显影和冲洗

混凝式显影:喷雾式显影因其均匀性和产能高而非常有吸引力。混凝式显影是用以获得正光刻胶喷雾式显影工艺优点的一种工艺的变化。该系统使用一个标准的单晶圆喷射装置。正常的喷雾式显影和混凝式显影的区别是用于晶圆的显影化学品的不同。工艺开始时,在静止的晶圆表面上覆盖一层显影液(见图9.8)。表面张力使显影液在晶圆表面上不会流散到晶圆外。要求显影液在晶圆表面上停留一定的时间,通常是以吸盘加热的晶圆,这时绝大部分的显影会发生。混合式显影实际上是单片晶圆且只有晶圆的正面沉浸的工艺。在要求的混凝时间过后,更多的显影液被喷到晶圆表面上并冲洗、甩干,然后送入下一道工序。

形成混凝　　在旋转中喷雾　　在高速旋转中吹干

图9.8　混凝-喷雾式显影

等离子体去除浮渣:不完全显影造成的一个特殊困难称为浮渣(scumming)。浮渣可以是留在晶圆表面上的未溶解的光刻胶块或是干燥后的显影液[3]。膜很薄并很难直观检验。为了解决这个问题,在微米和微米以下的甚大规模集成电路(ULSI)生产线中,在化学显影后用氧等离子体来去除(descum)这种薄膜。

9.1.5　干法(或等离子体)显影

液体工艺的消除一直是一个长期目标。它们难于集成到自动化生产线,并且化学品的采购、储存、控制和处理费用高昂。取代液体化学显影液的途径是使用等离子体刻蚀工艺。干法等离子体刻蚀对于刻蚀晶圆表面层已经是很完善的工艺了(见9.5节)。在等离子体刻蚀中,离子由等离子体场得到能量,以化学形式分解暴露的晶圆表面层。干法光刻胶显影要求光刻胶化学物的曝光或未曝光的部分二者之一易于被氧等离子体去除。换句话说，把图案的部分从晶圆表面氧化掉。一种称为 DESIRE 的干法显影工艺将在第 10 章中讲述，它使用甲基硅烷(silylation)和氧等离子体。

9.2　硬烘焙

硬烘焙是在掩模工艺中的第二个热处理操作。它的作用实质上和软烘焙是一样的——通过溶液的蒸发来固化光刻胶。然而，对于硬烘焙，其唯一目标是使光刻胶和晶圆表面有良好的黏结，这个步骤有时称为刻蚀前烘焙。

9.2.1　硬烘焙的方法

硬烘焙在设备和方法上与软烘焙相似。对流炉、在线及手动热板、红外线隧道炉、移动带传导炉和真空炉都用于硬烘焙。对于自动生产线，轨道系统受到青睐(见 8.10 节)。

9.2.2　硬烘焙工艺

硬烘焙的时间和温度的选取与在软烘焙工艺中是相同的。起始点是由光刻胶制造商推荐的工艺。之后，工艺被精确调整，以达到黏结和尺寸控制的要求。一般使用对流炉的硬烘焙的温度是从 130℃~200℃进行 30 分钟。对于其他方法，时间和温度有所不同。设定最低温度使光刻胶图案边缘和晶圆表面达到良好黏结。热烘焙增强黏结的机理是脱水和聚合。加热使水分脱离光刻胶，同时使之进一步聚合，从而增强了其耐刻蚀性。

硬烘焙温度的上限以光刻胶流动点而定。光刻胶有像塑料的性质，当加热时会变软并可流动(见图 9.9)。当光刻胶流动时，图案尺寸便会改变。当在显微镜下观察光刻胶流动时，将会明显增厚光刻胶边缘。极度的流动会在沿图案边缘处显示出边缘线。边缘线是光刻胶流动后在光刻胶中留下的斜坡而形成的光学作用。

硬烘焙是紧跟在显影后或马上在开始刻蚀前来进行的(见图 9.10)。在大多数生产情况中，硬烘焙是由和显影机并排在一起的隧道炉来完成的。当使用此种操作规程时，把晶圆存放在氮气中或是立即完成检验步骤以防止水分重新被吸收到光刻胶中，这一点非常重要。

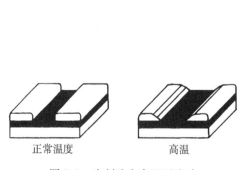

图 9.9　光刻胶在高温下流动

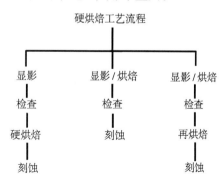

图 9.10　硬烘焙工艺流程的几个选择

工艺工程上的一个目标是有尽可能多的共同工艺。对于硬烘焙工艺来说，由于各种晶圆表面的不同黏接性质有时会给工艺带来困难。更加困难的表面，如铝和掺杂磷的氧化物，有时要经高温硬烘焙或在即将要刻蚀之前对其在对流炉中进行二次硬烘焙。

9.2.3　显影检验

在显影和烘焙之后就要完成光刻掩模工艺的第一次质检。恰当地说，应该叫显影检验(develop inspect)，简称 DI。检验的目的是区分那些通过最终掩模检验可能性很小的晶圆；提供工艺性能和工艺控制数据；以及分拣出需要返工的晶圆。

这时的检验良品率，也就是通过第一次质检的晶圆数量，不会计入最终良品率的计算。但是有两个主要原因使之成为很受关注的良品率。光刻掩模工艺对于电路性能的关键性已经着重强调。在显影检验工艺，工艺师有第一个判断工艺性能的机会。显影检验步骤的第二个重要性与在检验时做的两种拒收有关。首先，一部分晶圆是由于在上一步骤中遗留下来问题而要停止工艺处理。这些晶圆在显影检验时会被拒绝接收并丢弃。其他在光刻胶上有光刻图案问题的晶圆可以被通过去掉光刻胶的办法重新进行工艺处理(见图 9.11)。因为在晶圆上还没有永久改变，所以这是整个制造工艺中发生错误后能够返工的几个步骤之一。

晶圆被送回掩模工艺称为返工(rework)或重做(redo)。工艺师的目标是保持尽可能低的返工率，应小于 10%，而 5% 是一个受欢迎的水平。经验显示经过光刻返工的晶圆在最终工艺完成时有较低的分选良品率。返工会引起黏结问题，并且再次传输操作会导致晶圆污染和损坏。如果太多的晶圆返工将使整个分选良品率受到严重影响，并且生产线将被堵塞。

保持低返工率的第二个原因与在进行返工晶圆处理时要求另外的计算和标识有关。显影检验良品率和返工率随掩模水平而变。总体上，在掩模次序中的第一级有较宽的特征图形尺寸、较平的表面和较低的密度，所有这些会使掩模良品率更高。在晶圆到了关键的接触和连线步骤时，返工率呈上升趋势。

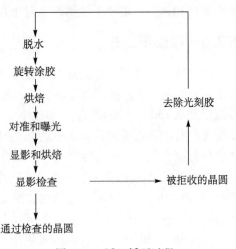

图 9.11　返工循环过程

9.2.4　显影检验拒收分类

一般来说，在显影检查和最终检查时有 6 类主要的晶圆问题发生，包括：

- 超出图形尺寸(关键尺寸测量)的规范；
- 图形未对准；
- 表面污染；
- 在光刻胶中有孔洞或划痕；
- 污渍或其他表面不规则物；
- 具有畸变的图形。

9.2.5　显影检验的方法

检验设备的描述将在第 14 章进行。

自动检验：随着芯片尺寸的增大和元件尺寸的减小，工艺变得更加繁多并精细，较老的和相对慢的人工检验(见下文)的效率也到了极限。可探测表面和图案失真的自动检验系统成为在线和非在线检验的选择。这些系统将在第14章中描述。自动检验系统提供了更多数据，反过来，这又使工艺师能够刻画出工艺特色并对工艺加以控制。它们也具有一致性，而人在做重复性的工作时能力上会发生变化，产生疲劳。然而，一些像非常小颗粒这样的缺陷，以及前面光刻步骤带来的问题可能从自动系统探测中漏检。对于分析，光学显微镜仍然是有用的。

自动检查系统除了增加生产效率，还可以提高精确度。随着提及的图形线条宽度正在变得更小，在更密集的图形中极小的缺陷也变得致命。扫描电子显微镜(SEM)能够测量更小的尺寸和检测更小的颗粒及表面缺陷。原子力显微镜用于测量表面平整度和检测不规则图形。X射线分光计被用于污染检测。目的是全部晶圆在线检查，而有些技术也需要离线分析。

在芯片设计时，设计测试图形用来测量如关键尺寸这些参数。随着晶圆上层数增多，对于缺陷和其他表面问题的检测复杂性难度增大。通常，空白"检测"晶圆将包含在工艺批中。在特别工艺步骤引入的缺陷和污染，在检测晶圆上更容易被检测和测量。

人工检验：图9.12的流程图显示了一个典型的人工显影检验次序。第一步是用眼睛直观检验晶圆表面。由于没有使用放大镜，所以这种检验有时又称为1倍检验(1倍放大等于肉眼的视觉水平)。检验可以在正常的室内光线下进行，但是更多时候晶圆要在直射的白光或高密度紫外线下进行。检验时晶圆与光线成一定的角度。用这种方法可以非常有效地检查出膜厚的不均匀、粗显影问题、划伤及污染，特别是污渍。

步骤	检查内容	方　　法
1.	污渍/大的污染	肉眼/UV灯
2.	污渍/污染 图形不规则 对位不准	100～400倍显微镜/ 扫描电镜/原子力显微镜/ 自动检查系统
3.	关键尺寸	显微镜/扫描电镜/原子力显微镜

图9.12　人工显影检验次序

随着芯片密度的提高，其单个部分也变得更小，这依次要求更高的放大倍数来看它们。增大放大倍数使视场变窄了，依次增加了检查晶圆的操作时间。对于一个大直径、低缺陷的晶圆取样所要求的时间是禁止的。通常，显微镜由电机或可编程的承片台驱动，它可以自动地行进到晶圆表面被检查的区域。

9.2.6　在显影检验阶段拒收的原因

有很多原因可使晶圆在显影检验时被拒收。一般地，要找的仅是那些在当前光刻掩模步骤中增加的缺陷。每一片晶圆都会带有一些缺陷和问题，并且晶圆到达当前步骤时有可接受的质量，在这一原理下，从上一步留下的缺陷一般会被忽略掉。如果一片晶圆有严重的问题而在上一步未被发现，就会从本批中拿掉。

这种检验一般是一个"首个-失效"原则(first-fail basis)。就是说检查继续检验晶圆直到达到一个拒收的水平，并确认要拒收的晶圆。每片晶圆的信息被记录在清单上以做统计和分析用。自动和半自动光学检验仪有电子记忆用来累积和收集拒收数据。

在显影检验阶段典型的拒收是：

- 破损晶圆；
- 划伤；
- 沾污；
- 光刻胶中有针孔；
- 图形对准错误；
- 桥接；
- 光刻胶翘起；
- 不完全显影；
- 显影不足；
- 无光刻胶；
- 光刻胶流动；
- 用错版；
- 关键尺寸(CD)。

大多数拒收的原因已讨论过。但还有一个涉及的问题是桥连(见图9.13)。它是指两个图形被一层薄光刻胶相连(bridged)的情况，通常是在金属层。如果通过到刻蚀步骤，光刻胶桥接导致图形间的电短路。桥连是因曝光过度、光刻掩模版清晰度不够，或光刻胶层太厚造成的。随着图形间更靠近，桥连是一个特别棘手的问题。

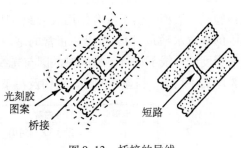

图 9.13　桥接的导线

9.3　刻蚀

在完成显影检验步骤后，掩模版的图形就被固定在光刻胶膜上并准备刻蚀。在刻蚀后图形就会被永久地转移到晶圆的表层。刻蚀就是通过光刻胶暴露区域来去掉晶圆最表层的工艺。

刻蚀工艺主要有两大类：湿法和干法刻蚀(见图9.20)。两种方法的主要目标是将光刻掩模版上的图形精确地转移到晶圆的表面。其他刻蚀工艺的目标包括一致性、边缘轮廓控制、选择比、洁净度和拥有成本最低化。

9.4　湿法刻蚀

历史上的刻蚀方法一直使用液体刻蚀剂沉浸的技术。规程类似于氧化前清洁-冲洗-干燥工艺(见第7章)和沉浸式显影。晶圆沉浸于装有刻蚀剂的槽中，经过一定的时间，传送到冲洗设备中去除残留的酸，再送到最终清洗台以冲洗和甩干。湿法刻蚀用于特征图形尺寸大于 3 μm 的产品。低于此水平时，由于控制和精度的需要就应使用干法刻蚀了。

刻蚀一致性和工艺控制由附加的加热器和搅动设备来提高，例如，搅拌器或带有超声波和兆频超声波的槽。

被选择的刻蚀液要有可均匀地去掉晶圆表层而又不伤及下一层材料(良好的选择比)的能力。

刻蚀时间的变化性是一个工艺参数，它受料盒和晶圆在槽中到达温度平衡过程中温度变化的影响和在晶圆被送入冲洗槽过程中持续刻蚀的影响。一般地，工艺被设置在最短时间并保持在均匀刻蚀和高生产力。最大时间受限于光刻胶在晶圆表面的黏结时间。

9.4.1　刻蚀的目的和问题

图形复制的精度依靠几个工艺参数。它们包括：不完全刻蚀、过刻蚀、钻蚀、选择比和侧边的各向异性/各向同性刻蚀。

9.4.2　不完全刻蚀

不完全刻蚀是指表面层还留在图形孔中或表面上的情况（见图9.14）。不完全刻蚀的原因是刻蚀时间太短，出现可减慢刻蚀时间的表面层，或是一个薄厚不均匀的表层也可导致在厚的部分产生不完全刻蚀。如果使用化学湿法刻蚀，过低的温度或弱的刻蚀液会导致不完全刻蚀。如果是干法等离子体刻蚀，不正确的混合气体或不当的系统运行可导致相同的影响。

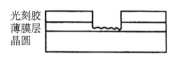

图9.14　不完全刻蚀

9.4.3　过刻蚀和钻蚀

与不完全刻蚀相反的是过刻蚀（overetch）。在任何的刻蚀工艺中，总会有一定程度的、有计划的过刻蚀，以便允许表层厚度的变化。有计划的过刻蚀还可用以突破最外表层的缓慢刻蚀层。

理想的刻蚀应在表层中形成垂直的侧边（见图9.15）。产生这种理想结果的刻蚀技术称为各向异性刻蚀（anisotropic）。然而，刻蚀剂会从各个方向去掉材料，这种现象称为各向同性（isotropic）。在从最外表面刻蚀到表层底部的过程中刻蚀也会在最外表面进行。结果会在侧边形成一个斜面。这种作用因在光刻胶边缘下被刻蚀，所以称为钻蚀（undercutting）（见图9.16）。一个持续的刻蚀目标是把钻蚀水平控制在一个可接受的范围内。电路版图的设计者在计划电路时会把钻蚀考虑在内。相邻的图形必须要分开一定的距离以防止短路。在图形设计时必须计算钻蚀量。各向异性刻蚀可用等离子体刻蚀的方法来得到，它用于刻蚀高级电路时受到青睐。钻蚀的减少可允许制作更密的电路。

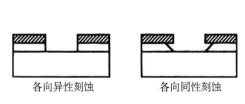

图9.15　各向异性刻蚀和各向同性刻蚀

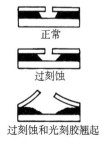

图9.16　钻蚀的程度

当刻蚀时间过长，刻蚀温度太高，或是刻蚀剂混合物太强便会发生严重的钻蚀（或过刻蚀）。当光刻胶和晶圆表面黏结力较弱时也会发生钻蚀。这是一个持续令人担心的问题。干燥脱水、底胶、软烘焙和硬烘焙的目的就是用来防止这种问题的。在刻蚀开孔的边缘光刻胶黏附力的失效会导致严重的钻蚀。如果黏结力非常弱,光刻胶会翘起而导致极为严重的钻蚀。

9.4.4　选择比

刻蚀工艺的另一个目标是保护被刻蚀层下的表面。如果晶圆的下层表面被部分刻蚀掉,则器件的物理尺寸和电性能会发生改变。与保护表面相关的刻蚀工艺的性质是选择比(selectivity)。它由被刻蚀层的刻蚀速率与被刻蚀层下面表层的刻蚀速率的比来表示。以不同的刻蚀方法氧化硅/硅的选择比[4]为 20 ~ 40。高选择比意味着下表层很少或没有被刻蚀。在刻蚀深宽比大于 3∶1 的小接触孔时,良好的选择比也会成为一个问题[5]。选择比还适用于光刻胶去除。这在干法刻蚀中考虑较多。在表层被刻蚀的同时,一些光刻胶也会被同时去除。选择比必须要足够高,以保证刻蚀完成前光刻胶不会在被刻蚀层之前被去除掉。

9.4.5　湿法喷射刻蚀

湿法喷射刻蚀相对沉浸刻蚀有几个优点。其主要优点是喷射的机械压力而增加的精确度[7]。湿法喷射刻蚀可以将来自刻蚀剂的污染降到最低程度。从工艺控制的观点来看,喷射刻蚀因刻蚀剂可被水冲洗从而可以及时地从表面去掉而更加可控。单晶圆旋转喷射系统有显著的工艺一致性的优点。

喷射刻蚀的缺点在于设备系统的成本,对于压力系统中有毒刻蚀剂的安全考虑以及对用于防止机器老化的防刻蚀材料的要求方面。其优点为,喷射刻蚀系统通常是封闭的,这增加了操作人员的安全性。

对于小特征尺寸和/或更大直径晶圆,批浸没式刻蚀虽然有生产效率高的特点,也不能满足均匀性的要求。具有机械手自动装卸系统的单片晶圆模块喷雾设备克服了批浸没式刻蚀的局限性(见第 7 章)。它们提供了需要的化学组分的控制、定时和刻蚀的均匀性。在硅工艺技术中用于刻蚀不同层的常用化学品将在下面章节讨论。图 9.19 是一些常用的半导体膜及其刻蚀剂的列表。

9.4.6　硅湿法刻蚀

典型的硅刻蚀是用含氮的物质与氢氟酸(HF)的混合水溶液。这一配比规则在控制刻蚀中成为一个重要的因素。在一些比率上,刻蚀硅会有放热反应。放热反应所产生的热可加速刻蚀反应,接下来又产生更多的热,这样进行下去会导致工艺无法控制。有时醋酸和其他成分被混合进来控制放热反应。

一些器件要求在晶圆上刻蚀出槽或沟。刻蚀配方要进行调整以使刻蚀速率依靠晶圆的取向。〈111〉取向的晶圆以 45°角刻蚀,〈100〉取向的晶圆以"平"底刻蚀[6]。其他取向的晶圆可以得到不同形状的沟槽。多晶硅刻蚀也用基本相同的规则。

9.4.7　二氧化硅湿法刻蚀

最普通的刻蚀层是热氧化形成的二氧化硅。基本的刻蚀剂是氢氟酸(HF),它有刻蚀二氧化硅而不伤及硅的优点。然而,饱和浓度的氢氟酸在室温下的刻蚀速率约为 300 Å/s[6]。这个速率对于一个要求控制的工艺来说太快了(3000 Å 薄膜层刻蚀仅用 10 s)。

在实际中，氢氟酸(49%)与水或氟化铵及水混合。以氟化铵(NH$_4$F)来缓冲会加速刻蚀速率的氢离子的产生。这种刻蚀溶液称为缓冲氧化物刻蚀(buffered oxide etch)或 BOE。针对特定的氧化层厚度，它们以不同的浓度混合来达到合理的刻蚀时间(见图9.17)。一些 BOE 公式包括一个湿化剂(表面活化剂如 Triton X-100 或同类物质)用以减小刻蚀表面的张力，以使其均匀地进入更小的开孔区。

暴露硅晶圆表面的过刻蚀可以引起表面的粗糙。在氢氟酸工艺期间，当暴露于 OH$^-$ 离子时，在刻蚀中硅表面会变粗糙。

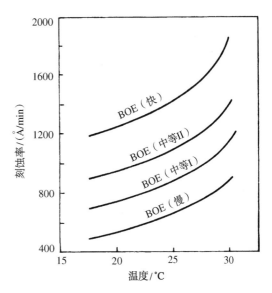

图 9.17　刻蚀率和温度对 BOE 的关系

9.4.8　铝膜湿法刻蚀

对于铝和铝合金层有选择比的刻蚀溶液是基于磷酸的。遗憾的是，铝与磷酸反应的副产物是微小的氢气泡(见图9.18)。这些气泡附着在晶圆表面，并阻碍刻蚀反应。结果既可能产生导致相邻引线短路的铝桥连，又可能在表面形成不希望出现的称为雪球(snowball)的铝点。

特殊配方铝刻蚀溶液的使用缓解了这个问题(含有磷酸、硝酸、醋酸、水和湿化剂)。典型的活性溶液成分(湿化剂较少)配比是 16:1:1:2。

除特殊配方外，典型的铝刻蚀工艺还会包含以搅拌或上下移动晶圆舟的搅动。有时超声波或兆频超声波也用来去除气泡。

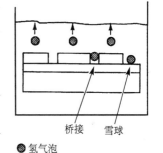

桥接　　雪球

● 氢气泡

图 9.18　氢气泡阻挡刻蚀剂

9.4.9　淀积氧化物湿法刻蚀

晶圆上的最终膜层之一是一层在铝膜上的二氧化硅钝化膜。这些膜是蒸气氧化或硅氧化膜。膜的化学成分是硅氧化物(与热生长二氧化硅相同)，它要求不同的刻蚀溶液。不同之处是所要求的刻蚀剂的选择比不同。

通常刻蚀二氧化硅的刻蚀剂是缓冲氧化物刻蚀溶液。但是缓冲氧化物刻蚀会腐蚀下层的铝压点，导致在封装工艺中产生压焊问题。这种情况会使压点变成褐色(Brown)，或压点上出现污渍(stain)。受青睐的刻蚀剂是氟化胺和醋酸 1:2 的混合水溶液。

9.4.10　氮化硅湿法刻蚀

对于钝化层，另外一种受青睐的化合物是氮化硅。可以用液体化学的方法来刻蚀，但是不像其他层那样容易。使用的化学品是热磷酸(180℃)。因酸液在此温度下会迅速蒸发，所以刻蚀要在一个装有冷却盖的密封回流容器中进行(见图9.19)。主要问题是光刻胶层经不起刻蚀剂的温度和高刻蚀速率。因此，需要一层二氧化硅或其他材料来阻挡刻蚀剂。这两个因素已导致对于氮化硅使用干法刻蚀技术。

	通用刻蚀剂	刻蚀温度	速率/(Å/min)	方法
二氧化硅	HF 和 $NH_4F(1:8)$	室温	700	浸泡和湿化剂预浸泡
二氧化硅	HF 和 $NH_4F(1:8)$	室温	700	浸泡和湿化剂预浸泡
二氧化硅(蒸汽氧化)	醋酸和 $NH_4F(2:1)$	室温	1000	浸泡
铝	磷酸:16	40℃~50℃	2000	a)浸泡和搅拌
	硝酸:1			b)喷射
	醋酸:1			
	水:2			
	湿化剂			
氮化硅	磷酸	150℃~180℃	80	浸泡
多晶硅	硝酸:50	室温	1000	浸泡
	水:20			
	HF:3			

图 9.19　湿法刻蚀工艺小结

9.4.11　蒸气刻蚀

　　蒸气刻蚀是把晶圆暴露于刻蚀剂蒸气中。氢氟酸是最常用到的。其优点是有持续新鲜的刻蚀剂补充到晶圆表面并可以及时停止刻蚀。出于安全考虑,有毒蒸气需要密封保存在系统内。

9.5　干法刻蚀

　　对于小尺寸湿法刻蚀的局限在前面已经提到。回顾一下,它们包括:

　　1. 湿法刻蚀局限于 2 μm 以上的图形尺寸;
　　2. 湿法刻蚀为各向同性刻蚀,导致边侧形成斜坡;
　　3. 湿法刻蚀工艺要求冲洗和干燥步骤;
　　4. 液体化学品有毒害;
　　5. 湿法工艺有潜在的污染;
　　6. 光刻胶黏结力的失效导致钻蚀。

　　基于以上方面的考虑,干法刻蚀被用于先进电路的小特征尺寸精细刻蚀中。图 9.20 是刻蚀技术的概略。

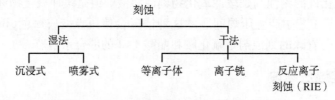

图 9.20　刻蚀方法指南

　　干法刻蚀(dry etching)是一个通称术语,是指以气体为主要媒体的刻蚀技术,晶圆不需要液体化学品或冲洗。晶圆在干燥的状态进出系统。三种干法刻蚀技术分别为:等离子体、离子铣(刻蚀)和反应离子刻蚀(RIE)。

9.5.1 等离子体刻蚀

等离子体刻蚀像湿法刻蚀一样是一种化学工艺，它使用气体和等离子体能量来进行化学反应。二氧化硅刻蚀在两个系统中的比较说明了区别所在。在湿法刻蚀二氧化硅中，氟在缓冲氧化物刻蚀剂中是溶解二氧化硅的成分，并转化为可用水冲洗的成分。形成反应的能量来自缓冲氧化物刻蚀溶液的内部或外部加热器。

等离子体刻蚀机要求相同的元素：化学刻蚀剂和能量源。物理上，等离子体刻蚀机由反应室、真空系统、气体供应、终点探测和电源组成（见图9.21）。晶圆被送入反应室，并由真空系统把内部压力降低。在真空建立起来后，将反应室内充入反应气体。对于二氧化硅刻蚀，气体一般使用 CF_4 和氧的混合剂。电源通过在反应室中的电极创造了一个射频（RF）电场。能量场将混合气体激发成等离子体状态。在激发状态，氟刻蚀二氧化硅，并将其转化为挥发性成分由真空系统排出。

平面等离子体刻蚀： 对于更精确的刻蚀，平板式等离子体系统受到青睐。这种系统含有桶式系统的基本构成，但晶圆被放置在一个有接地的，在射频（RF）电极下的盘上（见图9.22）。刻蚀实际上发生在等离子体中。刻蚀离子相比在桶式系统中是有方向性的，这将导致更加各向异性刻蚀。用等离子体刻蚀可以得到几乎垂直的侧边。在该系统中，旋转晶圆盘可以增加刻蚀均匀性。

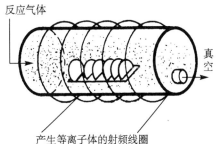

图9.21 桶形等离子体刻蚀

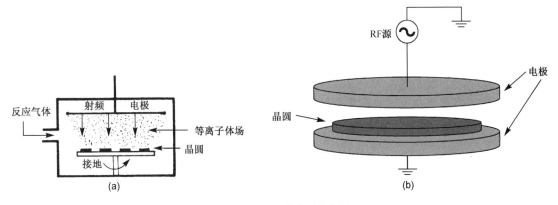

图9.22 平面等离子体刻蚀

平面等离子体系统被设计成批量和单片晶圆反应室配置。单片晶圆系统因其可对刻蚀参数紧密控制，并得到均匀刻蚀而受到欢迎。此外，带有加载室的单片晶圆系统可以保持高产量并可与在线自动化配合。

产生射频的平板式等离子体源在 0.35 μm 工艺中正在被新式等离子体源所取代[8]。在考虑中的高密度、低压的等离子体源是电子回旋加速器共振（ECR）、高密度反射电子、海利康（Helicon）波、感应耦合等离子体（ICP）和变压器耦合等离子体（TCP）等。

干法刻蚀的优点在于如下几个方面：刻蚀率、辐射损伤、选择比、微粒的产生、刻蚀后腐蚀和拥有成本。

9.5.2　刻蚀率

等离子体系统的刻蚀率由一系列因素来决定。系统设计和化学品是其中两个因素。其他因素是离子浓度和系统压力。离子浓度(离子数/cm^3)是供给电极电能的一个函数(电能供应配置在第 12 章中描述)。提高功率会产生更多离子从而又会提高刻蚀率。离子密度与增加化学刻蚀液体的浓度相似。离子密度在 $3 \times 10^{10} \sim 3 \times 10^{12}$ 的范围内[9]。系统压力通过称为平均自由程(mean free path)的现象影响刻蚀率和一致性。这是一个气体原子或分子在碰撞到另一个微粒前经过的平均距离。在压力更高时,会发生很多碰撞,使微粒向各个方向运动,从而导致边缘轮廓失去控制。低压较为理想,但要权衡在下面解释到的等离子体损伤。典型的系统压力在 0.4 ~ 50 m torr 的范围内[9]。刻蚀率的范围为 600 ~ 2000 Å/min[10]。

9.5.3　辐射损伤

系统设计更倾向于较高的密度和较低的压力。然而,负面影响是对晶圆的辐射(radiation)或等离子体(plasma)的损伤。在等离子体场中有受激发的原子、原子团、离子、电子和光子[11]。根据这些粒子的浓度与能量级别不同而导致对半导体的各种损伤。损伤包括表面漏电、电参数的变化、膜的退化(特别是氧化层)和对硅的损伤。有两种损伤机理,一种是简单地、过度地暴露于高浓度的等离子体中。另一种是由于在刻蚀循环中电流流过介质而导致的介质破损(dielectric wearout)[11]。更高密度的等离子体源还对光刻胶的去除带来一个问题。能量与低压力的结合使光刻胶趋于变硬到用传统的工艺难以去除的程度(见 9.7 节)。系统设计人员正在研究具有高密度、低能量离子(以降低损伤)和低压力的等离子体。除了平衡离子密度或压力参数,下游等离子体(downstream plasma)源工艺是一个减少等离子体损伤的选择。可造成损伤的粒子来源于等离子体源产生的高能气体。下游等离子体源系统在一个反应室产生等离子体,而后将其传输到下游的晶圆。晶圆与可造成损伤的等离子体被分隔开来。为了将损伤降低到最小,系统必须可区分等离子体放电、离子的复合以及电子密度的减小[12]。下游等离子体源系统被发展成为在光刻胶去除时可使等离子体损伤减到最小。虽然使刻蚀系统变得更为复杂,但它在刻蚀中的应用正受到关注。

9.5.4　选择比

选择比是等离子体刻蚀工艺的一个主要的考虑事项,特别是当需要进行平衡过刻蚀时。理想情况是,刻蚀时间为安全起见,可以通过预计要去除的膜厚度加上一点的过刻蚀时间来计算。遗憾的是,累计厚度和在高密度器件中多层膜(stack)组成物的变化提出了刻蚀一致性问题。另外对于高密度器件,一个称为微负载(microloading)的现象会引入刻蚀率的变化。微负载是相对于被刻蚀材料区域的本区域刻蚀率的变化。一个大的区域会以去掉的材料加载(load)于刻蚀过程,以减缓刻蚀速度,而小区域则会以较快的刻蚀率进行。形貌问题也会要求对过刻蚀的考虑。典型的情况是在器件/电路中薄区域与厚区域上的接触孔开口(见第 10 章)。这些因素对于金属刻蚀会导致 50% ~ 80% 的过刻蚀[13],对于氧化物和多晶硅刻蚀会高达 200%[14]。

过刻蚀使得选择比问题变得非常关键。这里有两个要考虑的因素:光刻胶和其下层膜(通常是硅或氮化硅)。干法刻蚀较湿法刻蚀工艺对光刻胶有更高的去除率。更薄的膜用于小尺寸图形并在多层叠加膜中使用，使得光刻胶的选择比变得十分关键。混合选择比问题是高深宽比的图形。先进的器件有达到4：1的深宽比的图形。孔与其高度相比非常窄，以至于刻蚀在接近孔的底部会减慢或停止[15]。

用于控制选择比的4种方法是刻蚀气体配比的选择，刻蚀率，接近工艺结束时的气体稀释来减缓对下层的刻蚀，以及在系统中使用终点探测器。

当顶层膜已经被去除时，要求系统内置终点探测器终止刻蚀。典型的是使用激光干涉仪。随着刻蚀进程，一束激光在晶圆表面被反射。以一种振荡的模式返回到探测器，它随被刻蚀的材料的种类而变。终点探测器对在尾气流存在的刻蚀层材料敏感，并在探测不到被刻蚀材料时自动发出信号来结束刻蚀。

污染、残留物、腐蚀以及拥有成本（COO）：其他要关注的工艺问题还有微粒的产生、残留物、刻蚀后腐蚀和拥有成本因素，尤其在亚微米的范围内。一个减少微粒的尝试是以静电吸附晶圆固定器取代机械式固定器。机械式固定器产生微粒并可导致晶圆碎裂，并且夹持器会遮挡住部分晶圆的表面。静电吸附固定器以晶圆与固定器间的直流（DC）电势来固定晶圆[16]。

等离子体刻蚀环境中有许多剧烈的化学反应，光刻胶中的氢氧基团与卤化物气体发生反应，以形成稳定的金属卤化物（如AlF_3、WF_5、WF_6）和氧化物，例如TiO_3、TiO 和/或WO_2[17]。这些残留物产生污染问题，并影响有选择性的钨淀积[18]。

刻蚀后腐蚀是由一些刻蚀后留在金属图形上的残留物引起的。铝中的铜添加物和钛/钨金属化的使用增加了刻蚀后因残留氯化物而引起的腐蚀问题。将这些问题减到最小，包括以氯基刻蚀剂替代氟基刻蚀剂，钝化侧壁和刻蚀后工艺，如去除残留氯化物或使用氧化来钝化表面[19]。其他解决方案包括氧等离子体处理，发烟硝酸和湿法光刻胶去除工艺步骤[18]。拥有成本因素在第15章中有详细介绍。

图9.23列出了用于不同材料的一般的刻蚀气体。硅和二氧化硅工艺常用氟基刻蚀剂，如CF_4。铝刻蚀一般使用氯基的气体，如BCl_3。

薄膜	刻蚀剂	典型的气体化合物
铝	氯	BCl_3、CCl_4、Cl_2、$SiCl_4$
钼	氟	CF_4、SF_4、SF_6
聚合物	氧、CF_4、SF_4、SF_6	
硅	氯、氟、CF_4、SF_4、SF_6	BCl_3、CCl_4、Cl_2、$SiCl_4$
二氧化硅	氯、氟	CF_4、CHF_3、C_2F_6、C_3F_8
钽	氟	同上
钛	氯、氟	同上
钨	氟	同上

图9.23　等离子体刻蚀气体表

9.5.5　离子束刻蚀

第二种类型的干法刻蚀系统是离子束刻蚀系统（见图9.24）。与化学等离子体刻蚀系统不同，离子束刻蚀是一个物理过程。晶圆在真空反应室内被置于固定器上，并且向反应室导入氩气流。当进入反应室，氩气便受到从一对阴（-）阳（+）电极来的高能电子束流的影响。电子将氩原子离子化成为带正电荷的高能状态。由于晶圆位于接负极的固定器上，从而氩离子便被吸向固定器。当氩原子向晶圆固定器移动时，它们会加速，提高能量。在晶圆表面，它们轰击进入暴露的晶圆层，并从晶圆表面炸掉一小部分。科学家称这种物理过程为动量传输

(momentum transfer)。在氩原子与晶圆材料间不发生化学反应。离子束刻蚀也称溅射刻蚀(sputter etching)或离子铣(ion milling)。

材料的去除(刻蚀)有高度的方向性(各向异性),导致良好的小开口区域的精密度。因为是物理过程,离子铣的选择比很差,特别对于光刻胶层。

9.5.6　反应离子刻蚀

反应离子刻蚀(RIE)系统结合等离子体刻蚀和离子束刻蚀原理。系统在结构上与等离子体刻蚀系统相似,但具有离子铣的能力。两种原理的结合突出了它们各自的优点,化学等离子体刻蚀和离子铣的方向性。RIE系统的一个主要优点是在刻蚀硅上的二氧化硅层。它们的结合使得选择比提高[20]到35:1,而在只有等离子体刻蚀时为10:1。RIE系统已成为用于最先进生产线中的刻蚀系统。

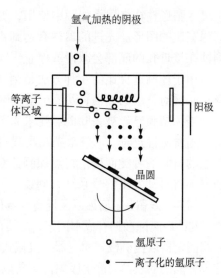

图9.24　离子束刻蚀系统

9.6　干法刻蚀中光刻胶的影响

对于湿法和干法刻蚀两种工艺,有图形的光刻胶层是受青睐的刻蚀阻挡层。在湿法刻蚀中,对于光刻胶层几乎没有来自刻蚀剂的刻蚀。然而在干法刻蚀中,残余的氧气会刻蚀光刻胶层。光刻胶层必须保持足够厚以应付刻蚀剂的刻蚀而不至于变薄出现空洞。有些结构使用淀积层作为刻蚀阻挡层来避免光刻胶层的损失(见第10章)。

另一个与光刻胶相关的干法刻蚀问题是光刻胶烘焙。在干法刻蚀反应室内,温度可以升高到200℃,一定的温度可以把光刻胶烘焙至一个难以从晶圆去除的状态。再一个和温度相关的问题是光刻胶的流动倾向使图形畸变。

等离子体刻蚀中一个不希望的影响是侧壁聚合物(sidewall polymer)淀积在刻蚀图形的侧壁,聚合物来自光刻胶。在接下来的氧等离子体光刻胶去除工艺中,聚合物淀积可变成金属氧化物[18]而难以去掉。

9.7　光刻胶的去除

刻蚀之后,图形成为晶圆最表层永久的一部分。作为刻蚀阻挡层的光刻胶层不再需要了,而要从表面去掉。传统的方法是用湿法化学工艺将其去除。尽管有一些问题,湿法化学液在前端工艺线(FEOL)中是较受欢迎的方法,因为表面和MOS栅极暴露并易于受到等离子体损伤[21]。氧等离子体去除光刻胶层的使用正在增加,它主要用于后端工艺线(BEOL)中,这是因为敏感器件被介质和金属表层覆盖住了。

有许多不同的化学品被用于去除工艺。对它们的选择依据晶圆表层(在光刻胶层下)、产品考虑、光刻胶极性和光刻胶状态(见图9.25)。一系列不同的工艺:湿法刻蚀、干法刻蚀和离子注入之后, 晶圆表层的光刻胶都需要去掉。根据先前工艺的不同会有不同程度的困难。高温硬烘焙、等离子体刻蚀的残留物和侧壁聚合物, 以及由离子注入导致的硬壳都会对光刻胶去除工艺带来挑战。

化学去胶剂	去胶温度/℃	表面氧化膜	金属化	光刻胶的极性
酸:				
硫酸 + 氧化剂	125	×		+ / −
有机酸	90 ~ 110	×	×	+ / −
铬酸/硫酸	20	×		+ / −
溶液:				
NMP/链烷醇胺	95		×	+
DMSO/二乙醇胺	95		×	+
DMAC/乙醇胺	100		×	+
羟胺(HDA)	65		×	+

图 9.25　湿法光刻胶去除剂表

一般地, 光刻胶去除剂被分成综合去除剂和专用于正光刻胶及负光刻胶的去除剂。它们也根据晶圆表层类型被分为有金属的和无金属的。

由于以下原因, 湿法去除受到青睐:

1. 有很长的工艺历史;
2. 成本有效性好;
3. 可有效去除金属离子;
4. 低温度工艺, 并且不会将晶圆暴露于可能的损伤性辐射。

9.7.1　无金属表面的湿法去除

硫酸和氧化剂溶液: 硫酸和氧化剂溶液(过氧化氢或过硫酸铵[22])是最常用的去除无金属表面(nonmetallic surfaces)光刻胶层的去除剂。无金属表面是二氧化硅、氮化硅或多晶硅。这种溶液可去除负光刻胶和正光刻胶。相同的化学溶液和工艺用于在第 7 章描述的进炉管前清洗晶圆中。

硝酸有时作为在硫酸清洗池中的添加氧化剂。典型的混合比为 10:1。硝酸有一个缺点是会把清洗池变成淡橘黄色而遮盖住池中碳的积累。所有这些溶液都以氧化机理来溶解光刻胶。

9.7.2　有金属表面的湿法化学去除

从有金属表面去除光刻胶是一个比较困难的工作, 因为金属会受到侵蚀或氧化。有 4 种类型的液体化学品用于去除有金属表面的光刻胶:

1. 有机去除剂;
2. 溶剂去除剂;
3. 溶剂/胺去除剂;
4. 特殊去除剂。

酚有机去除剂: 有机去除剂包含磺酸(有机酸)和氯化碳氢溶剂的组合, 例如 duodexabenzene。配方要求苯酚形成可冲洗的溶液。在 20 世纪 70 年代, 由于对这些配方中有毒成分的担心而导致了磺酸、非酚的、非氯化的[23]去除剂的开发。去除光刻胶要求将溶液加热到 90℃ ~120℃ 的范围。工艺中常使用2个或3个加热的去除池。清洗以两步进行,第一步是溶剂,然后用水清洗,其后是干燥工序。

溶剂/胺去除剂: 正光刻胶的优点之一是它们易于从晶圆表面去除。未经硬烘焙过的正光刻胶层可以很容易地用丙酮浸泡的方法从晶圆表面去除掉。遗憾的是,丙酮容易发生火灾,不建议使用。

一些制造商供应基于溶剂和有机胺的溶液仅作为正光刻胶去除剂。*N*-甲基吡咯烷(NMP)[24]是使用最多的溶剂。其他的还有二甲亚砜(DMSO)、环丁砜(sulfolane)、二甲基甲酰胺(DiMethylForamide,DMF)或二甲基乙酰胺(DMAC)。这些去除剂是有效的,用水清洗并可排泄掉。去除剂可能被加热来增加去除速率和/或去除经高温硬烘焙过的光刻胶层。溶剂和溶剂-胺去除剂以化学溶解的机理来去除光刻胶。

特殊湿法去除剂: 一系列的液体化学去除剂被开发,以解决特殊问题。其中之一是一种基于羟胺(HDA)的正胶去除剂[18]。还有一种化学品依赖于螯合中介来化学地约束溶液中的金属污染[25]。去除剂会去掉等离子体刻蚀的残留物和未被溶剂-胺去除剂去掉的聚酰亚胺。其他的去除剂包括腐蚀抑制剂[26]。

图9.25是最通用的湿法去除剂及其用途的一个列表。具有过渡金属连接塞的多层金属化系统的出现要求湿法去胶剂不伤及这些金属。

9.7.3 干法去胶

同刻蚀一样,干法等离子体工艺也可用于光刻胶去除。将晶圆放置在反应室中,并通入氧气(见图9.26)。等离子体场把氧气激发到高能状态,因而将光刻胶成分氧化为气体由真空泵从反应室吸走。术语灰化(ashing)用来说明那些设计成用来只去除有机残留物的等离子体工艺。等离子体去胶需要去除有机和无机两种残留物的工艺。在干法去除机中,等离子体由微波、射频(RF)和紫外(UV)-臭氧源共同作用产生[27]。

$$C_xH_y(光刻胶) + O_2(等离子体能) \rightarrow CO(气体) + CO_2(气体) + H_2O$$

图9.26 光刻胶的氧等离子体去除

等离子体光刻胶去除的主要优点是消除了液体槽和对化学品的操作。缺点是对于金属离子的去除没有效果。在等离子体场中没有足够的能量使金属离子挥发。需要对等离子体去胶的另一个考虑是高能等离子体场对电路的辐射损伤。采用将等离子体发生室从去除反应室移开的系统设计来减少这个问题的影响。因而被称为下游去胶机(downstream stripper),这是因为等离子体在晶圆的下游产生。MOS晶圆在去胶中对辐射影响更加敏感。

工业界对干法等离子体工艺取代湿法去除期待已久。然而,氧等离子体不能去除移动离子的金属污染,并且有一定程度的金属残留和辐射损伤,这使得湿法去除或湿法-干法结合继续保持着光刻胶去除工艺的主流地位。等离子体去除被用于去除硬化的光刻胶层,然后以湿法来去除未被等离子体去除的残留物。有专门的湿法去胶机处理这些硬化的光刻胶层。

9.7.4 离子注入后和等离子体去胶

两个有问题的地方是离子注入后光刻胶的去除和等离子体去除之后,离子注入导致强烈的光刻胶聚合并使表层硬化。一般地,用干法工艺来去除或减少光刻胶,然后再加以湿法工艺。等离子体刻蚀后的光刻胶层同样难以去除。另外，刻蚀可留下残留物，如 AlCl$_3$ 和/或 AlBr$_3$，它们与水或空气反应形成混合物腐蚀金属连线[28]。低温等离子体可在这些有害混合物生成腐蚀性化学物前将其去除。另一种途径是在等离子体环境中加入卤族元素把不可溶解的金属氧化物降至最低。这是设置工艺参数来完成高效处理（光刻胶去除）而又不引入晶圆表面损伤或金属腐蚀的另一种情况。

9.8　去胶的新挑战

从技术观点看，讲述去胶过程及其化学原理是传统式的且相当简单的。进一步缩小尺度、更大和更密集的芯片、III-V 族和 SiGe 衬底、浅结、具有深通孔的多层堆叠、铜双大马士革工艺和其他发展正在推动去胶工艺的改变。

去胶效果与它经历的曝光、显影和烘焙工艺有很大关系。它们对去胶表现出不同的挑战。因此，传统化学已经演化为专门的配方。有对于等离子体固化的光刻胶、刻蚀残留物、与低 k 技术相结合的去胶方法等。具有浅结和窄栅宽的新器件结构要求去胶工艺不要刻蚀暴露的晶圆表面或留下电活性的残留物[28]。

9.9　最终目检

在基本的光刻工艺中最终步骤是目检。实际上与显影目检是一样的规程，只是大多数拒收是无法挽回的（不能重新进行工艺处理）。

一个例外是受到污染的晶圆可能会被重新清洗并重新目检。最终目检用于证明送到下一步骤的晶圆的质量，并充当显影目检有效性的一个检验。将在显影目检中本应已被区分，并应从该批次剔出的晶圆从这批中剔除。

晶圆在入射白光或紫外线下首先接受表面目检，以检查污点和大的微粒污染。之后是显微镜检验或自动检验来检验缺陷和图形畸变。对于特定层掩模版的关键尺寸的测量也是最终目检的一部分。主要针对的是刻蚀过的图形质量，欠刻蚀和钻蚀是两个核心参数。

9.10　掩模版的制作

第 5 章详细说明了电路设计步骤。本节对制作掩模版使用的工艺加以说明。最初掩模版由涂上感光乳剂的玻璃板制成。感光乳剂与在照相机胶卷中使用的感光材料相似。这些掩模版容易划伤，在使用中变质，且不能分辨 3 μm 以下的图形。现在最常使用的掩模版使用玻璃涂覆铬技术。这种掩模版制作技术几乎与晶圆-图形复制操作一致（见图 9.27）。

掩模版的制作是在玻璃掩模版表面的铬薄膜上形成一个图形。首选的掩模版制作材料是硼硅酸盐玻璃或石英，它们有良好的尺寸稳定性和曝光波长的传播性能。铬涂层的厚度在 1000 Å 范围内，用溅射法淀积在玻璃上（见第 12 章）。先进的掩模版使用铬、铬氧化物、铬氮化物镀层[29]。

对于 365 nm、248 nm 和 193 nm 的波长，铬层是有效的能量阻挡层。更小的尺寸要求不同的曝光源(EUV、X射线、电子束和离子束),对于不同的衬底和图形薄膜,这些依次要求全新的材料(见第10章)。

　　掩模版/放大掩模版的制作依据最初的曝光方法(图形产生、激光、电子束)和最后的结果(放大掩模版或掩模版)有许多不同的方法(见图9.28)。流程图A说明了使用图形发生器的方法制作掩模版的工艺,这是一种较老的技术方法。图形发生器由一个光源和一系列电机驱动的快门组成。带有光刻胶的镀铬掩模版/放大掩模版在光源下随着快门的打开而移动,来使光形成的精确图形照射到光刻胶上产生预期的图形。放大掩模版图形以一种步进-重复的工艺被转移到涂有光刻胶的空白掩模版来形成一个母版。母版用来在一个接触复印机上制作多重工作掩模版。这种设备将母版与涂有光刻胶的空白掩模版接触并有一个用于图形复制的紫外(UV)光源。每个曝光步骤完成后(图形产生、激光、电子束、母版曝光和接触复印),放大掩模版/掩模版通过显影、目检、刻蚀、去光刻胶和目检最终把图形永久地复制到镀铬层上。目检十分关键,因为任何未探测到的错误和缺陷将会潜在地造成数千个晶圆报废。这种用途的放大掩模版一般是光刻掩模版图形的5~20倍[30]。

图9.27　掩模版/放大掩模版制作工艺的主要步骤

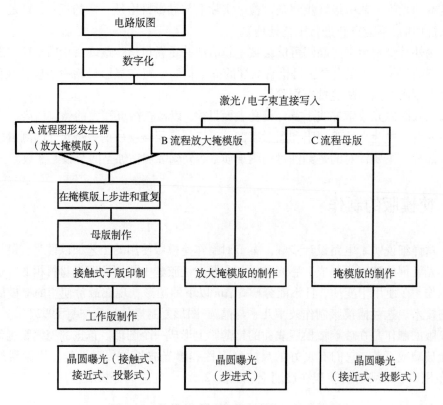

图9.28　掩模版/放大掩模版制作工艺流程

具有非常小几何形状并有很窄定位裕度的高端产品要求高质量的放大掩模版/掩模版。用于这种工艺中的放大掩模版和掩模版是由激光或电子束直接曝光写入方式制成的(A流程和B流程)。激光曝光使用波长364 nm的I线系统。它可使用标准的光学光刻胶并且比电子束曝光更快。用一个声波-光学调制器(AOM)[31]控制直接写入激光源的开和关。在所有这些情况中,放大掩模版或掩模版被加工处理,以在其镀铬层上刻蚀出图形。也可以用其他的掩模版/放大掩模版工艺流程。在A流程中的放大掩模版可以用激光/电子束制作,或母版可以用激光/电子束制作。

超大规模集成电路(VLSI)和甚大规模集成电路(ULSI)级的电路实际上要求无缺陷及尺寸上完美的掩模版和放大掩模版。从各个方面上的关键尺寸(CD)裕度为10%或更多,留给放大掩模版4%的错误余量[32]。有一些方法用激光"消灭"(zapping)技术来消除不期望的铬点和图形伸出。对于小图形的掩模版和放大掩模版,聚焦离子束(FIB)是首选的修复技术。没有或部分图形丢失可用碳淀积的方法来填补。不透明的或不想要的铬区域以离子束溅射来去除。

9.11 小结

为了使超大规模集成电路(VLSI)和甚大规模集成电路(ULSI)正常工作,分辨率和对准要求非常严格。1977年,最小特征图形尺寸是3 μm。到了20世纪80年代中期,突破了1 μm。20世纪90年代0.5 μm已很普遍,并有0.35 μm的技术计划用于生产电路。电路设计的预期要求是最小栅条尺寸达到10 ~ 15 nm[33]。

芯片制造商对于每个电路产品计算要一些预留量(budget)。关键尺寸(CD)预留量是计算晶圆表面图形尺寸可允许的变化量。对于亚微米最小特征图形尺寸的产品,关键尺寸的余量是10% ~ 15%[34]。另外一个值得关注的量是相对于最小特征图形尺寸的关键缺陷尺寸。这两个参数被一起放在一个为产品计算好的误差预留量(error budget)中。套准预留量(overlay budget)是整套掩模版可允许的累计定位误差。一个单凭经验的方法是微米或亚微米特征尺寸的电路必须符合最小特征三分之一的标注公差。对于0.35 μm的产品,允许的套准预留量大约是0.1 μm[35]。

习题

学习完本章后,你应该能够:
1. 画出晶圆在显影之前及之后的剖面图。
2. 列出显影的方法。
3. 解释硬烘焙的方法和作用。
4. 列出晶圆在显影检验时被拒绝的至少5个原因。
5. 画出显影-检验-返工过程的示意图。
6. 解释湿法刻蚀和干法刻蚀的方法和优缺点。
7. 列出从氧化膜和金属膜上去除光刻胶的机器。
8. 解释最终检验的方法和作用。

参考文献

［1］ Elliott, D., *Integrated Circuit Fabrication Technology*, 1976, McGraw-Hill, New York, NY: 216.

［2］ Busnaina, A., and Dai, F., "Megasonic Cleaning," *Semiconductor International*, Aug. 1997.

［3］ Wolf, S., and Tauber, R., *Silicon Processing for the VLSI Era*, 1986, Lattice Press, Newport Beach, CA: 530.

［4］ Singer, P., "Meeting Oxide, Poly and Metal Etch Requirements," *Semiconductor International*, Cahners Publishing, Apr. 1993: 51.

［5］ Ibid., p. 51.

［6］ Wolf, S., and Tauber, R., *Silicon Processing for the VLSI Era*, 1986, Lattice Press, Newport Beach, CA: 532.

［7］ Murray, C., "Wet Etching Update," *Semiconductor International*, May 1986: 82.

［8］ Burggraaf, P., "Advanced Plasma Sources: What's Working?" *Semiconductor International*, Cahners Publishing, May 1994: 57.

［9］ Singer, P., "Meeting Oxide, Poly and Metal Etch Requirements," *Semiconductor International*, Cahners Publishing, April 1993: 53.

［10］ Elliott, D., *Integrated Circuit Fabrication Technology*, 1976, McGraw-Hill, New York, NY: 275.

［11］ Fonsh, S., Viswanathan, C., and Chan, Y., "A Survey of Damage Effects in Plasma Etching," *Solid State Technology*, PennWell Publishing Company, Jul. 1994: 99.

［12］ Boitnott, C., "Downstream Plasma Processing: Considerations for Selective Etch and Other Processes," *Solid State Technology*, PennWell Publishing Company, Oct. 1994: 51.

［13］ Riley, P., Pengm, S., and Fang, L., "Plasma Etching of Aluminum for ULFI Circuits," *Solid State Technology*, PennWell Publishing Company, Feb. 1993: 4.

［14］ Engelhardt, M., "Advanced Polysilicon Etching in a Magnetically Confined Reactor," *Solid State Technology*, PennWell Publishing Company, Jun. 1993: 57.

［15］ Singer, P., "Meeting Oxide, Poly and Metal Etch Requirements, *Semiconductor International*," Cahners Publishing, Apr. 1993: 51.

［16］ Newboe, B., "Wafer Chucks Now Have an Electrostatic Hold," *Semiconductor International*, Cahners Publishing, Feb. 1993: 30.

［17］ Cardinaud, C., Peignon, M., and Turban, G., "Surface Modification of Positive Photoresist Mask during Reactive Ion Etching of Si and W in SF6 Plasma," *J. Electro-chemical Soc.*, vol. 198, 1991: 284.

［18］ Lee, W. M., *A Proven Sub-Micron Photoresist Stripper Solution for Post Metal and Via Hole Processes*, 1993, EKC Technology, Inc., Hayward, CA.

［19］ Clayton, F., and Beeson, S., "High-Rate Anisotropic Etching of Aluminum on a Single-Wafer Reactive Ion Etcher," *Solid State Technology*, PennWell Publishing Company, Jul. 1993: 93.

［20］ Elliott, D., *Integrated Circuit Fabrication Technology*, 1976, McGraw-Hill, New York, NY: 282.

［21］ Dejule, R., "Managing Etch and Implant Residue," *Semiconductor International*, Aug. 1997: 62.

［22］ EKC Technology Inc., Technical Bulletin SA-80, 1999.

［23］ EKC Technology Inc., Technical Bulletin—Nophenol 922, 1999.

［24］ EKC Technology Inc., Technical Bulletin—Posistrip Series, 1999.

［25］ Dejule, R., "Managing Etch and Implant Residue," *Semiconductor International*, Aug. 1997: 57.

[26] Levenson, M. D., "Wet Stripper Companies Clean Up," *Solid State Technology*, PennWell Publishing Company, Apr. 1994:31.

[27] Burggraaf, P., "What's Driving Resist Dry Stripping?" *Solid State Technology*, PennWell Publishing Company, Nov. 1994:61.

[28] Berry III, I. L., Waldfried, C., Roh, D., et al., *Photoresist Strip Challenges for Advanced Lithography at 20nm*, www. axcelis. com.

[29] Dejule, R., "Managing Etch and Implant Residue," *Semiconductor International*, Aug. 1997:58.

[30] Grenon, B., "A Comparison of Commercially Available Chromium-Coated Quartz Mask Substrates," *OCG Microlithography Seminar*, Interface 94:37.

[31] Wolf, S., and Tauber, R. N., *Silicon Processing*, vol. 1, Lattice Press, 2000, Sunset Beach, CA:477.

[32] Reynolds, J., "Mask Making Tour Video Course," *Semiconductor Services*, Redwood City, CA, Aug. 1991, Segment 5.

[33] Reynolds, J., "Elusive Mask Defects: Random Reticle CD Variation," *Solid State Technology*, PennWell Publishing Company, Sep. 1994:99.

[34] Semiconductor Industry Association, *International Technology Roadmap for Semiconductors*, 2001, 2002, www. semiconductors. org/.

[35] Wiley, J., and Reynolds, J., "Device Yield and Reliability by Specification of Mask Defects," *Solid State Technology*, PennWell Publishing Company, Jul. 1993:65.

[36] Simon, K., "Abstract-Alignment Accuracy Improvement by Consideration of Wafer Processing Impacts," *SPIE Symposium on Microlithography*, 1994:35.

第 10 章　　下一代光刻技术

10.1　引言

特征图形尺寸减小到纳米范围，伴随着更大直径的晶圆，增大了对低缺陷密度的需求，增大了芯片密度和尺寸，对芯片制造工业界挖掘各种传统工艺的潜能和开发新的工艺技术提出了挑战。本章探讨达到纳米尺度电路遇到的一些问题和现在的一些解决办法。包括后光学光刻技术的讨论，综合起来称为下一代光刻技术（Next-Generation Lithography，NGL）。

本章主要讲解一些光学光刻存在的问题和一些先进工艺的解决办法。另外，在全部基本图形化工艺的各个部分，业界已经进行了延伸光学光刻和下一代光刻（NGL）技术的开发。它们包括光刻胶的开发、掩模材料和设计、曝光源、对准和曝光方案、反射控制和工艺方案。从现在到未来，光刻随技术节点前进将涉及各因素的组合。没有单一的光刻步骤能独占鳌头。

10.2　下一代光刻工艺的挑战

在第 8 章和第 9 章中详细描述的十步图形化工艺是单层光刻胶成像的基本工艺。这对于中规模（MSI）、某些简单的大规模（LSI）和超大规模（VLSI）集成电路是完全适用的。然而，随着超大规模集成电路（VLSI）或甚大规模集成电路（ULSI）要求的特征图形尺寸越来越小，缺陷密度越来越低，这些基本光刻工艺已经明显显出其局限性。基本光刻工艺在 2～3 μm 技术时代显现出它的局限性，并在亚微米工艺时代变成关键问题。存在的问题主要包括光学曝光设备的物理限制，光刻胶分辨率的限制和许多与晶圆表面有关的问题，比如晶圆表面的反射现象和多层形貌。

20 世纪 70 年代中期，人们普遍认为使用光学设备和光学光刻胶所能达到的最小分辨率为 1.5 μm。这一预言使人们开始将更多的兴趣转移到 X 射线曝光系统和电子束曝光系统。

然而，随着许多对基本光学曝光工艺的改进和发展，使用光学曝光系统已能达到 0.2 μm 的水平[1]。在本书第一版（1984）中，作者写道"产业未来学家认为到 20 世纪 90 年代中期电子束或 X 射线曝光将取代紫外（UV）和深紫外（DUV）光源"。这种事情并没有发生。光学光刻一直前进了数十年。每一代工程师对基于光学曝光系统图形化工艺进行改善，将业界带入 100 nm 节点[2]。过去的预言已经被 SIA 的国际半导体技术路线图（ITRS）所代替。图 10.1 列举了一些器件的节点和它们被引入的年份[3]。节点的基础是栅条宽度。光刻要求是以相邻线条长度的 1/2 节距为特征的（见图 10.2）。

生产年度		2012	2013	2015	2016	2018
技术节点（hp）		hp45	hp32		hp22	
DRAM 1/2 节距（hp）	nm	35	32	25	22	18
MPU 打印的栅宽	nm	20	18	14	13	10
MPU 物理的栅宽	nm	14	13	10	9	7

图 10.1　ITRS 技术节点

在曝光系统部件之间有一个基本关系。关系式为

$$\sigma = k \frac{\lambda}{NA} \tag{10.1}$$

其中：σ = 最小特征尺寸

　　　　k = 常数［有时称为瑞利（Rayleigh）常数］

　　　　λ = 曝光光源的波长

　　　　NA = 透镜的数值孔径

　　k（或在一些公式中为 k_1）是与透镜（或整个光学系统）的分辨临近图形能力相关的常数。由于衍射作用的存在，当两个图形接近到一定程度时，即使是最理想的透镜，也会使它们混淆不清。k 一般为 0.5 左右。

　　从公式中可以看出，通过减小波长和增加数值孔径，可以得到更小尺寸的图形。在下一代光刻工艺中还采用其他因素。下一代光刻机全部基本部件用示意图表示（见图 10.3）。

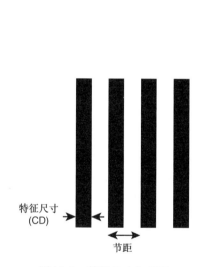

图 10.2　特征尺寸和节距

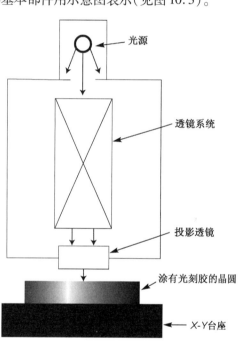

图 10.3　光刻机基本部件

　　瑞利（Rayleigh）分布的公式清楚地表明使用更小波长的曝光源，可以提高更小特征尺寸图形的能力。产业界已经正确沿用多年。图 10.4 表明更小特征尺寸的进一步要求和对应的曝光源。

技术代	波长/nm	曝光源
DUV G 线	436	汞（Hg）
DUV H 线	405	汞（Hg）
DUV I 线	365	汞（Hg）
准分子激光	248	KrF
准分子激光	193	ArF
准分子激光	157	F₂
极紫外（EU）	13.5	锡蒸气

图 10.4　曝光源

10.2.1　高压汞灯源

曝光源的选择要和根据光刻胶的光谱响应范围和所需达到的特征图形尺寸相匹配。早期的光刻机使用高压汞灯作为曝光光源,它随着电流通过汞灯管发出光线。高压保证了对水银进行高振荡时不会引起水银蒸发。

从汞灯发出的光按波长被分为几段。一些光刻胶是为汞灯全光谱反应设计的,而另一些则是针对其某一特定波长设计的。还有一些光刻胶是针对汞灯特殊的能量峰值设计的。汞灯有 3 个能量峰值,它们对应的波长分别是:365 nm、405 nm 和 436 nm。

这 3 个波长也被相应称为:I 线、H 线和 G 线。光刻机通常使用滤波器只允许 G 线或 I 线通过。I 线光成为亚微米时代的首选曝光源。I 线的波长是 365 nm(0.365 μm),它和 0.35 μm 的产品尺寸接近。在实际生产中,要想制作出比曝光波长还小的图形是很难的。

10.2.2　受激准分子激光器

还有另外一种深紫外(DUV)光源,它就是受激准分子激光器。以下气体激光器和它们的发光波长分别为:XeF(351 nm)、XeCl(308 nm)、KrF(248 nm)、ArF(193 nm)[4]。已开发 KrF 和 ArF 用于 130 nm 节点以上的工艺,考虑用 ArF 作为小于 130 nm 图形的光源[5]。F_2 也是一个在 ArF 之后待考虑的候选材料[6]。

10.2.3　极紫外

极紫外线(EUV)是预计的具有更短波长的另一种曝光源。它的波长为 13.5 nm,有可能用于 18~24 nm 范围的图形。变成等离子体的锡蒸气是光源成分。ASML 使用两种方法。在一个方案中称为激光等离子体(LPP),锡液滴通过高能激光流产生 EUV 光。在另一个方案中被称为激光辅助放电等离子体(LDP),一个电荷穿过锡蒸气产生 EUV 光子[7]。由于玻璃吸收 EUV 光子,曝光系统采用极平坦的镜面来对准光束。由于空气也吸收光子,整个过程发生在一个真空环境中。然而,系统的生产速率不满足生产要求。因此,最初的使用将在关键层采用与浸没式光刻机混合匹配的方式。

10.2.4　X 射线

对更高分辨率曝光源的追求必然使人们想到两种非光学光源:X 射线和电子束(e-beam)。X 射线是高能量光量子,它的波长只有 4~50 Å[8]。因为衍射作用很小,这个波段可以将图形尺寸做到 0.1 μm 的水平。X 射线光刻机使用 1:1 的掩模版(见图 10.5)。由于更短的曝光时间,通常有更高的产能。在光刻胶中的反射和散射现象可降低到最小,几乎没有景深的问题。X 射线曝光的晶圆只有很少量的缺陷来自附着在掩模版上的尘埃和有机物,因为 X 射线可以穿过它们。

在实际生产中,X 射线光刻机遇到了很多困难。一个主要的问题是用于阻挡 X 射线的掩模版的开发。因为 X 射线会穿透传统的玻璃和镀铬的掩模版,需要开发一种要求用金来做阻挡层的工艺,或者其他一些可以阻挡高能 X 射线的材料(见 9.10 节)。

在研发 X 射线曝光设备的同时,X 射线光刻胶的研发工作也在进行。这项工作很复杂,因为没有一个标准的 X 射线源,同时 X 射线光刻胶要具有对 X 射线的高敏感性和对刻蚀工

艺有良好的阻挡作用。而光刻胶对 X 射线的高敏
感性和对刻蚀工艺的阻挡作用这两个参数在实际
生产中很难平衡。另外一个障碍是 1:1 曝光，因
为高能 X 射线会破坏用来缩影的光学系统。由于
放大掩模版尺寸的限制，只有步进式光刻机才有
实际使用的价值。

　　X 射线源包括标准 X 射线发射管、点源激光
驱动源或同步激光发生器。点源与传统的系统相
类似，每个机器有一个曝光源。同步激光发生器
是一台巨大而昂贵的设备，它可以将电子在轨道
中加速。在被称为同步加速器辐射（synchrotron
radiation）过程中，在轨电子发出 X 射线。随着
X 射线的旋转，它们从不同的端口射出并被导向
多个分立式光刻机中。

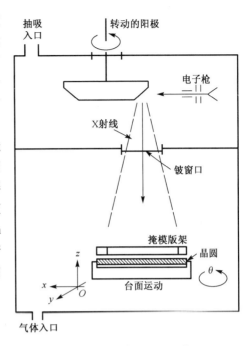

图 10.5　X 射线曝光系统

10.2.5　电子束或直写

　　电子束光刻是一种成熟的技术，它被用来制
作高质量的掩模版和放大掩模版。该系统包括能
产生小直径电子束的发射器和一个控制电子束开关的抑制器，其基本结构如图 10.6 所示。

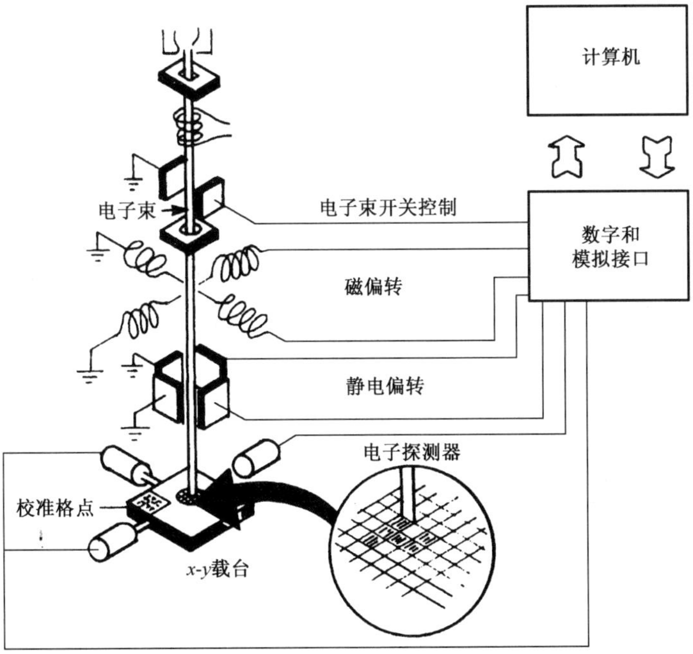

图 10.6　电子束曝光系统

　　曝光必须在真空中进行，以防止空气分子对电子束的干扰。电子束通过一组静电板然后
到达掩模版、放大掩模版或晶圆，这组静电板的作用是调节电子束方向（在 x-y 方向）。它们

的功能和电视机的电子束导向机理类似。为保证电子束精确到达晶圆或掩模版,电子束源、相应的机械装置和要被曝光的衬底都在真空环境中。

电子束光刻无须使用产生图形的掩模版或放大掩模版。因为不用掩模版,一些由掩模版或放大掩模版曝光引起的缺陷和错误源被去除了。电子束开关和导向由计算机来控制,计算机中存有直接来自计算机辅助设计(CAD)设计阶段的晶圆图形。电子束被偏转系统导向到需要曝光的位置上,并将电子束打开,使相应的部位光刻胶曝光。更大面积的衬底被固定在 x-y 载台上,载台连同衬底在电子束下移动直到全部曝光完毕。这种对准和曝光技术称为“直接书写式”(direct writing)技术。

光刻胶的曝光图形分为光栅式扫描和矢量式扫描(见图 10.7)。光栅式扫描是电子束从晶圆一边扫描到另一边然后向下。计算机控制方向和开关电子束。光栅式扫描的缺点是费时,因为电子束要扫描整个晶圆表面。而矢量式扫描曝光,电子束直接移到需要曝光的地方,在每一个需要曝光的地方,曝出一个个小的矩形或长方形,直到需要的图形曝光完成。

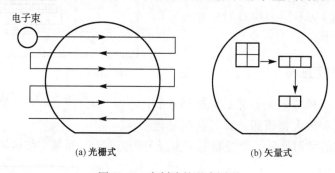

(a) 光栅式　　　　　　　　　(b) 矢量式

图 10.7　光刻胶的曝光图形

因为没有了光刻掩模版和光学系统的误差,电子束曝光的晶圆有很好的对准和套准结果。目前使用的电子束曝光系统,能得到 0.25 μm 的分辨率[9]。大规模使用电子束曝光系统存在速度和费用的问题。之所以速度慢,其中一个原因是在曝光反应室中产生和释放真空需要很长时间。

我们已经描述了电子束系统的基础。遗憾的是无掩模(光栅式或矢量扫描式)系统将图形复制到晶圆表面的速度太慢。一种使用电子束曝光的先进技术是电子束投影光刻(EPL)。该系统使用电子束曝光源、掩模版和扫描投影方法(见图 10.8)。由朗讯(Lucent)技术公司开发的这个系统称为 SCALPEL,使用了扫描掩模版。电子是高能的,并能穿过大多数材料。而传统的掩模版阻止了部分曝光束,并允许其他部分通过,扫描掩模版允许这两段电子束通过。然而,如显示的那样,一部分掩模版散射电子束,减少了到达晶圆的透镜聚焦束。在此之间是一个孔径,它基本上允许未受阻的电子束流通过以到达晶圆表面,并阻止被散射电子束流。

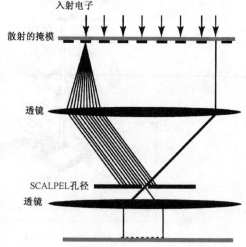

图 10.8　由或多或少的电子散射区别产生的反差展示的 SCALPEL 的基本工作原理(源自 Bell 实验室, Lucent Technologies 网站)

现在针对这个系统设计的掩模版使用了多层结构。图形被定义在氮化硅上，它淀积在硅晶圆上。除了硅"支柱"被留下保持掩模的强度，晶圆的大部分被刻蚀掉了。将这种配置固定在薄膜上。该掩模的所有部分都能传送电子束。然而，被定义的图形因为入射电子束被分成两部分——被散射的和未被散射的。因为该图形被扫描到晶圆表面上，支柱不会进入被扫描的图形中。

10.2.6　镜头的数值孔径

早期的半导体图形化使用接触或接近接触系统，在该系统中，晶圆和掩模版是接触或接近式的。但小特征的产品曝光用投影系统（projection system），在该系统中，掩模版/放大掩模版和晶圆是分开的。投影光学系统提出了特殊的问题。面临的挑战是从掩模版或放大掩模版到晶圆表面投影图形的分辨率或尺寸控制损失要尽可能小。小的图形尺寸要求使用如上所述的短波长。投影系统使用一个透镜聚焦曝光束到光刻胶或晶圆表面。

晶圆上的最小尺寸是由投影光学系统的物理属性限定的。透镜系统中的一个参数是数值孔径（NA）。NA 表示透镜聚集光线的能力。关系式是前面曾出现的瑞利公式[见式(10.1)]。

k（或在一些公式中为 k_1）是与透镜（或整个光学系统）的分辨邻近图形能力相关的常数。由于衍射作用的存在，当两个图形接近到一定程度时，即使是最理想的透镜，也会使它们混淆不清。k 一般为 0.5 左右。

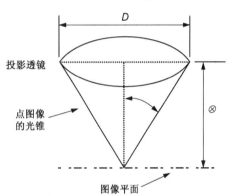

图 10.9　透镜的焦点的关系

如上所述，式(10.1)表明减小波长是印刷更小尺寸的一种解决方案。增大镜头的 NA 是要点。图 10.9 所示为镜头焦距的基本特性。然而，增加 NA 却有一定的限制，它要和焦深（depth of focus）或景深（depth of field）这一参数折中考虑。在通常的摄影学中，当前景清晰而背景不清晰或正好相反时，我们知道这是景深问题。对于这些因子，透镜参数的关系如图 10.10 所示。

透镜采样波长	NA	k_1	分辨率/μm	DoF/μm
I 线	0.62	0.48	0.28	0.95
KrF	0.82	0.36	0.11	0.37
ArF	0.92	0.31	0.065	0.23
F_2	0.85	0.31	0.057	0.22

图 10.10　光源和透镜因子

在晶圆表面最高处和最低处都必须达到分辨率的要求和正确的尺寸。增加 NA 另一个要折中的是减小视场。这同变焦镜头使用高倍放大率时的现象是一样的。放大倍数越大，视场越小。视场成为步进式光刻机的一个限制因素。小视场需要更多的时间来完成整片晶圆的曝光。

10.3　其他曝光问题

第 8 章对于图形的分辨率和曝光波长进行了探讨。在一般情况下，对于更小图形的方法是使用一个更短波长的光源。然而，这将导致一个更小的景深。在亚 0.5 μm 的范围内，曝光工艺从 I 线延伸到 EUV。景深的问题需要其他改进,包括可变的 NA 透镜、环形照明、离轴照明和相移掩模版。此外,随着图形的尺寸变得更小和图案密度的增加,光学效应逐渐起作用。接下来,研究这些问题和解决方案。

当更多的信息要制作在先进的电路上时,所有上述技术问题变得十分复杂。随着特征尺寸的缩小,芯片尺寸的增加,器件的堆叠和更好的设计,更多的信息(每平方厘米)要放在掩模版上[10]。这一趋势也迫使光刻机,特别是步进式光刻机进一步发展,它包括透镜系统、曝光源、光刻胶和其他一些图形增强技术,比如光源的改进、相移掩模版等(见下文)。这些技术的运用有效地降低了上述分辨率极限公式中的 k 值。

10.3.1 可变数值孔径透镜

NA 是衡量透镜集光能力的一个参数。它的对立参数是景深(DoF)。一组透镜如果想有好的 NA(更高的 NA),那么它就要牺牲景深(见第 8 章)。遗憾的是,高级的电路往往由许多层组成,高低不平的表面(表面形貌)要求大的景深。只拥有一个透镜的步进式光刻机在其相应的景深内的晶圆上曝光是受限制的,它可能包括或不包括在晶圆表面的找平。比较新的步进式光刻机一般都具有可变数值孔径透镜,这样可以适应对景深的多样化需求[11]。

10.3.2 浸没式曝光系统

光的折射是保持图形与掩模版或放大掩模版上的尺寸一致的另一个要素。折射使掩模版边缘光或投影透镜弯曲。弯曲是由于光的折射,它可以通过在透镜和晶圆表面之间流动的纯水而被改进(见图 10.11)。折射率为 1.44 的纯水有效地提高了系统的 NA 并允许更小的印制图形的尺寸。尼康(Nikon)公司声称使用具有 ArF[*1] 193 nm 准分子激光源的浸没系统,65 nm 的空气中图形可被减小到 40~45 nm(参见图 10.12)[12]。

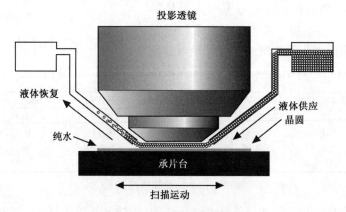

图 10.11   浸没透镜式光刻机

DRAM 水平			
4 Kb	64 Kb	256 Mb	64 Mb→1 Gb
曝光机类型			
接触式	投影式	步进式	步进-扫描式
曝光			
Hg	Hg	G, I 线	KrF, ArF
图形			
掩模版	掩模版	放大掩模版	放大掩模版

图 10.12   图形化技术与 DRAM 水平

10.3.3　放大光刻胶

一般光刻胶的分辨率问题发生在到达光刻胶层的波前。简单的截面图形中的均匀箭头表示到达光线。在波前的实际辐射具有方向和能量的混合性，它沿表面和垂直方向变换。这就是所谓的空气中图形(aerial image)[13]。用光学光刻技术解决 1/2 μm 图形和 1/3 μm 图形需要空气中图形的管理和操作。控制方法主要存在于三大领域：光学分辨率、光刻胶分辨率的限制和表面的问题。第四个问题是刻蚀精度。光刻胶分辨率与曝光光源和所用曝光系统密切相关。基本的光刻胶成分配比已经随着生产控制，将化学性质与波长的匹配进行改进。

化学放大(CA)光刻胶被认为是(随着将来的改进)将光刻技术带入 90 nm 节点及以后的基本平台。如较早期的光刻胶，这些光刻胶基于光敏聚合物、光生酸剂(PAG)、溶解抑制剂、刻蚀阻挡层和酸不稳定及可溶碱基团[14]。新光刻胶必须在严酷的等离子体刻蚀的环境中操作。它们不仅必须使图形特征尺寸最小化，通常是栅，还要涉及处理成像密集模式和小金属接触孔。此外，随着线条尺寸接近在光刻胶中的分子尺寸，刻蚀的线边缘粗糙度(line edge roughness, LER)变成了一个要素。

10.3.4　反差效应

在掩模版不透明的线条被大面积亮区包围的地方，难以实现好的分辨率。来自不透明的线条周围大量的辐射趋于使光刻胶层的线条尺寸收缩(见图 10.13)，这是因为图形周围边缘曝光射线的衍射现象。这种问题被称为邻近效应(proximity effect)。

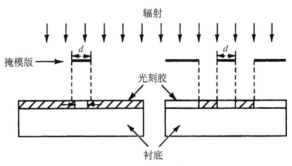

图 10.13　邻近效应

另一个反差效应被称为主体反差(subject contrast)(见图 10.14)。这种情况发生在当一些曝光辐射穿透掩模版上的不透明区，或晶圆表面反射到光刻胶中时。结果是在显影步骤后，部分曝光区域留下畸变的图形。这种在采用负胶时比采用正胶有更多的问题。图形改变还来自衍射效应(见图 10.15)和光的散射(见图 10.16)。

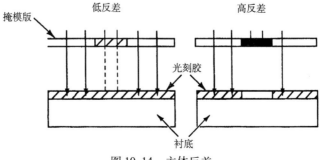

图 10.14　主体反差

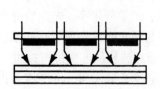

图 10.15　减少光刻胶图形的衍射

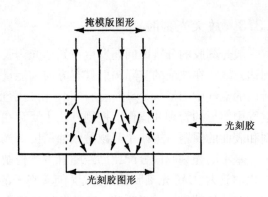

图 10.16　光刻胶里的光散射现象

10.4　其他解决方案及其挑战

第 8 章已针对图形分辨率和曝光光线波长的关系做了详细说明。一般来讲,如果想要得到尺寸更小的图形,就需要使用波长更短的光源。然而,这将导致景深的缩短。在 0.5 μm 以下的工艺中,从 I 线到深紫外线,由于景深(DoF)的要求,我们不得不对系统做进一步改进,比如使用可变数值孔径的镜头、环形光源、离轴照明、相移掩模版等。还有,随着图形尺寸的变小和图形密度的增大,其他的一些光学效应也开始起作用。以下我们针对这些问题和解决方案做一些阐述。

10.4.1　离轴光线

将曝光光线从垂直轴移开(off-axis)一些可以防止在光刻胶中发生起驻波的光干涉现象。

10.4.2　透镜问题和反射系统

在光刻图形形状极端的情况下,通过透镜系统曝光光束成为一个问题,这个问题就是吸收。一个曝光系统应该传送特定的波长(或受控的一组波长)到光刻胶表面。透镜所用的材料能在要求的范围内吸收辐射,在 193 nm 以下这变成了严重的问题。氟化钙(CaF_2)是一种在这个范围传送的材料,并期望应用在 157 nm 节点[15]。

10.4.3　相移掩模版(PSM)

对于传统的光学光刻,使用一些技术从掩模版到晶圆改善图形保真度。一个衍射问题发生在当两个掩模图形非常接近时。在某一点,正常的衍射波开始接触叠加,导致该区域光刻胶不能正常曝光。两个衍射波混在一起是因为它们的相位相同。相位是一个描述波的名词,它与波峰、波谷的相对位置有关[见图 10.17(a)]。在图 10.17(a) 中的波是同相的,而在图 10.17(b) 中的波是异相的。一个解决衍射叠加的办法是将其中一个透光部分用透明物质覆盖,而这一透明物质可以改变波的相位,从而达到克服衍射叠加的目的[见图 10.17(b)]。基于以上原理而产生的交互相移掩模版(或称交互孔径相移掩模版,AAPSM)就是将一层二氧化硅膜淀积在掩模版/放大掩模版上,然后将其中一部分移去,形成交替图形。图形多为重复性阵列,比如存储器产品,交替盖住透光部分这一方法比较适用。

另一种方法是相位移动涂层在掩模版/放大掩模版图形边缘的扩展使用。这一工艺同样要在掩模版上加涂二氧化硅层并完成其他所有掩模版制作工艺的步骤。这一方法有一些衍生方法,比如亚分辨率(图形外延)相移掩模版和镶边相移掩模版[16](见图 10.18)。

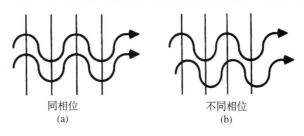

同相位　　　　　　　　　　　　　不同相位
(a)　　　　　　　　　　　　　　　(b)

图 10.17　波的相位

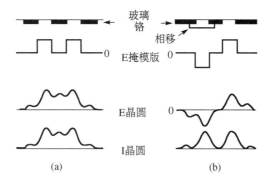

图 10.18　光强度图形。(a)没有相位移动;(b)有相位移动
(源自:*VLSI Fabrication Principles*, by Ghandhi)

10.4.4　光学临近修正或光学工艺修正

我们知道在 0.5 μm 以下工艺制程中,在光刻胶上可能形成扭曲的图形。光学临近修正或光学工艺修正(OPC)掩模版试图在掩模版/放大掩模版上做出扭曲的图形,将它们曝光在光刻胶上时,却可以形成完美图形。特别脆弱的情况是邻近透光/不透光区域密集的图形和短的和/或像小接触孔这样的图形拐角周围。借助于计算机,对曝光工艺条件(反差效应)进行分析,然后设计掩模版上的图形[17]。对于一个圆端图形修正的例子如图 10.19 所示。另一个技术是两次光刻(double masking)。第一个掩模版是相移掩模版,在光刻胶上产生部分图形。第二个掩模版(整形掩模版)尾部有点增大,能够完成设计的图形[18]。

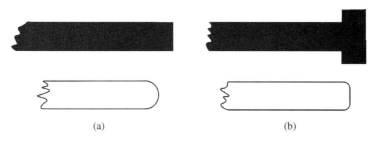

(a)　　　　　　　　　　　　　　　(b)

图 10.19　(a)传统的图形形成;(b)采用"锤头"掩模图形的增强图形

10.4.5　环孔照射

环孔照射(annular ring illumination)作为一种技术手段,首先是由珀金·埃尔默(Perkin Elmer)扫描投影光刻机采用的。在解决分辨率这一问题上,均匀一致的光源是一个重要保障。遗憾的是,传统的光学曝光源产生的光斑太不均匀一致了。然而,在这个光斑中,我们可以找到能量均匀一致的区域(如环状区域)。环孔光源挡去了大部分光,只透过环状的均匀一致的光照射在晶圆上。

10.4.6　掩模版贴膜

投影光刻机的发展(投影对准机和步进光刻机)大大延长了掩模版和放大掩模版的使用寿命。这也促进了高质量的掩模版和放大掩模版的发展。在生产线上,掩模版使用了很长一段时间以后,上面可能会有灰尘和划痕,从而造成晶圆的良品率降低。掩模版受损的一个原因可能来自掩模版和放大掩模版的清洁过程。这是一个左右为难的尴尬境地,在清洗掩模版和放大掩模版时,会造成掩模版污损,清洗本身变成了污染、划痕和破损的来源。

解决这一问题的一个办法是掩模版贴膜(见图10.20)。掩模版贴膜(pellicle)是一层在框架上拉伸平铺的无色有机聚合物薄膜。框架是专为掩模版或放大掩模版设计的。掩模版贴膜是在掩模版制成或清洁后加盖上的。贴膜加在掩模版上后,环境中的微粒就会附着在薄膜表面。薄膜与掩模版之间的距离保证了微粒不会在掩模版的焦平面上。实际上,微粒对于曝光光源来说是透明的。

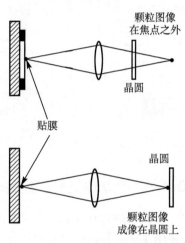

图 10.20　掩模版贴膜

使用贴膜的另一个好处是由于掩模版表面被薄膜覆盖,一定程度上防止了掩模版划痕。第三个好处是一旦覆盖上贴膜,掩模版和放大掩模版可以省去一些例行的清洗。在一些应用中,掩模版贴膜还被加上抗反射涂层,它有助于小几何尺寸的图形,尤其是在有反射的晶圆表面。这些好处可以促使晶圆良品率5%～30%的增加[19]。

掩模版贴膜是用硝化纤维(NC)或醋酸纤维(AC)制成的。NC薄膜被用在宽带(340～460 nm)[20]曝光源,而AC薄膜被用在中度紫外曝光系统中。Teflon AF或Cytop被用在248～193 nm范围[21]。贴膜非常薄(厚度为0.8～2.5 μm)而且对于曝光波长必须有很高的透射率。对于曝光波长的峰值,典型的贴膜要具有99%以上的透射率。贴膜要想最好地发挥效力,必须严格控制厚度,一般在规定厚度的±800 Å,控制颗粒的直径要小于25 μm。

贴膜的膜是通过旋转浇涂技术制成的。贴膜原料溶解在溶剂中,然后旋转涂在刚性衬底上,比如玻璃板。这和晶圆涂胶工艺很类似。薄膜厚度由溶液黏度和喷涂速度决定。薄膜从衬底上取下被固定在框架上。框架形状由掩模版的形状和尺寸决定。净化间洁净度要求是10级或更好,同时还要用防静电材料来包装。

10.5　晶圆表面问题

小图形的分辨率受晶圆表面的条件影响很大。表面的反射率、表面形貌差异、多层刻蚀等都要求特殊工艺或工艺微调。

10.5.1　光刻胶的光散射现象

除了入射光线被反射离开晶圆表面，入射光线也会因发生漫反射而进入光刻胶引起图形清晰度不好。漫反射的程度与光刻胶的厚度成比例。光刻胶里的一些辐射吸收染色剂也会增加漫反射吸收量，因而降低分辨率。

10.5.2　光刻胶内部的光反射现象

高强度的辐射线理想状况下应该是 90° 角直射晶圆表面。在这种情况下，光波在光刻胶中垂直上下反射，留下良好的曝光图形（见图 10.21）。但实际情况是，一些曝光光波总是偏离 90° 角而使不应曝光的部分受到照射。

这种光刻胶里的反射率因晶圆表面材料和晶圆表面平坦度不同而变化。金属层，特别是铝和铝合金，具有很强的反射率。淀积工艺的一个目标就是均匀和平坦晶圆表面，以控制这种反射。

反射问题在表曲有很多台阶（也被称为各种形貌）的晶圆中尤为突出。这些台阶的侧面将入射光以一定角度反射入光刻胶里，引起图形分辨率退化。一个特别的问题就是台阶处发生光干涉现象从而引起阶梯处图形出现"凹口"（见图 10.22）。

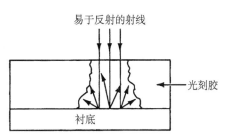

图 10.21　光刻胶里的光反射

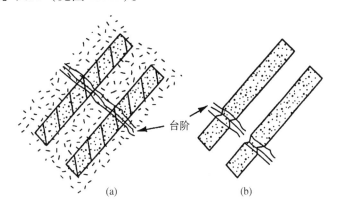

图 10.22　在图形台阶处金属线条的缺口。(a) 刻蚀前；(b) 刻蚀后

10.6　防反射涂层

防反射涂层（ARC）是在涂光刻胶之前在晶圆表面涂的一层物质，用来帮助光刻胶小图形成像（见图 10.23）。防反射涂层对成像过程有几点帮助：第一，平整晶圆表面，这样可以使光刻胶涂层更为平坦；第二，防反射涂层切断了从晶圆表面到光刻胶中散射的光线，这样有助于曝光更小尺寸的图形。防反射涂层还能将驻波效应降到最低并增强图形反差。后者得益于用合适的防反射涂层增加了曝光裕度。

防反射涂层涂在晶圆表面以后先要经过烘焙，接着涂光刻胶，对准和曝光。然后光刻胶和防反射涂层一起被显影。在刻蚀过程中,留在晶圆表面的防反射涂层和光刻胶一起作为刻蚀阻挡层。有效的防反射涂层材料应与光刻胶有相同范围的透光性,而且对晶圆表面和光刻胶都应具有很好的黏附性。另外还有两个要求,一个是防反射涂层的反射系数必须与光刻胶匹配,另一个是防反射涂层必须使用和光刻胶相同的显影液和去除液。

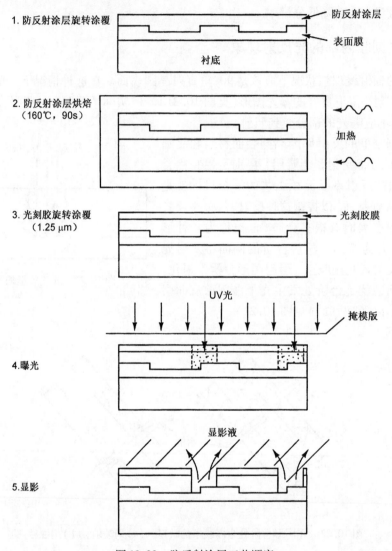

图 10.23　防反射涂层工艺顺序

　　使用防反射涂层也会带来一些负面影响,其中一个是需要增加额外的涂层工艺和烘焙工艺。用防反射涂层获得的分辨率增强,可能会使膜厚度和显影过程变得难控制。相对晶圆产出时间,曝光时间可能增加 30% ~ 50%。防反射涂层也可以在三层光刻胶工艺中作为中间层或涂在光刻胶的上面(上涂防反射层或 TAR)。

10.6.1　驻波

　　在 10.5.2 节已提到理想的曝光状态应该是辐射光波与晶圆表面成 90° 角直接照射。如果只考虑反射现象,上面这句话是对的。然而,垂直照射会引起另外一个问题,那就是驻波。

当光线从晶圆表面反射回光刻胶时，反射光线会与入射光线发生相长干涉或相消干涉现象，从而形成能量变化区（见图 10.24）。显影后，形成波纹侧墙和分辨率的损失。有许多办法可以改善驻波问题，包括在光刻胶中添加染色剂和分别将防反射涂层直接涂在晶圆表面。大多数正胶工艺都在光刻胶显影前加入曝光后烘焙（PEB）。烘焙的目的是减少驻波对图形侧墙的影响。

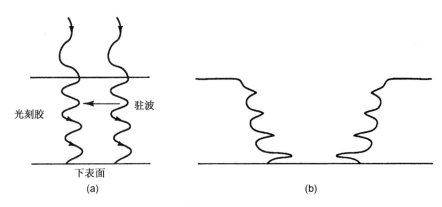

图 10.24 驻波效应：（a）曝光时；（b）显影后

10.6.2 平坦化

电路通过图形密度的增加和工艺层数的增加升级到了超大规模集成电路（VLSI）的水平。随着各种各样的工艺层被刻蚀成图形，晶圆表面变得高低不平。高低不平的平面各自具有不同的反射性质。在这样的表面条件下，使用简单的单层光刻胶工艺想达到亚微米图形的分辨率几乎是不可能的。一个问题就是景深问题。景深有限的镜头不能使高平面和低平面的图形同时得到很好的曝光。另一个问题是在台阶处由光反射造成的金属图形凹口（见图 10.25）。在表面形貌复杂的晶圆上，目前有许多平坦化技术被使用。这些技术包括多层光刻胶工艺、工艺层平坦化、回流技术及化学机械抛光。目前最受关注的是表面全局平坦化（CMP），通过它使用单层光刻胶便可以得到理想的图形。然而，已描述的多层光刻胶工艺在这个工艺转变的时期还是很有用的。

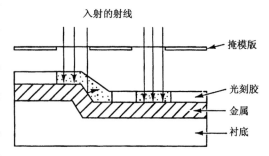

图 10.25 在图形台阶处的光反射

10.7 高级光刻胶工艺

在第 8 章和第 9 章里介绍的十步光刻工艺是基于单层光刻胶基础上的，同时假定单层光刻胶可以得到需要的图形，刻蚀不会产生针孔或其他缺陷。亚微米时代已经迫使单层光刻胶工艺不得不向多样化发展，而且这些发展往往和曝光机的发展交织在一起。

10.7.1　多层光刻胶或表面成像

目前有很多种多层光刻胶工艺。工艺的选择取决于光刻胶需要打开的图形尺寸和晶圆表面形貌。尽管多层光刻胶工艺增加了额外的工艺步骤,但在某些场合它是唯一能达到规定图形尺寸的方法。多层光刻胶工艺往往先在底部用较厚的光刻胶来填充凹处和平整晶圆表面。图形首先在被平坦化的顶层光刻胶层中形成。因为该表面是平坦的,用这种表面成像(surface imaging)方法可以得到很小尺寸的图形,避免了台阶图形的反射和景深(DoF)问题。

双层光刻胶工艺使用两层光刻胶,每一层的光刻胶具有不同的极性。此工艺适用于具有不同表面形貌的晶圆上小图形的成像。首先,在晶圆表面涂一层相对比较厚的光刻胶并烘焙至热流点(见图10.26)。典型的厚度为晶圆最大图形台阶的3~4倍,目的是形成平坦的顶层光刻胶表面。典型的多层光刻胶工艺将用于对深紫外线敏感的正性聚甲基丙烯酸甲酯(PMMA)。

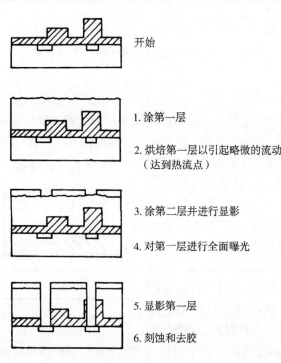

开始

1. 涂第一层

2. 烘焙第一层以引起略微的流动
　（达到热流点）

3. 涂第二层并进行显影

4. 对第一层进行全面曝光

5. 显影第一层

6. 刻蚀和去胶

图10.26　双层光刻胶工艺

接着,在第一层光刻胶的上面,再涂一层相对比较薄的对紫外线敏感的正胶。这一层薄顶层光刻胶避免了厚胶的不利因素和晶圆表面的反射光的影响,可以达到很高的分辨率。因为顶层光刻胶依底层光刻胶的形状变化而变化,所以顶层光刻胶也被称为共形层(conformal layer)或轻便的共形层(portable conformal layer)。顶层光刻胶作为辐射的阻挡层,下面一层不会感光。然后使用覆盖式或泛光深紫外曝光(无掩模版),通过顶层的孔使下面的厚正胶感光,从而将图形从顶层光刻胶转移到了下面一层。显影后,晶圆就可以刻蚀了。

对两种光刻胶的选择是相当复杂的,需要考虑衬底的反射问题、驻波的影响和PMMA光刻胶的敏感度[22]。还有,两种光刻胶必须有兼容的烘焙工艺和相互独立的显影液。

在基本的双层光刻胶工艺基础上,引申出了 PMMA 添加染色剂和在第一层光刻胶下面使用防反射层等工艺。许多引申出来的工艺都已非常成熟。使用双层光刻胶工艺需要用到的一种技术是剥离(lift-off)技术。通过调整下面一层的显影控制,可以得到悬垂结构,它可以帮助在晶圆表面更好地定义金属线(见图 10.27)。

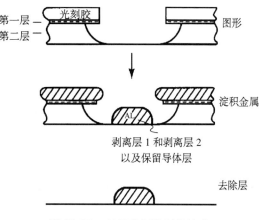

图 10.27 双层光刻胶剥离技术

三层光刻胶工艺(见图 10.28)在原来的两层光刻胶之间引进了一层"硬"层。这层"硬"层可能是二氧化硅或其他抗显影剂物质。与双层光刻胶工艺相同,图形是先在顶层光刻胶形成的;接着,图形通过传统的刻蚀工艺转移到中间"硬"层中;最后,使用"硬"层作为刻蚀掩模版,将图形转移到底层。由于使用了"硬"中间层,底层可以使用非光刻胶物质,比如聚酰亚胺。

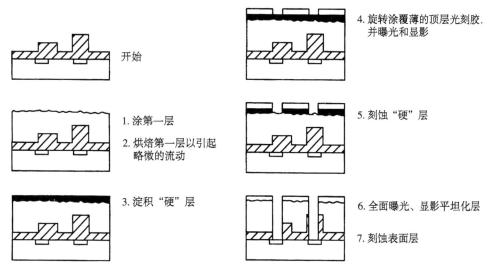

图 10.28 三层光刻胶工艺

10.7.2 硅烷化反应或 DESIRE 工艺

扩散加强硅烷化光刻胶(DESIRE)工艺是一种新颖的表面图形化工艺方法[23](见图 10.29)。与其他的多层光刻胶工艺类似,DESIRE 也是平整晶圆表面,在表层形成图形。DESIRE 工艺使用标准的紫外线曝光表面层。在这一工艺中,曝光只局限于顶层。然后,将晶圆放入反应腔(见 8.8.2 节)[21]中暴露于 HMDS,发生硅烷化反应(silylation process)。通过这一步,硅混入曝光区域。富硅区域变成了硬掩模,可以用各向异性 RIE 刻蚀使其下面的材料干法显影和去除(见第 9 章)。在刻蚀工艺中,硅烷化区域变成二氧化硅(SiO_2),形成了更坚固的刻蚀阻挡层。这种只在最上一层定义图形的技术称为上表面成像(Top Surface Image,TSI)。

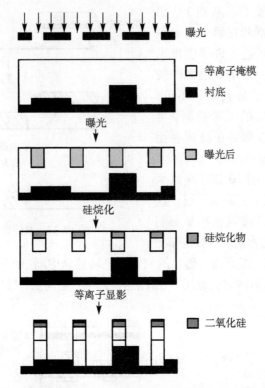

图 10.29　DESIRE 工艺(源自: *Solid State Technology*, June 1987)

10.7.3　聚酰亚胺平坦化层

聚酰亚胺在印制电路板生产中已经被使用了许多年。在半导体生产中主要是用它增强淀积形成的二氧化硅膜的绝缘效果,而且在晶圆上涂聚酰亚胺与涂光刻胶使用的设备相同[24]。

将聚酰亚胺涂在晶圆表面后,由于聚酰亚胺的流动会使晶圆表面变得更平坦,然后可以在聚酰亚胺上面覆盖其他硬薄层。聚酰亚胺可以像光刻胶一样与化学物质反应从而得到图形。聚酰亚胺用途最广的是被用于两层金属之间的绝缘层。由于聚酰亚胺的平坦性使得第二层金属层的图形定义变得更容易。

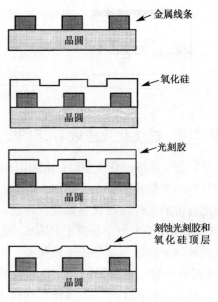

10.7.4　反刻平坦化

反刻被用于局部平整(见图 10.30)。金属线条形成后,在上面淀积一层厚的氧化物,并在氧化物上涂一层光刻胶。然后使用等离子体刻蚀。首先,较薄的光刻胶先被刻蚀掉,并开始刻蚀氧化物。接着,较厚的光刻胶也被刻蚀掉,而且一些氧化物也被刻掉。这样综合效果是局部表面得以平坦化。

图 10.30　反刻平坦化

10.7.5　双大马士革工艺

随着器件密度的增加，金属的层数也不得不随之增加。在各金属层之间使用导电介质连接，导电介质被称为连接柱（stud）或连接塞（plug）。钨是首选的金属材料，但对它的刻蚀比较复杂。另外，铜已经代替铝成为首选金属材料。然而，铜的工艺又引入了一大堆新的问题。一种是使用被称为双大马士革（dual damascene）的工艺代替传统的光刻和刻蚀工艺。它是一种类似于将金属嵌入层间介质的嵌入式工艺。在这种工艺中，在一种介质或其他物体表面开出凹槽，将金属涂布整个表面，也填充到凹槽中。去除表面溢出的金属后，一些保留在凹槽中，留下一个装饰图形。在半导体应用中，首先使用传统的光刻工艺刻出沟道，然后用所需的金属填充沟道，并用电镀法淀积铜。金属淀积溢出表面。用化学机械抛光（CMP）将溢出的金属去除，留下在沟槽内相互隔离的金属（见图 10.31）。第 13 章将详细讲述这一新的和重要图形的形成技术。

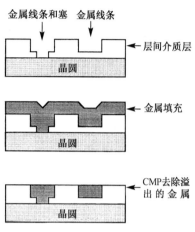

图 10.31　双大马士革（嵌入式）工艺

10.7.6　化学机械抛光

以上讲述的平坦化方法都是局部平坦化而不是晶圆整体表面平坦化（global planarization）。小尺寸图形由于光散射的影响还是很难做出来的。而且由于还存在表面台阶，就还存在台阶处金属覆盖不好的问题。化学机械抛光（CMP）不仅在晶圆制备阶段被采用（见第 3 章），而且在晶圆加工工艺过程中也用来做晶圆表面整体平坦化。

化学机械抛光之所以受欢迎是因为具有如下特点[25]：

- 可以达到晶圆表面整体平坦化；
- 研磨去除所有表面材料；
- 适用于多种材料的表面；
- 使高质量的大马士革工艺和铜金属层成为可能；
- 避免使用有毒气体；
- 是一种低成本工艺。

晶圆抛光和平坦化使用相同的基本工艺（见图 10.32）。然而，挑战非常不同。在晶圆抛光时，几微米的硅被去除。在平坦化工艺中，要求化学机械抛光去除材料的量在 1 μm 或更少。还有，这些金属工艺出现几种要被去除的材料。它们有不同的去除速率和高的均匀平坦化的期望。这些问题将在第 13 章讲述。

基本化学机械抛光工艺步骤：晶圆被固定在面朝下的磨头上，依次地，晶圆也面朝下固定在旋转机台上。旋转机台表面用一个抛光垫覆盖。带有小研磨颗粒的磨料浆（slurry）流到台面上。晶圆表面物质被磨料颗粒侵袭，并一点点磨去，再被磨料浆冲走。由于两个轨道的转动，以及磨料浆的共同作用使晶圆表面抛光。表面高处首先被抛光，接着是低的地方，这样就达到了平坦化的目的。这些是机械抛光作用。然而，只有机械抛光自身是无法满足半导体工艺对晶圆的要求的,因为晶圆表面受到了过多的机械损伤。通过对磨料浆的选取,可以减少这种损伤,因为磨料浆中的化学物质可以溶解或刻蚀一些表面物质。化学侵蚀一般是通过氧化作用将表面腐蚀掉的。与之相似的是熨斗的生锈机理,它就是一种化学侵蚀。当熨斗接触氧气时,它的表面会长上一层锈。然而正是这层锈将熨斗表面与水中或空气中的氧气隔离开,从而减缓了进一步生锈的过程,这就是化学与机械共同作用的结果。磨粉磨去腐蚀层而露出新鲜表面,新鲜表面与化学物质反应生成新的腐蚀层,这样不断反复。在化学机械抛光之后,有一步被称为化学机械抛光后清洗(post-CMP cleaning)的工艺以保证晶圆的洁净。

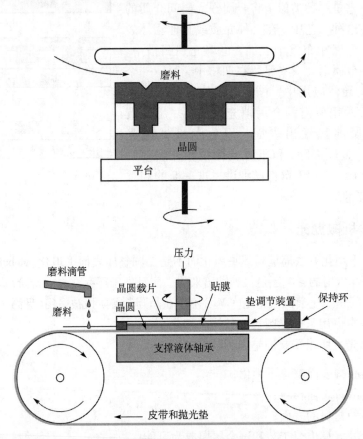

图 10.32　化学机械抛光和平坦化

　　线性化学机械抛光系统还在使用。在这种配置中,晶圆载片头是相对运动的皮带转,而不是转盘。线性系统的一个主要优点是在晶圆下磨料浆运动速度增加。

　　衡量化学机械抛光处理的几项主要指标是:

- 表面平整度;
- 表面机械条件;
- 表面化学性质;
- 表面洁净度;
- 生产率;
- 成本(见第 15 章)。

10.7.7　化学机械抛光抛光垫

抛光垫由铸形用聚亚胺酯(polyurethane)泡沫材料和填料、聚亚胺酯填充垫或其他一些特殊材料制成。抛光垫最重要的特性是具有多孔性、压缩性和硬度[26]。多孔性一般用相对密度来衡量,具有控制抛光垫的微孔输送磨料浆能力和孔壁去除物质的能力。压缩性和硬度是衡量抛光垫适应晶圆不规则初始表面的能力。一般来说,抛光垫越硬,整体平整度越好。软的抛光垫会同时接触晶圆高地和低地,从而可能引起不平整的抛光。还有一种可变形抛光头,它可以更贴近晶圆的初始表面[27]。

10.7.8　磨料浆

由于双重作用的结果,磨料浆的化学成分很复杂也很关键。从机械角度来讲,磨料浆携带磨粉。细小的硅石(二氧化硅)用来研磨氧化层。氧化铝(Al_2O_3)是金属的标准磨料浆。在多层金属设计中往往使用多种金属(见第 13 章),这就要求半导体工业去寻找更普遍适用的磨粉。磨粉的直径在 10~300 nm 之间[28]。颗粒越大,晶圆表面机械损伤就越大。

从化学角度来讲,对于硅和二氧化硅,刻蚀剂一般为氢氧化钾或氢氧化铵(低 pH 的碱性溶液)。对于金属,比如铜,反应往往是从磨料浆中的水对铜的氧化开始的。反应式为

$$2Cu + H_2O \text{—} Cu_2 + 2H^+ + O^{2-}$$

氧化后,碱性材料以化学方式将膜减薄,通过机械作用将其去除。

生产中的磨料浆有多种添加剂。它们各有各的作用。通过平衡磨料浆的 pH,进而控制磨粉的电荷积存[29],可以减少机械化学研磨的残留物。碱性硅石磨粉浆的 pH 高而硅石磨粉浆的 pH 低(通常低于7)。其他的一些添加剂为表面活性剂,用来形成希望的流动方式和作为螯合剂。螯合剂与金属颗粒发生作用以减少它们回落附着在晶圆表面上。

平坦化抛光的一些其他关键参数是磨料浆的 pH(酸碱度),在晶圆/抛光垫界面流体动力学参数和磨料浆在不同材料的表面或其下层的刻蚀选择比。

10.7.9　抛光速度

生产中考虑的首要参数是抛光速度,影响抛光速度的因素有很多。上面描述的抛光垫的参数、磨料浆的种类和磨粉尺寸、磨料浆的化学成分,这些都是主要的因素。还有抛光垫压力、旋转速度;磨料浆的流速、磨料浆的黏度;抛光反应室的温度、湿度、晶圆直径、图形尺寸等,表面材料也是影响的因素。必须平衡以上所有因素以达到高的抛光速度且不使工艺失控。

10.7.10　平整性

晶圆表面整体平整性,这是化学机械抛光的目标,但随着多层金属设计的采用,这一目标变得不易达到。铜是一个特例,通过它可以看到一些化学机械抛光存在的基本问题。铜被淀积在大马士革图形化工艺中的沟槽内(见图 10.33),导致中间密度低。在化学机械抛光过程中,中间研磨更快,从而导致"盘形"出现。而且,在图形密集区域,铜淀积密度也不同,引起各图形研磨速度不一致。

钨塞对于化学机械抛光来说也是个挑战(见图 10.34)。在初始化学机械抛光过程中,钨表面中心会凹进去而比周围的氧化层低。需要氧化层缓冲来进一步平坦化表面[30]。

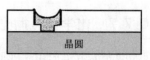

图 10.33　铜沟槽的"盘形"

在一些铜金属化设计中,钽被用来作为沟道中的阻挡层,阻挡铜扩散进入硅中。然而,钽的研磨远远慢于铜(在以铜为研磨目标的磨料浆中),使得铜的研磨时间大大增加,而且更加使中间凹陷[31]。

图形形状尺寸的不同也会导致去除速度的不同。更大面积的区域去除更快,而在晶圆表面留下凹陷的低地。

还有,挑战来自金属的硬度(硬度不同,其抛光速率不同)和较软聚合物材料的层间介质(IDL)。尽管仍然存在各种挑战,晶圆表面的平整度不得不控制在 150 nm 以下。

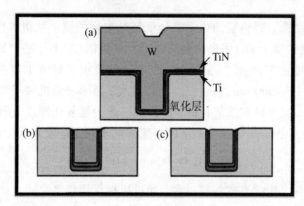

图 10.34　钨塞形成。(a)淀积 W;(b)化学机械抛光去除;(c)氧化层去除(源自 1998 年
4 月 *Solid State Technology*, Copyright 1998 by PennWell Publishing Company)

10.7.11　化学机械抛光后的清洁

本书自始至终都在强调晶圆表面清洁的重要性。化学机械抛光后的清洁恰恰体现了这一重要性。清洁面临一些特殊的挑战。化学机械抛光是唯一有意在工艺过程中引入称为磨粉的微粒。它们一般可以用机械刷拂去或用高压水柱冲去。化学清洁一般采用与其他 FEOL 清洗相同的技术。

精心挑选磨料浆的表面活性剂,调节 pH 可以在磨料浆微粒和晶圆表面之间产生电的排斥作用。这一技术可以降低污染,特别是静电吸附晶圆表面的污染物。

铜污染要特别留意,因为一旦铜进入硅中,会改变或降低电路元件的电性能。铜残留应减少到 4×10^{13} 原子/cm² 范围[32]。

10.7.12　化学机械抛光设备

如果想成功地完成化学机械抛光工艺就需要有成熟的系统设备(见图 10.35)。生产用的设备包括晶圆传递机械手、在线测量和洁净度监测装置。各种终点探测系统被用来监控某一种金属磨尽了或达到指定的研磨厚度的信号。化学机械抛光后清洁单元包括在主机室内或通过传递机械手与主机室连接,目标是实现"干进,干出"工艺。

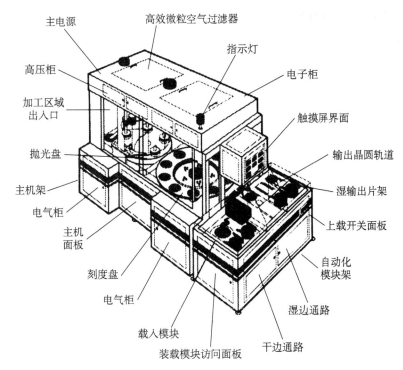

主电源
高效微粒空气过滤器
指示灯
高压柜
电子柜
加工区域
出入口
触摸屏界面
抛光盘
输出晶圆轨道
主机架
湿输出片架
电气柜
上载开关面板
主机
面板
自动化
模块架
刻度盘
湿边通路
电气柜
干边通路
载入模块
装载模块访问面板

图 10.35　化学机械抛光系统（源自：SpeedFam CMP-V System, *Semiconductor International*, May 1993）

10.7.13　化学机械抛光小结

化学机械抛光是一步关键的平坦化工艺，它需要平衡高度集成化和许多工艺参数。主要参数是：研磨垫的构成、研磨垫的压力、研磨垫旋转速度、机台旋转速度、磨料浆的流速、磨料浆的化学成分、磨料浆的材料选择。加之对光刻工艺平整度的改善，化学机械抛光使双大马士革图形化和铜金属化工艺得以实现。这一应用将在第 13 章进一步探讨[33]。

10.7.14　回流

一些器件设计使用一层或多层硬平整化涂层。通常淀积具有 4% ~5% 硼掺杂的二氧化硅，称为硼硅玻璃（BSG）。由于硼的存在使二氧化硅在相对低的温度（小于 500℃）下液化流动，形成平坦的表面。

另一种硬平坦化层为旋转涂覆玻璃层（SOG）。玻璃层为二氧化硅和一种易挥发溶剂的混合体，旋转涂覆在晶圆表面后，烘焙玻璃膜，留下平坦的二氧化硅膜。旋转时玻璃是易碎的，有时在其中添加 1% ~10% 的碳来增加抗裂性。

10.7.15　图形反转

在曝光小尺寸图形时，我们倾向于使用正胶，这一点在前面已经讨论过了。其中一个原因就是正胶适于使用暗场掩模版做孔洞。暗场掩模版大部分被铬覆盖，因为铬不会像玻璃一样易损，所以缺陷比较少。然而，一些掩模版用来曝光岛区，而不是孔洞，比如金属层掩模版上是岛区图形。遗憾的是，用正胶做岛区的光刻需要使用亮场掩模版，而它的玻璃容易损伤。

一种使用正胶和暗场掩模版做出岛区的工艺是图形反转。它采用了传统的暗场掩模版成像方法(见图 10.36),在曝光结束后,光刻胶里的图形与想要得到的图形是相反的,也就是说,如果接着显影的话,会得到孔洞而不是岛区。

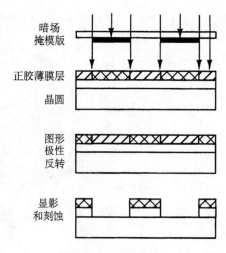

图 10.36　图形反转

图形反转工艺的主要步骤为将涂胶的晶圆放置在有氨蒸气的真空烘箱中。氨蒸气穿透光刻胶,改变其极性。将晶圆从真空烘箱中取出,再进行泛光曝光,从而完成整个图形反转工艺。氨气烘焙和泛光曝光的效果是改变曝光区域和非曝光区域的相对分解率,在接下来的显影步骤便可以实现图形反转了。这一工艺可以实现与非图形反转工艺同样的分辨率。

10.7.16　反差增强层

光学投影系统的分辨率由于镜头和光线波长的限制,已经接近极限。正是这两个极限因素的存在,使得光刻胶的反差阈值(contrast threshold)也变得很重要,由于使用紫外线或深紫外线的能量大和曝光时间短,曝光波的能量强度有变化,使得光刻胶中的图形变得模糊。

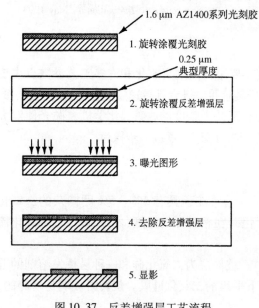

图 10.37　反差增强层工艺流程

一种方法可以降低阈值,即反差增强层(CEL),就是在光刻胶上面涂一层,该层最初对曝光辐射是不透明的(见图 10.37)。

在曝光循环中,反差增强层变白(透明的),从而允许光线通过它进入下面的光刻胶。反差增强层在变成透明物质前,首先对高强度光线响应,实际上在变成透明物质前,等于保存了低强度光线。结果就是光刻胶接受均匀的高强度能量照射,使得分辨率提高。可以将反差增强层想象成双层光刻胶系统中的上层光刻胶,在这上面薄层中形成图形。

反差增强层在显影前被一种喷涂化学试剂除去,然后对晶圆进行常规的显影。具有 1.0 μm 分辨能力的正胶通过反差增强层可以做出 0.5 μm 的图形。

10.7.17　染色光刻胶

在光刻胶生产过程中可以加入各种各样的染色剂。一种染色剂在曝光时可以具有一种或几种作用。一种作用可能是吸收辐射光线,借此可以削弱反射光的影响,将驻波效应减到最小。另一种作用可以改变显影时光刻胶聚合物的分解率。这一作用可以产生清晰的显影线条(增大反差)[35]。染色剂的一个重要作用是消除淀积材料穿过表面台阶细线条处产生的凹口。对光刻胶添加染色剂会增加 5%～50% 的曝光时间[36]。

10.8　改进刻蚀工艺

在光刻胶中形成正确的图形是非常关键的一步，但对于晶圆上的图形定义，只有这一步是不够的。我们还需精确地控制刻蚀工艺。目前有几种技术可以帮助刻蚀图形定义。

10.8.1　剥离工艺

在表面层中的图形尺寸最终是由曝光和刻蚀工艺共同决定的。在工艺中，有钻蚀（光刻胶支撑）的地方是个问题，例如铝刻蚀，尺寸变化的刻蚀成分可能是决定性的因素。

一种可以消除刻蚀变差的方法称为剥离工艺（见图 10.38）。在这一工艺中，晶圆经过显影过程，在需要淀积图形的地方留下孔隙。通过调整曝光工艺和显影工艺，使孔隙侧壁产生负斜面。

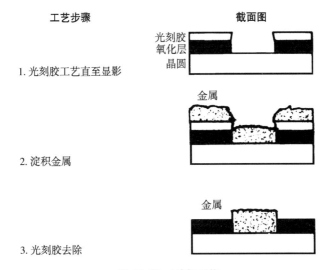

图 10.38　剥离工艺

接着，在晶圆表面进行淀积，淀积物覆盖整个晶圆表面并进入孔隙中。然后，将晶圆表面光刻胶去除，光刻胶会连带将覆盖其上的淀积物一并去除，这样就只留下了孔隙中的淀积物，即所需的图形。通常去除步骤会伴随超声波激励，这样有助于在光刻胶边缘的淀积膜形成清晰的断裂界线。光刻胶和淀积膜去除后，在晶圆表面留下了希望的图形。

10.9　自对准结构

过刻蚀会使两个结构的距离比预想的近。而工艺制程中，不可避免地存在过刻蚀，所以各个结构的对准变得至关重要。一种解决办法就是自对准结构（self-aligned structure），比如 MOS 器件的栅极（见第 16 章）。定义栅极的同时也定义了源极或漏极（见图 10.39）。打开源、漏区域是简单的刻蚀去除氧化物的过程，源或漏区域薄的氧化层保证了栅极上的氧化层不会被刻蚀光。接下来的离子注入将离子注入在栅极附近源区或漏区。使用不同的氧化层厚度和浸没式刻蚀的这种基本技术可以定义或刻蚀其他结构。该设计使用栅极作为注入阻挡层。

栅

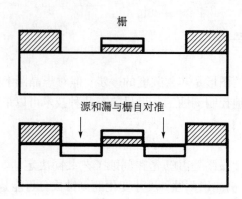

源和漏与栅自对准

图 10.39　自对准硅栅极(SAG)结构

10.10　刻蚀轮廓控制

在第 9 章中,各向异性刻蚀的概念用来说明形成竖直(或接近竖直)刻蚀侧墙的一种方法。当刻蚀层实际上是多层不同材料叠在一起时,该问题变得更复杂[见图 10.40(a)]。使用选择比比较差的刻蚀剂会形成宽度不同的层面[见图 10.40(b)]。多层刻蚀轮廓控制必须综合考虑刻蚀剂化学成分、功率水平、系统压力和设计。

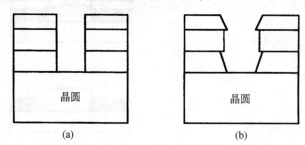

晶圆　　　　　　晶圆

(a)　　　　　　　(b)

图 10.40　表面多层"堆叠"。(a)各向异性刻蚀;(b)各向同性刻蚀

习题

学习完本章后,你应该能够:

1. 描述 4 种与曝光有关的效应,这 4 种效应都会引起光刻图形畸变。
2. 描绘双层光刻胶工艺的截面流程图。
3. 描绘双大马士革制程工艺的截面流程图。
4. 列举两种平坦化技术。
5. 说出图形反转工艺的优点。
6. 描述抗反射涂层、反差增强涂层和光刻胶染色剂是怎样改进分辨率的。
7. 识别光刻掩模版的薄膜部分并讲出它对光刻工艺的贡献。

参考文献

［1］ Mack, C., "Lithography, Forecast 1993, Fitting the Pieces Together," *Semiconductor International*, Cahners Publishing, Jan. 1993:31.

［2］ McCallum, M., Canning, J., and Shelden, G., "Lithography Trends," *Future Fab International* 9:145.

［3］ Staff, "Speeding the Transition to 0.018 mm," *Semiconductor International*, Jan. 1998:66.

［4］ Executive Summary, SCALPEL Process, http://www. lucent. com, May 2013.

［5］ Ghandhi, S. K., *VLSI Fabrication Principles*, 1994, John Wiley & Sons, Inc., New York, NY:687.

［6］ Zhang, Y., "Potential of KrF Scanning Lithography," *Future Fab International* 9:14.

［7］ Benschop, J., *EUV: Questions and Answers*, ASML Press, 2012, Oct. 15.

［8］ Elliott, D. J., *Integrated Circuit Fabrication Technology*, 1976, McGraw-Hill, New York, NY:82.

［9］ Zhang, Y., "Potential of KrF Scanning Lithography," *Future Fab International* 9:14.

［10］ Ghandhi, S. K., *VLSI Fabrication Principles*, 1994, John Wiley & Sons, Inc., New York, NY:693.

［11］ Ultratech Stepper Inc., "Variable Numerical Aperture Large-Field Unit-Magnification Projection System," EP 1579259 A2, Sep. 28, 2005.

［12］ Nikon, *Immersion Lithography Technology Paper*, www. nikonprecision. com, April 2013.

［13］ Levenson, M. D., "Extending Optical Lithography to the Gigabit Era," *Microlithography World*, Autumn 1994:5.

［14］ Peters, L., "Reading Resists for the 90-nm Node," *Semiconductor International*, Feb. 2002:63.

［15］ Hand, A., "Intrinsic Birefringence Won't Halt 157-nm Lithography," *Semiconductor International*:42.

［16］ Reynolds, J., "Maskmaking Tour Video Course," Semiconductor Services, Redwood City, CA, Aug. 1991, Segment 10.

［17］ Spence, C., *Optical Proximity Photomask Manufacturing Issues*, OCG Microlithography Seminar Proceedings, 1984:255.

［18］ Ixcoff, R., "Pellicles 1985; An Update," *Semiconductor International*, Apr. 1985:111.

［19］ Micropel Division, *Micropel Product Data Sheet*, EKC Technology, Hayward, CA, 1988.

［20］ Ling, C. H., and Liauw, K. L., "Improved DUV Multilayer Resist Process," *Semiconductor International*, Nov. 1984:102.

［21］ Nishi, D., *Handbook of Semiconductor Manufacturing Technology*, 2nd ed., 2006, CRC Press, New York, NY:20-47.

［22］ Hand, A., "Intrinsic Birefringence Won't Halt 157-nm Lithography," *Semiconductor International*:42.

［23］ Moffatt, B., "Private Conversation," *Yield Engineering Systems*, Livermore, CA, Jan. 17, 2013.

［24］ Steigerwald, J., Muraka, S., and Gutmann, R., *Chemical Mechanical Planarization of Microelectronic Materials*, John Wiley & Sons, Inc., Hoboken, NJ, 1997:4.

［25］ Peterson, M., Small, R., Shaw, G., et al., "Investigation CMP and Post-CMP Cleaning Issues for Dual-Damascene Copper Technology," *Micro*, Jan. 1999:31.

［26］ Ibid.

［27］ Skidmore, K., "Techniques for Planarizing Device Topography," *Semiconductor International*, Apr. 1988:116.

［28］ Ibid.

[29] Jackson, R., Broadbent, E., Cacouris, T., et al., "Processing and Integration of Copper Interconnects, *Solid State Technology*, Mar. 1998:49.

[30] Ibid.

[31] Ibid.

[32] Iscoff, R., "CMP Takes a Global View," *Semiconductor International*, Cahners Publishing, May 1994:74.

[33] Steigerwald, J., Muraka, S., and Gutmann, R., *Chemical Mechanical Planarization of Microelectronic Materials*, John Wiley & Sons, Inc., Hoboken, NJ, 1997:4.

[34] Housley, J., Williams, R., and Horiuchi, I., "Dyes in Photoresists: Today's View," *Semiconductor International*, Apr. 1988:142.

[35] Elliott, D. J., *Integrated Circuit Fabrication Technology*, 1976, McGraw-Hill, New York, NY:168.

第11章 掺 杂

11.1 引言

半导体材料的独特性质之一是它们的导电性和导电类型（N型或P型）能够通过在材料中掺入专门的杂质而被产生和控制。这个概念在第2章和第3章中已被探讨。一个具有或者N型（负的）或者P型（正的）导电性的晶圆开始进入晶圆制造厂。贯穿制造工艺，各种晶体管、二极管、电阻器和电导的结构在晶圆内和表面上形成。本章描述在晶圆内和表面上特别的"小块"导电区和PN结的形成，并介绍扩散和离子注入两种掺杂技术的原理和工艺。

使晶体管和二极管工作的结构就是PN结。结（junction）就是富含电子的区域（N型区）与富含空穴的区域（P型区）的分界处。结的具体位置就是电子浓度与空穴浓度相同的地方。这个概念在11.3节中解释。

通过引入专门的掺杂物（掺杂），采用离子注入（ion plantation）或热扩散（thermal diffusion）工艺，在晶圆表面形成结。采用热扩散时，掺杂材料被引入晶圆顶层暴露的表面，典型的是通过顶层二氧化硅的孔洞。通过加热，它们散布到晶圆的内部。散布的量和深度由一套规则控制，说明如下。这些规则源自一套化学规则，无论何时晶圆被加热到一个阈值温度，这套规则将控制掺杂剂在晶圆中的任何运动。在离子注入中掺杂剂材料被射入晶圆表面，进来的大部分掺杂剂原子静止于表面以下。此外，注入的原子也按扩散规则运动（见图11.1）。对于掺杂，离子注入已经取代了较老的热扩散工艺。并且离子注入还在当今的小型和多种结构器件方面起作用。因此，本章以讨论半导体的结开始，进而到扩散技术和规则，以描述离子注入工艺结尾。

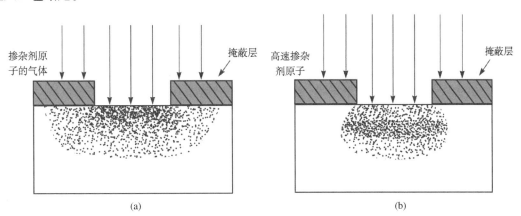

掺杂剂原子的气体　　掩蔽层　　高速掺杂剂原子　　掩蔽层

(a)　　　　　　　　　　(b)

图11.1　（a）来自扩散的掺杂剂浓度；（b）来自离子注入的掺杂剂浓度

11.2 扩散的概念

扩散掺杂工艺的开发是半导体生产的一个重要进步。扩散是一种材料通过另一种材料的运动,是一种自然的化学过程,在日常生活中有很多例子。扩散的发生需要两个必要的条件。第一,一种材料的浓度必须高于另外一种材料的浓度。第二,系统内部必须有足够的能量使高浓度的材料进入或通过另一种材料。气相扩散的一个例子就是常见的充压喷雾罐(见图11.2),比如房间除臭剂。按下喷嘴时,带有压力的物质离开罐子进入到附近的空气中。此后,扩散过程使得气体移动分布到整个房间。这种移动在喷嘴被按开时开始,并且在喷嘴关闭后还会继续。只要前面的喷雾引入的浓度高于空气中的浓度,这种扩散过程就会一直继续。随着物质远离喷雾罐,物质的浓度会逐渐降低。这是扩散过程的一个特性。扩散会一直继续,直到整个房间的浓度均一为止。

一滴墨水滴入一杯水中时,展现的就是液态扩散的另一个例子。墨水的浓度高于周边水的浓度,于是立即向杯中的水扩散。扩散过程会一直继续,直到整杯水有相同的颜色为止。这个例子还可以用来说明能量对扩散过程的影响。如果杯中的水被加热(给予水更多的能量),墨水会更快地散布在杯中。

当掺杂的晶圆暴露接触面比晶圆内杂质原子浓度更高时,会发生相同的扩散现象。这被称为固态(solid-state)扩散。这些规则支配了一种掺杂物每次穿过主晶圆的运动,晶圆穿过一个温度高到足以引

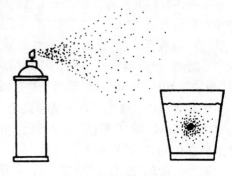

图11.2　扩散的例子

起杂质运动的高温过程,例如在离子注入后的退火工艺过程。或者,杂质一进入晶圆,就将保持运动。必须考虑这些运动和制造工艺的设计规则经常要被杂质的总的热预算(total thermal budget)来表征。

11.3　扩散形成的掺杂区和结

扩散工艺掺杂后的晶圆中杂质的检查,显示了掺杂区和结的形成。初始时的情况显示在图11.3中。显示的晶圆来自P型晶体。图中的"＋"号代表单晶生长过程中引进的P型杂质。它们均匀地分布在整片晶圆中。

晶圆经过热氧化及图形化工艺后,氧化层上面会留出孔洞。在扩散炉管里,晶圆在高温条件下暴露于一定浓度的N型杂质中(见图11.4中的"－"号)。N型杂质透过氧化层上的孔洞扩散到晶圆内部。

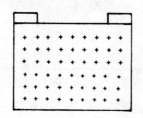

图11.3　准备扩散的P型晶圆

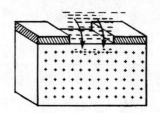

图11.4　扩散工艺的开始

对晶圆不同深度处发生的变化的检查结果说明了掺杂在晶圆内部引起的变化。扩散炉管中的条件设置使得扩散到晶圆内部的N型杂质原子数量高于第一层中P型原子的数量。在

此演示中，N 型原子比 P 型原子多 7 个，从而使其从 P 型转换为 N 型导电层。

扩散过程随着 N 型原子从第一层向第二层的扩散而继续（见图 11.5）。同样，第二层中 N 型杂质的数量高于 P 型，使第二层转变为 N 型。图 11.6 中显示的是每一层中 N 型原子与 P 型原子的计数。这个过程会继续到晶圆更深处。

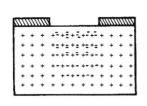

图 11.5 扩散后的晶圆截面图

层	N 型原子的个数 (-)	P 型原子的个数 (+)	净掺杂 (N－P)	层
1	12	5	7	N
2	10	5	5	N
3	8	5	3	N
4	5	5	0	结
5	3	5	－1	P
6	0	5	－5	P

图 11.6 杂质原子数量与层导电类型

11.3.1 NP 结（NP Junction）

在第 4 层中，N 型原子与 P 型原子的数量恰好完全相同。这一层就是 NP 结的所在。NP 结的定义是指 N 型与 P 型杂质原子数量相同的地方。注意在结下方的第 5 层，只有 3 个 N 型原子，不足以将该层改变为 N 型。

NP 结的定义指出，在掺杂区中，N 型原子的浓度较高。PN 结意味着掺杂区域中 P 型杂质的浓度较高。

电流通过半导体结的特征行为造成单个半导体器件的特殊性能表现，这是第 14 章的讨论内容。本章的重点放在晶圆掺杂区的形成与特征上。

11.3.2 掺杂工艺的目的

扩散工艺（热扩散或离子注入）的目的有如下 3 个：

1. 在晶圆表面产生具体掺杂原子的数量（浓度）。
2. 在晶圆表面下的特定位置处形成 NP 结或 PN 结。
3. 在晶圆表面层形成特定的掺杂原子浓度和分布。

11.3.3 结的图形表示

在半导体器件的截面图中（见图 11.5），NP 结被简单地表示为器件内部的区域，没有图形代表 N 型或 P 型区域。截面图仅显示掺杂区域和结的相对位置。这种类型的图基本不提供掺杂原子浓度的信息而仅仅估计区域的实际尺寸。最初 20 mm 直径的晶圆上只有 2 μm 深的结，而现在，当晶圆的直径按比例变为 8 英寸时，结深仅变为 0.4 μm。

11.3.4 浓度随深度变化的曲线

另一种显示掺杂区域的二维图形是浓度随深度变化的曲线。这种图形的纵坐标为杂质的浓度，横坐标为距晶圆表面的深度。图 11.7 给出了这种图形的一个例子。这个图例中所用的数据来自图 11.6 所示的掺杂示例。首先，画出了 P 型掺杂的浓度。示例中，纵深方向的 5 个层中刚好有 5 个 P 型杂质原子 [见图 11.7（b）]。其次，也显示了 N 型杂质的原子数。由于原子数随着深度的增加而减少，所画线段向右下方倾斜。在第 4 层，N 型与 P 型杂质数量相当，两线交合。这是图形方式显示结的位置。

对于实际的工艺而言,外来掺杂的浓度随深度的纵剖面图不是一条直线。它们是曲线,曲线的形状是由掺杂技术的物理特性决定的。曲线的实际形状在淀积和推进的章节中介绍。

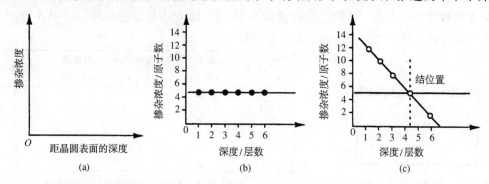

图 11.7　浓度随深度的变化曲线。(a)轴;(b)P 型掺杂;(c)N 型与 P 型掺杂

11.3.5　横向扩散

图 11.5 中的扩散掺杂工艺表明外来杂质原子竖直进入晶圆。实际上,杂质原子朝各个方向运动。精确的截面图(见图 11.8)会显示一部分原子进行了横向运动,在氧化隔离层下面形成了结。这种运动称为横向(lateral)或侧向(side)扩散。横向或侧向扩散量约为纵向扩散结深的85%。不论扩散还是离子注入,都会发生横向扩散现象。横向扩散对电路密度的影响在 11.7 节进行讨论。

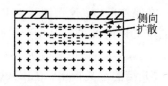

图 11.8　侧向扩散的 N 型杂质

11.3.6　同型掺杂

一些器件需要同型的掺杂,所掺杂质与原有杂质类型相同。换言之,在 N 型晶圆中掺入 N 型杂质或在 P 型晶圆中掺入 P 型杂质。此种情况下,加入的杂质原子仅仅在限定区域中提高了杂质原子的浓度,不会形成结。

11.4　扩散工艺的步骤

在半导体晶圆中应用固态热扩散工艺(solid-state thermal diffusion)形成结需要两步。第一步称为淀积(deposition),第二步称为推进氧化(drive-in-oxidation)。两步都是在水平式或垂直式炉管中进行的。所用设备与第 7 章中所描述的氧化设备相同。

扩散步骤	目的
1.淀积	将掺杂剂引入晶圆表面
2.推进氧化	将掺杂剂推进(散布)到期望的深度

11.5　淀积

淀积(也称为 predeposition,dep 或 predep)在炉管中进行,晶圆位于炉管的恒温区中。掺杂源位于杂质源箱中,它们的蒸气以所需的浓度被送到炉管中(见图 11.9)。使用的掺杂剂有液态源、气态源和固态源。

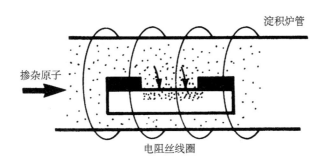

图 11.9　淀积

在炉管中，杂质原子扩散到裸露的晶圆中。在晶圆内部，掺杂原子以两种不同的机制运动：空位模式和间隙模式。在空位模式中［见图 11.10(a)］，掺杂原子通过占据晶格空位来运动，称为填空杂质(vacancy)。第二种模式(间隙模式)［见图 11.10(b)］依赖于杂质的间隙运动[1]。在这种模式中，掺杂原子在晶格间(即间隙位置)运动。

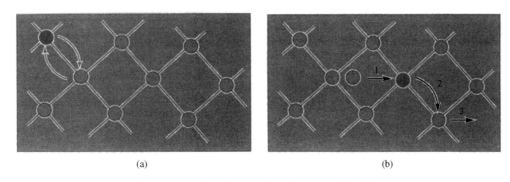

(a)　　　　　　　　　　　　　　(b)

图 11.10　扩散模式。(a)空位模式；(b)间隙模式

淀积工艺受几个因素控制或约束。一个因素是特定杂质的扩散率(diffusivity)。扩散率计量的是杂质在特定晶圆材料中的运动速率。扩散率越高，杂质在晶圆中的穿越越快。扩散率随温度的上升而变高。

另外一个因素是杂质在晶圆材料中的最大固溶度(maximum solid solubility)。最大固溶度是特定杂质在晶圆中所能达到的最大浓度。相似的例子是咖啡中糖的最大溶解度。咖啡只能溶解一定量的糖，而后便会在杯底凝结为固态糖。最大固溶度随温度的升高而升高。

在半导体淀积步骤中，将杂质浓度故意设置得比晶圆材料中的最大固溶度更高。这种情形下，确保晶圆可接受最大掺杂量。

进入晶圆表面的杂质数量仅仅与温度有关，淀积在所谓的固溶度允许条件下进行。硅中不同杂质的固溶度如图 11.11 所示。

晶圆中不同层面杂质原子浓度是影响二极管和晶体管性能的重要因素。图 11.12 显示了淀积后杂质浓度随深度变化的关系曲线。曲线的形状是特定的，这就是数学中所称的误差函数(error function)。影响器件性能的一个重要参数就是晶圆表面的杂质浓度。这被称为表面浓度(surface concentration)，是误差函数曲线与纵轴相交处的值。另外一个淀积参数就是扩散到晶圆内部的全部杂质原子数量。这个数量随淀积的时间而增加。计算上，原子的数量(Q)由误差函数曲线下方的面积所代表。

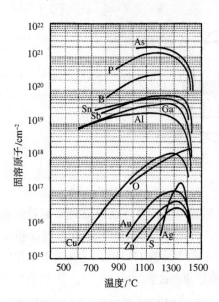

图 11.11　硅中杂质的固溶度

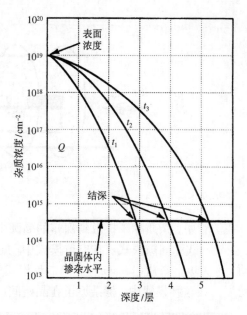

图 11.12　三种不同淀积时间的典型
淀积杂质分布(误差函数)图

扩散源

淀积依赖于待掺杂物质蒸气原子在炉管中的浓度。蒸气产生于炉管设备上的杂质源箱内的杂质源,由携带气体带入炉管中。杂质源为液态、固态或气态。多种元素有超过一种形态的杂质源可以使用(见图 11.13)[2]。

类型	元素	化合物名称	分子式	状态	反应*
N	锑	氧化锑	Sb_2O_3	固态	
	砷	三氧化二砷	As_2O_3	固态	$2AsH_3 + 3O_2 \rightarrow As_2O_3 + 3H_2O$
		三氢化砷	AsH_3	气态	
	磷	三氯氧磷	$POCl_3$	液态	$4POCl_3 + 3O_2 \rightarrow 2P_2O_5 + 6Cl_2$
		五氧化二磷	P_2O_5	固态	$2PH_3 + 4O_2 \rightarrow P_2O_5 + 3H_2O$
		磷化氢	PH_3	气态	
P	硼	溴化硼	BBr_3	液态	$4BBr_3 + 3O_2 \rightarrow 2B_2O_3 + 6Br_2$
		三氧化二硼	B_2O_3	固态	$B_2H_6 + 3O_2 \rightarrow B_2O_3 + 3H_2O$
		六氢化二硼	B_2H_6	气态	
		三氯化硼	BCl_3	气态	$2BCl_3 + 3H_2 \rightarrow 2B + 6HCl$
		氮化硼	BN	固态	
	金	金	Au	固态(蒸发)	
	铁		Fe		
	铜		Cu		
	锂		Li	沾污带来的	
	锌		Zn	不期望的杂质	
	锰		Mn		
	镍		Ni		
	钠		Na		

*注:这里仅列出选择性扩散反应。

图 11.13　淀积源表

液态源由一种惰性携带气体从长颈石英瓶(起泡器)被计量导入淀积炉管(见图 11.14)。

气态掺杂剂穿过一个支管通过压力罐被计量导入淀积炉管（见图11.15）。

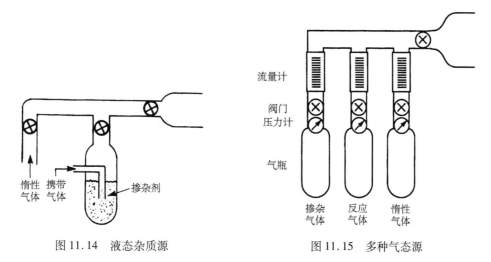

图 11.14 液态杂质源

图 11.15 多种气态源

通用的另一种固态源是平面源"晶圆"。它们是与晶圆一样大小的一个块。硼块是含硼和氮的化合物（BN），也有可用做砷和磷掺杂的杂质块。

杂质块堆放于淀积舟上，每两片器件晶圆放一片杂质块。这种排列方式被称为近邻固态源（solid neighbor source）。在炉管中，杂质从杂质块中扩散出，通过很短的距离到达并扩散到晶圆表面内部。

第三种固态源是直接旋转涂覆在晶圆表面的。源是粉末状氧化物（同远程源相同）与溶剂的混合物。留在晶圆表面的就是一层掺杂的氧化物。淀积炉管的热使杂质从氧化物中扩散到晶圆内部。

11.6 推进氧化

扩散工艺的第二个主要部分就是推进氧化步骤。它的不同称谓有推进（drive-in）、扩散（diffusion）、再氧化（reoxidation）和 reox。这一步的目的是双重的：在晶圆的杂质再分布和在暴露的硅表面再生长新的氧化层。

1. 杂质在晶圆中向更深处的再分布。在淀积过程中，高浓度但很浅的杂质薄层扩散进晶圆表面。推进过程没有杂质源。就像喷雾瓶按下喷嘴后喷出的物质会不断地扩散到整个房间一样，仅是热推动杂质原子向晶圆的更深度和更广度扩散。在此步中，淀积所引入的原子数量（Q）恒定不变。表面的浓度降低，原子形成新的形状分布。推进步骤后的分布在数学上用高斯分布来描述（见图11.16）结深的增加。通常，推进氧化工艺的温度高于淀积步骤。

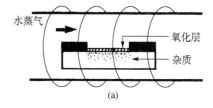

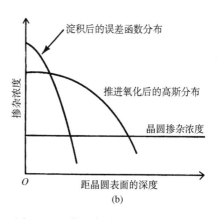

图 11.16 推进氧化。（a）晶圆的截面图；（b）晶圆内部的杂质浓度

2. 推进氧化的第二个目的就是暴露的硅表面的氧化。炉管中的氛围是氧气或水蒸气,杂质向晶圆推进的同时进行氧化。

一些扩散步骤后,会对工程电路芯片上的测试结构进行电测试以获得结的参数。

11.6.1 氧化的影响

晶圆表面的氧化影响到杂质的最终分布[3]。这种影响与表层杂质氧化后的易位有关。回想一下,硅的氧化是需要从表面开始消耗硅的。要问的问题是,表层的杂质发生了什么?答案由杂质的导电类型而定。

如果杂质为 N 型,则发生所谓的堆积效应(pile-up)[见图 11.17(a)]。当氧化物-硅的界面提升到表面时,N 型杂质原子会向硅中分凝,而不是氧化物中。这个效应增加了硅的新表层中杂质的数量。换言之,N 型杂质在晶圆表面堆积,杂质的表面浓度增加。堆积效应改变器件的性能。

如果杂质为 P 型的硼,会发生相反的效应——耗尽。硼原子更容易溶在氧化层中,并被吸到氧化层中[见图 11.17(b)]。对晶圆表面的影响是降低了硼原子的浓度,从而也影响到器件的电性能。图 11.18 列出了对淀积与推进氧化步骤的总结。

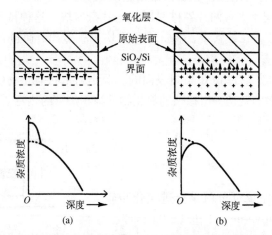

图 11.17 氧化过程中的堆积与耗尽现象。(a)N 型杂质的堆积;(b)P 型杂质的耗尽

	淀积	推进
目的	杂质的引入	1. 杂质的再分布
		2. 再氧化
变量		1. 表面组成
		2. 结深
		3. 时间
		4. 扩散率
		5. 温度
		6. 原子数量
源的情况	连续源	无源
温度范围	900℃ ~1100℃	1050℃ ~1200℃
氧化	否	是

图 11.18 淀积与推进氧化步骤的总结

11.7　离子注入简介

高集成度电路的发展需要更小的特征图形尺寸与更近的电路器件间距。热扩散对先进电路的生产有所限制。5 个挑战分别是横向扩散、超浅结、粗劣的掺杂控制、表面污染的干涉和位错的产生。横向扩散不仅发生在淀积和推进，并且每次晶圆受热到可以发生扩散运动的温度范围内扩散都会继续，如图 11.19 所示。电路设计者必须给相邻区间留出足够的空间，以避免横向扩散后各区间的接触短路。对于高密度电路的积累效果可能是在很大程度上增加了管芯的面积。高温的另外一个问题就是晶体损伤。每次晶圆被升温、降温都会发生位错导致的晶体损伤。高浓度的此种位错可能导致漏电流引发的器件失效。先进工艺程序的目的之一就是减小热预算(thermal budget)以减弱这两个问题。

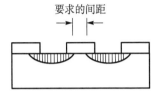

图 11.19　侧向扩散

MOS 晶体管的发展产生了两个新的要求：低掺杂浓度控制和超浅结。高效 MOS 晶体管要求栅区的掺杂浓度小于 10^{15} 原子/cm^2。然而，扩散工艺很难实现这一级别上的一致性。为了实现高封装密度而按比例缩小的晶体管，也需要源漏区的浅的结深[4]。结深已经不断地减小，大约在 2016 年达到亚 10 nm 的结[5]。

第 4 个问题由掺杂区的物理或数学特性引出。如图 11.1(a)所示，杂质原子的大部分靠近晶圆表面。这使得大部分电流会在杂质主要分布的表面区附近流动。遗憾的是，这个区域(晶圆内和表面)与沾污干扰或电流退化区相同。先进器件所需的，在晶圆表面具有特定杂质梯度的特殊阱区无法由扩散技术来实现。这些阱区使高性能晶体管得以实现(见第 16 章)。

离子注入克服了扩散的限制，同时也提供了额外的优势。讽刺的是，虽然离子注入工艺是现代掺杂工艺，但该技术却有一个很长的历史。在 20 世纪四五十年代根据物理学家罗伯特·范·格拉夫(Robert Van Graff)在麻省理工学院(MIT)和普林斯顿(Princeton)早期的工作，制造出了离子注入机。1954 年威廉·肖克利(William Shockely)(是的，那个 Shockely)提出一项关于半导体制造中使用离子注入机的专利[6]。

离子注入过程中没有侧向扩散，工艺在接近室温下进行，杂质原子被置于晶圆表面的下面，同时使得宽范围浓度的掺杂成为可能。有了离子注入，可以对晶圆内掺杂的位置和数量进行更好的控制。另外，光刻胶和薄金属层与通常的二氧化硅层一样可以作为掺杂的掩模。基于这些优点，先进电路的主要掺杂步骤都采用由离子注入完成就不足为奇了。

11.8　离子注入的概念

扩散是一个化学过程。离子注入是一个物理过程，也就是说，注入动作不依赖于杂质与晶圆材料的化学反应。火炮将炮弹打入墙中就是一个展示离子注入概念的示例(见图 11.20)。从火炮的火药中获取足够的动量，炮弹会射入墙体，在墙体内停止。离子注入过程中发生相同的情形。代替炮弹的是离子，掺杂原子被离化、分离、

图 11.20　离子注入示意图

加速(获取动能),形成离子束流,扫过晶圆。杂质原子对晶圆进行物理轰击,进入表面并在表面以下停止[见图11.21(a)]。

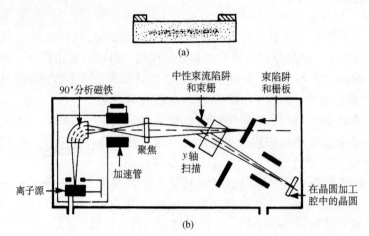

图11.21　离子注入。(a)晶圆内注入离子的分布;(b)离子注入机的方框图

11.9　离子注入系统

一台离子注入机是多个极为复杂精密的子系统[见图11.21(b)],每个子系统对离子起特定的作用。用于先进科研和/或大规模生产的离子注入机有不同的设计。所有机器都包含下面所描述的子系统。

设计生产级的离子注入机要达到下列要求:

- 自动的多品种掺杂剂;
- 晶圆片内、晶圆片间和批与批注入的均匀性;
- 污染小;
- 满足可生产性等级。

11.9.1　离子注入源

离子注入工艺采用与扩散工艺相同的杂质元素。在扩散工艺中,杂质源于液态、气态或固态材料。对离子注入而言,只采用气态与固态源材料。

由于便于使用与控制,离子注入偏向于使用气态源。最常用的气体是砷烷(AsH_3)、磷烷(PH_3)和三氟化硼(BF_3)。离子注入的一个优势是可选的材料范围更广。可以注入硅(SiF_2)和锗(GeF_4)。砷元素和磷元素是采用固体源进行注入的。气瓶通过质量流量计连接到离子源子系统,它提供了比正常流量计更准确的气体流量控制。

11.9.2　离化反应室

"离子注入"这个名字就暗示了离子是该工艺的一部分。回顾一下,离子就是带正电荷或负电荷的原子或分子。被注入的离子是掺杂物原子离化产生的。离化过程发生在通有源蒸气的离化反应腔中。该反应腔保持约 10^{-3} 托的低压(真空)。反应腔内部灯丝加热到其表面可以发射电子的温度。带负电的电子被反应腔中的阳极所吸引。电子从灯丝运动到阳极的过程中与杂质源分子碰撞，产生大量该分子所含元素形成的正离子。BF_3 源离化的结果如图 11.22 所示。

另一种离化方法采用冷阴极技术产生电子，阴极和阳极间加高压电场，以自维持工艺产生电子。

11.9.3　质谱分析或离子选择

图 11.22 上部列出的是单个硼离子。这是晶圆表面所需的原子。氟化硼离化过程中产生的其他种类的离子是晶圆所不需要的。必须从一组正离子中选出硼离子。这个过程称为分析（analyzing）、质谱分析（mass analyzing）、选择（selection）或离子分离（ion separation）。

选择是在质谱分析仪中完成的。这个子系统最初是在曼哈顿项目（Manhattan Project）中为原子弹首先开发的。分析仪产生磁场（见图 11.23），不同种类的离子以 15 ~ 40 keV（千电子伏特）的能量离开离化子系统。换言之，它们以相对很快的速度运动。

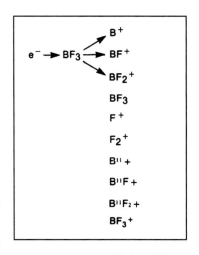

图 11.22　BF_3 源的离子种类

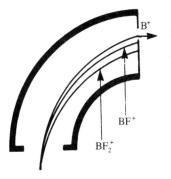

图 11.23　分析磁铁

在磁场中，每一种带正电的离子都会被以特定的半径沿弧形扭转。偏转弧形的半径由该种离子的质量、速度和磁场强度来决定。分析仪的末端是一个只能让一种离子通过的狭缝。磁场强度被调整为与硼离子能通过狭缝的要求所匹配的值。这样，只有硼离子通过分析子系统。

在有些系统中，离子被加速后还会进行分析（见图 11.23）。如果注入所需种类为分子，并且在加速过程中可能分裂，则加速后必须进行分析以确保束流没有污染。

在某些情况下，在分析器中分离元素家族包含一些更接近于期望的注入元素的质量成分，称其为质量干扰（mass interference）。它们无法在分析磁铁中解决和在注入束流中结束。另外，可能存在期望元素的原子，它们有不同的能量，但有相同的磁特性。这些原子也可以在注入束流中和晶圆中结束[7]。

11.9.4　加速管

离开分析部分后，硼离子运动到加速管中。其目的是将离子加速到足够高的速度，获取足够高的动量以穿透晶圆表面。动量（momentum）定义为原子质量与其速度的乘积。这个部分保持在高真空（低压）以便将进入束流的污染物降到最低。为此，常使用涡轮真空泵（见第 13 章）。

利用正负电荷互相吸引的特性可以获取所需的速度。加速管为直线型设计，沿轴向有环形的电极。每个电极都带有负电。电荷量沿加速管方向增加。当带正电的离子进入加速管后，立刻会沿着加速管的方向加速。电压的确定基于离子的质量，以及离子注入机晶圆端所需的动量。电压越高，动量越高，速度越快，离子入射越深。低能离子注入机的电压范围为 5 ~ 10 keV，高能离子注入机为 0.2 ~ 2.5 MeV（百万电子伏特）。

　　离子注入机分为如下类别:中等束流设备、高束流设备、高能量设备与氧离子注入机。离开加速管的正离子流实际上就是电流。束流高低水平可转化为每分钟注入的离子数量。束流越高,入射原子就越多。被注入的原子量称为剂量(dose)。中等束流的机器可以产生0.5~1.7 mA 范围的束流,能量范围为30~200 keV。高束流机器能产生能量高达200 keV[9]且束流强度达 10 mA 的束流。高能量离子注入机在 CMOS 掺杂中应用,包括倒掺杂的阱、沟道停止和深埋层(见第 16 章)。

11.9.5　晶圆电荷积累

　　高束流离子注入的一个问题是晶圆表面所带电荷(晶圆带电)大到无法接受的程度。高强度束流携带大量正电荷,使晶圆表面充电。正电荷从晶圆表面、晶圆体内和束流中吸引中和电子。高电压充电可以使表面绝缘层退化和破坏。晶圆带电是 MOS 薄栅介质层的特有问题[10]。用于中和或降低充电的方法:专门设计用于提供电子的泛流电子枪(flood gun),用等离子桥的办法提供低能电子[11],同时通过磁场控制电子路径[12]。

　　图 11.24 显示了用于生产层次的离子注入机的束流与能量的关系。高能离子注入机将离子加速到 10 keV 到 3.0 MeV 能量,束流最高可达 1.0 mA。氧离子注入机用作 SOI 应用中的氧离子注入(见第 16 章)。

　　离子注入机传统的分类是基于应用的。然而,更先进的离子注入机不能简单地划分,一些系统具有比传统类型含义更广的工艺窗口的能力。

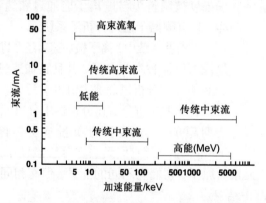

图 11.24　离子注入机

　　成功的离子注入依赖于只注入所需的原子。单一掺杂要求系统维持在低压下(优于 10^{-6} 托)。风险在于任何残留在系统中的分子(比如空气)都可能被加速并到达晶圆表面。扩散泵或高真空冷泵被用来降低压力。这些系统的操作将在第 12 章中描述。

11.9.6　束流聚焦

　　离开加速管后,束流由于相同电荷的排斥作用而发散。分离(发散)导致离子密度不均匀和晶圆掺杂层的不均一。为使离子注入成功,束流必须聚焦。静电或磁透镜用于将离子聚焦为小尺寸束流或平行束流带[13]。平行离子束是极其重要的,尤其是对晶体管的栅的应用,因为离子束的偏差可能引起不均匀的掺杂剂的剂量,进而影响晶体管的性能。

11.9.7　束流中和

尽管真空去除了系统中的大部分空气,但是束流附近还是有一些残存的气体分子。离子和剩余气体原子的碰撞导致掺杂离子的中和:

$$P^+ + N_2 \rightarrow P^0(中性) + N_2^+$$

在晶圆内,这些电中性的粒子导致掺杂不均匀,同时由于它们无法被设备探测计数,还会导致晶圆掺杂量的计数不准确。抑制中性粒子流的方法是通过静电场板的方法将束流弯曲,中性的束流会继续沿直线运动而远离晶圆(见图 11.25)。

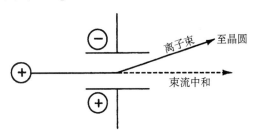

图 11.25　离子束流在中性束流中偏移

11.9.8　束流扫描

离子束流的直径比晶圆小很多(约为 1 cm)。若要以均匀掺杂覆盖整个晶圆,就要用束流对晶圆扫描。可使用 3 种方法:束流扫描、机械扫描和快门,可采用任意一种或多种组合。

束流扫描的系统使束流通过多个静电场电极板(见图 11.26)。电极板的正负电性可受控改变以吸引或排斥离子束流。通过两个方向上的电性控制,束流会以光栅扫描方式扫过整片晶圆。

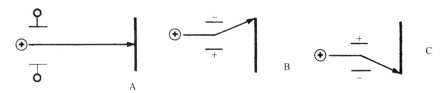

图 11.26　静电束流扫描

束流扫描方式主要用于中等束流离子注入机注入单片晶圆。其过程迅速而均匀,缺点是束流需全部离开晶圆以实现转向。对于大尺寸晶圆来说,其过程会使注入时间延长 30% 或更多。高束流机器上的另一个问题是高密度离子导致的放电(所谓空间电荷力)会毁坏静电板。可采用宽束流扫过晶圆。在有些系统中,每扫一次,晶圆就旋转 90°以确保其均匀性[14]。

机械扫描解决扫描问题的方式为使束流固定在一个位置,在其前面移动晶圆。机械扫描主要用在高束流的机器上。优点之一是无须浪费时间扭转束流,同时束流速度恒定。如果晶圆与束流间有一个角度,有可能导致注入深度不均匀。但在有些情况下,晶圆被定向为与束流有一个角度。束流快门使用电场或机械快门使束流在晶圆上接通,离开晶圆时断开。多数系统使用束流扫描和机械移动的组合。

11.9.9　终端和靶室

实际的离子注入发生在终端的靶室内。它包括扫描系统与装卸片机械装置。对靶室有几条很严格的要求,晶圆必须装载到靶室内和抽真空,晶圆必须逐一放到固定器上,注入结束后,晶圆被取下装入片架盒,从靶室取出。

现在使用的注入晶圆表面的束流方式有批量式(见图11.27)和单片式两种设计。批量式效率更高,但是对其维护和对准要求更高。对于批量式,晶圆被放置在一个圆盘上,它可以面对束流转动,使其被扫描。为了增加均匀性,也有可能是一个机械装置推动该圆盘在离子束前左右运动。多重运动增加了剂量的均匀性。由于增加了装片、抽真空、注入和卸载的时间,单片式的设计需要更多的时间来处理一组晶圆。但单片式系统需要倾斜,以避免束流穿过沟道到下面晶面,并避免束流被晶圆上已有结构的凸起形貌遮蔽。

对于终端抽真空,优选是低温泵。在工艺过程中产生的沾污有来自晶圆除气的氮气和来自光刻胶掩蔽层氢气。低温泵(见第13章)是捕获型的,并保持氢气这一潜在危险冻结在泵中。

机械运动可能比离子注入本身的时间更长。改进包括装卸片锁,使得装载晶圆时无须破坏靶室的真空。一个大的挑战是在如此多的机械运动下保证靶室内的低微粒数[13]。靶室内防静电器件的安装是关键。静电机械手(没有机械夹具)是一种选择[16]。

晶圆破碎时的碎片和粉尘会造成污染,需要非常耗时的清洁工作。晶圆表面的污染造成阴影效应,阻碍离子束流入射。必须保持生产速度,必须可以快速实现真空以开始注入,同时快速恢复到常压以卸片。靶室可能装有探测器(法拉第杯),以计数注入晶圆表面的离子数。这套监测系统使工艺自动化,允许离子束接触晶圆,达到正确的剂量。

高束流注入可能造成晶圆升温,这些机器设备通常在晶圆固定装置上有冷却机构。这些机器设备还装有泛流电子枪(electron flood gun)(见图11.28),泛流电子枪被设计为使电荷积累最小化,电荷积累会导致吸附沾染物。

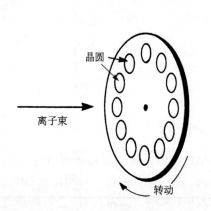

图11.27 批量式注入晶圆表面的束流方式

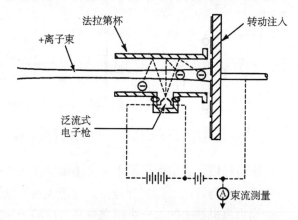

图11.28 泛流电子枪

11.9.10 离子注入掩模

离子注入的一个重要优点是多种类型的掩模都可以有效地阻止离子束流。对于扩散工艺,唯一有效的掩模是二氧化硅。半导体工艺所用的大多数薄膜都可用来阻止束流,包括光刻胶、二氧化硅、氮化硅、铝及其他金属薄膜。图11.29比较了阻碍200 keV的不同杂质源注入所需的掩模厚度。

使用光刻胶薄膜而不是刻蚀开的氧化层作为掩模,提供了与剥离(lift-off)工艺相同的尺寸控制优势,取消了刻蚀步骤以及它所引入的变化。使用光刻胶还能使生产效率更高。作为二氧化硅的替代物,将晶圆要经过的加热步骤减到最少,从而提高了整体良品率。

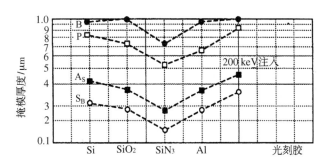

图 11.29 阻止束流所需的掩模厚度

11.10 离子注入区域的杂质浓度

离子注入后的晶圆表面的离子分布与扩散工艺后的分布不同。扩散工艺中，杂质原子的数量和位置由扩散定律、时间和温度决定。离子注入工艺中，原子数量（剂量）由束流密度（每平方厘米面积上的离子数量）和注入时间来决定。晶圆内部离子的具体位置与离子能量、晶圆取向、离子的停止机制有关。前两个是物理因素。入射离子的质量越大和/或能量越高，在晶圆中移动就越深。晶圆取向影响到停止位置是由于不同晶面上原子密度的不同，而离子是被晶圆原子停住的。

晶圆内部，离子的减速及停止基于两种机制。正离子由于晶体内部带负电的电子而减速。另外的交互作用是与晶圆原子核的碰撞。所有使停因素都是变化的；离子的能量是有分布的，晶体不是完美的，电的交互反应与碰撞会发生变化。最终的影响是离子停在晶圆内一定的区间范围（见图 11.30）。它们集中在一定的深度处称为投影射程（projected range），两侧浓度逐渐降低。额外的注入产生相似的分布图形。不同离子的投影射程如图 11.31 所示。在数学上，离子分布的形状是高斯曲线。入射离子与晶圆体的结发生在入射离子浓度与体浓度相同的地方。

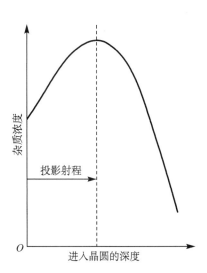

图 11.30 离子注入后杂质
浓度分布剖面图

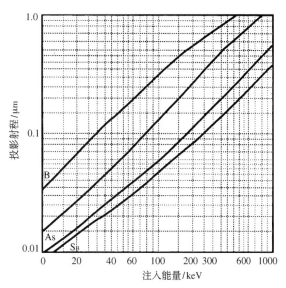

图 11.31 在硅中各种杂质的投影射程（依据 Blanchard、Trapp 和 Shepard）

11.10.1　晶体损伤

在离子注入过程中,由于入射离子的碰撞,晶圆晶体结构受到损伤。有 3 种类型的损伤:晶格损伤、损伤群簇、空位-间隙[17]。晶格损伤发生在入射离子与原物质原子发生碰撞,并取代原物质原子的晶格位置时。产生成簇的被替位的原子时,损伤群簇发生在被替位的本物质原子继续替代其他本物质原子的位置。离子注入产生的常见缺陷是空位-间隙。当原物质原子被入射离子撞击出本来位置,停留在非晶格位置时,将产生这种缺陷(见图 11.32)。

像硼这样的轻原子产生很少量的替位原子。像磷和砷这样较重的原子产生大量的替位原子。随着轰击的延续,错位密集区域可能变为无定型(非晶态)结构。除去离子注入造成的结构损伤外,还有电学上的影响。由于注入的离子没有占据晶格位置,所以受损区域没有所需的电特性。

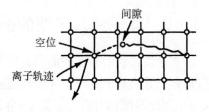

图 11.32　空位-间隙损伤机理

11.10.2　退火和杂质激活

修复晶体损伤和注入杂质的电激活可以通过加热的步骤来实现。退火的温度低于扩散掺杂时的温度以防止横向扩散。通常炉管中的退火在 600℃ ~ 1000℃ 之间的氢气中进行。

离子注入后的退火也用到 RTP 技术。RTP 提供快速表面加热修复损伤,而不使衬底温度达到扩散的程度。且快速热退火可以在数秒钟内完成,而炉管工艺需要 15 ~ 30 分钟。

11.10.3　沟道效应

晶圆的晶体结构在离子注入工艺中会出现一个问题。问题发生在当晶圆的主要晶轴对准离子束流时。离子可以沿沟道深入,达到计算深度的 10 倍距离处。沟道效应的离子浓度剖面图(见图 11.33)显示出数量显著的额外杂质。沟道效应可以通过几种技术最小化:表层的无定型阻碍层、晶圆方向的扭转及在晶圆表面形成损伤层。

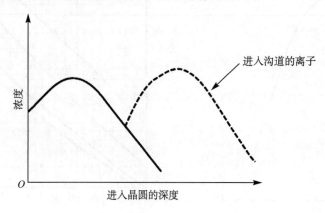

图 11.33　沟道效应对整体剂量的影响

通常的无定型阻碍层是生长出的一薄层二氧化硅(见图11.34)。这一层入射离子的方向是随机的，以便离子以不同角度进入晶圆，不会直接沿晶体沟道深入。将晶圆取向偏移主要晶面3°～7°，可以起到防止离子进入沟道的效果(见图11.35)。使用重离子如硅、锗对晶圆表面的预损伤注入会在晶圆表面形成不定向层(见图11.36)。这种方法增加了昂贵离子注入设备的使用。沟道效应在低能量重离子注入时问题会更突出[18]。

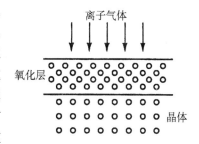

图11.34 通过无定型氧化层的离子注入

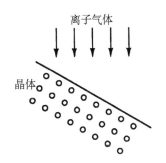

图11.35 将束流偏离所有晶轴

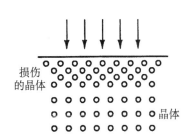

图11.36 在晶圆表面的预损伤

11.11 离子注入层的评估

对离子注入晶圆的评估基本同扩散层的评估一样。采用四探针测试仪测试该层的方块电阻。扩散电阻技术和电容-电压技术决定剖面浓度、剂量和结深。结深也可以由斜角染色法来决定。这些方式将在第14章介绍。

对于注入层，一种称为范德堡(Van Der Pauw)结构的特殊结构有时用来替代四探针测试仪(见图11.37)。这种结构允许决定方块电阻而没有四探针的接触电阻问题。注入后的晶圆变化可能来自多种因素：束流的均匀度、电压的变化、扫描的变化及机械系统的问题。这些潜在问题有可能导致比扩散工艺更大的方块电阻的变化。为检测和控制整个晶圆表面的方块电阻，绘图技术很流行。晶圆表面绘图(见图11.38)基于计算机校正邻近与边缘效应的四探针测试。

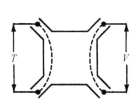

图11.37 范德堡(Van Der Pauw)测试图形

第2批

第4批

图11.38 四探针表面测试图案(经 Prometrics 许可)

离子注入的特殊测试技术是光学剂量测定。这项技术要求旋转涂有光刻胶的玻璃圆盘。在放入离子注入机以前，光刻胶膜被剂量检测仪扫描，以测量膜的吸收率。这条信息存储在计算

机中。这个晶圆与上面的膜接受了与器件晶圆相同的离子
注入。光刻胶吸收一定剂量的离子而变黑。注入后,该膜
被再次扫描。计算机将每一点都减去注入前的值,打印出
表面的等高线图。等高线的线间距反映了表面掺杂的均匀
性(见图 11.39)。

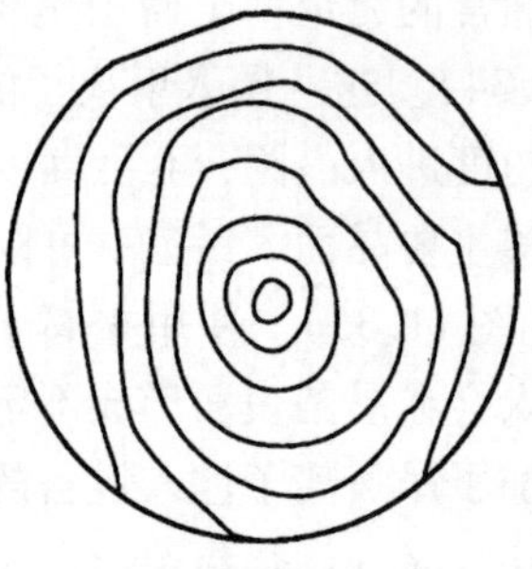

11.12　离子注入的应用

图 11.39　离子剂量的等高线图

离子注入可以成为任何淀积的替代工艺。它有更好
的可控性且没有侧向扩散,使它成为高密度、小特征尺寸电路的首选掺杂工艺。CMOS 器件
中的预淀积应用就是高能离子注入形成深 P 型阱(见第 16 章)、倒掺杂阱(retrograde well)的
首创。

一个特别的挑战是超浅结。这些结在亚 125 nm 范围。当器件不断按比例缩小时,结的
尺寸也变小了。这反过来导致更低能量的离子注入工艺,以减小表面损伤和沟道效应。这导
致了代替 BF₃ 而使用纯硼注入,前者含有腐蚀性的氟。所以新一代的离子注入机都可以满足
这些要求,它们可提供可以接受的低能量时的高剂量束流。

离子注入的一个主要应用是 MOS 栅阈值电压的调整(见图 11.40)。一个 MOS 晶体管由
三部分组成:源、漏和栅。工作时,源和漏之间加电压。然而,在栅极加电之前,二者之间无
电流。当栅极加电压后,表面形成导电沟道,并连通源、漏极。形成初始导电沟道时所需的
栅电压成为该器件的阈值电压。该阈值电压对于栅下的晶圆表面杂质浓度非常敏感。离子注
入被用于形成栅区所需的杂质浓度。并且,在 MOS 技术中,离子注入被用来改变场区的杂质
浓度。然而在这种应用中,目的是为了设定一定级别的浓度,以防止相邻器件间的电流。在
此应用中,注入层是隔离方案的一部分。

在双极技术中,离子注入被用来形成各种晶体管部件。离子注入提供的可自定义的杂质
剖面可以提高器件性能。一个特别的应用是砷的埋层。当埋层用扩散形成时,高浓度的砷离
子影响下一步表面外延层的质量。通过使用砷离子注入,使高浓度砷成为可能,热退火可以
修复损伤,可以进行高质量外延层的淀积。

离子注入适合 MOS 和双极电路中的电阻形成。扩散电阻的均匀性在 5%～10% 间变化,
而离子注入电阻的变化仅为 1% 或更好,图 11.41 是一个离子注入掺杂典型的应用表。

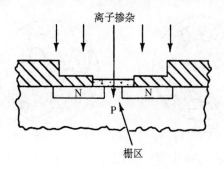

图 11.40　MOS 栅区的离子掺杂

离子注入典型的应用
● 栅阈值电压调整
● 超浅结
● 埋层(倒掺杂阱)
● 预淀积层
● SOI 的绝缘层

图 11.41　离子注入应用

11.13 掺杂前景展望

离子注入也有其缺点，即设备昂贵且复杂。培训和保养维护比相应的扩散更耗时。设备在高电压和更多有毒气体的使用上呈现出新的危险。从工艺角度看，最大的忧虑来自退火完全消除注入带来损伤的能力。然而，尽管有这些缺点，离子注入仍是先进电路掺杂工艺的首选[19]。并且，很多新的结构只有依赖离子注入的特有优势才能实现。一种比较新的技术是等离子体浸没(plasma ion immersion, PII)离子注入。在这种技术中，将分析磁铁从系统中去除。掺杂剂离开源部分，等离子体场增强它们的能量[20]。这种技术将晶圆放在含有掺杂物原子的等离子体场中(类似于离子铣或溅射)。当晶圆和杂质离子被恰当地充以电荷时(很像离子注入)，杂质原子加速到晶圆表面并射入。与离子注入的区别在于，低能量的等离子体场使晶圆的电荷积累较少，从而为浅结的形成提供了更多的控制[21]。

无论如何，离子注入都是将半导体工业带入纳米时代的掺杂技术。其好处有：

- $10^{10} \sim 10^{16}$ 原子$/cm^2$ 范围内的精确剂量控制；
- 大面积区域的均匀性；
- 通过能量的选择，控制杂质的分布剖面；
- 比较容易注入所有杂质元素；
- 使侧向扩散最小化；
- 注入非掺杂原子；
- 可透过表面层掺杂；
- 对于不同的掺杂可选择不同的掩模材质；
- 深阱区(倒掺杂阱)的特别分布剖面。

习题

学习完本章后，你应该能够：

1. 定义 PN 结。
2. 画出完整的扩散工艺流程图。
3. 列举用在硅技术中的 3 种最常用掺杂剂。
4. 列举 3 种淀积源。
5. 画出淀积和推进工艺的典型杂质浓度与推进的关系曲线。
6. 列举离子注入机的主要部件。
7. 描述离子注入的原理。
8. 比较扩散与离子注入工艺的优势和劣势。

参考文献

[1] Griffin, P. B., and Plummer, J. D., "Advanced Diffusion Models for VLSI," *Solid State Technology*, May 1988:171.

［2］Robinson, K. T., "A Guide to Impurity Doping," *Micromanufacturing and Test*, April 1986:52.

［3］Guise, P., and Blanchard, R., *Modern Semiconductor Fabrication*, 1986, Reston Books, Reston, VA:46.

［4］Felch, S., "A Comparison of Three Techniques for Profiling Ultrashallow p^+-n Junctions," *Solid State Technology*, PennWell Publishing Company, Jan. 1993:45.

［5］Saraswat, K., *EE 311/ Shallow Junctions*, http://www. stanford. edu/class/ee311/NOTES/ShallowJunctions, June 2013.

［6］Rubin, L., and Poate, J., *Ion Impantation in Silicon Technology*, American Institute of Physics, www. aip. org/tip/INPHFA/vol-9/iss-3/p12. html, June 2013.

［7］Amem, M., Berry, I., Class, W., et al., *Ion Implantation*, *Handbook of Semiconductor Manufacturing Technology*, 2007, CRC Press, Hoboken, NJ:7-46.

［8］Burggraaf, P., "Ion Implanters: Major Trends," *Semiconductor International*, Apr. 1986:78.

［9］Iscoff, R., "Are Ion Implanters the Newest Clean Machines?" *Semiconductor International*, Cahners Publishing, Oct. 1994:65.

［10］Cheung, N., "Ion Implantation," *Semiconductor International*, Cahners Publishing, Jan. 1993:35.

［11］England, J., "Charge Neutralization during High-Current Ion Implantation," *Solid State Technology*, PennWell Publishing, July 1994:115.

［12］Japan Report, *Semiconductor International*, Cahners Publishing, Nov. 1994:32.

［13］Eaton Corp., Product Video, The NV8200P, 1993.

［14］Ibid.

［15］Iscoff, R., "Are Ion Implanters the Newest Clean Machines?" *Semiconductor International*, Cahners Publishing, Oct. 1994:65.

［16］"Wafer Handler for Ion Implanters, Varian Semiconductor Equipment," *Solid State Technology*, PennWell Publishing, Jul. 1994:131.

［17］Hayes, J., and Van Zant, P. *Doping Today Seminar Manual*, *Semiconductor Services*, 1985, San Jose, CA.

［18］Zrudsky, D., "Channeling Control in Ion Implantation," *Solid State Technology*, Jul. 1988:73.

［19］Cheung, N., "Ion Implantation," *Semiconductor International*, Cahners Publishing, Jan. 1993:35.

［20］Braun, A., "Ion Implantation Goes Beyond Traditional Parameters," *Semiconductor International*, Mar. 2002:48.

［21］Singer, P., "Plasma Doping: An Implant Alternative?" *Semiconductor International*, Cahners Publishing, May 1994:34.

第 12 章　　薄膜淀积

12.1　引言

虽然掺杂的区域和 PN 结形成电路中的电子有源元件的核心，但是需要各种其他半导体、绝缘介质和导电层完成器件，并促使这些器件集成为电路。有几种技术可以将这些层加到晶圆的表面，主要有化学气相淀积（CVD）、物理气相淀积（PVD）、电镀、旋转涂覆和蒸发。本章将描述最常用的 CVD 技术和淀积在晶圆表面的半导体材料。PVD、电镀、旋转涂覆和蒸发工艺将在第 13 章描述。

光刻掩模技术的进步已经促进了甚大规模集成电路（ULSI）的制造。随着电路尺寸的不断缩小，也开始通过增加淀积层数的方法，在垂直方向上进行拓展。在 20 世纪 60 年代，双极器件已经采用了化学气相淀积技术来完成双层结构，即外延层和顶部的二氧化硅钝化层（见图 12.1）。而早期的 MOS 器件仅有一层钝化层（见图 12.2）。到 20 世纪 90 年代，先进的 MOS 器件具有 4 层金属内部连接，需要许多淀积层。这"堆叠"已经伴随更多金属层、器件方案和绝缘层。专门的金属化技术将在第 13 章论述。通用器件结构将在第 17 章论述。

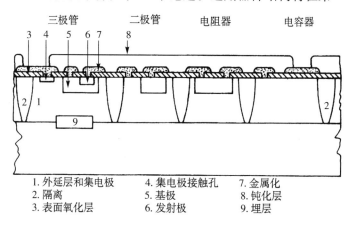

1. 外延层和集电极	4. 集电极接触孔	7. 金属化
2. 隔离	5. 基极	8. 钝化层
3. 表面氧化层	6. 发射极	9. 埋层

图 12.1　显示外延层和隔离的双极电路的截面

如下这些增加的层在器件或电路的结构中起着各种不同的作用：

- 淀积掺杂的硅层，称为外延层（epitaxial layer）（见本章的相关部分）；
- 金属间的绝缘介质层（IMD）；
- 垂直（沟槽）电容器；
- 金属间互连导电塞；
- 金属导体层；
- 最终的钝化层。

薄层的淀积主要采用两种方法：化学气相淀积（CVD）和物理气相淀积（PVD）。有关蒸

发和溅射的金属化淀积技术将在第 13 章中给予描述。本章中提到的特殊薄膜的用途将在
第 16 章和第 17 章中进行详细讲解。本章介绍化学气相淀积(CVD)在常压和低压技术中
的实际运用。

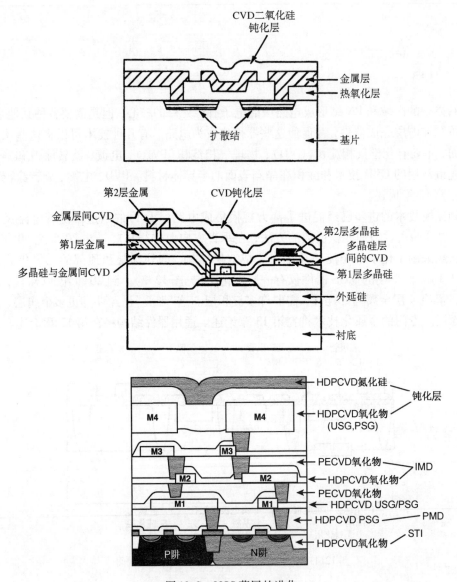

图 12.2　MOS 薄层的进化

12.1.1　薄膜的参数

器件层必须满足一般参数和特殊参数的要求。特殊参数将在相关的单独层中给予注释。
在半导体中薄膜需要满足的一般标准包括:

- 厚度或均匀性;
- 表面平整度或粗糙度;
- 组成或核粒(grain)尺寸;

- 无应力；
- 纯净度；
- 完整性。

薄膜需要具有均匀的厚度以同时满足电性能和机械性能的要求。淀积的薄膜必须是连续的，并且没有针孔，以阻止杂质的进入和防止层间短路。外延膜的厚度已经从 5 μm 级缩小到亚微米级，由此想到，导体层的厚度成为阻抗来源的因素之一。此外，比较薄的层容易含有较多的针孔和比较弱的机械强度。其中，备受关注的是台阶部位的厚度维护（见图 12.3）。过薄的台阶部位的厚度可能导致器件中的电子短路和/或引入并不需要的电荷。该问题在窄而深的孔和沟槽处显得尤为突出。我们称这种情形为高深宽比模式（high-aspect-ratio pattern）。深宽比为深度除以宽度（见图 12.3）。问题之一是淀积的薄膜在沟槽的边缘变薄；其二是在沟槽的底部变薄。在多层金属的结构中，高深宽比的沟槽的填充是一个主要问题。

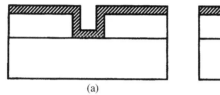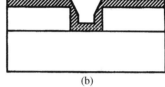

(a)　　　　　　　　　　(b)

图 12.3　（b）为过薄的台阶部位淀积层

薄膜表面的平整性如同厚度一样重要。第 10 章已详尽阐述了台阶和表面的粗糙度对图形形成的影响。淀积的薄膜必须平整、光滑，并且淀积的方法允许形成最小的台阶、裂隙和表面反射。

淀积的薄膜必须具有所要求的均匀成分。许多反应是复杂的，且有可能淀积的薄膜含有的成分与所要求的成分不同。化学计量学（Stoichiometry）提供了对化学反应中的反应物和形成物的定量计算的方法。除化学的成分外，核粒（grain）尺寸具有同样的重要性。在淀积过程中，薄膜材料趋向于聚集或成核。在相同的成分和厚度的薄膜中，核粒尺寸上的变化也会产生电性能及机械性能上的差异，其原因在于流经核粒表面的电流会受到影响。机械特性也随着核粒界面大小而改变。

无应力是对淀积的薄膜的另一种特性上的要求。淀积时附加额外应力的薄膜将通过裂隙的形成而释放此应力。裂隙的薄膜使薄膜的表面变粗，而且杂质也会渗透到晶圆内。严重时将导致短路。

纯净度，即在薄膜中不含有不需要的化学元素或分子，以保证薄膜执行预定的功能。例如，外延层中含有氧的杂质将改变其电性能。纯度也包括可动离子沾污和微粒之外的其他物质。

电容是淀积薄膜的另一个重要参数（见第 2 章）。半导体中的金属传导层需要高传导、低电阻和低电容的材料，也称为低 k 值绝缘介质（low-k dielectric）。传导层之间使用的绝缘介质层需要高电容或高 k 值的绝缘介质（high-k dielectric）[1]。

---

[1]　层间介质应采用低 k 材料，希望降低电容效应。——译者注

12.2 化学气相淀积基础

毫无疑问,淀积薄膜的数量和种类的增加促进了许多淀积技术的问世。20世纪60年代的工艺师只能选择常压化学气相淀积(CVD),而今天的工艺师则有更多的选择(见图12.4)。这些技术将在下文中进行描述。

常压(AP)	低压(LP)和超高压(UHV)
冷壁	热壁
● 水平	等离子体增强
● 垂直	垂直绝热
● 桶式	分子束外延(MBE)
● 气相外延	
金属有机物 CVD	

图 12.4　淀积系统一览表

至此,我们已经多次使用了淀积(deposition)和CVD等术语,但没有给出进一步的解释。在半导体工艺中,淀积指一种材料以物理方式淀积在晶圆表面上的工艺过程;而生长膜,如二氧化硅,是从晶圆表面的材料上生长形成的。大多数薄膜是采用CVD技术淀积而成的。从概念上讲,其工艺较为简单(见图12.5):含有薄膜所需的原子或分子的化学物质在反应室内混合并在气态下发生反应,其原子或分子淀积在晶圆表面并聚集,形成薄膜。图12.5示意出四氯化硅($SiCl_4$)与氢(H_2)反应,在晶圆上形成的淀积为硅层。在进行CVD反应时,反应系统需要额外的能量,用于加热反应室或晶圆。

发生的化学反应可以分为4种类型:高温分解反应、还原反应、氧化反应和氮化反应(见图12.6)。高温分解(pyrolysis)反应是仅受热量驱动的化学反应过程。还原反应(reduction)是分子和氢气的化学反应过程。氧化反应(oxidation)是原子或分子和氧气的化学反应过程。氮化反应(nitridation)是形成氮化硅的化学工艺过程。

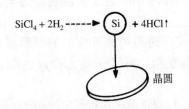

图 12.5　四氯化硅在晶圆上形成硅淀积层

高温分解反应	$SiH_4 \rightarrow Si + 2H_2$
还原反应	$SiCl_4 + 2H_2 \rightarrow Si + 4HCl$
氧化反应	$SiH_4 + O_2 \rightarrow SiO_2 + 2H_2$
氮化反应	$3SiH_2Cl_2 + 4NH_3 \rightarrow Si_3N_4 + 6HCl + 6H_2$

图 12.6　CVD 反应举例

淀积薄膜的生长需要几个不同的阶段(见图12.7)。第一阶段是成核过程(nucleation)。该过程非常重要,并且与衬底的质量密切相关。起初,晶核在淀积了几个原子或分子的表面上形成。第二阶段,这些原子或分子形成许多个小岛,进而长成较大的岛。在第三阶段,这些岛向外扩散,最后形成连续的薄膜。薄膜长成特定的几百埃的阶段就是这样一个传输过程。传输过程的薄膜与最终的较厚的薄膜"体"有着不同的物理和化学性质[1]。

在传输膜形成之后,薄膜体开始生长。人们设计出了多种工艺,用以形成下面的3种结构：非晶体、多晶体和单晶体(见图 12.8)。这些术语已经在前面的章节中阐述过了。对工艺的设置不当和控制不良，将导致薄膜结构上的错误。例如，在晶圆上生长单晶外延膜，但在晶圆上的氧化物未被去除干净的岛区，结果会在生长的薄膜当中生成多晶区域。

成核　　　　　　　　　晶核长大　　　　　　　　岛合并（成膜）

图 12.7　CVD 薄膜生长步骤

非晶体　　　　　　　　多晶体　　　　　　　　单晶体

图 12.8　薄膜结构类型

12.2.1　基本 CVD 系统构成

　　CVD 系统有着多种多样的设计和配置。通过基本子系统的通用性分析，有助于对大部分 CVD 系统多样化的理解(见图 12.9)。大部分 CVD 系统的基本部分是相同的，如管式反应炉(已在第 7 章中描述)、气源柜、反应室、能源柜、晶圆托架(舟体)，以及装载和卸载机械装置。在某些情况下，CVD 系统则是一种专用的预氧化和扩散的管式反应炉。化学气源被存储在气源柜内。蒸气从压缩的气体瓶或液体发泡源中产生。气体流量通过调压器、质量流量计和计时器共同控制[2]。

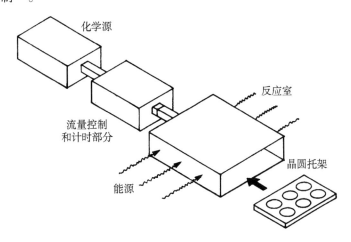

图 12.9　基本 CVD 子系统

　　实际的淀积发生在反应室内的晶圆上。加热用的能量可通过热传导、对流、射频、辐射、等离子体或紫外线等来提供。能量释放在特定的相关部位。对于不同的反应，不同的薄膜厚度及制造参数，温度的变化范围可从室温到 1250℃ 。

　　系统的第 4 部分是晶圆托架。反应室配置及热源不同，托架的构造和材料也不同。大多数用于制造甚大规模集成电路(ULSI)的系统全部采用自动化的装载和卸载系统。完整的生产系统还包含了相应的清洗部分或清洗台和装卸片区。

12.3　CVD 的工艺步骤

CVD 的工艺有着与氧化或扩散等相同的步骤。回顾一下,这些步骤包括预清洗(工艺要求的刻蚀)、淀积和评估。我们已经描述过清洗工艺,即用于去除微粒和可动的离子污染。化学气相淀积,如氧化是以循环的方式进行的。首先,将晶圆装载到反应室内,装载过程通常是在惰性气体环境下进行的。然后,晶圆被加热到预定温度,将反应气体引入淀积薄膜的反应室内进行反应。最后,将参与反应的化学气体排出反应室,移出晶圆。薄膜的评估包括厚度、台阶覆盖、纯度、清洁度和化学成分。评估方法将在第 14 章中介绍。

12.4　CVD 系统分类

CVD 系统(见图 12.10)主要分为两种类型:常压(AP)系统和低压(LP)系统。除一些常压 CVD 系统(APCVD)外,大多数器件的薄膜是在低压系统中淀积的,也称为低压 CVD 或 LPCVD。

常压系统	低压系统
热壁	热壁
冷壁	等离子体增强
● 外延	● 热壁炉管
● 桶式	● 冷壁平面-批量式
● 薄饼式	● 冷壁平面-单片式
● 单片式	高密度等离子体
	原子层淀积

图 12.10　CVD 系统分类

两种系统的另一个区别是热壁或冷壁。冷壁系统直接加热晶圆托架或晶圆,加热采用感应或热辐射方式,反应室壁保持冷的状态。热壁系统加热晶圆、晶圆托架和反应室壁。冷壁 CVD 系统的优点在于反应仅在加热的晶圆托架处进行。在热壁系统中,反应遍布整个反应室,反应物残留在反应室的内壁上,反应物的积聚需要经常清洗,以避免污染晶圆。

在工作时,CVD 系统使用两种能量供给源:热辐射和等离子体。热源来自炉管、热板和射频感应。与低压相结合的增强型等离子体淀积(PECVD)提供了特有的低温和优良的薄膜成分和台阶覆盖等优点。

用于淀积如砷化镓(GsAa)这样的化合物膜的特殊 CVD 系统称为气相外延(VPE)。其中用于淀积金属的较新型的技术是在 VPE 系统中采用有机金属(MOCVD)源。最后描述的一种淀积方法是非 CVD 分子束外延(MBE)法,该方法在低温下极易控制薄膜的淀积。

12.5　常压 CVD 系统

顾名思义,在常压 CVD 系统中反应和淀积是在常压下进行的。该系统有许多类别(见图 12.10)。

12.5.1 水平炉管热感应式 APCVD

首先被广泛采用的 CVD 是在双极型器件中硅外延膜的淀积。系统的基本设计如图 12.11 所示。基本上是一个水平炉管式的反应炉，但有些显著的差别。首先，炉管有一个方形的截面。然而，主要的区别还在于加热的方法和晶圆的托架结构。

晶圆被排放在一个扁平的石墨层板上，并放置在炉管内。炉管上缠绕着与射频发生器连接的铜线圈。线圈内传输的射频流经石英管和管内未被加热的流动气体传播，此为冷壁系统。当射频传播至石墨托架时，与石墨托架的分子耦合反应，引起石墨的温度升高。这种加热方法称为感应(induction)式加热。

托架的热量以传导的方式输送给晶圆，薄膜淀积在晶圆的表面(托架表面也同时被淀积)。该系统存在的一个问题是，在横向流动的气流中伴随着气流下游反应物的消耗。系统需要的是层流气流，这样有利于减小涡流。但是，如果晶圆被平放在反应室内，接近晶圆表面的气流由于反应而被损耗，从而导致沿托架方向淀积的薄膜逐渐变薄。该问题可以通过调整石英晶圆托架的倾斜度得到改善(见图 12.12)。

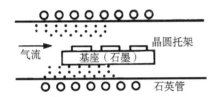

图 12.11 具有水平基座的冷壁感应式 APCVD　　　图 12.12 具有倾斜基座的冷壁感应式 APCVD

12.5.2 桶式辐射感应加热 APCVD

在水平系统中，对更大直径的晶圆水平式放置，其装载密度低，并且更大的晶圆托架也会限制淀积的均匀性。桶式辐射加热系统(见图 12.13)解决了这些问题。该系统的反应室是一种柱状的不锈钢桶，在内部表面放置了高密度的石英加热器。晶圆被放置在石墨的支架上。该支架向桶的中心方向旋转。与水平系统相比，旋转后的晶圆可以有更均匀的薄膜厚度。

来自灯泡的热能辐射到晶圆表面，淀积在晶圆表面发生。虽然反应室的壁被部分加热，但是该系统接近于冷壁系统。直接的热辐射产生控制良好和生长均匀的薄膜。在热传输系统中，晶圆的加热从底部开始，当薄膜生长时，晶圆的表面有一些微小但可测量的温度下降。在桶式系统中，晶圆的表面总是面对着光源，这样可获取均匀的温度和薄膜生长速率。

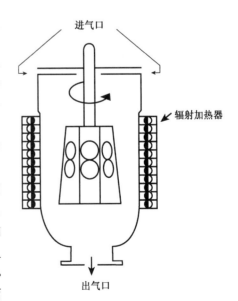

图 12.13 柱状或桶式辐射加热系统

1987 年，应用材料(Applied Material)公司引入了一种大的桶式系统，应用于更大直径的晶圆,该系统具有热感应系统的特点[3]。该桶式反应室的主要优势在于通过每个周期增加晶圆数,提高了生产效率。该系统广泛应用在 900℃~1250℃ 范围内的外延淀积。

12.5.3　饼式热感应 APCVD

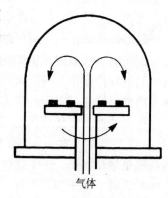

饼式或垂直 APCVD 系统受到了小型生产线和 R&D 实验室的钟爱(见图 12.14)。在该系统中,晶圆被放置在旋转的石墨托架上,并通过托架下面的射频线圈,以传导感应的方式给晶圆加热。反应气体通过管路流入,在晶圆的上方流出。垂直气流具有持续供应新反应气体的优点,从而将向下流动的气体的损耗降到最小。旋转和垂直气流的结合产生良好的薄膜均匀性。类似于水平炉管式系统,饼式 APCVD 系统能够容纳的晶圆数量有限,在较小系统中的生产率受到限制。

双子星座(Gemini)研究公司提出了饼式设计的生产型变种,反应室采用电阻式辐射加热和具有机械手自动装载功能的大容量托架[4]。

图 12.14　旋转饼式 APCVD

12.5.4　连续传导加热 APCVD

两种水平热传导的 APCVD 系统的功能是将反应室外的气体混合在一起,并将气体"喷洒"在晶圆上。其中一种设计是将被加热的板式晶圆托架在一系列的气体中前后移动(见图 12.15);另一种系统(见图 12.16)使晶圆在传送带上运动,传送带处于喷洒反应气体造成的高压之下。

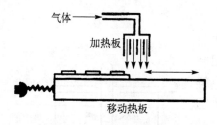

图 12.15　移动热板 APCVD

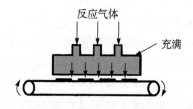

图 12.16　连续热板 APCVD

12.5.5　水平热传导 APCVD

最初的 CVD 设计之一即为水平热传导 APCVD 系统(见图 12.17),用于淀积二氧化硅钝化膜。在该系统中,晶圆被装载在不锈钢反应室内可拆卸的热板上,其中用热板加热晶圆和反应室壁(热壁系统),反应室内充满了反应气体。

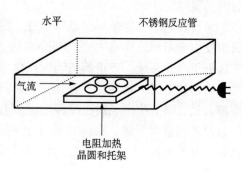

图 12.17　热板 APCVD

12.6　低压化学气相淀积(LPCVD)

常压 CVD 系统的均匀性和工艺控制依赖于温度控制和系统中气流的动态特性。影响薄膜淀积的均匀性和阶梯覆盖性的因素之一是反应室内分子的平均自由程。分子自由程是一个分子在反应室内与另一种物体或分子，或与晶圆支架碰撞前移动的平均距离（路程）。碰撞改变了粒子的运动方向。自由程越长，薄膜淀积的均匀性越高。决定平均自由程大小的主要因素是系统内的压力。降低反应室内的压力可以增加平均自由程和薄膜的均匀性，也降低了淀积的温度。

1974 年，业界得益于此的是 Unicorp 公司。在摩托罗拉（Motorola）公司的许可下，该公司引进了低压化学气相淀积（LPCVD）系统。此系统工作压力低于几百毫托[5]。LPCVD 的主要优点包括：

- 较低的化学反应温度；
- 良好的台阶覆盖和均匀性；
- 采用垂直方式的晶圆装载，提高了生产率并降低了在微粒中的暴露；
- 对气体流动的动态变化依赖性低；
- 气相反应中微粒的形成时间较少；
- 反应可在标准的管式反应炉内完成。

但该系统必须使用真空泵，以降低反应室内的压力。用于 LPCVD 系统的真空泵的类型将在第 13 章中进行讨论。

12.6.1 水平对流热传导 LPCVD

一种应用于生产的 LPCVD 系统中采用水平炉管式反应炉（见图 12.18），具有三个特殊性：首先，反应管与真空泵连接，将系统的压力降至 0.25~2.0 托[6]；其次，中心区域的温度沿炉管倾斜以补偿气体的反应损耗；第三，在气体注入端配置了特殊的气体注入口，以改善气体的混合和淀积的均匀性。在一些系统中，注入器直接安装在晶圆的上方。这类系统设计的不足之处在于，微粒会在墙体的内表面形成（热壁反应），气流的均匀程度沿着炉管的方向变化。在晶圆的周围设置栅形装置可降低微粒污染，但由于经常清洗将引起较长的停机时间。

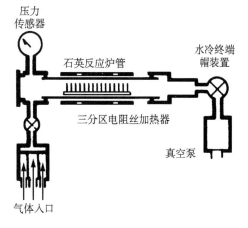

图 12.18 水平炉管式 LPCVD 系统

这类系统广泛应用于多晶硅、氧化物和氮化物的淀积。典型的厚度均匀性达到 ±5%。此类系统的主要淀积参数是温度、压力、气体流量、气相压力和晶圆间距。对每一种淀积工艺，均需要仔细调整这些参数及参数间的平衡。该系统的淀积率与 AP 系统相比，低于 100~500 Å/min，但由于采用垂直装载密度，生产效率明显提高。每次淀积的晶圆数可接近 200 片。

12.6.2 超高真空 CVD

低温淀积可以将晶格的损伤降至最小，并且降低的热预算反过来又将掺杂区域的横向扩散降至最小。方法之一就是在极低的真空条件下，进行硅和硅-锗（SiGe）的化学气相淀积。降低压力能够允许保持淀积温度处于低水平。超高真空 CVD(UHV-CVD)反应在反应炉内发生,起始时,其内部压力可降至 $1 \sim 5 \times 10^{-9}$ 毫巴(mbar),淀积压力在 10^{-3} 毫巴的数量级[7]。

12.6.3　增强型等离子体 CVD

氮化硅取代氧化硅作为钝化层,促进了增强型等离子体(PECVD)技术的发展。二氧化硅的淀积温度接近于660℃。这样的温度可能会导致铝合金与硅表面的相互连接。这是人们所不能接受的(见第13章)。解决该问题的方法之一就是采用增强的等离子体,增加淀积能量。增强的能量允许在最高450℃的条件下,在铝层上进行淀积。从物理上讲,增强的等离子体系统类似于等离子体刻蚀。它们都具有在低压下工作的平行板反应室,由射频引入的辉光放电,或其他等离子体源(见第9章),用于在淀积气体内产生等离子体。低压与低温的结合提供了良好的薄膜均匀性和生产能力。

PECVD 反应室还具有在淀积前利用等离子体对晶圆进行刻蚀和清洗的功能。该过程与在第9章描述的干法刻蚀相类似。这种原位置处的清洗预备出淀积前的晶圆表面,清除了在装载过程中产生的污染。

水平垂直流 PECVD:该系统遵循了底部饼式加热,垂直流 CVD 设计(见图12.19)。通过由电极板或其他等离子体射频,在反应室顶部形成等离子体。安装在晶圆托架下面的辐射加热器加热晶圆,形成冷壁淀积系统。用 PECVD 系统,除了标准的 LPCVD 反应室中的参数,还要对其他几个重要参数进行控制。这些参数是射频功率密度、射频频率和周期占空比。总之,薄膜淀积的速度提高了,但必须有效控制和防止薄膜应力和/或裂纹。

由诺发(Novellus)公司开发的另一种设计让晶圆固定在一系列电阻丝加热的承片架上。这些晶圆在具有薄膜建立的反应腔周围按指针增加。

单片反应室 PECVD 系统(见图12.20)的

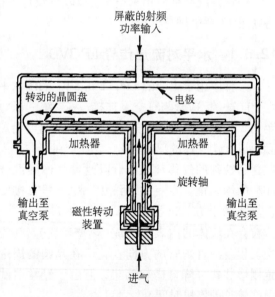

图 12.19　垂直流饼式 PECVD

反应室较小,并且其余的晶圆暴露在特定的条件下,所以更需要有效的控制。通常,单片系统处理速度慢于批处理系统。与大反应室批处理设备相比,单片反应系统的生产效率的差异来源于晶圆快速进入反应室的方法和如何对真空的快速提升和释放。装载系统采用将晶圆放入预反应室,抽真空到预定的压力,然后将晶圆移送到淀积反应室的方式,增加生产效率。

桶式辐射加热 PECVD:该系统是带有低压和等离子体能力的标准桶式加热系统。在特殊设计的晶圆舟上生成等离子体,是硅化钨常用的淀积方式。

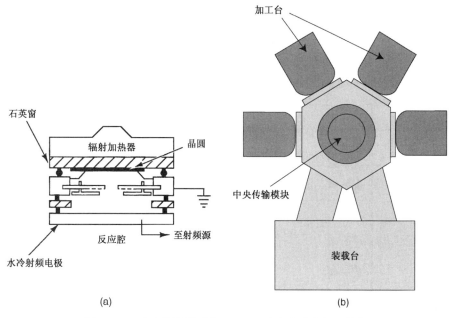

图 12.20 (a)单腔平面式 PECVD; (b)多腔室加工设备

12.6.4 高密度等离子体 CVD

金属层间介质(IDL)层对多层金属的结构极为重要。其主要的难题在对高深宽比(大于 3∶1)孔的填充上。一种途径是使淀积和原位(in situ)刻蚀有序进行。初始淀积时,通常底部较薄。将肩部刻蚀掉,然后再淀积,从而形成均匀的淀积层和较为平坦的表面。

实现这种工艺的系统是高密度等离子体 CVD(High-Density Plasma CVD, HDPCVD)[8]。在 CVD 反应室的内部形成等离子体场。该等离子体场含有氧气和硅烷(Silane),用以淀积二氧化硅。此外,还含有由等离子体中提供能量的氩离子,直接撞击晶圆表面,该现象称为溅射反应(见 9.5 节),从晶圆表面和沟槽中去除材料。HDPCVD 具有淀积多种材料的潜能,用于 IMD 层、刻蚀终止层和最后的钝化层。

12.7 原子层淀积

与其他每种微芯片工艺类似,CVD 已经随着尺寸改变而改变。下一代 CVD 系统加入了原子层淀积(Atomic Layer Deposition, ALD)。除了独特的脉冲调制技术,它基于基本的 CVD 工艺方法。一个典型的 CVD 系统将先驱化学物引入腔室,在那里在晶圆表面上淀积期望的材料(Si、SiO_2、Si_3N_4)层。在 ALD 中,先驱物被依次引入腔室,但是被一种吹扫气体分开。在表面的效应如图 12.21 所示。ALD 还是一种自限制工艺,因为反应发生

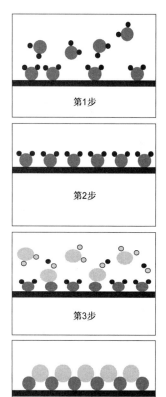

第1步

第2步

第3步

第4步

图 12.21 ALD 淀积机制

在晶圆的表面上,而不是腔室内。由于每种薄膜台阶是以单层速率生长的,所以控制非常精确。另外,这种慢速率有助于晶圆表面高的共面性水平和致密薄膜成分。ALD 的薄层厚度已经从通常的 CVD 的 300 Å 水平降到 12 Å 的范围[9]。

工艺在真空中进行。一种常用示意系统如图 12.22 所示。

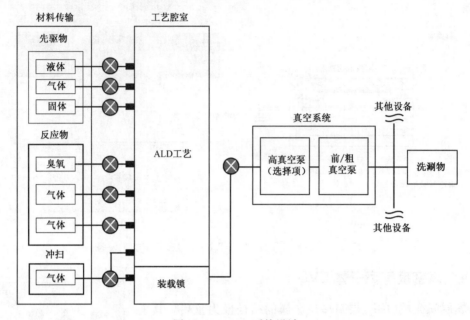

图 12.22　ALD 系统设计

另外,ALD 膜有非常好的共面性,用途包括非常薄的二氧化硅栅,用类似氧化铝的材料填充深槽,以及为铜金属化工艺产生阻挡金属层[10]。每种系统都有优点和缺点,取决于材料和工艺步骤。CVD 概况如图 12.23 所示。

常用型 CVD			
常压 CVD(APCVD)	低压 CVD(LPCVD)	等离子体增强 CVD（PECVD）	高密度等离子体 CVD（HDPCVD）
应　用			
● 低温氧化物 ● 无掺杂硅玻璃 ● 掺杂氧化物 　- 在层间介质中 　- 在平坦化中 　- 在外延层淀积中	● 阻挡层和刻蚀终止层 ● 在薄膜间衬垫层-应力释放 ● 高温淀积 　- 氧化物 　- 氮化硅 　- 多晶硅 　- 钨	● 金属上的绝缘体 ● 氮化物钝化 ● 低 k 介质 ● pMOS 栅电极钝化 ● 源/漏注入终止 ● 金属前介质 ● 金属层间介质 　- 缝隙填充 　- 大马士革互连	● 浅槽隔离填充 ● 高深宽比缝隙填充 ● 金属前介质 ● 金属层间 　- 缝隙填充 　- 大马士革互连

图 12.23　CVD 应用表

12.8　气相外延

气相外延(VPE)与 CVD 系统的不同之处在于 VPE 可淀积化合物材料,如砷化镓(GaAs)。VPE 系统[11]由标准的液体源、管式反应炉和双区扩散炉组成。图 12.24 给出了一个详细的例子，用于淀积外延砷化镓。在主反应室内，砷化镓（GaAs）在晶圆表面上形成要经历两个阶段：$AsCl_3$（三氯化砷）用鼓泡式进入反应炉的起始部分，在此与放置在舟内的固态镓反应。$AsCl_3$ 在起始部分与 H_2 反应，形成 As：

$$4AsCl_3 + 6H_2 \rightarrow 12HCl + As_4$$

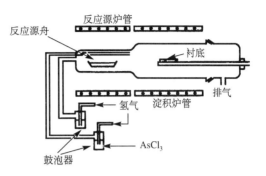

图 12.24　砷化镓 VPE 淀积系统示意图

砷淀积在镓上形成硬壳。流经硬壳的 H_2 在起始部位反应，形成流经晶圆区的 3 种气体：

$$\frac{GaAs}{（固态）} + \frac{HCl}{（气态）} \leftrightarrow \frac{GaCl}{（气态）} + \frac{1/2H_2}{（气态）} + \frac{1/4\ As_4}{（气态）}$$

晶圆区的温度稍低，并且反应是可逆的，GaAs 淀积在晶圆上。该技术具有薄膜清洁的优点，原因在于 Ga 和 $AsCl_3$ 纯度非常高。而且比 MBE 技术有更高的生产率。不足之处在于，该技术产生的薄膜结构没有 MBE 薄膜的质量好。

12.9　分子束外延

对于薄膜淀积系统，始终追求的是对淀积率的控制、低淀积温度和可控的薄膜化学计量。随着这些问题变得越来越重要，分子束外延（MBE）技术已经从实验室中脱颖而出，进入生产研制阶段。MBE 是一种蒸发工艺，优于 CVD 工艺。该系统由压力维持在 10^{-10} 托的淀积反应室组成（见图 12.25）。反应室内是一个或多个单元（称为射流单元，effusion cell），其中含有晶圆上所需材料的高纯度样品。单元上的快门把晶圆暴露在源材料前，电子束[12] 直接撞击在材料的中心，将其加热成液体。液态下，原子从材料中蒸发出来，从单元的开口中溢出，淀积在晶圆的表面上。如果材料源是气态的，此技术称为气态源（gas source）MBE 或 GSMBE。在许多应用当中，将晶圆在反应室内加热，以对到达的原子提供附加的能量。附加的能量加速了外延的生长，并形成质量良好的薄膜。

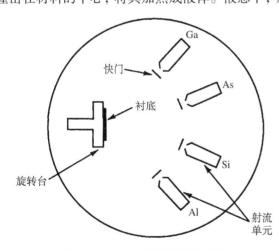

图 12.25　MBE 淀积系统示意图

对于暴露的晶圆表面，淀积原子将以晶圆的定向生长外延层。MBE 提供了极佳的选择，通过反应室的掺杂源内所含有的物质，形成原位掺杂。常规的硅掺杂源在 MBE 系统中并不适用。固态的镓用于 P 型掺杂，锑用于 N 型掺杂。实际上，使用 MBE 系统淀积磷的可能性也不大[13]。

对硅工艺来讲，MBE 系统的主要优点在于低温（400℃～800℃），这样可将自动掺杂和外溢扩散减小到最低。或许，MBE 最大的优势是具有一个工艺步骤（一次抽真空）就可以在晶圆表面上形成多个层的能力。这样的选择需要在反应室内安装几个射流单元和序列化的快门装置,按照正确的顺序和准确的时间将蒸发束引导到晶圆表面。

此外,用 MBE 薄膜的生长速率比较慢,为 $60 \sim 600 \text{ Å/min}$,这是 MBE 的优点,也是缺点[14]。正面地讲,薄膜在形成过程中容易控制,薄膜能够沿一单层增量的方向生长(或混合)。但是,大多数半导体层并不需要控制到这样高的水平和质量,也不需要低的生产效率和过高的开销。

MBE 系统的另一个优越之处在于在反应室内融合了薄膜生长和质量分析仪。采用这些仪器,工艺在晶圆和晶圆之间的控制变得更容易,形成均匀的薄膜。MBE 系统在特殊的微波器件方面和化合物半导体如砷化镓方面,已投入生产使用[15]。

12.10　金属有机物 CVD

金属有机物 CVD(MOCVD)是化合物 CVD 中较新的选择之一。VPE 是化合物淀积系统,而 MOCVD 是指用于 VPE 和其他系统中的源(见图 12.26)。在 MOCVD 工艺中,淀积期望的原子和复杂的有机气体分子结合,并通过一个被加热的半导体晶圆。被加热的分子破裂,将期望的原子一层一层地淀积在表面上。它能生长高质量的半导体层(薄至 1 mm 的百万分之一),这些层的晶体结构与衬底可以完美对齐[16]。

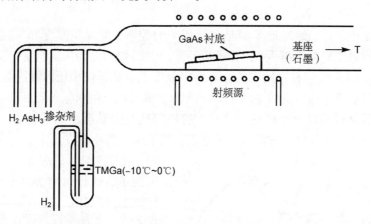

图 12.26　MOCVD 系统(源自:S. K. Ghandhi,*VLSI Fabrication Principle*,Wiley-Interscience,1994)

使用两种化学物质:卤化物和金属有机物。上面描述的在 VPE 中砷化镓的淀积就是一种卤化物工艺。热区形成 III 族卤化物(镓),冷区淀积 III ~ V 族化合物。在砷化镓的金属有机物[17]工艺中,$(CH_3)_3Ga$ 与砷进入反应室反应,形成砷化镓,反应式为

$$(CH_3)_3Ga + AsH_3 \rightarrow GaAs + 3CH_4$$

虽然 MBE 工艺较为缓慢,但 MOCVD 工艺能够满足批量生产的需要,且适合较大的衬底[18]。MOCVD 还具有制造化学成分不同的多层膜的能力。此外,与 MBE 不同,MOCVD 可以在如 InGaAsP 这样的器件中淀积磷。采用 MOCVD 工艺制造的常规器件有光电阴极、高频发光二极管、长波激光、可见激光和橘红色发光二极管(见第 16 章)。

广义地讲,MOCVD 指半导体膜的金属有机物化学气相淀积。当在气相外延系统生长外延层时,使用金属有机源,则称其为 MOVPE[19]。应用包括 III-V 族半导体层的金属有机物化学气相淀积,对于基础研究和器件应用,包括 GaAs、AlAs、AlGaAs、InGaAs 和 InP,另

外还有 III-V 族半导体层的 Δ 形掺杂、量子点的生长、量子线、量子阱、掺杂调制异质结和选择区域外延生长[20]。

12.11　淀积膜

采用 CVD 技术淀积的薄膜，按电性能可分为半导体膜、绝缘体膜和导体膜。下面内容介绍了每一种膜在半导体器件中的主要应用，以及特殊薄膜的使用。这里对特殊薄膜只做概括性的介绍，第 16 章将给出较为细致的解释。导体金属膜的淀积方法将在第 13 章中讨论。

12.12　淀积的半导体膜

至此，我们已经讨论了作为半导体器件和电路基础部分晶圆的形成。但制造高质量的器件和电路，体硅(bulk)晶圆的使用还存在着一些不足。晶圆的质量、掺杂范围和掺杂的控制等因素限制了体硅晶圆的使用，同时也限制了高性能双极型晶体管的制造。解决的方法是硅淀积，称为外延层(epitaxial layer)。这是业界的主要进展之一。早在 1950 年，外延层已成为半导体工艺中的一部分[21]。从那时起，硅淀积工艺便应用于先进的双极型器件的设计，CMOS 电路中对质量要求较高的衬底，以及在蓝宝石和其他衬底上的硅外延层的淀积(见第 14 章)。砷化镓和其他 III ~ V 族和 II ~ VI 族薄膜也采用了外延膜的淀积工艺。外延膜具有与衬底材料同样的材料时(如硅上硅)，产生的薄膜称为同质外延(homoepitaxial)。淀积材料不同于衬底材料时(如硅上砷化镓)，产生的薄膜称为异质外延(heteroepitaxial)。

12.13　外延硅

外延(epitaxial)一词来源于希腊文，意为"安排在上面"。在半导体技术中，指薄膜的单晶结构。在 CVD 反应室内，硅原子被淀积在裸露的晶圆上，形成单晶结构(见图 12.27)。当对化学反应剂进行有效控制，并且正确设置了系统的参数时，具有足够能量的淀积原子到达晶圆表面，并在其表面游动，将自身调整到与晶圆原子的晶体方向相一致。这样，淀积在〈111〉晶向的晶圆上便生长成〈111〉晶向的外延层。

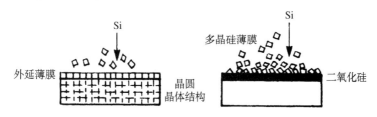

图 12.27　外延膜和多晶膜的生长

另外，如果晶圆的表面有一层薄的二氧化硅、非晶态层表面或污染物[22]，则会影响淀积原子的正确定位，结果导致薄膜结构为多晶硅。这种情形可在某些方面，如 MOS 栅中得以应用。但对于单晶的薄膜结构，则并不希望多晶的出现。

四氯化硅化学源：外延层的淀积可选用一些不同的化学源(见图 12.28)。在选择硅的化学源上，淀积温度、薄膜质量、生长速率及与特殊系统的兼容性均是考虑的因素。其中，一个重要的工艺参数是淀积温度。温度越高，生长速率越快。但过快的生长速率会形成较多的晶体缺陷，产生薄膜裂隙和应力。较高的温度也会造成较高的自动掺杂和扩散外溢(这些效应在下面的章节中描述)。

四氯化硅($SiCl_4$)是硅淀积中首选的化学源。它能够允许高的成形温度(生长速率)并具有可逆的化学反应。在图 12.28 中，双箭头表示在一个方向进行反应形成的硅原子，而在另一方向上的反应将硅去除(刻蚀)。在反应室内，这两种反应彼此竞相进行。

最初，硅表面被刻蚀，为淀积反应做准备。第二阶段，硅的淀积比刻蚀速率快，产生淀积的薄膜。

图 12.29 显示了这两种反应的效果。随着在气体流中增加四氯化硅分子的百分比含量，淀积率首先增加。在比率为 0.1 时，刻蚀反应开始并起主导作用，减慢了生长速率。起始时，在反应室内主要是薄膜的生长。氯化氢(HCl)气体通过流量计进入反应室，刻蚀掉很薄的一层硅表面，为其后的硅淀积做准备。

四氯化硅	$SiCl_4 + 2H_2 \leftrightarrow Si + 4HCl$
硅烷	$SiH_4 + 加热 \rightarrow Si + 2H_2$
二氯二氢硅	$SiH_2Cl_2 \leftrightarrow Si + 2HCl$

图 12.28　外延硅化学源

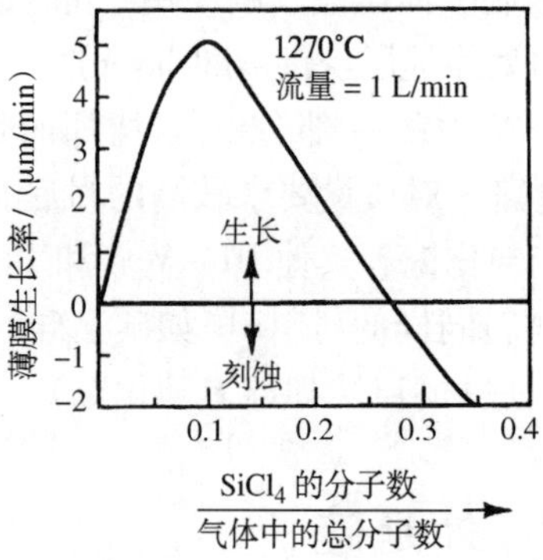

图 12.29　四氯化硅外延淀积的生长-刻蚀特性

硅化学源：硅烷(SiH_4)是第二种常用的硅源。硅烷具有不需要第二种反应气体的优点。它是通过受热分解产生硅原子的。反应温度比 $SiCl_4$ 的反应温度低几百摄氏度，在自动掺杂和晶圆弯曲等方面极具吸引力。硅烷也不会产生图形偏移(见下文"外延膜的质量")。遗憾的是，硅烷在反应时，反应气体遍及整个反应室内，形成粉末状的薄膜而污染晶圆。作为反应源，硅烷在多晶硅和二氧化硅的淀积中有着更多的应用。

二氯二氢硅化学源：二氯二氢硅(SiH_2Cl_2)也是一种用于薄外延膜的低温硅源。较低的温度可减少自动掺杂和在前步工艺扩散埋层中的固态扩散，并提供更加一致的晶体结构。

外延薄膜掺杂：外延薄膜的优点之一就是通过工艺达到精细的掺杂和对掺杂范围的控制。晶圆制造时，其浓度可达到约 $10^{13} \sim 10^{19}$ 原子/cm^3。外延膜的生长可以从 10^{12} 原子/cm^3 到 10^{20} 原子/cm^3，其上限接近磷在硅中的固态溶解度。

薄膜的掺杂是通过将掺杂气流添加到淀积反应物中的方式获取的。掺杂气体源完全与淀积掺杂反应炉内使用的化学物和输送系统相同。实际效果是 CVD 淀积反应室转换成掺杂反应炉。在反应室内，掺杂剂与生长膜相融合，并确定所需的电阻。N 型和 P 型膜能够在 N 型或 P 型晶圆上生长。双极技术中的传统工艺生长的外延膜是在 P 型晶圆上进行 N 型外延膜生长的。

外延膜的质量：工艺中首要关注的就是外延膜的质量。除了通常考虑的污染，还有一些是外延生长的瑕疵。被污染的系统可能引起称为雾霾(haze)的问题[23]。雾霾是一种表面的疑难问题，可从微米级破损变化到可见的灰暗不光滑表面。雾霾来源于残存在反应气体中的氧气或系统泄漏。

在开始淀积时，对淀积表面的污染将引起加速生长，称为"尖刺"(spike)(见图 12.30)。尖刺的高度可能与薄膜的厚度相同。它们会在光刻胶层或其他的淀积膜中产生洞和断裂。

生长期间可能发生一些结晶问题，其中之一是堆垛层错(stacking faults)。堆垛层错是由于原子面周围产生"位错"(dislocation)的相关原子组成的多余原子面。堆垛层错在表面形成并"生长"到薄膜的表面。堆垛层错的形状依赖于薄膜和晶圆的定向。在〈111〉晶向，薄膜的堆垛层错具有锥形的形状(见图 12.31)；而〈100〉面的晶圆形成方形的堆垛层错。堆垛层错可以采用 X 射线或刻蚀技术进行检测。

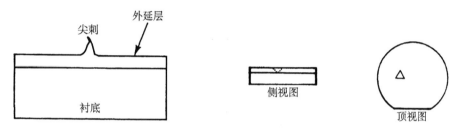

图 12.30　外延生长尖刺　　　　　图 12.31　在〈111〉面上硅的堆垛层错

与〈111〉向相关的晶圆生长问题是图形偏移(pattern shift)。当淀积速率太高并且薄膜在生长时相对于晶圆表面存在角度时，就会发生图形偏移。当依赖于薄膜表面台阶的位置与衬底的图形对准时，图形偏移就成了问题(见图 12.32)。另一个生长中的主要问题是滑移(slip)。滑移来源于对淀积参数的控制不当，并将导致晶格沿分界面方向滑移(slippage)(见图 12.33)。

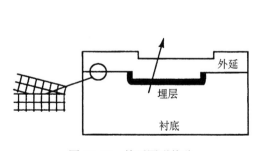

图 12.32　外延图形偏移

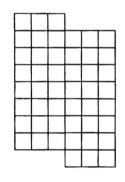

图 12.33　晶格滑移

有两个问题与淀积温度相关，自动掺杂(autodoping)和外溢扩散。当晶圆背面的掺杂原子从晶圆中扩散出去时，与反应气体混合后融合到生长的薄膜内，导致生长膜的自动掺杂(见图 12.34)，从而引起薄膜的电阻率和电导率的变化。在 N 型晶圆上生长的 P 型薄膜中的自动掺杂将比预想的 P 型中的要低一些。P 型浓度较低，是因为自动掺杂的原子中和了一些薄膜内的 P 型原子。

外溢扩散(out-diffusion)有着同样的影响，但其发生在外延膜和晶圆的交接面。外溢扩散的原子来源于外延淀积前扩散到晶圆内的掺杂源。在双极型器件内,该区域称为埋层(buried layer)或次集电极(subcollector)。通常,埋层是在 P 型晶圆内的 N 型区,上面是生长的 N 型外延层。在淀积过程中,N 型原子扩散出来与外延膜的底部结合,使浓度发生变化。极端情况下,埋层可能扩散出来,进入双极型器件的结构内,引起电性能失效。

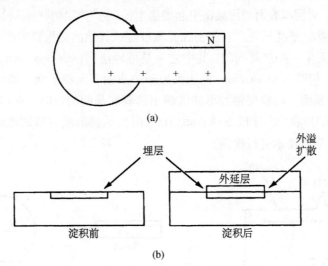

图 12.34　(a)外延的自动掺杂;(b)外溢扩散

CMOS 外延:到 20 世纪 70 年代后期,外延膜的主要应用是作为双极型晶体管的集电极,该技术为器件工作和灵活的隔离相邻器件提供了高质量的衬底(见第 16 章)。较新的或更主要的应用是用于 CMOS 电路的晶圆。CMOS 电路中存在称为"闩锁"(latch-up)效应的问题,该问题提出了对外延层的需要(见第 16 章)。解决方案是在 p$^+$ 衬底上做一层 P 型外延。

外延工艺:典型的外延工艺开始前,对晶圆表面进行彻底、严格地清洗,然后将晶圆装入淀积反应室内。在淀积反应室内,通过一系列步骤来保证正确的淀积薄膜。图 12.35 给出了一个典型的 SiCl$_4$ 的外延工艺。起始的步骤是:对晶圆表面进行气相清洗。清洗之后进行淀积,并伴随着循环的清洗冷却。在所有的步骤中,温度和气体的流量是工艺控制的关键。

循环	温度	气体	目的
1	室温	N$_2$	清除系统中的空气
2	室温	H$_2$	减少在系统中的晶圆所含的有机杂质
3	(加热)	N$_2$	将系统调节到淀积温度
4	淀积温度	HCl	刻蚀晶圆,预备 epi 淀积表面
5	淀积温度	淀积源 + 掺杂物 + 载体	生长外延膜
6	(停止加热)	N$_2$	清除系统内的反应气体

图 12.35　典型的 SiCl$_4$ 外延淀积工艺

选择性外延硅:外延淀积系统的先进性引发了外延膜的选择性生长。尽管用于双极型晶体管和 CMOS 衬底的外延膜淀积在整个晶圆上,但在选择性生长中,它们是通过二氧化硅或氮化硅膜进行生长的。晶圆被放置在反应室内,外延膜直接生长在暴露孔底部的硅上(见图 12.36)。薄膜生长时,它会与晶圆表面下晶体形成定向。这种结构的优点是在外延区域形成的器件由氧化物或氮化物相互隔离。

如果在隔离的表面继续淀积,薄膜的结构则转化为多晶结构。延伸淀积的另一个结果是覆盖的淀积层变成全部的外延性质。所有这些结果,增加了对高级器件设计在结构上的选择。

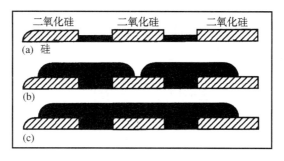

图 12.36　选择性外延生长的步骤

12.14　多晶硅和非晶硅淀积

直到 20 世纪 70 年代中期,硅栅 MOS 器件的出现(见图 12.37),多晶硅才在器件结构中得以应用。硅-栅器件技术加速了淀积多晶硅薄膜的可靠工艺的需求。到 20 世纪 80 年代,多晶硅似乎成了先进器件材料的主力军。除了 MOS 栅,多晶硅还用在 SRAM 器件中的负载电阻、沟槽填充;EEPROM 中的多层聚合物、接触阻隔层;双极型器件的发射极和硅化物金属配置中的一部分(见第 13 章和第 16 章)。

早期的工艺仅涉及将覆盖有氧化物的晶圆放在水平式 APCVD 系统中,并在氧化物上淀积多晶硅。多晶硅的淀积和外延淀积的主要区别是硅烷(Silane)的使用。硅烷没有受到外延膜淀积的青睐,而在多晶硅淀积中得到了广泛的应用。

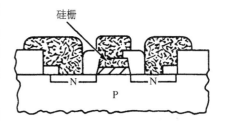

图 12.37　MOS 晶体管的硅栅截面图

典型的多晶硅淀积工艺的温度在 600℃ ~650℃ 范围。淀积可能来自 100% 的硅烷或含有 N_2 或 H_2 的气体。多晶硅的结构在前面描述过,如硅原子在整体上的无序排列。在淀积多晶硅时,结构有些不同。在淀积的起始阶段,温度在 575℃下,结构是非晶态的。淀积工艺形成的多晶结构由单晶硅的小核(晶体或晶核)组成。单晶硅被晶核的边界分隔。这种结构称为柱形多晶(columnar poly)。

薄膜的电流特性显示出晶核的尺寸和边界一致性的重要性。当电流流经核边界时,形成电流阻力。核边界越大,电阻越大。要获取器件之间及器件内部持续的电流,需要对多晶硅结构给予良好的控制。为此,在气体流中加入 H_2,其好处之一是降低了晶圆表面的不纯度和潮湿。随之,导致成核尺寸的减小。在系统中,潮气和不纯净的氧气会引起结构内部二氧化硅的生长,而二氧化硅增加了薄膜的电阻和在后续的掩模工艺中的刻蚀能力。

所有的系统常规工作参数(温度、硅烷浓度、抽真空速率、氮气流量或其他气体流量[24])都会影响淀积率和成核尺寸。通常,晶圆在 600℃ 左右淀积后进行退火,进一步形成对薄膜的晶体化。无论什么时候,当晶圆通过高温工艺,都会产生再晶体化过程。因此,在完整的器件或电路上的多晶硅薄膜的成核尺寸和电参数与淀积时的薄膜是完全不同的。

同样，气体中的掺杂物也是影响成核大小的因素。在许多器件或电路中，起着导体作用的带状多晶硅，需要采取掺杂的方式减小电阻率。掺杂可采取扩散的方式，在淀积的前后或注入工艺时进行。

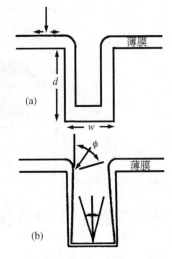

通过将掺杂气体加入反应气体中，并同时流入反应室，在淀积的同时可形成原位(in situ)掺杂。当加入乙硼烷(硼源)时，淀积率则有较大提高。当磷烷(磷源)或砷烷(砷源)作为掺杂气体时，其效果则相反。原位(in situ)掺杂所不希望的效果是薄膜的均匀性、掺杂的均匀性和掺杂率的控制上的损失等。由于掺杂剂嵌入到成核的边界引起电阻率的降低，掺杂的多晶硅薄膜的电阻率小于那些同等掺杂量的外延硅或体硅。

大多数多晶硅层是采用 LPCVD 系统进行淀积的。该系统提供了良好的生产效率和较低的淀积温度。由于多晶硅通常在稍后的工艺流程中淀积，并且表面随着形貌而变化，所以 LPCVD 提供了良好的台阶覆盖性(见图 12.38)。单反应室多晶硅 LPCVD 系统提供了比较高的淀积率而无须较高的温度[25]。

图 12.38　台阶覆盖。(a)正常的台阶覆盖；(b)异常的台阶覆盖

12.15　SOS 和 SOI

SOS 和 SOI 这两个缩写分别代表了 Silicon On Sapphire 和 Silicon On Insulator。两者都是指在非半导体表面淀积硅。对此结构的需求产生于有源器件下的半导体衬底存在对一些 MOS 器件的限制。这些问题可通过在绝缘的衬底上形成硅层来解决。应用于此的第一个衬底是蓝宝石(SOS)。随着对不同衬底的研究，该术语便被延伸到更为通用的绝缘体硅上(SOI)。

一种方法是在衬底上直接淀积，此后通过再晶体化过程(激光加热、条形加热器、氧气注入)形成有用的薄膜[26]。另一种方法是在表面氧化物上的孔内进行选择性淀积，过生长后形成连续的薄膜。

另外的 SOI 方法是 SIMOX。在这种工艺中，晶圆的顶层被转化成富氧注入的氧化物。外延层生长在氧化物上。有一些键合晶圆(bonded wafer)的研究，这种方法是使两个晶圆键合在一起，然后对其中之一减薄(研磨和抛光)到器件层所需的厚度[27]。

12.16　在硅上生长砷化镓

砷化镓是一种大量用的 III-V 族半导体材料。然而，它易碎，并且其晶圆直径限制在 4 英寸(102 mm)。在硅晶圆上生长砷化镓的尝试已经突破彼此晶格失配。在生长工艺中，失配引起使器件性能退化的位错。一种新方法是首先在硅晶圆上生长一个薄的钛酸锶膜。它与硅反应形成无定形的二氧化硅层。当淀积砷化镓膜时，二氧化硅层起到吸收失配的衬垫作用，如此可以形成一个单晶层[28]。

12.17　绝缘体和绝缘介质

淀积薄膜中最常用的方法是 CVD，其在器件或电路中的作用为绝缘体或绝缘介质。应用广泛的两种薄膜是二氧化硅和氮化硅。通常，在器件和电路的设计中，它们的用途具有多样性。虽然存在工艺和质量上的差异，但它们可以满足与其他淀积膜类似的综合性要求。

12.17.1　二氧化硅

淀积的二氧化硅膜是作为覆盖整个晶圆的最终一层钝化膜，这一点在长期的应用中已成为共识。作为钝化膜，它们起到对电路器件和组件的物理及化学性能上的保护。

人们熟知的用来作为顶层保护层的淀积二氧化硅膜有 Vapox，Pyrox 或 Silox 等术语。Vapox（气相淀积的氧化膜）是由仙童（Fairchild）公司工程师创造的术语。Pyrox 代表 Pyrolitic 氧化物。Silox 是应用材料（Applied Materials）公司注册的商标，有时该层简称为玻璃。随着保护作用的扩展，在多层金属结构中，淀积的二氧化硅作为多层金属设计中的中间绝缘层、多晶硅和金属之间的绝缘层、掺杂阻挡层，以及扩散源隔离区域。二氧化硅已经成为硅-栅结构中的主要组成部分。

有由热氧化物或二氧化硅或氮氧化物/二氧化硅（采用 TEOS 淀积）组成的栅堆叠和在多层金属设计中的连接孔的各种二氧化硅填充[29]。

采用 CVD 方法淀积的二氧化硅膜在结构和化学计量上不同于热生长的氧化膜。视淀积温度的不同，淀积的氧化物具有比较低的密度和不同的机械性能，如折射系数、对裂纹的抵抗、绝缘强度和刻蚀速率。薄膜掺杂对这些参数有较大的影响。在许多工艺中，对淀积的薄膜采取高温热处理，称为致密（densification）作用。在致密过程之后，淀积的二氧化硅膜在结构和性能上接近热氧化膜。

由于铝和硅的合金过程不允许在450℃以上进行，所以需要在低温下淀积 SiO_2。早期使用的淀积工艺是采用水平热传递 APCVD 系统，通过硅烷和氧气的反应得到：

$$SiH_4 + O_2 \rightarrow SiO_2 + 2H_2$$

这种工艺形成的薄膜，由于是在450℃淀积，薄膜的质量较差，并不适用于高级的器件设计和较大的晶圆。

LPCVD 系统的开发为获取高质量的薄膜提供了可能，特别是对台阶覆盖和低应力等因素。

从质量和生产效率的角度考虑，LPCVD 工艺是首选的淀积技术。二氧化硅在高温（900℃）LPCVD 中采用二氯硅烷与氧化氮反应形成的：

$$SiCl_2H_2 + 2NO_2 \rightarrow SiO_2 + 2N_2 + 2HCl$$

正硅酸乙脂（TEOS）：到目前为止，二氧化硅的淀积主要来源于 $Si(OC_2H_5)$，称为 TEOS。TEOS 的历史可追溯到 20 世纪 60 年代。早期的系统依赖于 TEOS 在750℃左右高温时的分解。目前的淀积是基于 20 世纪 70 年代确立的热壁 LPCVD 系统，温度在400℃以上。与等离子体配合（PECVD 或 PETEOS）使用的 TEOS 允许淀积温度在亚400℃范围[30]。对 0.5 μm 的器件，这种工艺在高深宽比图形的覆盖一致性上受到限制。通过在反应气流中加入臭氧（O_3）可以改进台阶覆盖的性能[31]。

另外一种选择是在氩气等离子体中，硅烷与一氧化氮反应：

$$SiH_4 + 4N_2O \rightarrow SiO_2 + 4N_2 + 2H_2O$$

12.17.2　掺杂的二氧化硅

二氧化硅的掺杂可以改善相应的保护特性和流动性，或者用来作为掺杂源。最早用于淀积氧化物的掺杂剂是磷。磷源来自加入淀积气体流中的磷烷。合成的玻璃称为磷硅玻璃或PSG。在玻璃内部，磷以五氧化二磷(P_2O_5)的形式存在，使得该玻璃成为双重化合物，或更精确地说，是二元玻璃。

磷的作用有三重。加入的掺杂剂增加了玻璃对湿气的阻挡特性；可动离子污染物质被磷吸附，防止进入晶圆的表面，该反应称为"吸杂"(gettering)；第三个方面是流动特性的提高(见图12.39)，有助于在加热到1000℃左右时，玻璃表面的平坦化。磷的含量限制在大约8%(质量比)。高于这一水平，玻璃变得吸水和吸湿。湿气能够与磷反应，形成磷酸，侵袭下面的金属线。

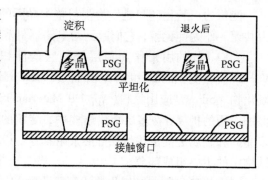

图12.39　通过玻璃流动使表面的平坦化

硼也经常通过使用硼烷(B_2H_6)而添加到玻璃中。硼的作用也是增强膜的流动性(见图12.39)。合成的玻璃称为硼玻璃(BSG)，硼和磷也经常同时用于玻璃中，合成结果为硼磷玻璃(BPSG)。

12.17.3　氮化硅

氮化硅可替代氧化硅使用，特别是对顶部保护层。氮化硅比较硬，可以比较好地保护表面避免划伤，氮化硅也是一种较好的湿气和钠的阻挡层(无掺杂)，具有较高的绝缘强度和抗氧化能力。后者的特性可使氮化硅在硅的局部氧化(LOCOS)中使用，以达到隔离的目的。图12.40中显示了它的工艺，带有图形的氮化硅岛保护岛下面的氧化物。在热氧化和去除氮化硅后，晶圆表面的区域用于器件的形成，并被氧化物的隔离区域分开。氮化硅的不足之处在于它的流动性不如氧化物，而且比较难以刻蚀。采用等离子体刻蚀工艺可以克服刻蚀上的限制。

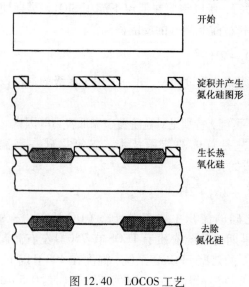

图12.40　LOCOS工艺

早期，用氮化硅作为保护膜所受到的限制是由于缺乏低温淀积工艺。在APCVD系统中，使用硅烷或$SiCl_2H_2$淀积氮化硅的温度在700℃～900℃之间(见图12.41)。薄膜的成分是Si_3N_4。反应也可以在LPCVD反应室内进行，但是在铝金属层上淀积时,其温度要足够低。PECVD 的出现开始了不同化学源的使用,其中之一是硅烷与氨气(NH_3)或氮气在氩气等离子体状态下的反应。

| 硅烷 | $3SiH_4 + 4NH_3 \rightarrow Si_3N_4 + 12H_2$ |
| 二氯硅烷 | $3SiCl_2H_2 + 4NH_3 \rightarrow Si_3N_4 + 6H_2 + 6HCl$ |

图 12.41 氮化硅淀积反应

12.17.4 高 k 和低 k 介质

除了上述提及的介质,有几种为特殊应用的其他类型的淀积。它们分成广泛的高 k 和低 k 介质。第 2 章描述了电容器的基础。回顾一下,一个材料的 k 值称为介电常数(dielectric constant)。它与电容器的电容量相关。高 k 材料制造具有更高存储电荷容量的电容器。它们也已经被结合进 MOS 器件作为栅介质(叠层栅)。ALD 和 MOCVD 淀积系统适合于这种应用,因为它们具有高水平的厚度控制[32]。高 k 介质的用途将在第 16 章讨论。

低 k 材料用在金属化系统,作为晶圆表面和主要金属系统间的阻挡层。在这种情况下,电容器的功能应该是低 k 介质以便于信号传导。这些低 k 材料将在第 13 章讨论。

12.18 导体

传统的铝和铝合金的金属导体采用蒸发或溅射的方法进行淀积。硅栅 MOS 晶体管出现,使增加掺杂的多晶硅作为一种器件的导体。再加上,多层金属结构和新导电材料的出现,将 CVD 和 PVD 技术延伸到导电金属领域。在下一章中,将介绍这些金属淀积的技术和应用。

习题

学习完本章后,你应该能够:
1. 指出 CVD 反应室的组成。
2. 描述化学气相淀积的原理。
3. 列出由 CVD 技术淀积的导体、半导体和绝缘材料。
4. 了解常压 CVD、LPCVD、热壁系统和冷壁系统的区别。
5. 解释外延层和多晶硅层之间的区别。

参考文献

[1] Hayes, J. and Van Zant, P., *CVD Today Seminar Manual*, *Semiconductor Services*, 1985, San Jose, CA:9.

[2] Wolf, S. and Tauber, R., *Silicon Processing for the VLSI Era*, 1986, Lattice Press, Sunset Beach, CA:165.

[3] Hammond, M. L., "Epitaxial Silicon Reactor Technology: A Review," *Solid State Technology*, May 1988:160.

[4] Ibid.

[5] Hayes, J. and Van Zant, P., *CVD Today Seminar Manual*, 1985, Semiconductor Services, San Jose, CA:13.

［6］ Wolf,S. and Tauber,R.,*Silicon Processing for the VLSI Era*,1986,Lattice Press,Sunset Beach,CA:165.

［7］ Meyerson,B.,Kaiser,H.,and Schultz,S.,"Extending Silicon's Horizon through UHV/CVD," *Semiconductor International*,Cahners Publishing,Mar. 1994:73.

［8］ Singer,P.,"The Future of Dielectric CVD: High Density Plasma?" *Semiconductor International*,Jul. 1997: 127.

［9］ Applied Materials,Centura Isprint Tungston ALD/CVD Product Description,http://www. appliedmaterials. com/technologies/library/centura-isprint-tungstenaldcvd. June 2013.

［10］ Braum,A.,"ALD Breaks Materials,Conformity Barriers," *Semiconductor International*,Oct. 2001:52.

［11］ Williams,R.,*Gallium Arsenide Processing Techniques*,1984,Artech House,Dedham,MA:44.

［12］ Wolf,S. and Tauber,R.,*Silicon Processing for the VLSI Era*,1986,Lattice Press,Sunset Beach,CA:157.

［13］ Singer,P.,"Molecular Beam Epitaxy," *Semiconductor International*,Oct. 1986:42.

［14］ Ibid.

［15］ Ibid.

［16］ Burggraaf,P.,"The Growing Importance of MOCVD," *Semiconductor International*,Nov. 1986:47.

［17］ Department of Electronic Materials Engineering,*Tech Note*,2002,The Australian National University.

［18］ Burggraaf,P.,"The Growing Importance of MOCVD," *Semiconductor International*,Nov. 1986:48.

［19］ Burggraaf,P.,"The Status of MOCVD Technology," *Semiconductor International*,Cahners Publishing,Jul. 1993:81.

［20］ Thompson,A.,Stall,R.,and Droll,B.,"Advances in Epitaxial Deposition Technology," *Semiconductor International*,Cahners Publishing,Jul. 1994:173.

［21］ Department of Electronic Materials Engineering,*Tech Note*,2002,The Australian National University.

［22］ Hammond,M. L.,"Epitaxial Silicon Reactor Technology: A Review," *Solid State Technology*,May 1988:159.

［23］ Roberge,R. P.,"Gaseous Impurity Effects in Silicon Epitaxy," *Semiconductor International*,Jan. 1988:81.

［24］ Sze,S. M.,*VLSI Technology*,1983,McGraw-Hill,New York,NY:119.

［25］ Venkatesan,M. and Beinglass,I.,"Single-Wafer Deposition of Polycrystalline Silicon," *Solid State Technology*,PennWell Publishing,Mar. 1993:49.

［26］ Jastrzebski,L.,"Silicon CVD for SOI: Principles and Possible Applications," *Solid State Technology*,Sep. 1984:239.

［27］ Yallup,K.,"SOI Provides Total Dielectric Isolation," *Semiconductor International*,Cahners Publishing,Jul. 1993:134.

［28］ Singer,P.,"GA-As-on-Silicon,Finally！" *Semiconductor International*,October,2001:36.

［29］ Singer,P.,"Directions in Dielectrics in CMOS and DRAMs," *Semiconductor International*,Cahners Publishing,Apr. 1994:57.

［30］ Chin,B. L. and van de Ven,E. P.,"Plasma TEOS Process for Interlayer Dielectric Applications," *Solid State Technology*,Apr. 1988:119.

［31］ Maeda,K. and Fisher,S.,"CVD TEOS/O3: Development History and Applications," *Solid State Technology*,PennWell Publishing,Jun. 1993:83.

［32］ Deweerd,W.,Delabie,A.,Van Elshocht,S.,et al.,"ALD vs. MOCVD for High-k Deposition in 45-nm CMOS and Below," *Future Fab Intl.*,Jan. 2006:20.

第13章　金属化

13.1　引言

集成电路的制造可以分成两个主要的部分。首先，在晶圆内及其表面制造出有源器件和无源器件，这称为前端工艺线或者 FEOL。在后端工艺线(BEOL)中，需要在芯片上用金属系统来连接各个器件和不同的层。在这一章中，金属化工艺所要用到的材料、规范和工艺，将随着金属在芯片制造中的应用而逐步阐明。用在 CVD、蒸发、离子注入和溅射系统的真空泵将在这一章的结束时进行介绍。

金属薄膜在半导体技术中最普遍的用途就是表面连线。把各个元件连接到一起的材料、工艺、连线过程一般称为金属化工艺(metallization process)。根据器件的复杂度和性能要求，电路可能要求单层金属或多层金属系统。可能使用铝合金或铜作为导电的金属。

13.2　淀积方法

淀积方法包括如下几种：

- 铝合金和其他金属溅射法；
- 多晶硅、钨和其他难熔金属的低压 CVD 法；
- 用电镀的双大马士革铜工艺。

金属化技术，像其他制造工艺一样，经过改进和发展以应对新的电路要求和新材料。到20世纪70年代中期，对于可编程只读存储器(PROM)，主要的金属淀积是真空蒸发铝、黄金和熔丝金属。多层金属和合金系统的出现，以及更好的台阶覆盖的需要，导致作为超大规模集成电路(VLSI)制作标准的淀积技术的溅射的引入。难熔金属的使用已经将第二种技术——化学气相淀积法(CVD)，添加到金属化工艺师的方法库中。随着金属电镀的双镶嵌工艺的开发，采用铜作为一种主要的金属。

多层系统导致阻挡层和黏附层，插塞和中间层的开发。下文将探讨单层金属和多层金属系统基础。

13.3　单层金属

在中规模集成电路(MSI)时代，金属化工艺相对要简单一些(见图13.1)，仅需要单层金属的工艺流程。首先在表层刻蚀连接各个器件的小孔，称为"接触孔"(contact hole 或contact)，在称为接触孔光刻的光刻步骤产生。接在连接孔光刻工艺后，通过真空蒸发、溅射或 CVD 技术在整个晶圆表面淀积一层导电金属薄层(现在约为0.5 μm)。用传统的光刻和刻蚀工艺或剥离技术将这些层不要的部分去掉；做完这一步之后，晶圆表面就留下了金属细线，称为"导线"(lead)、"金属线"(metal line)或"互相连接"(interconnect)。通常来说，为了确保金属和晶圆之间具有较好的导电性能，经常在金属的光刻之后加入一个热处理步骤，或者称为"合金化"(alloying)过程。这个基本过程如图13.1所示。

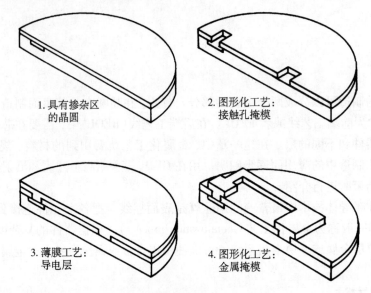

1. 具有掺杂区　　　　　　　　2. 图形化工艺：
　　的晶圆　　　　　　　　　　　接触孔掩模

3. 薄膜工艺：　　　　　　　　4. 图形化工艺：
　　导电层　　　　　　　　　　　金属掩模

图 13.1　第一层金属化工艺流程

不管金属化系统的结构如何，它必定符合以下条件：

- 良好的电流负载能力(电流密度)；
- 与晶圆表面(通常是 SiO_2)具有的良好的黏合性；
- 易于图形化的工艺；
- 与晶圆材料具有良好的电接触性能；
- 高纯度；
- 耐腐蚀；
- 具有长期的稳定性；
- 能够淀积出均匀而且没有"空洞"和"小丘"的薄膜；
- 均匀的颗粒结构。

13.4　多层金属设计

增加芯片密度能够在晶圆表面放置更多的元件，这实际上就减少了表面连线的可用空间。这个两难的问题的解决方法就是利用有 2 ~ 4 层独立金属层(见图13.2)的多层金属结构。国际半导体技术路线图(ITRS)预测到2020年金属层将达到 15 ~ 20 层[1]。图13.3显示了一个典型的两层金属的堆叠结构。这种堆叠结构的底部是在硅表面形成的硅化物阻挡层(barrier layer)，这有利于降低硅表面和上层之间的阻抗。如果铝作为导电材料的话，阻挡层也能够阻止铝和硅形成合金。接下来是一层介质材料层，可称之为金属间介质层(Intermetallic Dielectric Layer, IDL 或 IMD)，它在两个金属层之间提供电绝缘作用。这种介质材料可能是淀积的氧化物、氮化硅或聚酰亚胺膜。这一层需要进行光刻以形成新的连接孔，这些连接孔称为通孔（via）或塞（plug），它们下到第一层金属。在这些连接孔中淀积导电的材料，就可以形成导电的塞。紧接着，第一层的金属层被淀积并进行图形化工艺。在以后的工艺中，重复 IMD/塞/金属淀积或图形化工艺，就形成了多层金属系统。多层金属系统更昂贵，良品率较低，同时需要尽量使晶圆表面和中间层平坦化，才能制造出比较好的载流导线。

高级多层逻辑器件

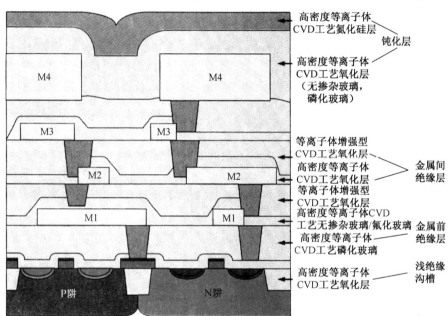

图 13.2 多层金属结构

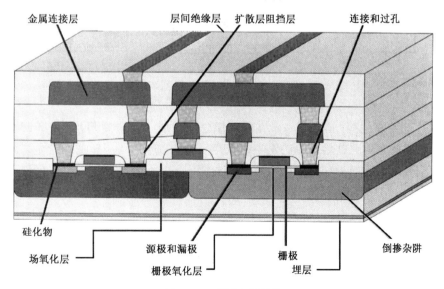

图 13.3 两层金属结构

13.5　导体材料

13.5.1　铝

这一节将介绍3种主要用于金属互连层的材料。在超大规模集成电路(VLSI)开发之前,主要的金属化工艺材料就是纯铝。通常来讲,了解为什么选择铝以及铝的局限性,对于理解金属化工艺系统是很有教育意义的。从导电性能的角度来看,铝的导电性要比铜和金差一些。如果用铜直接替代铝,铜与硅的接触电阻很高,并且如果铜进入器件区将引起器件性能的灾难。而铝则不具有上面所说的问题,因而成为一种较好的选择。它有足够低的电阻率$(2.7\ \mu\Omega \cdot cm)$[2],有很好的过电流密度。它对二氧化硅有优异的黏附性,有很高的纯度,天然地和硅有很低的接触电阻,并且用传统的光刻工艺易于进行图形化工艺。铝原料可被提纯到5~6个"9"的纯度(99.999%~99.9999%)。

13.5.2　铝硅合金

晶圆表面的浅结是最初使用纯铝导线所遇到的问题之一。前面已经讲到,为了降低并稳定铝-硅界面的接触电阻,需要对晶圆进行烘焙,以形成所谓的"欧姆接触",这时电压-电流的特征行为服从欧姆定律。遗憾的是,铝和硅能够相互溶解,而且在577℃时它们存在一个共熔点。共熔现象是指当两种材料相互接触并进行加热时,它们的熔点将比各自的熔点低得多。共熔现象发生在一个温度范围之内,铝硅共熔大概在450℃左右就已经开始了,而这个温度是形成良好的电接触所必需的。问题的关键在于所形成的合金能够溶解进硅晶圆内,如果其表面有浅结点,则合金区域将扩散并进入这些结点,从而造成这些结点的短路(见图13.4)。

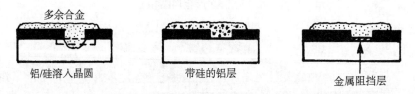

多余合金

铝/硅溶入晶圆　　　　带硅的铝层　　　　金属阻挡层

图13.4　铝和硅接触点的共熔合金化反应

解决这个问题有两种办法:其一,在硅和铝之间增加一个金属阻挡层(见13.5.4节)来隔离铝和硅,以此来避免共熔现象的发生;其二,采用含硅1%~2%的铝合金,在接触加热的处理中,铝合金更倾向于和合金内部的硅发生作用,而不是晶圆中的硅。当然了,这个方法并不是百分之百有效,晶圆和铝之间的合金化反应还是经常会发生的。

13.5.3　铝铜合金

铝还会遭遇所谓电迁徙(electromigration)的问题。在VLSI/ULSI电路中,铝导线比较细长,而且经常承载很高的电流,这时就会发生问题。电流在导线内部产生一个电场,并且电场强度从输入端到输出端逐渐减弱。同时,电流所产生的热也产生一个热梯度。在它们的作用下,导线内部的铝就会运动并沿着两个梯度的方向扩散。这样最直接的影响就是使导线变细。在极端的情况下，导线甚至会完全断开。遗憾的是，这种情况经常在集成电路的使用后发生，从而引起芯片失效。不过，通过淀积含铜 0.5% ~4% 的铝铜合金[3]或含钛 0.1% ~0.5% 的铝钛合金，就可以防止或减轻电迁移现象。在实际的应用中，人们经常使用既含有铜又含有硅的铝合金以防止合金化问题和电迁移问题。

在早期铝合金是通过蒸发系统中放置分离的源进行淀积的。这样导致增加了淀积设备和工艺的复杂性。同时，与纯铝相比，它也增加了薄膜的电阻率。增加的幅度因合金成分和热处理工艺的不同而异，通常多达 25% ~30%[4]。

13.5.4　阻挡层金属

使用阻挡层是一种防止硅和铝金属化共晶合金的方法。使用钛钨（TiW）和氮化钛（TiN）两层。在铝或铝合金淀积之前，将 TiW 溅射淀积在晶圆开口的接触孔上。在铝刻蚀步骤中，淀积在场氧化层上的 TiW 被从表面去除。有时，在 TiW 淀积之前，在暴露的硅上面形成第一层硅化铂。

可以用所有的淀积技术将氮化钛层放置在晶圆表面，如蒸发、溅射和 CVD。还能用在氮气或氨气中，在 600℃ 形成钛的热氮化层[5]。CVD 氮化钛层有良好的台阶覆盖，并能填充亚微米接触孔。在 TiN 膜下要求有一层钛，目的是和硅衬底之间提供一个高的电导率中间层。

用铜金属化时，阻挡层也是关键。在硅中的铜会毁坏器件的性能。使用的阻挡层金属是 TiN、钽（Ta）和氮化钽（TaN）[6]。

13.5.5　难熔金属和难熔金属硅化物

虽然通过采用铝合金和阻挡层金属技术，电迁徙和共晶合金的限制已被缓解，接触电阻的问题或许成为铝金属化的最终限制。金属系统的全面效果由电阻率、长度、厚度和全部金属和晶圆互连的总的接触电阻所决定。在简单的铝系统中，有两个接触：硅-铝互连和铝互连-压焊线。在具有多层金属层、阻挡层、填塞、多晶硅栅和导体及其他中间导电层的 ULSI 电路中，连接的数目变得非常大。全部单个接触电阻加起来可能主导金属系统的导电性（见图 13.2）。

接触电阻受材料、衬底掺杂和接触孔尺寸的影响。接触孔尺寸越小，电阻越高。遗憾的是，ULSI 芯片有更小的接触孔，并且大的门阵列芯片表面可能占接触面积的 80%[7]。这两项使接触电阻在 VLSI 金属系统性能中成为决定因素。铝硅接触电阻及合金问题已导致开始为 VLSI 金属化研究其他金属。与铝相比，多晶硅有更低的接触电阻，并用在 MOS 电路中（见图 13.5）。这是传奇式的硅栅（silicon gate）MOS 器件结构。

难熔金属和它们的硅化物提供了低的接触电阻。有意义的难熔金属是钛（Ti）、钨（W）、钽（Ta）和钼（Mo）。当它们在硅表面被合金时，分别形成它们的硅化物（$TiSi_2$、WSi_2、$TaSi_2$ 和 $MoSi_2$）。在 20 世纪 50 年代第一次提出将难熔金属用于金属化，但是由于缺乏可靠的淀积方法，使用它们的技术一直停滞。随着 LPCVD 和溅射工艺的开发，情况才发生了改变。

所有的现代电路设计，尤其是 MOS 电路，使用难熔金属或它们的硅化物作为中间层（塞）、阻挡层或导电层。更低的电阻率和更低的接触电阻（见图 13.6）使它们作为导电膜更具吸引力，但是杂质和淀积均匀性问题使它们作为 MOS 栅电极的吸引力降低。对此问题的解决方法是多晶硅化物和硅化物栅结构,它是在硅栅上做一个硅化物的结合。这种结构的细节将在第 16 章解释。

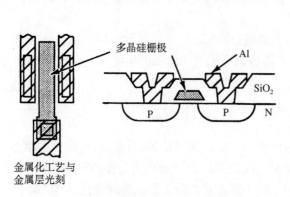

图 13.5　为了金属化连接延伸的硅栅电极

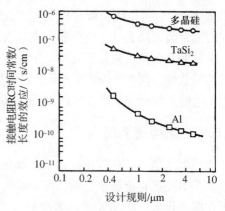

图 13.6　接触电阻对电阻电容(RC)时间常数的影响

13.6　金属塞

　　难熔金属最广泛的用途是在多层金属结构中的通孔填充。这个工艺称为塞填充(plug filling),填充的通孔称为塞(见图 13.7)。或者用选择性钨淀积通过表面的孔到第一层金属,或者用 CVD 技术填充这种通孔[8]。在可用的难熔金属中,大量使用钨是作为铝硅的阻挡层、MOS 栅互连和作为通孔塞。钨依靠其良好的台阶覆盖、降低电阻、抗电迁移和耐高温而受到青睐。然而,它与硅的接触电阻和黏附性的挑战需要额外的层,形成典型的钨堆叠(stack)。在钨淀积之前,Ti 首先(接触)被淀积,其次是 TiN(增加黏附性)。此外,通孔可用钨填充,反刻蚀或用化学机械处理(CMP)工艺进行平坦化。

13.7　溅射淀积

　　历史悠久的金属淀积工艺是真空蒸发[9]。蒸发发生在一个不锈钢罩中,晶圆固定在由电子流加热蒸发的金属源上方的旋转的圆顶上(见图 13.8)。随着铝合金和深宽比的通孔覆盖台阶的引入,这种方法遇到了限制。不同的金属以不同的速率蒸发,它使得淀积均匀的合金很困难。更大直径晶圆的到来限制了蒸发系统的生产速率。溅射淀积(溅射)解决了这些问题,并成为标准的金属淀积方法。

　　溅射淀积(溅射)是另一种物理气相淀积(PVD)工艺,在 1852 年,威廉·罗伯特·格罗夫(William Robert Grove)[10]爵士第一次阐明了溅射

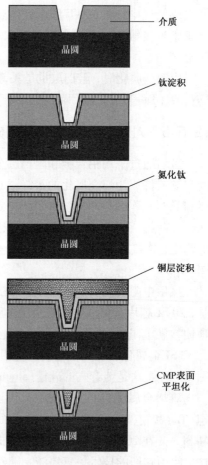

图 13.7　钨塞工艺步骤

工艺。它几乎可以在任何衬底上淀积任何材料,而且广泛应用在人造珠宝涂层、镜头和眼镜的光学涂层的制造中。关于溅射法对半导体业益处的讨论,直到其原理和方法都被掌握才得以停止。

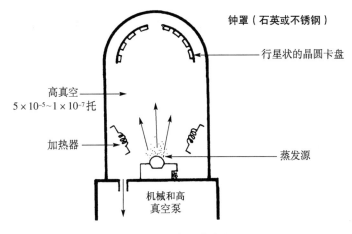

图 13.8 真空蒸发器

在真空反应室中,由镀膜所需的金属构成的固态厚板称为靶材(target)(见图 13.9),它是电接地的。首先将氩气充入室内,并且电离成正电荷。带正电荷的氩离子被接地的靶吸引,加速冲向靶。在加速过程中这些离子受到引力作用,获得动量,轰击靶材。这样在靶上就会出现动量转移现象(momentum transfer)。正如打桌球时,受杆击的球把能量传递到其他球,使它们分散一样,氩离子轰击靶,引起其上的原子分散(见图 13.10)。被氩离子从靶上轰击出的原子和分子进入反应室,这就是溅射过程。被轰击出的原子或分子散布在反应室中,其中一部分渐渐地停落在晶圆上。溅射工艺的主要特征是淀积在晶圆上的靶材不发生化学或成分变化。

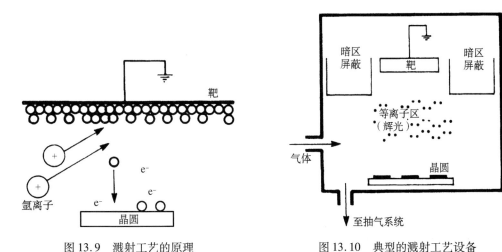

图 13.9 溅射工艺的原理　　　　　图 13.10 典型的溅射工艺设备

溅射相对于真空蒸发优点很多。一是前面所说的靶材的成分不会改变。这种特征的直接益处就是有利于合金膜和绝缘膜的淀积。合金真空蒸发的问题在前文已做过描述。对于溅射工艺来说,含有 2% 铜的铝靶材就可以在晶圆上生长出含有 2% 铜的铝薄膜。

台阶覆盖度也可以通过溅射来改良，蒸发来自于点源，而溅射来自于平面源(见图13.11)。因为金属微粒是从靶材各个点溅射出来的，所以在到达晶圆承载台时，它们可以从各个角度覆盖晶圆表面。台阶覆盖度还可以通过旋转晶圆和加热晶圆得到进一步的优化。

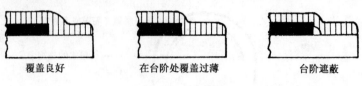

覆盖良好　　　　　　在台阶处覆盖过薄　　　　　台阶遮蔽

图 13.11　阶梯覆盖

溅射形成的薄膜对晶圆表面的黏附性也比蒸发工艺提高很多。首先，轰击出的原子在到达晶圆表面时的能量越高，所形成薄膜的黏附性就越强。其次，反应室中的等离子体环境有"清洁"晶圆表面的作用，从而增强了黏附性。因此在淀积薄膜之前，将晶圆承载台停止运动，对晶圆表面溅射一小段时间，可以提高黏附性和表面洁净度。在这种模式下，溅射系统所起的作用与在第10章介绍的离子刻蚀(溅射刻蚀，反溅射)设备一样。

对台阶覆盖和在深孔中形成均匀的薄膜的另一种技术是准直射束(见图13.12)。原子以多种角度从靶中出来，并趋于在底部填充之前填充孔的侧壁。准直器是一个物理的阻挡板，它类似于具有圆的或六边孔的蜂巢。为了电中和，将其接地。以任何角度到达准直器的原子在其侧壁被俘获，而垂直角度的原子继续到晶圆的表面。准直器的厚度是原子束准直度的一个因子。

在高深高比的孔中，均匀的薄膜覆盖总是采用准直系统。通常地，溅射靶材料是原子。研究发现，将金属引入等离子体中可产生离子。在晶圆上还施加了偏置，吸引金属离子直接进入孔中，提供更均匀的覆盖。这种工艺称为离子化淀积或 I-PVD。而且在孔的底部有二次溅射(resputter)发生。首先，一层金属放下，正在进入的离子有效地溅射这底层，依次淀积在孔的侧壁上(见图13.13)[11]。

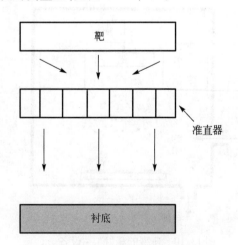

图 13.12　具有准直器的溅射

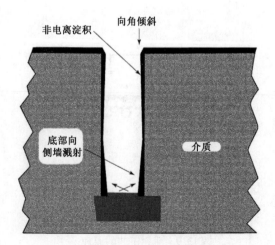

图 13.13　电离 PVD 展现二次电离效应

溅射最大的贡献恐怕就是对薄膜特性的控制了。这种控制是通过调节溅射参数达到的，包括压力、薄膜淀积速率和靶材。通过多种靶材的排列，一种工艺就可以溅射出像三明治一样的多层结构。

清洁干燥的氩气(或氖气)可以保持薄膜的成分特征不变,而且低湿度可以阻止薄膜发生不必要的氧化。反应室装载晶圆之后,泵开始抽气(向外),将其压力减小到 1×10^{-9} 托左右。然后充入氩气,并使其电离。要严格控制进入室内的氩气的量,因为氩气增多会造成室内压力升高。由于氩气和轰击出的原材料存在,室内压力将上升到大约 10^{-3} 托。对于薄膜淀积速率,反应室压力是一个关键参数。从靶上轰击出原材料之后,氩离子、轰击出的原材料、气体原子和溅射工艺所产生的电子,在靶前方形成一个等离子区。等离子区是可见的,呈现紫色辉光。而黑色区域将等离子区和靶分开,我们称之为暗区(dark space)。

有 4 种溅射方法可用:二极管(直流)、二极管[射频(RDI)]、三极管和磁控管。磁控管溅射(magnetron)已经作为优选系统而呈现。这种系统将磁极安装在靶的背面和四周(见图 13.14)。磁铁俘获和限制电子到靶前的运动及到晶圆的运动。此外,它将可以被溅射的靶室材料的量最小化,并防止对淀积膜的污染。磁控系统对于提高淀积速率更加有效。因此,磁控系统产生的离子流(轰击靶的氩离子密度)要比传统的二极溅射系统好。其次,反应室的压力将更低,这有利于淀积膜的清洁。另外,磁控溅射系统使得靶的温度降低,有利于铝和铝合金的溅射。

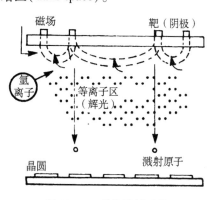

图 13.14 磁控溅射系统

实际生产用的溅射系统各种各样。有的反应室是批次晶圆生产系统,有的则是单晶圆生产系统。大部分生产设备都有装料自锁能力。装料口就像接待室,它是局部真空的,可以保证反应室维持真空。它的优点就是提供了更高的生产率。生产设备通常可以支持一种或两种靶材,而且随着机械技术的发展,将来的设备会有更大的扩展性。

溅射工艺还能完成晶圆表面的腐蚀和清洁。将晶圆承载台放在一个不同的场压下,使得氩原子直接轰击晶圆,来完成刻蚀和清洁。这种工艺程序称为溅射刻蚀(sputter etch)、反溅射(reverse sputter)或离子铣(ion milling)。它可清除晶圆上的污染物和一层薄的膜。清除污染物提高了已暴露晶圆区域与薄膜之间的电连接,同时提高了薄膜对晶圆表面其他部分的黏度。

13.7.1 双大马士革铜工艺

在 20 世纪 90 年代,IBM 公司引入铜基的大马士革工艺而取代铝的金属化[12]。铜金属化引人关注点之一是铜可以用来作为金属塞材料,产生将金属间电阻降到最小的单一金属系统。

随着集成电路达到几百兆赫兹的速度,铝金属化遇到了性能的阻碍。信号必须以足够快的速度通过金属系统,才能防止程序延误。同样,更大的芯片需要更长、更细的金属导线,这就使金属连线系统的电阻变得更大。随着接触孔数量增加,铝和硅表面之间的小接触电阻加起来变得非常重大。虽然铝提供了可以工作的电阻,它也很难淀积在具有(10:1)深宽比的通孔中。直到今天,人们已经使用了阻挡层金属方案、堆叠金属和难熔金属来降低铝金属系统的电阻。由于 $0.25\ \mu\Omega \cdot cm$(或更小)的器件的需要,人们不得不尝试着减少附加电阻,这使人们的兴趣重新转向了铜这种导体。与铝 $3.1\ \mu\Omega \cdot cm$ 的电阻率相比,铜的电阻率仅

为 $1.7~\mu\Omega\cdot cm$,导电性比铝优良。同时,铜本身就具有抗电迁移的能力,而且能够在低温下进行淀积。铜也能够作为塞材料使用。铜能够通过 CVD、溅射、化学镀、电镀等方法进行淀积。除了缺乏学习曲线,其缺点包括刻蚀问题、铜还易刮伤、腐蚀,还需要隔离金属来防止铜进入硅片之中。尽管如此,IBM 还有紧随其后的 Motorola,都在 1998 年就宣布了基于铜技术的器件制造的可行性[13]。现在所有的电路都采用铜金属化和低 k 介质技术开发。主要益处是提高性能和减少要求的金属层数。

13.7.2　低 k 介质材料

在双大马士革技术中提过,隔开两层金属的介质是二氧化硅。然而,对于高性能电路,这种材料存在一个问题。金属电阻(R)和电容(C)的联合作用就会使集成电路的信号变慢,这称为系统的 RC 常量。对电容因素的一个主要贡献是用于隔离金属层间的材料的介电常数,该层称为中间金属介质(IMD)。

二氧化硅的介电常数(k)是 3.9 左右。根据 SIA 的国际半导体技术路线图,成功的电路要求 k 值低至 1.5~2.0 的范围内。除了介电特性,IMD 还必须有一些化学和机械的特性,包括热稳定性(随后的金属工艺能带着原来的膜通过一些高达 450℃ 的热过程)、好的刻蚀选择性、无针孔、对耐受芯片应力足够的适应性和与其他工艺的可匹配性。

人们已经开发了一些低 k 介质材料以满足 ULSI 电路的需要。图 13.15 中列出了这些材料及其介电常数,主要分类是氧化硅基材料、有机基和它们的变种。基于 PAE[poly(alylene) thers]或 HOSP(hydrido-organic siloxane polymers)的有机材料具有可以旋转涂覆(spin-on)的优势。旋转涂覆工艺提供了优异的均匀性和平坦性,并比 CVD 工艺成本更低。

金属系统	低 k 材料
铝	聚对二甲苯(Parylene)
	HSQ
	甲基倍半硅氧烷(methyl silsesquioxane)
	掺 F 氧化硅
	掺 F 非晶碳
	聚对二甲苯-F(AF4)
	干凝胶(xerogel)
金	聚酰亚胺(polyimide)
	BCB
	干凝胶(xerogel)

图 13.15　低 k 材料(源自:Future Fab International)

13.7.3　双大马士革铜工艺

从铝到铜金属化的转变不是一个简单的材料转换。铜有其自身的一系列问题和挑战。它不容易用湿法和干法技术刻蚀。铜与硅有大的接触电阻。它容易扩散穿透二氧化硅,并进入硅结构。在那里,它能使器件性能退化并产生结漏电问题。铜不能很好地黏附在二氧化硅表面,会引起结构问题。这些挑战导致了独特的、高产能的工艺开发,该工艺专门用于克服铜的问题。它的特点包括光刻工艺、低 k 阻挡层或衬垫层工艺的开发、铜电镀和化学机械抛光工艺。

第 10 章介绍了基本的大马士革工艺。大马士革工艺的概念很简单。首先用光刻工艺在介质层表面形成一个沟槽,并在沟槽里淀积所要的金属。一般情况下,淀积的金属会溢出沟槽,这就需要 CMP 工艺来再次使表面平坦化(见图 13.16)。因为沟槽宽度限定了金属宽度,这个工艺可以实现优异的尺寸控制。它消除了接下来金属淀积的典型金属刻蚀工艺所带来的差异。

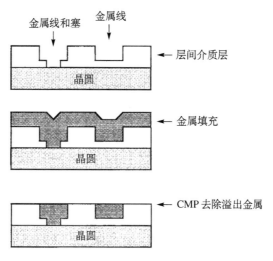

图 13.16 双大马士革(镶嵌)工艺

    实际上,该工艺更复杂一点。在一个多层金属系统中,必须有一层直接将第一层金属与器件电连接。必须由第二次图形化工艺来产生携带第二层金属的沟槽,因此称为双大马士革(dual-damascene)。图 13.17 描述了一个典型的连接两层金属的双大马士革工艺。它从已经有一层金属的地方开始。淀积一层低 k 介质并用 CMP 工艺对其平坦化。用图形化工艺在介质层中产生一个通孔。第二次图形化工艺导致介质降低,并在表面开出更宽的"台阶"(step back)槽。这个图形留下开口更宽的顶层盆,它可以允许足够的宽度为铜条携带要求的电路等级。这个顺序提供了填充通孔和形成铜金属导线一步完成的优势。基于这一基本的双大马士革工艺有一些变形方式,每种都是一个窄的通孔和为金属填充而备的较宽的沟槽开口来结尾。

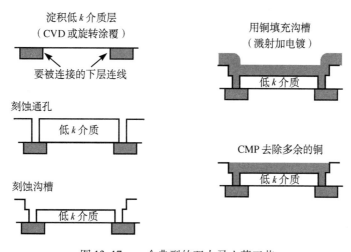

图 13.17 一个典型的双大马士革工艺

13.7.4　阻挡层或衬垫层

前面已提及铜容易扩散穿过二氧化硅层,并且如果它进入电路的器件则可能引起电性能问题。通过在通孔底部和侧面淀积一个衬垫层(liner)可以解决这个问题(见图13.18)。使用的典型材料是钽(Ta),厚度为50~300 Å[14]。依据材料,或者使用溅射,或者使用 CVD 淀积来产生阻挡层或衬垫层。这些通孔深宽比非常大,在整个通孔和沟槽内表面产生均匀薄膜的工艺是个很大的挑战。

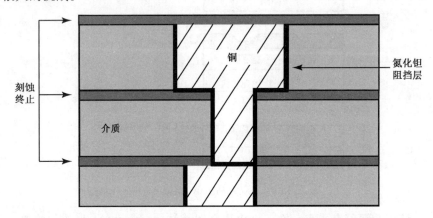

图13.18　具有氮化钽阻挡层的单层双大马士革结构(源自:
Wolf and Tauber, *Microchip Manufacturing*, Lattice Press.)

13.7.5　种籽层

可以使用溅射或 CVD 淀积来淀积铜,但是电化学镀膜(ECP)已成为优选的淀积方法。用 ECP 生产均匀的、无空洞的铜薄膜要求在通孔/沟槽洞里有一个起始的"种籽"(seed)层。使用 PVD 技术淀积在通孔中的铜种籽(300~2000 Å)[15]。正像在阻挡层或衬垫层淀积中一样,在一个非常大的深宽比通孔内产生一个均匀层是个挑战。

13.8　电化学镀膜

由于电镀的低温和低成本,它已成为产生铜淀积的方法[16]。如果用于低 k 介质层,必须是低温。种籽层必须均匀地覆盖在通孔/沟槽的底部和侧面,以确保铜金属导线的物理和电特性均匀。铜的电镀已成为印制电路板(PCB)主流工艺几十年了(见图13.19)。将晶圆悬在含硫酸铜(CuSO₄)的池中,并和阴极(负电极)相连。通过施加电流,池中的成分分离。铜镀在晶圆外面,同时氢气在阳极释放。一个关注点是晶圆整片的均匀性。晶圆表面上的材料和结构变化会降低电流分布的均匀性,其结果可能是不均匀

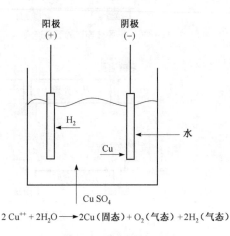

$$2\,Cu^{++} + 2H_2O \longrightarrow 2Cu(固态) + O_2(气态) + 2H_2(气态)$$

图13.19　铜电镀示意图

的生长和密度。另一个关注点是在开口边缘处形成斜角。可通过淀积后分别的清洗步骤解决这一问题。晶圆表面的不均匀区域在 CMP 工艺中将有不同的去除速率。生产级的 ECP 系统将包括晶圆预清洗、电镀部分、斜角去除和退火。

13.9　化学机械工艺

在半导体工艺中,有几步使用化学机械工艺(CMP)。第3章讲述了它在硅晶圆原材料平坦化的应用。第10章讲述了它在工艺中平坦化晶圆表面,其目的是为了提高光刻精度。铜后 CMP 是一个类似的工艺,但是有不同的表面要被平整和平坦化。在铜电镀过程中,通孔或沟槽孔过度填充以确保沟槽被完全填充。在进行下一步工艺之前,必须通过去除溢出的铜将表面重新平整。工艺和细节已在第10章讨论过。

13.10　CVD 金属淀积

13.10.1　掺杂多晶硅

硅栅 MOS 技术的采用,使芯片上淀积的多晶硅线条变成了导体。为了作为导体使用,多晶硅必须被掺杂以增加其导电性。一般,首选杂质是磷,因为它在硅中有高的固熔度。掺杂可以用扩散、离子注入或在 LPCVD 过程中原位(in situ)掺杂。其差异与在晶粒结构方面的掺杂温度效应相关。温度越低,陷在多晶晶粒结构里的杂质量越大,在那里它们不能参与导电。这是离子注入所具有的情况。扩散掺杂导致最低的薄膜方阻率。由于晶界俘获,原位 CVD 掺杂有最低的杂质载流子迁移率。

掺杂多晶硅具有比硅晶圆好的欧姆接触的优势,并能被氧化形成绝缘层。多晶硅氧化膜的质量低于生长在单晶上热氧化膜的质量,这是由生长在粗糙的多晶硅表面的氧化膜的不均匀性所致的。

虽然多晶硅与硅有较低的接触电阻,但它依然展示出比金属材料高得多的电阻。可使多层金属堆叠在多晶硅和硅化物(如钛硅化物)上,称为多晶硅化物(见第16章)。

13.10.2　CVD 难熔金属淀积

由于低压化学气相淀积(LPCVD)具有诸多优点,因此为金属淀积提供了第三种选择。LPCVD 有许多优点,它不但不需要造价昂贵、维护复杂的高真空泵,而且提供了共形台阶覆盖和高的生产效率。最常用 CVD 淀积的难熔金属膜是钨(W)。

钨可以用于各种元件构造,包括接触阻挡层、MOS 管的栅极互连和通孔塞。通孔填充是形成有效的多金属层系统的关键。绝缘层比较厚,而通孔相对细一些(深宽比大)。这两个因素有助于较难的连续金属淀积通孔,而且不会使通孔中的金属变细。选择 CVD 淀积钨塞来填充整个通孔,而且为接下来的导电金属层淀积提供了平整表面。钨作为阻挡层金属,它的淀积可以通过硅与六氟化钨(WF_6)气体进行反应。其反应式为

$$2WF_6 + 3Si \rightarrow 2W + 3SiF_4$$

钨还可以通过 WF_6 有选择地反应淀积在铝和其他材料上,该工艺称为衬底缩减(substrate reduction)。钨可以通过 WF_6 和 H_2 生成,其反应式为

$$WF_6 + 3H_2 \rightarrow W + 6HF$$

以上所有淀积都是在 LPCVD 系统中进行，温度大约为 300℃。这可以与铝金属化工艺相兼容。

硅化钨和硅化钛层的工艺反应式为

$$WF_6 + 2SiH_4 \rightarrow WSi_2 + 6HF + H_2$$
$$TiCl_4 + 2SiH_4 \rightarrow TiSi_2 + 4HCl + 2H_2$$

13.11　金属薄膜的用途

13.11.1　MOS 栅极和电容器极板

大多数电器元件都依靠电流的流动来工作。然而电容器是一个例外。它(见第 16 章)由两个被绝缘电介质层隔开的电极板导电层所构成。在大多数设计中，上部的电极板是导体金属系统的一部分。关于电容器参数关系的讨论已在第 2 章中有说明。

MOS 晶体管就是一个电容器的结构，其上部电极称为栅极(gate)，它在 MOS 集成电路中起着非常关键的作用。

13.11.2　背面金属化

为了封装，有时金属层被溅射到晶圆的整个背面上。这层金属作为热的互连层或特定封装工艺的压焊层。可使用金属包括金、铂、钛和铜(见第 18 章)。

13.12　真空系统

在微芯片制造最初，仅有两种基于真空的工艺：铝蒸发和背金。如今，大约有四分之一的工艺是在真空或低压中进行的，其中包括光刻曝光、剥离和刻蚀系统、离子注入、溅射工艺、LPCVD、PECVD 和快速热处理。此外，对于带真空锁的装卸台和传输台，自动处理要求在低压环境中进行。真空反应室提供没有污染气体的工艺条件。在薄膜淀积工艺中，真空环境增加了淀积的原子和分子的平均自由程，这提高了薄膜淀积的均匀度和可控性。LPCVD 是在低至 10^{-3} 托(中真空)的压力范围内进行的，然而其他工艺是在低至 10^{-9} 托(高真空到超高真空)的压力范围内进行的。中真空可以通过机械真空泵来获得。而在高真空工艺反应室，这些机械泵可以用在起初的减压阶段。在这种情况下，将其称为粗抽泵(roughing pump)。另外，我们还可以将机械真空泵用在高真空泵系统的出气端，帮助气体分子从泵转移到废气排放系统。

在粗真空建立之后，高真空泵接替完成最终的真空的建立。这种高真空泵可以是油扩散泵(oil diffusion)、低温泵(cryogenic)、离子泵(ion)或涡轮分子泵(turbomolecular)。无论是哪种泵，它们都是由特殊材料制成的，不会向系统漏气(out gas)，破坏真空。典型材料有 304 号不锈钢、无氧高导性铜(OFHC)、科瓦铁镍钴合金、镍、钛、硼硅酸玻璃、陶瓷、钨、金和某些低挥发的人造橡胶。有些泵用于抽取腐蚀性和毒性气体或反应后的副产品，它们必须对内壁无腐蚀。而且，我们在维护这些泵时要十分小心。

在选择和使用泵时有许多原则，它们是：

- 要求的真空度范围;
- 所抽气体(像氢气一样轻的气体很难被抽出);
- 抽气速率;
- 总的抽气量;
- 处理冲击负载的能力(周期性外溢气体);
- 抽取腐蚀性气体的能力;
- 服务和维护要求;
- 停机时间;
- 成本。

回顾第2章,系统压力是指在封闭环境中,气体原子或分子在分子间力作用下,撞击反应室壁从而产生的压力。系统压力减小要求反应室内的气体移出。这基本上是由泵来完成的。首先,在泵内部,建立较低的压力,允许工艺反应室的气体流入泵,从而抽走整个系统的气体。在非常低的气压下,反应室内物质很少,继续减压就要求系统既无泄漏,也不能继续充进气体升压。某些系统采用收集器来阻止泵室中的材料回流(backstreaming)到反应室。

13.12.1 干机械泵

替代早期油泵的是干机械泵(dry mechanical pump)。由于油吸附尾气,油基泵是一个污染源。有毒气体引出了特别的安全问题。干泵是基于罗茨式泵"roots"设计的。这些螺旋式或凸轮式(claw)设计,机械地"攫取"(grab)气体,从而在高真空泵接替之前降低反应室的压力。

13.12.2 涡轮分子高真空泵

涡轮分子泵在设计上与喷气式飞机涡轮引擎相似。带有开口的一系列叶片(见图13.20)在中心轴上高速旋转[17](24 000 ~ 36 000 rpm)。来自反应室的气体遇到第一个叶片的,然后与旋转中的叶片碰撞获得动量。动量的方向是向下指向下一个叶片的,相同的情况重复发生。这个循环的结果使气体从反应室排出。这个动量转移的作用与油扩散泵抽气原理一样。涡轮分子泵的主要优点是没有油的回流,无须再填充油,其他优点是高可靠性且可使压力降至高真空范围。它的缺点是相比油扩散泵和低温泵抽气速率较低,而且由于高速旋转而容易产生振动和磨损。涡轮泵的附带

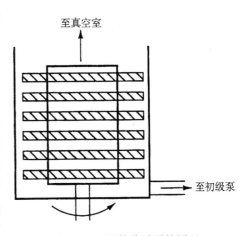

图13.20 涡轮分子泵的原理

泵是拖曳式(drag type)泵。气体分子被转筒或转盘弹出,而不是动叶片或静叶片的作用结果[18]。

这些组合(combination)泵可以在高气压下排气。用于腐蚀性气体工艺的涡轮泵要求在转子和定子有涂层和/或给泵加热,阻止气体形成能够淀积在泵部件的固态颗粒。

习题

学习完本章后, 你应该能够:

1. 列举出对于芯片表面导体所使用的金属材料的要求。
2. 画出单层和多层金属结构的截面图。
3. 描述低 k 介质层的工作过程和目的。
4. 列出半导体器件的金属化工艺中使用的 3 种材料, 并指出各自的特殊用途。
5. 描述溅射的原理。
6. 画出并指出溅射系统的各个部分。
7. 描述涡轮泵和低温高真空泵的原理和操作。

参考文献

[1] *International Technology Roadmap for Semiconductors*, 2005 Executive Summary: 79.

[2] Wolf, S. and Tauber, R., *Silicon Processing for the VLSI Era*, 1986, Lattice Press, Sunset Beach, CA: 332.

[3] Riley, P., Peng, S., and Fang, L., "Plasma Etching of Aluminum for ULSI Circuits," *Solid State Technology*, PennWell Publishing, Feb. 1993: 47.

[4] Sze, S. M., *VLSI Technology*, McGraw-Hill, 1983, New York, NY: 347.

[5] Singer, P., "New Interconnect Materials: Chasing the Promise of Faster Chips," *Semiconductor International*, Nov. 1994: 53.

[6] Singer, P., "Copper Goes Mainstream: Low-k to Follow," *Semiconductor International*, Nov. 1997: 67.

[7] Singer, P., "New Interconnect Materials: Chasing the Promise of Faster Chips," *Semiconductor International*, Nov. 1994: 54.

[8] Brown, D. M., "CMOS Contacts and Interconnects," *Semiconductor International*, 1988: 110.

[9] Tisdale, G., "Next-Generation Aluminum Vacuum Systems," *Solid State Technology*, May 1998: 79.

[10] Pramanikm, D. and Jain, V., "Barrier Metals for ULSI," *Solid State Technology*, PennWell Publishing, Jan. 1993: 73.

[11] Singer, P., "Copper Goes Mainstream: Low-k to Follow," *Semiconductor International*, Nov. 1997: 68.

[12] Braun, A., "ECP Technology," *Semiconductor Technology*, May 2000: 60.

[13] Pauleau, Y., "Interconnect Materials for VLSI Circuits," *Solid State Technology*, Feb. 1987: 61.

[14] Aronson, A. J., "Fundamentals of Sputtering," *Microelectronics Manufacturing and Testing*, Jan. 1987: 22.

[15] Ballingall, J., "State-of-the-Art Vacuum Technology," *Microelectronics Manufacturing and Testing*, Oct. 1987: 1.

[16] Wolf, S., *Microchip Manufacturing*, 2004, Lattice Press, Sunset Beach, CA: 334.

[17] Wolf, S. and Tauber, R., *Silicon Processing for the VLSI Era*, 1986, Lattice Press, Sunset Beach, CA: 95.

[18] Singer, P., "Vacuum Pump Technology Leaps Ahead," *Semiconductor International*, Cahners Publishing, Sep. 1993: 53.

第14章 工艺和器件的评估

14.1 引言

晶圆制造工艺在工艺控制、设备操作和材料制造方面要求很高的精确度。一个工艺错误就有可能导致晶圆的完全报废。一个致命的缺陷能毁掉一个芯片。在整个工艺过程中，晶圆和工艺质量好坏的评估是通过大量的测试和测量得出的。测试主要是在工艺处理进行中的晶圆、测试芯片、产品芯片和已完成的电路上进行的。本章将描述个体的测试。统计制程控制将在第15章中介绍。

度量衡学（Metrology）是用于物理表面特征测量的概括性术语。关注点包括图形宽度、薄膜厚度、缺陷识别和定位及图形记录错误。一个好的特性曲线能为我们提供警告，以保证工艺不超出控制范围。而器件特性是我们分析器件性能并使之与顾客的要求保持一致的基础。因此，在工艺过程中的每一步，都有一系列严格受控的设备和工艺参数。例如，温度、时间等。而且在每个重要的工艺步骤之后，都会在晶圆或测试晶圆上对工艺结果进行评估。测试晶圆（test wafer）是指一些空白晶圆，或者一些专门为通过该项工艺后测试所用的晶圆。因为很多测试具有毁坏性，因此不能在有器件的晶圆上进行此类测试，也不能在芯片中有实际组成的部分进行此类测试。第7章至第13章已经标定了每道工艺的重要参数，例如，膜厚、电阻率和洁净度等。这里将对测试方法的基本原理、适用性及敏感范围进行介绍。

一些是直接的，也有一些是间接的。其中一组包括对测试晶圆和实际器件电性能的测量。它们测量了某些工艺对电性能的直接影响，比如离子注入。为了推断出某一单独的工艺参数控制，我们需要对几个工艺的器件性能进行测量。另一组是直接测量某些物理参数，例如层的厚度、宽度、成分和其他参数。这一组包括缺陷的检测。第三组是测量晶圆内和表面以及材料内部的污染。

毫不奇怪，测试和测量方法已经随着集成水平的提高和图形尺寸的减小而发生了很大的改变。甚大规模集成电路（ULSI）技术正引导着在纳米水平上的研究，被称为纳米分析时代（nanoanalysis era）[1]。同时在线测试的成本也在上升。为优化工艺参数，更大的晶圆和更高密度的电路都要求进行更多的测试。大批量生产工艺要求做实时测试分析，以防止大批生产晶圆报废。ULSI电路的数据管理系统通常包括在线统计分析和数据库管理功能。

14.2 晶圆的电特性测量

14.2.1 电阻和电阻率

制作工艺的目的是为了在晶圆的内部或表面形成固态电子元件（晶体管、二极管、电容器和电阻器），然后将其用线连在一起形成电路。如果整个电路要达到高性能，那么每一个器件就必须达到单独的性能要求。在整个工艺中，器件电特性的测量被用于评估工艺和预测电子器件的性能。

14.2.2　电阻率的测量

在晶体生长和掺杂工艺中,掺杂剂能够改变晶圆的电性能。被改变的参数便是电阻率,它是相对于电子流向的某一种材料特定阻抗的一种测量(如图 14.1 所示)。对于给定的材料,电阻率是一个常数。而相同体积的同种材料的电阻则由长度和电阻率共同决定,其关系类似于密度和质量之间的关系。例如,钢的密度是一定的,而某一块的质量则取决于它的体积。

电阻(R)的单位是欧姆(Ω),电阻率的单位是欧姆·厘米($\Omega \cdot cm$)。因为对晶圆进行掺杂将会改变电阻率,因此测量电阻率事实上是间接测量掺杂剂的数量。

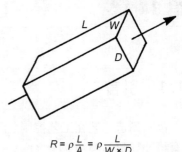

$$R = \rho \frac{L}{A} = \rho \frac{L}{W \times D}$$

图 14.1　电阻与电阻率和尺寸的关系

14.2.3　四探针测试仪

电阻、电压和电流 3 个参数的关系服从欧姆定律。其数学表达式如下所示:

$$R = V/I = (\rho)L/A = (\rho)L/(W \times D)$$

式中 R 为电阻,V 为电压,I 为电流,ρ 为样品电阻率,L 为样品长度,A 为样品横截面积,W 为样品宽度,D 为样品高度。

从理论上讲,晶圆的电阻率可以用万用表(见图 14.2)测量得到,通过测量给定尺寸的样品在某一固定电流下的电压值来计算晶圆的电阻率。然而用万用表测量时,探针与晶圆材料之间的接触电阻太大,以至于不能精确测量低掺杂情况下半导体的电阻率。

四探针测试仪是一台用于测量晶圆和晶体的电阻率的设备。它有 4 个细小的,与电源和伏特计相连的内嵌式探针。一个四探针测试仪由 4 个排成一条线的细小金属探针组成。外侧的两个探针连接电源,内侧的两个探针连接伏特计。在测量过程中,电流流过外侧的两个探针,并且通过内侧探针测量得出电压的变化值(见图 14.3)。电流与电压值之间的关系由探针之间的距离和材料的电阻率共同决定。四探针测试仪测量抵消了测试时探针与晶圆之间的接触电阻。

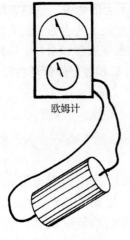

欧姆计

图 14.2　万用表

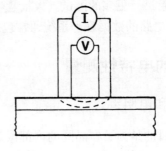

图 14.3　四探针测试仪测试薄层

14.3　工艺和器件评估方法

用四探针测试仪测量时,电压、电流与电阻率之间的关系如下所示:

$$\rho = 2\pi sV/I$$

当 s 小于晶圆直径和小于镀膜厚度时, s 为探针之间的距离。

14.3.1　方块电阻[①]

上面介绍的四探针测试仪方法主要用于测量晶圆掺到晶体的电阻率。同时,它也可以测量由掺杂工艺掺到晶圆表面的薄掺杂层的电阻率。当用四探针测试仪测量掺杂层时,电流被限制在薄层内(见图 14.3)。这里所说的薄层是指层厚比探针之间的距离还小的生长层。

在薄膜上测量的电性能称为方块电阻(sheet resistance, R_s),单位是欧姆每单位面积($\Omega/\square$)。这个概念可以通过比较两块同样厚度相同材料的电阻来理解(见图 14.4)。因为电阻率 ρ 都是相同的,并且厚度(T)也相同, $T_1 = T_2$,因此每个块方块电阻也是相同的。也就是说,对于相同材料的任意面积的薄膜,其电阻是一个常数。

方块电阻与电流、电压之间的关系式如下所示:

$$R_s = 4.53V/I$$

这里,"4.53"是由探针距离引起的常数。一些公司计算时直接从公式中忽略该值,而仅仅测量晶圆的 V/I 值,如图 14.5 所示。

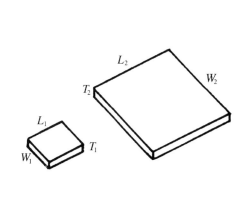

图 14.4　"方块"电阻

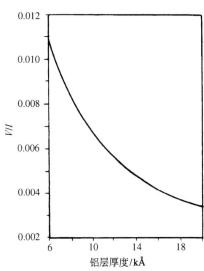

图 14.5　电压/电流与铝层厚度的关系图

14.3.2　四探针测试仪测量厚度

隔离层上的均匀导电层的厚度可由四探针测试仪测量得出,对于薄膜的公式为:

$$T = \rho_s/R_s$$

这里 T 为薄膜层厚度, ρ_s 为电阻率, R_s 为方块电阻。

---

① 国内业界习惯叫法,也有人将其称为薄层电阻——译者注。

因为对于像铝这样的纯材料而言,电阻率是一个常数(见图 14.5),所以事实上对方块电阻率的测量就相当于对薄膜厚度的测量。这个公式不能用于计算掺杂层的厚度,因为掺杂剂并不是均匀分布于整个薄膜层的。

14.3.3 掺杂浓度或深度形貌

晶圆中掺杂原子的分布是影响器件电性能的主要因素(见第 11 章)。这种分布(或者说掺杂浓度的形貌)是由某些技术因素决定的。一是扩散电阻,通过斜面技术处理产生了掺杂后测试晶圆的样本。用斜面处理将结暴露后,可以在斜面上实施一系列的两点探针测试(见图 14.6)。在每个点,探针的垂直距离被记录,并且进行电阻测量。测量的每一点的电阻值都随掺杂剂浓度的改变而改变。

用计算机计算深度和电阻值与每层掺杂含量之间的关系。计算机利用所得数据构造被测样品一个表示掺杂浓度的形貌图。这种测量通常是周期性的离线测量,或者是在器件的电性能表明掺杂分布已经发生改变的情况下实施的。

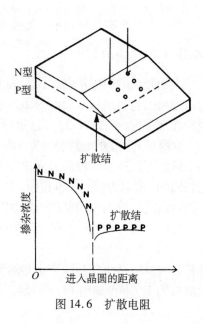

图 14.6 扩散电阻

14.3.4 二次离子质谱法

二次离子质谱法(SIMS)基本上是一种离子铣和二次离子检测方法。离子集中轰击样品表面并除去一个薄层。二次离子则由被去除薄层的晶圆材料及其中的掺杂原子产生。这些离子被收集和分析,并用来计算每层掺杂杂质的数量,它接下来可以构造杂质的形貌图[2]。

14.3.5 光调制光反射(热波)

热波是为测量低剂量离子注入掺杂量的一种技术的通称。一束氩激光(1 μm 直径的点)加热晶圆表面的一个很小的区域引起硅的体积增大。体积变化依次改变表面的光学性质,通过第二束激光探测它。光学性质的变化源于注入杂质的种类和注入量的不同[3]。

14.4 物理测试方法

产品的可靠性和良品率的保持都要求对缺陷和错误等进行在线检测,以消除线上的可疑材料。工艺控制要求在每一个工艺步骤上测量工艺结果,并且了解各种缺陷的数量、密度、位置和性质。这些数据来源于一系列与电路复杂性,比如图形尺寸、污染敏感度和电路密度相关的测试和评估。

这些测试在测试晶圆上或直接在产品晶圆上进行。产品晶圆的测试要求通过斜面技术使下层表面结构暴露出来,或用微切或聚焦离子束(FIB)去除电路的一部分。

14.5　层厚的测量

14.5.1　颜色

　　氧化硅和氮化硅在晶圆表面呈现不同的颜色。众所周知，二氧化硅是透明的（玻璃是二氧化硅），但有氧化膜的晶圆却是有颜色的。事实上我们所看到的颜色源于干涉现象，与雨后出现彩虹的原理相同。

　　实际上，硅晶圆上的二氧化硅层是反射型衬底上的一层透明薄膜。当有光线入射时，一部分照射到晶圆表面的光线被氧化物表面反射回来，而另一部分则穿过透明的氧化层在衬底表面发生反射（见图 14.7）。当光线从氧化膜中出来时与晶圆表面的反射光线汇合，就使晶圆表面像有颜色一样。这个现象就是为什么当我们所看晶圆的角度改变时，有氧化层的晶圆的颜色也会发生改变的缘故。

　　晶圆准确的颜色由 3 个因素决定。第一个因素就是透明镀膜材料的特性——反射系数（index of refreaction）；第二个因素是视角（viewing angle）；第三个因素是镀膜的厚度（thickness of the film）。当入射光特性（例如，日光、荧光）和观察角度一定时，透明膜的颜色就成为膜厚的一

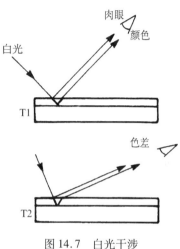

图 14.7　白光干涉

个标志。图 14.8 是典型颜色与厚度的对应关系，表明了在氧化和扩散过程中颜色与厚度变化的规律特性。但由于干涉现象的结果，单独的颜色分类并不能准确地反映镀膜的厚度。

薄膜厚度/μm	颜色 * 及注释
顺序 1	
0.050	茶色
0.075	褐色
0.100	深紫至红紫
0.125	亮蓝
0.150	浅蓝至深蓝
0.175	深黄至浅黄
0.200	浅金或浅黄
0.225	金色带浅橘黄
0.250	橘黄至深粉红
0.275	红紫
0.300	蓝至紫蓝
0.310	蓝
0.325	蓝至蓝绿
0.345	浅绿
0.500	绿至黄绿

图 14.8　二氧化硅层厚度与颜色对照表

薄膜厚度/μm	颜色 * 及注释
顺序 2	
0.365	黄绿
0.375	绿黄
0.390	黄
0.412	浅橘黄
0.426	粉红
0.443	紫红
0.465	红紫
0.476	紫
0.480	蓝紫
0.493	蓝
顺序 3	
0.502	蓝绿
0.520	绿
* 需要在白天白光下垂直观察。	

图 14.8(续)　二氧化硅层厚度与颜色对照表

当镀膜变得越来越厚时,晶圆的颜色就会按照一个特定顺序变化,并不断重复。我们把每一个颜色的重复称为一个顺序(order)。因此为了准确判定膜厚,了解颜色变化的规则是十分必要的。颜色规则表的主要用途是为了工艺控制。

每一个氧化和氮化硅工艺的设立都是为了产生一定的厚度。自然地在批次与批次之间,厚度会有差异。操作人员需要对晶圆的颜色有高度敏感性。当晶圆的颜色发生变化时,需要迅速核对表格,判断薄膜厚度是否已经超出了规范。工艺差到超出整个颜色对照表是很少见的。通过颜色表格对膜厚度进行精确的判定是受对颜色的准确理解所限制的(例如,什么是确切的橘红色的概念?),一般情况下,一个典型的表格可以精确到 ±300 Å。

14.5.2　分光光度计或反射计

膜厚的干涉或反射测量技术可以实现自动化。为了理解这个方法,让我们先回顾一下干涉效应。事实上光是能量的一种形式。因此干涉现象同样可以以能量的形式进行描述。白光实际上是一束光线(不同颜色),其中每一种光都具有不同的能量。当光线通过透明的薄膜相干涉时,就会得到一种颜色、一种波长和一种能量水平的光束。这时我们的眼睛就把这种特定的能量形式认为是一种颜色。

分光光度计是一种用光电管代替人眼的自动干预设备。在紫外线范围内的单色光被样品反射回来,并且通过光电管进行分析。为了确保准确,读数将在不同的测试情况下进行。测试情况的改变是通过改用另外一种单色光(改变波长),或者改变光的入射角来实现的。目前为了应用于半导体技术而特别设计的分光光度计配置有在线计算机,并具有改变测量情况和计算膜厚度的功能。带有可见光和紫外线光源的设备能够测量膜厚度到 100 Å 的水平[4]。

反射系数的测量也是在这些仪器上实现的,分光光度计也可用于硅膜厚度的测量,但因为硅相对于紫外线是不透明的,因此这里我们采用了红外线光源。

14.5.3　椭偏仪

椭偏仪是一个应用激光光源，工作原理与分光光度计截然不同的膜厚度测量仪器。激光光源是极化光源。极化是指所有光束都在同一平面上传播的一种波。极化可以通过观察手电筒的光束想象出来。对于一个普通的光束，光线通过很多平面进入我们的眼睛，就像带有很多羽毛的箭一样。而极化的光束的所有光线都在同一平面上，或者说就像只有一根羽毛的箭一样(见图 14.9)。

在椭偏仪中，极化了的光束直接以一定的角度入射到有氧化层的晶圆表面。光束进入到透明膜内，并且被反射性的晶圆表面反射回来。在光线通过薄膜的通路中，光束平面的角度已经发生了旋转。而光束所在平面旋转的角度大小取决于膜厚度和晶圆表面的折射系数。仪器上的一个检测器会测量偏转角度，并且在线计算机会计算出膜厚度与折射系数。

椭偏仪被用来对薄膜层(50 ~ 1200 Å)的膜厚度与折射系数进行测量。其准确性无与伦比，并且它可用于多层膜的测量。加入多视角、多光波源、小光斑的选项使得它的能力得到更多扩展[5]。

小于 50 Å 的薄膜可用光环-氧化物-半导体(COS)的技术进行测量。

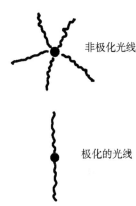

图 14.9　极化光与非极化光

非极化光线

极化的光线

14.5.4　触针(表面形貌仪)

一些薄膜，比如铝膜，已不能通过光学技术测量。并且对于铝膜和其他薄的导体膜，四探针测试仪测厚方法已不够精确了。在这些情况下，一种机械移动探针的仪器被广泛应用(见图 14.10)。这一方法需要去除一部分薄膜，并在测试晶圆表面产生一个台阶。它一般通过光刻和刻蚀来完成，其样品被放在绕轴旋转的探针工作台上并进行调平。

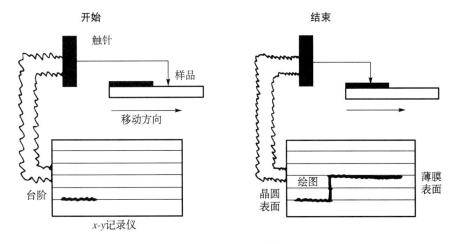

图 14.10　台阶高度测量

调平之后，测量探针缓慢下降至晶圆表面并接触，然后工作台在探针下面慢慢移动。随着探针跨过台阶,其物理位置已发生变化。同时与探针相连的感应器能够产生一个电信号并以此来反映探针的垂直位置。这个信号将被放大并传输到 x-y 坐标记录仪中。

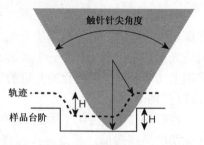

图 14.11　触针形貌仪的针尖或台阶

当调平的晶圆在探针下移动时,如果它并不是在垂直方向移动,也就没有信号产生,在 x-y 坐标图上其轨迹便是一条直线。当探针接触到表面台阶时,其(垂直)位置发生变化并引起输出信号的变化,这一变化将通过 x-y 图中的曲线轨迹很明显地表示出来。这一位置变化与台阶的高度紧密相关,它能够直接从标准的 x-y 图中读出。精度与针尖的材料和直径相关。用在 20~50 nm 范围内金刚石针尖,可以测量纳米范围的表面台阶(见图 14.11)。

14.5.5　光学形貌仪

还可以使用非接触的光学形貌仪测量薄膜厚度或台阶高度。除一束光束扫过表面和薄膜台阶,并反射到探测器外,测试方案类似于触针形貌仪。在反射束的变化被转换成台阶高度。这个技术在 14.9 节将进一步论述。

14.5.6　光声法

一种非破坏性厚度测试依靠光声原理。在 1877 年,亚历山大·格雷厄姆·贝尔(Alexander Graham Bell)发现在特定的环境,光波的干涉将产生声音。在半导体厚度应用中,一束激光被转换成细微的声音,依次在晶圆表面上薄膜的两个表面反射。通过测量在两个脉冲间的反射延迟,就能计算出其厚度。

14.5.7　四探针

四探针薄层电阻测量法也能用于测量薄膜厚度。在前面章节介绍了这种方法和计算。

14.5.8　超薄 MOS 场效应晶体管栅厚度

金属-氧化物-半导体场效应晶体管(MOSFET)按比例缩小将栅的厚度减到 10 nm 的范围。厚度、面积和材料完整性都影响着器件的性能。这三者的测量对于工艺控制和器件工作是关键。采用专门的激光源和数据处理的商业椭偏仪可以测量在纳米范围的二氧化硅、氮化硅和二氧化钛的膜厚度。

由于这 3 个变量的量级和相互影响是关键,如果给出这些长度是原子直径的量级上,在测试器件上进行电容(capacitance)或电压(voltage)的测量(见 14.11.3 节)。这些描绘出器件功能的实际形貌,超过物理测量方法。

14.6　栅氧化层完整性电学测量

栅氧化层完整性(Gate Oxide Integrity, GOI)包括薄膜均匀性和污染,它是由被称为氧化层击穿电压(BV_{ox})的破坏性电学测试来决定的。所采用的测试结构与电容-电压(C/V)分析法相同。但是,在这种情况下,电压持续增大直到氧化层被物理地损坏,电流可以自由地从栅极流到硅中。氧化层击穿前能承受的最大电压是氧化层厚度、结构质量和纯度的函数。

14.7　结深

器件的关键参数之一是各类掺杂区域的结深。这一参数能在每一掺杂步骤后测量。整个测量是离线执行的，也就是说，必须将测试晶圆或器件拿到测量机器上或测量实验室中。

14.7.1　凹槽和染色

测量结深的传统方法是使用凹槽（或斜面）和染色技术进行测量的。凹槽或斜面法是将结点暴露，使其相对于水平面易于观察和测量的机械方法（见图 14.12）。对于极浅的结点，既需要凹槽又需要斜面来暴露结点。

结点本身对于肉眼是不可见的。可通过两种称为结点染色的技术实现结点可视化（junction delineation）。这两种方法都利用了 N 型和 P 型区域电特性不同的特点。第一种技术：刻蚀技术，它先将氢氟酸和水的混合物滴到结点处（见图 14.13），然后用加热灯光直接照射暴露的结点。光和热促使空穴和电子在不同区域中的移动，移动的结果是氢氟酸和水的混合物在 N 型区域的刻蚀率较高，使其出现暗色斑点。

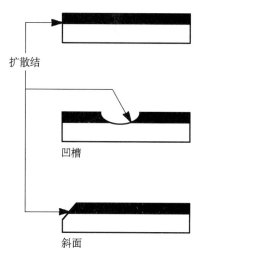

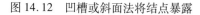

图 14.12　凹槽或斜面法将结点暴露

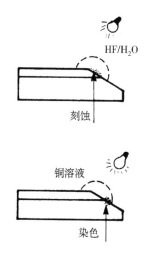

图 14.13　结点的刻蚀与染色

第二种技术是电解染色，一种含铜的混合物被直接滴到暴露的结点处，然后同样用灯光照射结点，这样便形成一个电池，结点电极作为电池电极，铜溶液作为电解液起连接作用，这种液体的流动使铜在结点一侧的 N 型掺杂区域形成镀层。

曝光和结点染色后，最后一步是厚度测量。许多种方法在此都可以应用，包括光学干涉法和扫描电镜法（SEM）。

14.7.2　扫描电镜厚度测量

扫描电镜（SEM）技术能够用来测量结深和薄膜厚度。晶圆在结点破损位置刨开，暴露的晶圆结点可通过以下所述的任一方法测量出来。

将暴露的横截面放置在扫描电镜电子束下，与晶圆表面成直角，然后照相。结深由相片和扫描电镜比例因子来决定(见图14.14)。扫描电镜、凹槽和染色的方法提供了一个可视的结点和侧面扩散区域,这是其他方法所没有的。

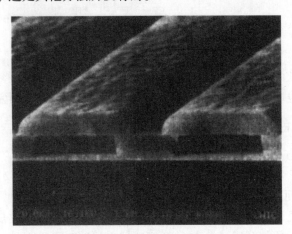

图14.14　器件截面的扫描电镜图

14.7.3　扩展电阻测试法

扩展电阻测试法(SRP)是也可用于测量结深的一项技术。它是通过在晶圆斜面上加两个探针进行测量的。随着探针向下移动通过结点,它们感应到导电类型的变化(N型和P型)。运用这一信息,在绘制轮廓曲线时也能得到结深(见图14.15)。

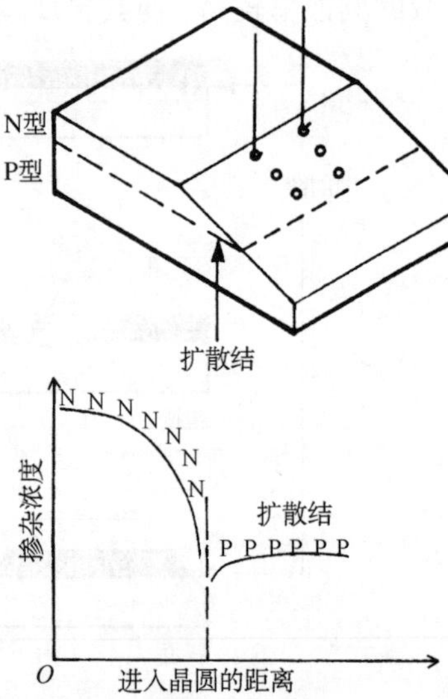

14.7.4　二次离子质谱法

一个二次离子质谱(SIM)仪利用能从表面原子产生二次离子的能量来轰击晶圆表面,它能探测结点区域的掺杂物。此仪器在一层一层地去除表面甚至整个结点同时进行检测,当掺杂原子从光束中消失时就可以经过一定转换得到结深。

14.7.5　扫描电容显微镜

原子力显微镜(AFM)的一个功能是进行电容测量,因为一个掺杂层电容的变化反映了与结点的接近程度,所以它也能用于结深测量。其样品的准备和扩展电阻测试中的方法是一样的。

扫描电容显微镜(SCM)提供了10 Å的精度[6],并可结合浓度形貌和结深测量技术用于亚微米结点中。

图14.15　扩展电阻

14.7.6　载流子激发结深

载流子激发是一种非破坏性结深测量技术,对于由离子注入的浅结特别有用[7]。它用一个激光"点"(2 μm)在结区上方触发(见图14.16)。随着激光束进入晶圆并穿过结区,在结处有过剩载流子堆积。第二束激光被过剩载流子区反射掉。通过分析那里的反射信号,确定结的深度。

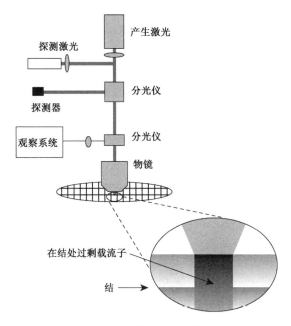

图 14.16　非接触载流子激发™测量系统

这种系统可以测量检测晶圆或直接在生产晶圆上测量结深,并且可以用于在线工艺控制测量。

14.7.7　关键尺寸和线宽测量

电路中每个元件所需的精确尺寸都要受全部工艺的控制和影响。垂直尺寸由掺杂和薄膜工艺设定,水平面尺寸在光刻工艺形成,而作为此工艺的一部分,关键尺寸(CD)会在显影后的显微镜检测和最终显微镜检测时测量。

这些技术包括低技术显微镜图像对比、SEM、散射仪、原子力显微镜(AFM)和器件电学测量。

14.7.8　光学图像剪切尺寸测量

用于显微镜的图像剪切方法是另一个关键尺寸测量方法。它的设备控制允许操作员通过肉眼直接将图案分成两个图像。开始测量时,两个图像相互独立(见图 14.17),然后移动它们直到完全重合,初始值和终值的差异便是图形的宽度。像准线装置一样,图像对装置也必须经标准方法校正。虽然便宜且方便使用,但这种方法限于大于 1 μm 的宽度。

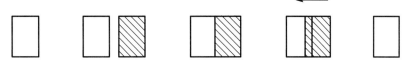

图 14.17　单一图像剪切

14.7.9　图形度量衡学和光学关键尺寸

下面关于扫描电镜(SEM)检测仪的描述同样用于精确的线宽测量。在纳米时代,当使用铜金属化时,还对了解和控制在孔洞或表面岛区的截面形状(3D 形状度量衡学)产生兴趣(见图 14.18)。可以用成熟的 SEM 实现这项任务,SEM 直接将电子束扫过上表面、侧面和底面以重构精确的图形。测量直接在晶圆上进行。一个缺点是光学关键尺寸(OCD)[8]不能测量孤立的线条。主要目标是让 OCD 系统直接集成到工艺设备中,提供实时测量和工艺控制(见图 14.19)。

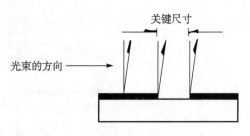

图 14.18　反射法测量关键尺寸

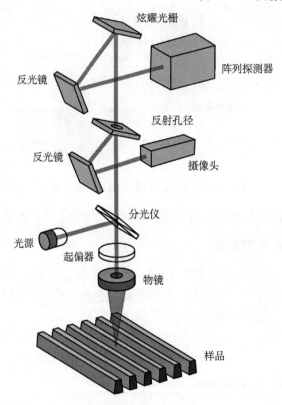

图 14.19　OCD 光学示意图

14.8　污染物和缺陷检测

污染物和直观缺陷检测对于获得高的良品率和工艺控制是非常重要的。颗粒污染物主要通过光学技术检测,比如高强度光、显微镜、扫描电镜和其他自动装置。化学污染物通过俄歇(Auger)技术和电子分光镜的化学分析(ESCA)技术来检测和定义。由于器件尺寸已经变得更小,像每一种微芯片工艺一样,致命的缺陷和污染的检测也已经要求增加技术。

14.8.1　1×直观表面检测技术

首先要在放大率为 1(或者在显微镜术语里称为 1×Power)的情况下观察晶圆。一个晶圆或晶圆批的外观即使有很小的变化都能被识别以便进一步检查(见图 14.20)。

方法	目检沾污	表面缺陷	对准	沾污元素	沾污化合物	关键尺寸
1 × 入射白光	×	×				
1 × 入射紫外线	×	×				
显微镜亮场	×	×	×			
显微镜暗场	×	×	×			
扫描电镜	×	×	×			×
俄歇法				×		
电子分光计					×	
准线						×
图形对比						×
反射						×

图 14.20　表面检测技术概况

14.8.2　1 × 平行光

肉眼的分辨能力(1 ×)可通过使用高强度白光来得到补偿,比如幻灯投影仪光束(见图 14.21)。当以一定角度观察晶圆时,颗粒污染物会在光束下显现出来,这种效应类似于光束经过窗口时空气中尘埃的显现。

14.8.3　1 × 紫外线

实际上,肉眼不能看见紫外线光束,但来自汞灯的紫外线会发射蓝、绿以及一些红光。由于紫外线对视网膜有害,所以有一种过滤器常常被放到光源处以封闭紫外线。用于制

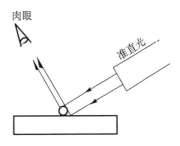

图 14.21　准直光检测

造区域的紫外线的主要优点是它非常亮,也就是说,分散光的亮度很大,因此会提高对表面污染物的检测能力。

14.8.4　显微镜技术

亮场显微镜:金相显微镜在表面检测中是一种广为应用的设备。术语金相(metallurgical)显微镜,与在生物实验室中用到的标准显微镜不同。生物显微镜能够使光线向上穿过并照亮透明样本。而在金相显微镜中,光线需要透过显微镜物镜照射到不透明样本上,然后经样本表面反射回传,透过光学系统到物镜中(见图 14.22)。在白光照射下检测区域的图片能显示出表面颜色,它有助于定义晶圆表面上的特殊成分。滤光器的使用会改变表面颜色。

典型生产区域的显微镜会安装 10 × 或 15 × 的目镜,物镜范围从 10 × 至 100 ×。增加总的检测放大率(目镜放大率 × 物镜放大率)会缩小视场。视场缩小需要花费操作员更多的检测时间去检测晶圆。这样的结果放慢了检测过程。在检测大规模(LSI)和超大规模(VLSI)集成电路器件时,一个折中的放大率范围是 200 ~ 300 倍。

在工业中,显微镜检测方法的典型用法要求操

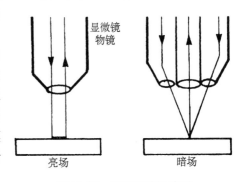

图 14.22　亮场和暗场检测

作员在观察晶圆上检查几个特定位置。此方法在机动平台下很容易实现自动化。大多数自动化显微镜检测装置具有以下特征:在平台上自动将晶圆定位、自动调焦以及晶圆测试后的自动回复。当按下一个按钮时,操作员就可以指引每一个晶圆进到为合格晶圆指定的舟中或为几种不合格晶圆指定的某一舟中。很明显,显微镜检测方法是用来判断晶圆表面和薄层的质量以及图形对准的。

正如在图形化工艺中的图形分辨率受限于光的波长一样,亮光检测也是一样的。在宽波段白光源下,理论分辨率的界限为 0.30 μm[9]。用紫外线源和图形化工艺能使此分辨率极限降至 80 nm。

暗场测量:暗场照明是通过设置一个带有专用物镜(见图 14.22)的金相显微镜来获得的。在此物镜中,光线沿物镜外部直接照射到晶圆表面,它以一定角度照射晶圆表面,反射后向上穿过物镜中心,在目镜中,其"图片"效应主要反映了所有平面的黑色区域。任何表面不平整处,比如台阶或污染物,都会以亮线形式出现。暗场照明对任何表面不平整处的敏感度都要大于亮场。但它也有缺点:辨识表面本身已有不平整处的能力有限,任何一个合格的表面凹凸看起来都和一个不合格的污染物一样。

暗场缺陷分辨率可通过使用激光源[10]和复合光源来提高。

共焦显微镜:用一般的显微镜来分辨图像细节时都要受到分散光束的影响,因为光束由不同表面反射或由晶圆表面上不同深度的平面反射后将产生干涉。共焦光源能使分散度最小化并通过限制返回光线至一个缩小的平面,来找出更重要的图像细节。这一切要靠传递高强度的白光或激光束,通过高速旋转盘子(定位在光源和晶圆之间)上的孔来完成,使得仅仅来自检测平面的有益光线经孔反射回来。共焦系统还能够对亚微米尺寸进行成像[11]。用于共焦系统的激光束会引起样品发光发热,经 x-y 扫描和计算机处理后的结果图,其分辨率在纳米范围内并能够显示透明样本层。

其他显微镜技术:光学技术能够提供不仅是简单亮场或暗场观察的评估技术,比如:相衬和荧光显微镜。它们都允许观察者来确定表面上额外的光学信息。相衬表示垂直平面上的不平整处;荧光显微镜使用紫外线光源,在紫外线中,有机残渣(光刻胶,化学清洗物质)在白光下的不可见性会变得可见。一般情况下,需要培训一些高于操作员水平的技术员来学习它的用法和知识。

扫描电镜(SEM):传统的光学显微镜在提供精确的晶圆表面信息时其能力是有限的。首先,它们的分辨能力受其光源的限制,一个观察系统对图像系统细节的分辨能力与光线的波长有关,波长越短,能被看见的细节就越少。

景深是另一个观察因素,它与系统能够保持两个平面同时聚焦的能力有关。一种传统的,具有共焦对象和不共焦背景的照片会具有大于照相机景深界限的背景。在显微镜中,当系统的放大率上升时,景深会下降。并且如果放大率增加后观察表面,感觉表面会很"近",而且共焦时操作员不能看到表面的最高点和最低点,而且如果持续重调焦距会导致信息的丢失和检测时间的延长。

放大率是光学显微镜的第三个限制因素。一个白光照射的光学系统其传统的物镜放大倍数仅限于 1000 倍以内,油浸技术虽然能使此界限有所上升,但仍然由于太脏、太慢并可能造成晶圆污染而难以接受。

以上三个局限性在使用扫描电镜时都能够克服。扫描电镜相对于光学显微镜有很多改变。其光源是电子束,在晶圆或器件表面进行扫描,电子碰撞晶圆表面,使晶圆表面的一些电子逃逸出来,然后这些二次电子被收集并被转换成表面图像,显示在屏幕和照片上(见图 14.23)。

扫描电镜(SEM)分析需要将晶圆和电子束均置于真空中。电子束波长远比白光波长短,它允许表面细节分辨率降至亚微米水平,景深问题不再存在,并且表面上每一平面都处于聚焦状态。

类似地,放大倍数非常高,实际上限已达到 50 000 倍。在扫描电子显微镜下,一种倾斜的晶圆固定器实现了以一定角度观察晶圆表面,这一点增强了三维视觉效果(见图 14.24),使得表面细节和特征能够在一个比较有利的方向上观察。

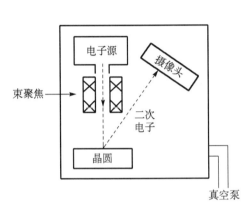

图 14.23 扫描电镜分析

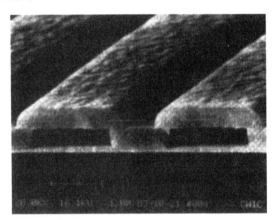

图 14.24 器件截面的扫描电镜图

一些材料如光刻胶,在电子束轰击下不能发射二次电子。但在扫描电子显微镜下检测光刻胶层时,光刻胶层会被一层烘干的黄金覆盖。黄金层与光刻胶层的外形相符,在电子束轰击下,黄金层会发射二次电子,所以可以形成扫描电子显微镜图片,这是一个严格的光刻胶层复制品。

透射电镜: 标准的 SEM 设备分辨率范围在 20 ~ 30 Å[12],它对于 ULSI 集成电路器件检测造成一个障碍。然而,透射电子束通过一个薄层样品时,其分辨率增至 2 Å。分辨率的增加的确诱人,但样品的制备是一件很耗时并且需要高精度的事情。透射电镜(TEM)是用于实验中离线工作的最好仪器。

这一原理被用于测量膜厚度。在扫描电镜下,高能电子束产生 X 射线并以此方式脱离表面。幸运的是,X 射线的能量由表面原子反射,并且能被分析以获得其他信息。当一个 X 射线光谱添加到扫描电镜中,以探测分散 X 射线时,上述过程便可实现,获得的其他信息是关于材料(元素)的化学信息。

光学轮廓曲线仪: 这是一种显微镜型仪器,它用一个光束分光器将光束分成两束。一束被反射到一个反射镜面。结合反射光束引起的干涉,它依次提供表面的形貌和轮廓。它还能确定台阶的高度和提供 3D 图像[13]。

电容-电压曲线法: 可动离子污染(MIC)是在工艺中结合进器件的电活性离子。它们来自被污染的工艺材料、脏的工艺机台和腔室,以及环境污染。它们不能用表面的检测方法检测到。然而,在晶体管和二极管的电学测量中,它们显现出来。通过精确地掺杂制造半导体器件的各部分。MIC 在器件中作为掺杂剂活动,并且改变器件的电性能。一个常用的电学测试是绘出 MOS 晶体管的电容-电压曲线。这种技术在关于器件电测试一节进行讨论。

14.8.5　自动在线缺陷检测系统

自动缺陷探测:在晶圆表面即使是很小尺寸颗粒的探测都会使用激光束作为探测光源。运用激光有两方面的优势,一是取决于高亮度反射光的小尺寸颗粒探测(见图 14.25),它可以探测很小的表面颗粒(氦-氖激光是常用激光源)。电子束有更小的束斑,并为纳米尺寸图形的系统选用,尤其是为铜或低 k 介质的金属化系统。

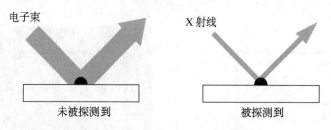

电子束　　　　　　　　　　　　　X 射线

未被探测到　　　　　　　　　　　被探测到

图 14.25　X 射线探测小的表面颗粒

其二是自动化。激光检测设备很容易实现自动化,以至于能够实现自动从片匣到片匣的检测和表面污染物数量和尺寸的测定。晶圆表面图的信息则显示了表面污染物的大小、位置和密度。将在线实时发生的检查和附带的计算机分析结合起来能检测图形和与规范的偏差。因此,生产和工艺修正可以更快和具有更好的确定性地被做出。这些最新的特征是"工厂"工艺过程控制的基础。

一些系统集成了亮场和暗场观测,并加工信息使其生成图像和数据库(见图 14.26)。图像处理工艺的发展允许使用自动缺陷和图案失真探测仪器,此仪器结合图片处理和计算机技术,并且有激光或光源扫描仪在晶圆表面上移动。在某一版本中,计算机以设计图形为电路预排程序。在芯片数据库(die-to-database)系统中,每一个芯片被扫描,并将其结果与已存的特定层的掩模版或放大掩模版的图形进行比较。扫描仪用来寻找增加或丢失的部分图案。不同于数据库中芯片的任何错误被标记下来以便进一步检查。假定,如果一个图形不在数据库里,它可能是某种缺陷。缺陷的位置被记录下来并能够打印出表面图片。这样,工程师可以追溯晶圆和掩模版,从中找出问题所在。

被称为芯片到芯片(die-to-die)检查的另一个系统将晶圆或掩模版上的邻近芯片进行比较。先扫描一个芯片并在计算机中记录下图形,然后扫第二个芯片,并记录下两个芯片的任何差异。此系统不探测在每个芯片上发生的任何重复图形的缺陷,但是会找出那些小概率出现在两个邻近芯片同一位置点的随机缺陷。在两种类型的机器中,来自表面的信息将被电荷耦合(CCD)相机或光电倍增管捕获[14]。对于在线检测,最重要的是校准和标准化。

除了在线校验电子系统,许多系统会使用标准晶圆来校验机器操作。在这里还用到了一些其他检测工艺。当一个自动化机器能够检测到缺陷时,决定哪些是"致命"缺陷非常重要。如果计算全部缺陷数,仪器可能会显示一个较高的数值,但是这里增加的缺陷数可能仅仅是我们不关心的非致命缺陷。无论如何,人们的校验仍然是缺陷检测和管理系统中重要的一部分。

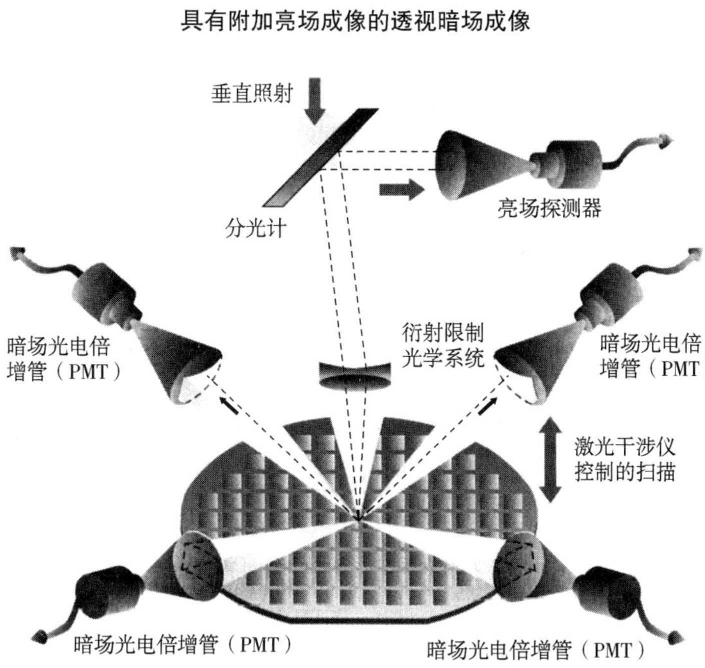

具有附加亮场成像的透视暗场成像

图 14.26 具有亮场与暗场功能的混合系统

自动晶圆表面检查的另一个优势是将不同的技术结合在同一检查设备中。一个采样覆盖散射仪、椭圆偏振仪、反射仪与表面形貌分析一起提供表面情况的综合评估。缺陷、厚度均匀性和表面情况能够在一个检测台上被确定[15]。

铜或低 k 介质结合的开发对工艺已引入全新的主缺陷[16]。图 14.27 列出了和金属系统相关的缺陷样品。

黑点		铜 CMP 后	磨料浆/低 k 介质
刻蚀残留物	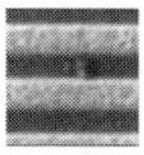	刻蚀后沟槽	刻蚀后清洗
低 k 介质隆起物		低 k 介质后淀积	铜小丘
弹坑	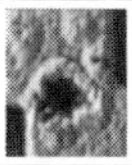	通孔后刻蚀	肿块的刻蚀
裂纹	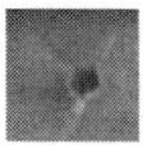	通孔后刻蚀	层间介质（ILD）的应力
光刻胶中毒		通孔光刻	通孔图形化工艺
压点起泡		低 k 介质淀积	失去黏附性

图 14.27 低 k 介质的缺陷源（经 Semiconductor International 允许）

14.9　总体表面特征

14.9.1　原子力显微镜

有些测量技术是多用途的,如扫描电镜。在某一范围内,一项新的技术是原子力显微镜(Atomic Force Microscopy, AFM)。它是一个观测表面形貌的机器,能够让一个精密的平衡探针扫过表面(见图 14.28)。探针和表面分离很小(大约 2 Å)以至于表面和探测材料之间的原子力能影响到实际探测。探针在晶圆上移动时,精密的电子系统能测试探针的位置,所以可以绘制出表面的三维图像[17](见图 14.29)。

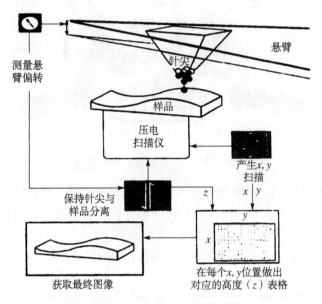

图 14.28　原子力显微镜(AFM)(源自:Semiconductor International)

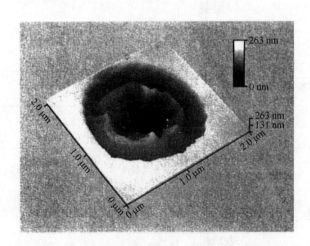

图 14.29　原子力显微镜(AFM)的表面三维图像

原子力显微镜敏感度在 1 Å 范围内,并能在接触和非接触模式下实现操作。第一个原子力显微镜产品于 1990 年问世,它的投影仪图成为其检测宝库中不可缺少的一部分。原子力显微镜的特性包括: 表征颗粒尺寸、探测颗粒、测量表面粗糙度, 以及提供所有三维关键尺寸测量。一种创新的用法是原子力显微镜探针和光学显微镜物镜相结合。

14.9.2 散射仪

在快速、精确和非毁坏性的表面检测机器研究过程中, 产生了散射仪(scatterometry)度量衡学。光学系统的精确性受光波波长的限制。大致地, 尺寸小于使用光线波长的颗粒和表面特征不能被探测到。然而, 散射的光束能够给出小于波长的表面特征信息。一个散射仪系统能将晶圆置于屏幕曲率中心(见图 14.30)。一个入射激光束在镜片表面进行扫描并被反射, 而且经晶圆表面散射后的散射束将打到屏幕上。一种带有微处理器的照相机会捕获屏幕上的图像并重现表面以在屏幕上生成精确的图案。像原子力显微镜一样, 这项技术在测量颗粒尺寸、轮廓和关键尺寸方面也有很大的潜力。它还能够测量未显影的光刻胶的潜影和表征相移掩模版。

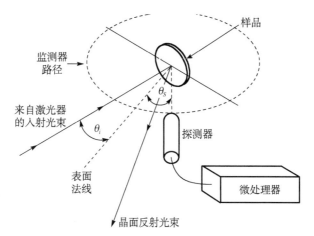

图 14.30 散射仪的配置(源自: Solid State Technology, March, 1993)

14.10 污染认定

推进纳米时代要求对晶圆表面上(或淀积层上)的污染提供更多更细的信息。关于污染的类型、形态、数量和其他数据对保持清洁的工艺与产品是必要的。在这一部分, 会介绍用于收集这些数据的仪器。整体来讲, 所有这些机器是基于同样的原则: 当表面被能量激活, 将有能量发出, 这些发出的能量可以反映晶圆表面材料的特征。

14.10.1 俄歇电子谱

在扫描电镜中, 二次电子的范围(波谱)是通过激发电子束得到的。其中部分波谱是从距表面几个纳米的地方释放的。这些电子, 是大家熟知的俄歇电子(Auger electron), 有释放它们的元素的能量特征。因此, 钠和氯分别释放不同的俄歇电子。

俄歇电子的收集和解释能对包括污染物在内的表面材料进行表征。在操作过程中, 电子束扫描整个晶圆表面, 然后对释放的俄歇电子借助其波长大小, 进行能量分析并得到"波长-能量"的二维 x-y 曲线(见图 14.31)。每一具体波长所对应的能量峰值将显示其表面存在的具体元素。

扫描俄歇微量分析(SAM)对元素的表征有其局限性。这一技术不能表征元素的化学状态(可能和其他元素结合),以及其表面存在的数量。例如,食盐(NaCl)沾污仅表征在表面有钠和氯的存在。

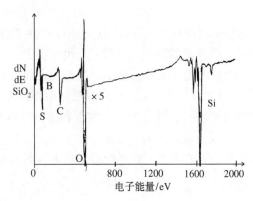

图 14.31　典型的俄歇电子谱

14.10.2　用于化学分析的电子分光镜

解决表面污染物问题通常需要了解其化学状态。对表面氯元素的观测,俄歇电子谱结果并不能确定它是以盐酸还是以三氯化苯的形式存在。对氯形态的确定有利于了解和消除污染的来源。

用于化学分析的电子分光镜(ESCA)是一种可以用来决定表面化学性质的仪器。这种仪器的工作原理和俄歇技术相似。然而,X 射线代替电子束被用作轰击射线。通过轰击,表面释放光电子。通过对光电子信息的分析,可以得知污染物的化学成分。遗憾的是,电子分光镜的化学分析(ESCA)的 X 射线比许多集成电路特征尺寸还宽。光束的直径限制其只能进行微米数量级的表面分析。正好相反,俄歇电子束的宽度可以达到零。

14.10.3　飞行时间二次离子质谱法

飞行时间二次离子质谱法(TOF-SIMS)表面分析能使用许多入射射线源,例如,钕 YAG 激光、铯离子束或镓离子束[18]。

对于这种方法,激发能量以脉冲式传输和电离表面材料,产生二次电子,并将其加速到质谱仪。在质谱仪中,测量每个离子从表面出来的飞行时间。这个飞行时间指示表面的元素种类。二次离子质谱法分析还能决定结点的深度。飞行时间二次离子质谱法可取样至十分之几埃的深度[19]。并有区别有机物和无机物的能力,这些都是实验室分析的主要手段。

14.10.4　堆叠厚度和成分的评估

随着各种材料的堆叠,晶圆顶层变得越来越复杂。通过包括在淀积工艺中的监测晶圆,可以测量每种材料的厚度和成分。然而,它们在电路内和表面上的效果来自厚度和成分的组合。在线(in situ)确定这些参数的一种组合的机器是采用电子束和 X 射线谱(见图14.32)。将电子束直接照射在叠层上,它依次打出 X 射线。在样品排放周围的一系列 X 射线谱仪分析这些射线。因为每种厚度和材料的组合产生一个独特的信号,在线计算机能进行分析和确定叠层的厚度和每种成分[20]。

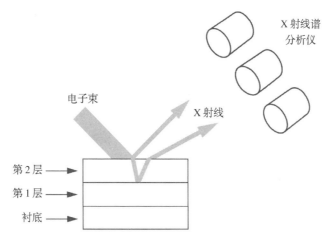

图 14.32　堆叠材料的电子束或 X 射线探测

14.11　器件电学测量

在工艺过程中，对实际元器件参数进行直接测量是十分必要的。这些通常是对测试芯片中的特定器件或划片线中的特定结构进行测量。

通过这些电学测量可以得到大量关于工艺的信息。这里我们会解释基本测试和造成器件损失的主要常见因素，这些测试通常称为参数电测（parametric testing）。它是在整个工艺流程的最后，对晶圆进行测试时，对器件电性能参数进行测量，而不是测试器件或电路的整体功能。一个完整的器件和工艺的问题处理不在此讨论范围。

14.11.1　设备

器件电学测量的基本设备要求是：(1)探针台(见图 14.33)，它将探针定位在器件上；(2)开关箱用来施加电压、电流、器件的极性；(3)显示结果的方法。当同时测量许多器件时，探针固定在印制电路板上，我们称它为探针卡(probe card)。这里的测试卡和晶圆电测工艺的测试卡相同。探测结果将通过示波器或特别的数字伏特计上的数值显示出来。示波器所显示的曲线，横轴表示电压，纵轴表示电流。它显示了每种测量的电压或电流之间的关系。对于每种测试接下来的部分是显示取样测试结果。处于量产阶段时，进行数字化测试，并在读出器上显示其结果。这些测量系统有储存和收集数据的能力。

在先进的系统里，探针台可自动按顺序探测几个芯片。开关可自动允许设备按已预定的顺序进行一系列测试。自动系统还包括测试结果的打印输出和对数据的分析。就像手动操作一样，系统会对其单个测试给出解释。示波器上显示的电压、电流形状和关系对理解器件是如何工作的非常有帮助。

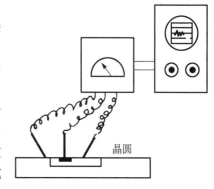

图 14.33　器件测试设备

所有器件的测量方法基本相同。用接触探针对元件施加电压，测量流过接触点间电流。

测量结果会显示在示波器和显示屏上。所得曲线的形状由器件的尺寸、掺杂情况及结的性能决定。电流曲线可能由于器件的电阻或结的存在而发生变化。正常的工作器件将显示已知标准的曲线图。其基本关系式是欧姆定律:

$$R = V/I$$

14.11.2　电阻器

通过接触电阻两端并施加电压对电阻器进行测量。探针间的电流由材料的性质决定,在电学术语里,称之为电阻率。在测试过程中,施加电压从 0 开始变化到某一更高的值,显示屏上 x 轴显示电压值,y 轴显示电流值(见图 14.34)。

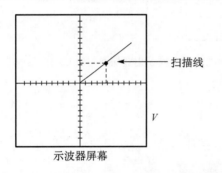

图 14.34　电阻器

电阻值是通过电压除以相应电流值计算得到的。有人可能会问:"为什么不能用仪表通过对电压、电流值进行简单、直接的测量来计算电阻值呢?"换言之,为什么将数值显示在屏幕上?答案是:这依赖于所得曲线图信息的质量如何。一个电阻器的电压-电流关系应该是线性的(直线)。对线性的任何偏离都意味着工艺流程存在问题,例如大的接触电阻或结漏电。

14.11.3　二极管

在电路中,二极管就如同开关,这意味着二极管某一方向能通过电流(正偏),而另一方向则不能(反偏)。检查二极管处于什么工作状态需对其进行正确的极性测量。

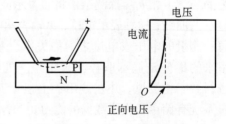

当二极管处于正向导通时,随着被测电压的升高,电流立即开始流过结并流出二极管(见图 14.35)。这一起始电阻来源于接触电阻和结点的小电阻。越过该阻值后,将有"满"电流流过二极管。每个二极管在设计时都要确定这一最小电压值。这一电压被称为正向导通电压(forward voltage)。如果二极管的正向电压高于这一设计值,它是超出规范。

图 14.35　二极管正向偏置

在相反方向,二极管则被设计成当电压低于设置电压值时,电流无法通过。当二极管反置时,有一直流小电流通过结点,称为漏电流(leakage current)(见图 14.36)。随着电压的不断升高至结被击穿的水平,漏电流将达到满电流。满电流开始时对应的这个电压值称为击穿电压(breakdown voltage)(见图 14.37)。电路在设计时,就是使正常工作时的电压低于二极管的击穿电压,这就是为了利用结的阻隔特性。击穿电压较低,通常是由于工艺流程出现问题或有过多污染造成。

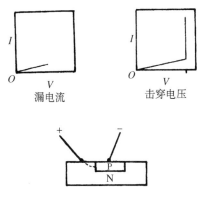

图 14.36　二极管反向偏置测量

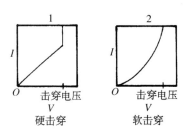

图 14.37　结漏电流

施加电压超过击穿电压通常并不会造成永久性损坏的结。然而，当施加的电压太高时，二极管（结）会由于持续的大电流而造成永久物理破坏。

在该测试中要确定的第二个参数是处于击穿电压时的电流。如上所述，通常这种情况很少发生。污染和/或不适当的工艺流程会引起漏电流的增大。

图 14.37 中的曲线 1 表示有少量漏电流的二极管，电流随电压的升高而升高。最终，达到击穿电压，二极管完全导通。曲线 2 显示了总漏电流、结点漏电流随电压的升高而升高，这里的问题在于电路从未到达击穿电压，但二极管也从不会像一个电流阻隔器那样正常工作。

14.11.4　双极型晶体管

双极型晶体管是三个区、两结器件，将在第 16 章中介绍。从电性能方面看，它们可以看成是两个二极管以背靠背的形式相连接。为了得知双极型晶体管的特性，人们已经做了许多测试。分别对单结特性进行测试和整个晶体管工作进行测量。探测结的正偏和反偏特性。随着对整个晶体管的探测，对击穿电压（BV）进行测试。

单独结点的测试都标有字母 BV，其右下角的小写字母表明是哪一具体结点。例如：BV_{cbo} 表示集电极和基极击穿电压。字母 o 表示发射极开路，即没有施压电压。BV_{cbo} 表示集电极和发射极之间的击穿电压。

两个二极管结构的结的正向导通电压也要被测量。V_{be} 是基极-发射极的正向导通电压。V_{bc} 是基极-集电极的正向导通电压。BV_{iso} 探测的是为漏电流而隔离集电极的结。

双极型晶体管的一个主要的电性能测量是 β 值（增益）的测量（见图 14.38）。这是对晶体管放大性能的测量。在双极型晶体管中，从发射极到集电极流过的电流，通过基极（见第 16 章）。改变基极电流以改变基区电阻。集电极流出（从发射极到基极）的电流量由基极电阻来调整。

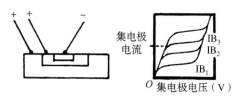

图 14.38　NPN 晶体管的 β 测量

晶体管的放大定义为：集电极电流除以基极电流，即为 β。因此 β 等于 10 意味着 1 mA 的基极电流将产生 10 mA 的集电极电流。晶体管的 β 由结的深度、结的分离情况（基极宽度）、掺杂等级、浓度分布和其他许多工艺和设计参数来决定。通过变化 BV_{ceo} 的测量进行 β 值测量。在一特定的基极电流下测量 BV_{ceo} 的值。在这种模式中,发射极-基极结处于正向偏置。

晶体管的集电极特性可通过示波器屏幕显示出来。几乎水平的直线表示增长的基极电流值(IB_1、IB_2 等),随着基极电流的增长,产生了相对应的集电极电流。通过屏幕上显示的数据来计算 β 值。

集电极电流由纵轴(虚线)决定。基极电流等于水平直线(步距)总数与每步(来自示波器)之值的乘积。

14.11.5　MOS 晶体管

MOS 电路通常由电阻器、二极管、电容器和晶体管组成。前 3 个器件的测量方法与测量双极型晶体管电路的方法相同。和双极型晶体管一样,MOS 晶体管也由 3 个区域构成,即源极、漏极和栅极(见图 14.39 和第 16 章)。这种晶体管需要测量决定正偏与反偏的漏-源结点的电压值。通过测试栅极阈值电压来确定栅极的功能。

MOS 晶体管源极常被置于正偏。由于栅极的高的电阻率,正向电流不会到达漏极。而当栅极电压超过一特定电压值(阈值)时,在栅极区下将产生充足的电荷形成导电沟道,并使源、漏极导通。每个 MOS 晶体管都设计有特定的阈值电压。可用电容-电压技术对其进行测量。不断增加栅极电压的同时便可监测到栅结构电容的变化。

电容器是一种存储器件。初始,在测量的电压增长的过程中,电容并没有变化。当到达阈值电压时,反型层开始形成并起到如同一个电容器的作用。两个串联在一起的电容的电容量比它们的和要小,所以它会成为一个较低电容量的电容。MOS 晶体管也具有放大特性。其增益定义为源极电流除以栅极电压。随栅极电压而变化的源-漏特性(见图 14.40)。

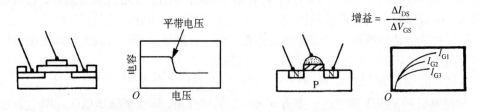

图 14.39　栅阈电压测量　　　　　图 14.40　MOS 晶体管的增益特性

14.11.6　电容-电压曲线

对阈值电压变化量的测试,可用来检测氧化膜中是否有可动离子污染物出现。这一检测要在经过特别准备的晶圆上进行。先在"洁净"的硅片上长一薄层氧化膜。氧化膜生长后,再通过掩蔽膜用蒸发的方法在晶圆上形成铝点(见图 14.41)。然后用合金来完成以保证铝层和氧化层之间有良好的接触电性能。在晶圆上集成电路测试位置可以构成专门的 MOS 电容。

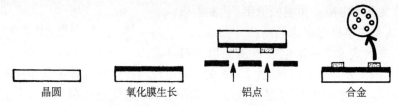

晶圆　　　　氧化膜生长　　　　铝点　　　　合金

图 14.41　电容/电压测试晶圆的准备

"有铝点"的晶圆被放在一个吸盘上，一个探针被置于铝点之上。这种结构实际上是一个MOS 电容器。当在铝点上施加电压并逐渐增加时，同时便可测得该结构的电容量变化。在一个 x-y 绘图仪上打印出结果，x 轴表示电压量，y 轴表示电容量(见图 14.42)。

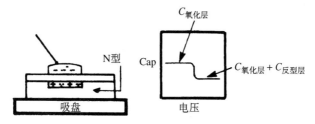

图 14.42　电容-电压曲线：第一次测试

当电压到达阈值电压(threshold voltage)〔或反型电压(inversion voltage)〕时，开始有"反型"电荷出现在硅表面。这将使其导电形式由 N 型向 P 型转换。反型层有自己的电容量。从电性能角度考虑，这一结构有两个串联电容。其总电容小于各自电容和，可用关系式表示为：

$$1/C_{总} = 1/C_{氧化层} + 1/C_{反型层}$$

x-y 图上的曲线显示电容垂直下降到这一新电容值。

这一过程的第二步是驱动氧化层的可动正离子到二氧化硅-硅的界面。在这一过程中同时将晶圆加温到200℃～300℃之间，并在器件上加正 50 V 电压(见图 14.43)。温度的升高加速了离子的运动，正电压偏差迫使它们向二氧化硅-硅界面的方向运动。

这一过程的最后一步是最初电容/电压曲线的重复。然而，随着电压的增长，反型产生不再与初始测试时相同(见图 14.44)。在反型发生前需要额外的负电压来中和表面的正电荷才能实现反型。这里得到的电容-电压曲线与同源曲线相同，只是向右平移的一段距离，这一额外电压称为漂移(drift)或平移(shift)。

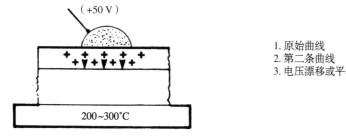

图 14.43　电容-电压曲线：离子电荷积累

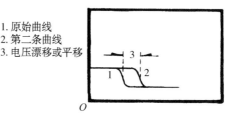

图 14.44　电容-电压测试曲线

平移量与氧化膜层中的可动离子污染物的数量、氧化膜厚度和晶圆掺杂有关。电容-电压分析，只能得到其值，并不能区分氧化膜层的污染元素(钠、钾、铁等)，也不能决定污染物的来源。这些污染物有可能来自晶圆表面、某一清洗步骤、氧化炉管、蒸发工艺、合金炉管或晶圆已经经历的其他任何工艺。

在考虑变换工艺流程，例如清洗工艺，是否会对晶圆造成污染时，通常要进行电容-电压分析。为便于分析，通常把需要做电容-电压分析的晶圆分成两组。一组按前面讲的正常步骤来进行；第二组通常在氧化层与铝层之间加上一个新的清洗工艺然后进行测试。将得到的两个平移电压进行比较，可见新的工艺增加了移动离子，会造成晶圆污染。

可接受的电容-电压漂移通常在 $0.1\sim0.5$ V 之间,取决于做在晶圆上的器件的敏感性。在制造领域电容-电压分析已成为一项标准测试。可在任何变化的工艺设备维护或清洗等可能产生污染之后进行。电容-电压曲线还提供了许多其他的有用信息,例如平带电压和表面状态。栅氧化层的厚度也可以通过电容-电压曲线进行测试得到。

非接触电容-电压测量:前面介绍的电容-电压曲线检测需要十分苛刻的准备工作,包括时间消耗和原材料消耗。另一种决定电压漂移和其他 MOS 晶体管栅极参数的非接触法称为 COS(光环-氧化物-半导体)(见图 14.45)。MOS 晶体管方法需要两个被栅氧化层分离的电极。上极板的电极电压在金属-氧化层界面产生了许多电荷。用光环源(COS 中的 C)在氧化层表面直接产生电荷会得到同样的结果。这样去增加电压也会得到与电容-电压测试法相同的晶体管信息、电荷(漂移)、平带电压、表面状态和氧化层厚度。这种方法与标准测量相符[21]。

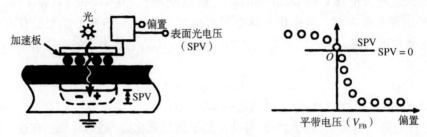

图 14.45　非接触表面电荷测量(源自: Keithley Instrument Quantox[TM])

14.11.7　器件失效分析-发射显微镜

当一个半导体器件工作时,会释放某种可见光。当有问题存在时,光斑会出现在有问题的地方。例如,当表面结点上有亮点时,表明污染物导致了结漏电。由敏感探测器和电荷耦合器件(CCD)构成的显微镜能查出现问题的地方,并拍下照片。当电子测量表明电路失效时,这种方法尤其适用,但这只能查出电路的问题块,而不能指出造成电路失效的具体器件。

习题

学习完本章后,你应该能够:

1. 解释电阻、电阻率和方块电阻的区别。
2. 画出四探针测试仪的部件和电流流向示意图。
3. 比较在测量薄膜厚度时,彩色干涉、条纹计算、分光光度计、椭偏仪和触针的原理及用途的不同。
4. 比较在测量结深时,刻槽和染色、扫描电镜和扩散电阻的原理及用途的不同。
5. 列出用光学显微镜和扫描电镜检查晶圆表面的方法和优点。
6. 画出二极管正向偏置和反向偏置的示意图及与之相对应的电压-电流曲线。
7. 解释关于 PN 结性能特性的表面漏电流效应。
8. 画出双极型晶体管和 MOS 晶体管工作原理示意图,并画出相应的电压-电流特性曲线。
9. 列出电容-电压测量的步骤和污染检测的原理。
10. 描述原子力显微镜的原理及用途。

参考文献

[1] McDonald, B., "Analytical Needs," *Semiconductor International*, Cahners Publishing, Jan. 1993:36.

[2] Felch, S., "A Comparison of Three Techniques for Profiling Ultrathin p$^+$-n Junctions," *Solid State Technology*, Jan. 1993:45.

[3] Diobold, A. C. *In-Line Metrology*, *Handbook of Semiconductor Manufacturing Technology*, 2008, CRC, New York, NY:24-34.

[4] Felch, S., "A Comparison of Three Techniques for Profiling Ultrathin p$^+$-n Junctions," *Solid State Technology*, Jan. 1993:45.

[5] Burggraaf, P., "Thin Film Metrology: Headed for a New Plateau," *Semiconductor International*, Cahners Publishing, Mar. 1994:57.

[6] "Thin Film Measurements," Rudolph Engineering, product brochure, 1985.

[7] Bordon, P., *Non-Destructive USJ Characterization Using Carrier Illumination*^{TM} *Measurements*, www. boxercross. com, May 2013.

[8] McDonald, R., "How Will We Examine IC's in the Year 2000?" *Semiconductor International*, Cahners Publishing, Jan. 1994:46.

[9] Braun, A., "Metrology Adapts to Meet CD Measurement Needs," *Semiconductor International*, Feb. 2002:73.

[10] Braum, A., "Optical Microscope Continues to Meet High Resolution, Defect Detection Challenges," *Semiconductor International*, Dec. 1997:59.

[11] Baliga, J., "Defect Detection on Patterned Wafers," *Semiconductor International*, May 1997:64.

[12] *Product Description Bulletin*, Technical Instrument Company, San Francisco, CA, 1995.

[13] Stapleton, J., *Optical Profilometry-Zygo NewView*^{TM} *7300*, Penn State Materials Characterization Laboratory, 2013.

[14] Wolf, S. and Tauber, R., *Silicon Processing for the VLSI Era*, Lattice Press, Sunset Beach, CA, 1986:447.

[15] KLA Tencor, *Candela CS20 Wafer Inspection System* product description, http://www. kla-tencor. com/defect-inspection/candela-cs20. html.

[16] Burggraaf, P., "Patterned Wafer Inspection Now Required!" *Semiconductor International*, Cahners Publishing, Dec. 1994:57.

[17] Peters, L., "AFMs: What Will Their Role Be?" *Semiconductor International*, Cahners Publishing, Aug. 1993:62.

[18] "Time-of-Flight Secondary Ion Mass Spectrometer," brochure, Charles Evans & Associates, Redwood City, CA, 1994.

[19] Ibid.

[20] Braum, A., "E-Beam Techniques Measures Product Wafer Composition, Thickness," *Semiconductor International*, Nov. 2001.

[21] Peters, M., COS Testing Combines Expanded Charge Monitoring Capabilities with Reduced Costs, Keithley Instruments, Inc., product description paper.

[22] Adams, T., "IC Failure Analysis: Using Real-Time Emission Microscopy," *Semiconductor International*, Cahners Publishing, Jul. 1993:148.

第 15 章　　晶圆制造中的商业因素

15.1　引言

"在人类历史上，半导体的故事是无与伦比的"

Dan Hutcheson，VLSI Research，Inc.

从简陋的实验室活动开始到今天的自动晶圆制造厂，随着新电路、商务因素和全球竞争的增长，半导体产业持续进化。虽然摩尔定律依然是制定生产的目标，财务状况是制定生产设施、设备和工艺的目标。全部的生产能力和拥有成本是确定底线的因素。提高底线的策略包括将拥有成本、自动化、成本控制、计算机自动化制造、计算机集成制造和统计过程控制最大化。

当今世界半导体产业具有每年 3000 亿美元的销售额，并支撑 370 亿美元的设备产业和 470 亿美元的材料产业[1]。引人注目的是在这个产业中，它一直保持市场驱动和孵化新产品，从大型计算机到台式电脑和笔记本电脑，到手持无线设备的探索。这个产业已经创造了一个兼具文化、经济和几十年前无法想象的国际影响力的新世界。

电路设计的创新天才和在制造技术领域的革命性跨越一直驱动着这些创新。在这二者之中，正是制造（微芯片制造）已经生产出比以往性能更高的产品，以每次更大的量、更高的质量等级和更低的价格。本章考察这些微芯片制作的驱动因素。

15.1.1　摩尔定律和新晶圆制造商业

半导体产业在 20 世纪 40 年代开始提供商用产品。那时的生产线仅比实验室的数量多一点，而工人也大多是训练有素的技术人员。在 1965 年英特尔（Intel）公司的戈登·摩尔（Gordon Moore）发表了他的观察报告：晶体管密度每 18 到 24 个月翻一番。这就是众所周知的摩尔定律，这个观察报告不仅预测产业的未来而且变成产业的指南。它还划分了驱动产业成长的产业周期。

摩尔定律的综合实现是导致更佳的性能和成本降低的特征尺寸减小（按比例），并且导致性能下一次提升的依次是增长市场和吸引投资（见图 15.1）。

到了 20 世纪 70 年代，生产的场所也变成拥有高度专业化的设备和熟练生产工人的净化间。一片 2000~3000 平方英尺的制造区域的造价可达 200~300 万美元[2]。

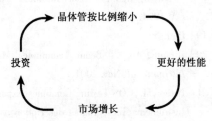

图 15.1　摩尔定律驱动半导体商业周期

VLSI/ULSI 集成电路时代所见到的晶圆直径增长到 200 mm，一个晶圆的尺寸太大且太贵重无法进行手动操作。因此，产业转向自动化，具有 1 级的净化间，以及更专业的自动设备和工艺控制系统。到了 21 世纪初，业界开始提供大型的微处理器和将整个系统结合在一个芯片上(SoC)。随着晶圆制造设施的成本上升到 80 ~ 100 亿美元，产业变成以大公司为主导。考虑到驱动生产工艺的诸多因素，这样的成本并不算太惊人[3]。

15.2 晶圆制造的成本

生产一片有功能的芯片有诸多成本因素(见图 15.2)。这些因素一般分为固定成本和非固定成本。固定成本是不管芯片是否生产或售出都存在的成本。非固定成本是随着产品的产量上下波动的成本。

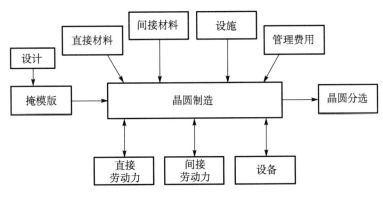

图 15.2 制造成本因素

固定成本：

- 管理费用：行政、设施及研究；
- 设备。

非固定成本：

- 材料：直接材料和间接材料；
- 劳动力；
- 良品率。

15.2.1 一般管理费用

一般管理费用由行政管理、经理人员以及提供和维持厂房设施的费用组成。公司增长的一种奇怪现象是，到了一定阶段，行政人员数量的增长要快于生产工人的增长。随着公司的增长，许多信息从内部产生，同时更多的信息要从客户和供应商方面来处理。

要做到有效，信息必须对增大了的职员阶层都是可获取的。这两方面的需求导致越来越多的职员要处理"信息"而不是产品。同时，随着越来越多的部门成为最终利益的所有者，做决定也变得更加形式化(开销也更多)。当前工业化的经济领域中有大约 50%的劳动力与信息处理有关[4]。一般管理费用中一项主要的开销用于与设计有关的活动上。有了昂贵的 CAD 系统和庞大的专业设计团队，电路设计的成本是相当可观的。

工厂设施成本及设施维护费用是成本的主要部分。制造区域仅占全部厂区面积的 20%，却是费用开销的主体。空调、化学品存放和发放，以及净化间的成本都属于主要的开销。用于 ULSI 厂区的净化间的成本相当于每平方英尺数千美元。地板开销是选择洁净策略的重要因素(见第 4 章)。一个完全净化间的布局要比一个混合/迷你型(mini)的环境方式更昂贵。但对后者来说,设备的开销会更多。

许多半导体公司维护它们拥有的晶圆制造设施并享受控制从设计到封装全部运营的利益。它们被称为集成器件制造商(IDM)。但是成本较高和内部的厂房经常闲置,因此推高了整个制造成本。高厂房成本产生的两个结果是无制造厂半导体公司(fabless semiconductor company)和商业代工厂(merchant foundry)。无制造厂半导体公司进行电路设计,并与实际进行晶圆制造加工的商业代工厂签订合同。封装可能在代工厂做,而晶圆/芯片可能转移到商业封装企业来完成这个阶段。

15.2.2　材料

生产用材料分为直接材料和间接材料。直接材料是指那些直接进入到芯片中或加在芯片上的材料,包括晶圆材料、形成淀积层和掺杂层需要的材料以及化学品和封装材料等。间接材料包括掩模版和放大掩模版、化学品、文具供应,以及其他支持工艺但不进入到产品中的材料。

15.2.3　设备

这部分成本来自直接用于器件及晶圆制造的设备。在成本计算中以固定的一般管理费用或折旧的形式出现。折旧是机器由于磨损或变得过时而造成的价值损失。

转到 300 mm 晶圆和现在 450 mm 晶圆已经遇到了设备成本的突然增加。在转变阶段,300 mm 的工艺基本上与 200 mm 的工艺相同。这意味着除了尺寸不同,工艺设备都相同。然而,更大的晶圆一般要求更长的传输时间和更长的加工时间,导致生产率损失。这些损失等同于更多的设备以维持生产配额和更多的费用。图 15.3 比较了对于两种直径主要工艺设备的生产率。300 mm 的新工艺对在线测量和监测的需求更大。更大直径带来的负面影响是如果晶圆被错误加工或良品率较低,则损失更大。现在,300 mm 工艺正在继续用铜金属化,它带着表面因素和新的低 k 介质材料进入图像。如果整个系统工作在工艺最终端,监测和控制工艺设备这些步骤的每一步都至关重要的。关键尺寸测量和电子束缺陷检查系统已成为工艺内的要求,并增加到设备成本中。

设备	200 mm 基线(1.0×)	2001 年 300 mm 生产率	2002 年和 2003 年 期望生产率	重要更新要求
光刻	1.0×@每天通过晶圆数	0.6×	0.9×	是
刻蚀	1.0×@每小时晶圆数(WPH)	1.0×	1.2×	否
湿法台	1.0×@每小时晶圆数(WPH)	0.8×	0.9×	否
CVD	1.0×@预防性维护	0.3×	1.0×	否
PVD	1.0×@可生产时间	0.9×	1.0×	否
CMP	1.0×@可生产时间	0.8×	1.0×	否
反应炉	1.0×@每天通过晶圆数	0.7×	0.9×	否
注入	1.0×@每天通过晶圆数	1.0×	1.0×	否
缺陷检查	1.0×@每小时晶圆数(WPH)	0.6×	1.0×	是
测量	1.0×@每小时晶圆数(WPH)	0.7×	1.0×	是

图 15.3　比较 200 mm 和 300 mm 设备生产率(源自:Thomas Sonderman, Reaping the Benefits of the 450 mm Transition, *Semicon West*, 2011.)

有趣的是，移向更大的晶圆和更复杂的工艺已经增加了新工艺的典型寿命周期。图 15.4 展示了晶圆尺寸寿命周期的历史和项目。

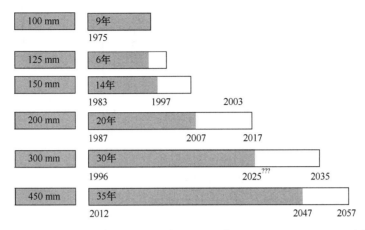

图 15.4　晶圆尺寸寿命周期（经具有 450 mm 的 Future Fab International 允许）

15.2.4　劳动力

劳动力也有直接劳动力与间接劳动力之分。直接劳动力包括那些处理和操作晶圆及设备的工人。间接劳动力是那些支持人员，如领班、工程师、设施技术员和办公室工作人员等。具有讽刺意味的是，使用非常成熟的工艺设备，新的工艺精度和生产率的需求已经重回过去产业对人员的要求，现在的操作员有更多的技术培训。像 Intel 这样的一些公司要求它们的所有制造工人进行技术等级教育。所有前述的，伴随着建立和维护设备的技师和工程师的更高等级，随着时间的推移已经导致劳动力成本提高。

15.2.5　生产成本因素

下表中列出了典型的成本因素对 300 mm 直径的晶圆成本的贡献（芯片良品率尚未测出）。各个百分比会随晶圆和特征图形尺寸、自动化程度以及工艺步骤的数量变化。折旧率在芯片制造行业是很高的，因为那些昂贵设备的有效寿命比较短。直接材料包括晶圆，其他项包括一般管理费用。

因素	贡献/%	晶圆成本/美元
折旧	35	1189
劳动力	7	232
维护	7	232
消耗品：		
直接材料	12	405
测试晶圆	6	203
间接材料	26	890
其他	7	226
合计	100	3378（示例）

在任何关于晶圆成本因素的讨论中，人们自然会对实际的成本感到好奇。这个数字会随生产线的不同而变化。器件的复杂程度以及产品在成熟周期中的位置不同，都会引起生产线的差异（见图 15.5）。产品和工艺越成熟，良品率就越高，同时设备的折旧因素会越低。新的

产品往往会受到操作工的经验不足、设备不够稳定，以及新工艺的发展不良等影响。晶圆的量和类型对成本有重要影响。大批量的产品，如动态随机存储器(DRAM)，由于生产效率很高，一般会有最低的以每个晶体管或每片晶圆计算的成本。而专用集成电路(ASIC)晶圆制造的成本会高一些，因为其产量较小，而设计和加工的成本却由于多变的产品组合而变得很高。

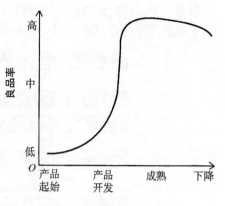

图 15.5　晶圆生产的亏损与产品成熟度的关系

15.2.6　良品率

　　总体制造良品率(见第 6 章)决定了诸多的成本因素如何影响芯片的最终成本。如果芯片的良品率很低，每片芯片的成本就会上升。不仅固定成本会分散到更少的芯片上，非固定成本也会因为芯片上要使用相对更多的材料而增加。当良品率计算到成本中时，称为"有良品率的芯片成本"(yielded die cost)。当生产晶圆的成本不考虑芯片良品率时，称为"无良品率的芯片成本"(unyield die cost)。

　　芯片成本是晶圆尺寸、芯片尺寸和晶圆分拣良品率的函数。一片拥有 300 个芯片的晶圆，如果制造成本是 3000 美元，则无良品率的芯片成本为每芯片 10 美元。如果芯片的分拣良品率是 50%，则芯片成本上升到每芯片 20 美元(3000 美元的晶圆成本分配到 150 个有功能的芯片上)。将分拣良品率提高到 90% 可以将芯片成本降到 11.11 美元。

　　市场的压力要求晶圆制造企业用最快的速度将晶圆的分拣良品率达到 90% 或更高。图 15.6 显示了不同水平的 DRAM 存储器从研发到完全生产的过程中良品率上升的情况。

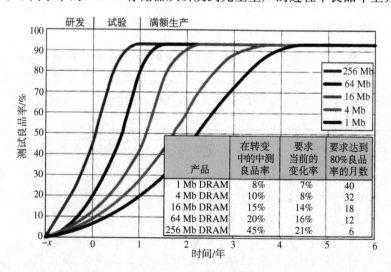

产品	在转变中的中测良品率	要求当前的变化率	要求达到80%良品率的月数
1 Mb DRAM	8%	7%	40
4 Mb DRAM	10%	8%	32
16 Mb DRAM	15%	14%	18
64 Mb DRAM	20%	16%	12
256 Mb DRAM	45%	21%	6

图 15.6　DRAM 电路的中测良品率(源自: Semiconductor International, January 1998)

15.2.7　良品率的提高

　　尽管传统的商务因素确实受到了更多的关注，工艺和晶圆的良品率所受的关注也并不少。良品率提高的效果折算成美元可以非常显著。如图 15.7 所示，第二行显示晶圆制造的良品率提高 5 个百分点，就使总体的良品率从 38% 提高到 40.4%，增加了 2.4%。如果制造区域每月生产 10 000 片晶圆，每片晶圆上有 350 片芯片，每片芯片售价 5 美元，则增加的收入为：

10 000 晶圆/月 ×350 芯片/晶圆 ×0.012(1.2%) ×\$5/芯片 = \$210 000/月

这样的收入增加是否显著，取决于成本的有效降低。

工艺	改变	良品率			
		生产线	测试	封装	总体
基线		0.80	0.50	0.95	0.38(38%)
	生产线到 0.81	0.81	0.50	0.95	0.384(38.4%)
	生产线到 0.85	0.85	0.50	0.95	0.404(40.4%)

图 15.7　制造良品率的提高对产品良品率的影响

15.2.8　良品率和生产率

良品率一直是晶圆厂成功与否的传统衡量标准。高良品率意味着较低的生产成本和较高的利润。当晶圆分拣良品率达到 90% 的水平时，下一个降低成本的因素就是生产率。生产率的提高可以通过两方面来衡量，即整个制造区域内每平方英尺出产的晶圆数（或每件设备出产的晶圆数），或每名操作员生产的晶圆数。对这些因素的提高意味着生产成本的降低。产量是另一个因素。提高每小时的晶圆数意味着一个效率更高、成本更低的工艺过程。如果实现这些因素的成本远低于收益，则生产率的底限就会提高。

15.2.9　增大晶圆直径

能力和速度进步是与促使芯片的器件尺寸进入纳米（十亿分之一米）水平相伴的。然而，更小的器件拥挤在芯片的表面，迫使在芯片表面上增加金属连接层，增加更多的工艺步骤。在芯片表面上，更小的器件尺寸要求更浅的掺杂层和更薄的介质层。这些要求也增加了工艺步骤数。伴随着更大密度的芯片，能力提高导致更大的芯片尺寸。然而，在相同直径的晶圆上，更大的芯片导致更低的生产率。解决这个问题的根本办法是采用更大直径的晶圆。到纳米时代，相伴的晶圆直径已成为 300 mm 晶圆（约 12 英寸），并且正在进行向 450 mm 晶圆（接近 18 英寸）的更新。和大多数基于量产的制造工艺一样，随着时间的推移，量的增加带来价格的降低（见图 15.8）。

更大直径的晶圆可以引出新的生产挑战和迫使更高的自动化水平。要求自动化的突破点是 200 mm 直径晶圆。实际上，手工处理一批每盒 25 片的 200 mm 晶圆的质量和代价太高了。整个晶圆处理计算 25 片一批的 450 mm 晶圆的重量是 19 磅，还不包括承片盒。为了维持更大晶圆的生产率和良品率，要产生更大的成本。加工更大晶圆和更小的容差的设备变得更加昂贵。需要提高设备水平以维持更大晶圆的均匀性，或采用更多单片加工设备。当然，全部材料和工艺环境必须变得更洁净，因为更小、更紧密的器件排放更敏感。不要忘记，在这些水平，实现测试数量增加以维持产品质量和在晶圆制造线的工艺控制，生产线就要迅速转运大量晶圆。特别需要注意的是增加在 ULSI/纳米量级的工艺步骤。将器件挤得更近并使它们更小，已经发生了问题，这些问题需要增加新工艺步骤才能解决，例如，为克服形貌产生的图像问题，可采用平坦化技术。增加步骤促使工艺和存货更昂贵。

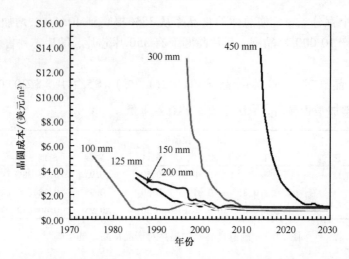

图 15.8　晶圆成本随时间的变化(Scotten W. Jones 3200, ICK Knowledge LLC, www.icknowledge.com)

在从 300 mm 晶圆转向 450 mm 晶圆的成本预计为：制造区面积增大 30% ~ 100%，设备成本增加 20% ~ 50%，"束流"设备(更长的加工时间)增加 10% ~ 30% 和耗材增加 1.7%。然而，在 22 nm 节点每项资本支出和工艺的成本方面，整体过渡预计净减少 25%。

转到 300 mm 晶圆可以选择每月运行 10 000 片的更小的晶圆厂(或迷你 FAB)，并生产出与 200 mm 晶圆厂相同的芯片数[5]。采用 450 mm 晶圆可以有类似的优势。

微芯片的制造成本和管理都是由来自非自由市场的压力和技术的快速周转的不确定性进一步复杂化的。一个产品的生命周期开始快速增长，通常可能需要新的设备、工艺和/或升级的设施。波动可能会造成供应不平衡，如硅或硅晶圆短缺。最后，一个产品周期往往经历价格波动，作为竞争对手赶上或移动到下一个技术水平。所有这些发生在一个销售价格不断下降的市场中。

"例如，每比特价格的下降一直是惊人的。在 1954 年，集成电路被发明的 5 年前，一个晶体管的平均销售价格为 5.52 美元。50 年后，在 2004 年，这已下降到十亿分之一美元。1年后，在 2005 年，每位动态随机存取存储器(DRAM)的成本是惊人的 1 nanodollar(十亿分之一美元)。"[6]

尽管有在工艺、成本以及市场方面的诸多变化，衡量芯片制造领域的财务状况的方法依然相同：即对于从芯片厂售出的有功能的芯片，每片的成本如何。在因拥有了封装能力而完全扩展为商业工厂后，衡量方式又变成每一片售出芯片的成本(the cost per die shipped)。在百万级的集成电路世界，每个晶体管的成本正成为一个指示参数[7]。这些衡量方式适用于自家晶圆制造运营、代工运营和无工厂芯片公司。

15.2.10　账面-单据(book-to-bill)比率

商务方面最受关注的工业因素是账面-单据(b/b)比率。账面指在一段时期内收到的销售订单在账面上的金额。单据指发出账单的金额。对于正常的业务，收到订单后，在售出芯片的同时，账单也会发出。在景气的时候，如果产品短缺，发货会延迟数月或更长。一个高的账面-单据比意味着未完成的订单在累积，通常表示健康的经济状况。而低的账面-单据比意味着订单在逐渐被做完，工厂在出售库存产品而不是在生产新的产品。这个指标一般用来表示库存和生产的水平。一个大于 1 的 b/b 比率表示一个上升的市场，而小于 1 则表示一个衰退的市场。当市场很好时，一个高的 b/b 比率值得担忧，因为交货的时间被拉长了，电子工业的用户端对芯片的需求无法得到满足。

15.2.11　拥有成本

当购置设备的决定从纯粹的技术考虑转向商务因素考虑时，拥有成本（Cost of Ownership，CoO）的模型便逐渐发展起来了。这种模型尝试着将影响处于寿命期内的机器、工艺或厂房的全部所有权成本的相关因素都放到一起。除最初的设备购买价格外，设备的占地面积、运转时所需的电能和原材料、合格晶圆的良品率、常规维护、修理及失效频率等因素的不同都会带来完全不同的费用。下列 CoO 的公式是 Semetech 提出用来评估设备的购置成本[8]：

$$C_W = \frac{\$F + \$V + \$Y}{L \times \text{TPT} \times Y_{\text{TPT}} \times U}$$

其中，C_W—完成的晶圆成本，基于在设备寿命期内的设备或工艺专项成本

　　$\$F$—固定成本，包括设备的购置价格、厂房成本和最初的改装成本等

　　$\$V$—设备或工艺运转时产生的所有原材料、劳动力和工艺的成本

　　$\$Y$—由设备故障造成的晶圆报废以及缺陷引起的损失

　　　L—以小时计算的设备寿命

　TPT—晶圆的产出率，从理想情况的最大值中减去维护需求、机器设置、测试晶圆监测等时间，用每小时的晶圆数表示

　Y_{TPT}—产量因子

　　　U—设备被利用的因素，从最大值中减去可用的工艺等待时间

公式中的每一项又通过对某一特定工艺的具体因素的考虑计算出来。计算 CoO 的公式提出了考虑到不同设备因素的折中方案。例如，一台具有较高的初始购置成本的设备可能会因为较低的运行成本和较长的非失效时间而变得合算。或者，一种设备也许可以提供很高的良品率，但是却需要许多调整和校准，导致必须增加额外的设备才能完成生产计划。

15.3　自动化

随着多数产业的成熟，技术日趋稳定，而市场在拉动需求的增长，这样的技术和市场条件是工艺自动化的前提。从 20 世纪 40 年代开始，石油提炼的自动化将工人的数量降低了50%[9]。而到 20 世纪 70 年代，当半导体工艺设备设计成可以接收装在片匣中的晶圆时，半导体加工的自动化也就开始了。从那以后，半导体业的自动化就向着梦想中的完全"无人无灯光"的芯片厂迈进。自动化阶段从单纯的工艺设备发展到整个工厂。

15.3.1　工艺自动化

自动化的第一步就是工艺自身的自动化。大多数半导体设备，从定义上说，都是将工艺的一部分自动化。光刻胶的匀胶机自动地将底胶和光刻胶以正确的速率及合适的时间涂在晶圆表面。自动气体流量控制器将气体以正确的流量、正确的压力和正确的时间通进设备中

去。工艺的自动化通过降低对操作员的技能、培训、状态和疲劳程度的依赖性而带来了工艺和产品的一致性。

多数设备是通过编在随机的计算机中的一系列指令来控制的。程序被称为"处方"(recipe)。处方由操作员或通过中央主机装载到机器中。

15.3.2 晶圆装载自动化

下一个自动化水平是加载和卸载晶圆。业界已经将前开口晶圆片匣(Front-Opening Unified Pod, FOUP)确立为主要的晶圆承载体和传输体。FOUP 通过多种机械原理被放置在机器、升降机和/或晶圆抽取器上,或是用机械手将晶圆输送到特定的工艺室、旋转卡盘上等。在某些工艺中,如一些工艺反应管,整个片匣都放在工艺反应室中。这一自动化水平称为"单按钮"操作。通过一个按钮,操作员激活加载系统,晶圆被加工然后再回到片匣中。在工艺周期的最后,机器发出警报声或点亮指示灯,操作员再将片匣移走。

有些机器具有缓冲存放系统,使工艺过程总可以有新的晶圆准备被加工(或给图形化设备的放大掩模版),从而使机器的效率最大化。这些被称为储料器(stocker)。操作员将 FOUP 放在机器的上载器上,按下开始键,其后的工艺过程就交给机器来做。在直径 300 mm 及以上的晶圆,采用单片晶圆处理设备,晶圆可以在独立承载器中被传输。

15.3.3 集簇

将两个或多个工艺步骤放到同一个设备单元来做是另一种自动化水平。一般这种自动化水平称为"集簇"(clustering)。整个产业做"集簇"已有相当长的时间了。光刻胶的匀胶机在很早以前就和软烘焙模块,以及其他曝光显影设备组合在一起了。

最近的集簇设计(见图 15.9)已经受到来自技术和经济两方面力量的驱动。在技术方面,一些成簇的工艺产生更好的产品,如从刻蚀后到金属淀积前一直保持晶圆的清洁。另一项工艺上的优势是在同一个反应室内可以按次序淀积不同的材料。在这些情况下,淀积过程变得更好,因为晶圆在各个步骤间没有暴露到空气中。当然,在任何时候如果晶圆的加载/卸载步骤可以省掉,则清洁度和成本方面都会受益。对于真空工艺,当仅需一次抽真空即可以进行两个或多个工艺过程时,时间和洁净度因素都会受到影响。两个或多个有序的工艺过程结合的簇称为"集成处理"(integrated processing)[10]。

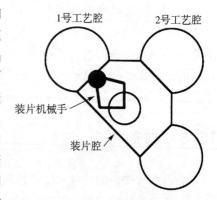

图 15.9 三个工艺腔集簇设备

经济方面,如果某些类型的工艺集簇在一起以提高生产率,则称为"并行处理"(parallel processing)。

尽管集簇设备具有显而易见的吸引力,但它们也存在缺点。对关键工艺的集簇处理,其优势很明确,但对于相同类型的工艺进行集簇所需要的互锁、电子系统和软件,都要比单一的设备更精密。而且一旦维修保养需要设备停机,就会造成相当大一部分生产能力的损失。对集簇的另一障碍是,集簇的模块可能无法由同一供应商提供。客户都愿意有一个负责任的供应商,而当设备的责任混在一起时,不同的供应商一起合作的效率往往很低。

15.3.4　晶圆传送自动化

第三个自动化水平是晶圆可以被自动地发送到设备上,并自动上载或下载。除了生产上的优势,自动化还带来了人类环境改造学、安全和成本方面的好处。这些好处在 FOUP 中一批更大直径晶圆的重量达到 18 ~ 20 磅(6.7 ~ 7.5 kg)时凸显出来。操作员有可能受伤,而摔坏一盒昂贵的晶圆造成的经济损失可能是非常惊人的。早期的传送系统采用机动的部件来模拟人的传送(见图 15.10)。被称为"自动引导小车"(Automated Guided Vehicle,AGV)的部件沿一个轨道移动,并将晶圆片匣发送到需要晶圆的机器上。另一种形式是"轨道引导小车"(RGV),部件沿着处于工艺设备和储备间之间的轨道移动。这两种形式的优点是,在设备排列成行的生产线很容易做改装。

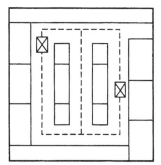

　　☒　AGV
　　┊　AGV通路

图 15.10　自动引导小车
晶圆传输系统

另一个方法是使用高架轨道(也称为跨轨)。晶圆 FOUP 到达工艺设备区域(见图 15.11)后,由一个二级系统(通常是一个机械手)将它们移下高架轨道,并放置在设备的缓冲区。这种系统在那些设备分放在隔间而不是传统的线性布局时最有效。

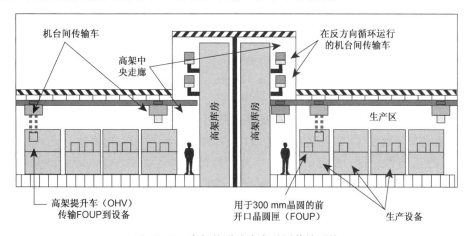

图 15.11　高架轨道或库存晶圆传输系统

15.3.5　闭环控制系统自动化

这个行业正处于全面自动化的最后阶段,即闭环反馈系统。它包含两个方面,一方面是某些设备具有在线传感器来测量关键的工艺参数,通过反馈电路,设备会进行自我调节来保证工艺运行规范。对于很多设备来说,这个阶段的自动化是很难实现的。因为用于测量的传感器要工作在不利的环境内,如加热管反应炉和溅射反应室。在掩模版制造领域取得了一些进展,先进的识别系统可以对比未加工的掩模版和设计规则。

另一方面,一些设备连接到自动目检或测量的子系统上。子系统对重要参数进行实时(正运转时)测量。并与标准对比,然后将信息反馈回来。这个系统可能会触发对于不符合规格设备的停机或自动进行工艺参数调整。闭环工艺和机器控制的发展是通向"无人无灯光"的晶圆厂目标的必由之路。

15.4 工厂层次的自动化

更高水平的工艺和设备的自动化,以及库存控制系统的出现,要求更高层次的中央控制和信息共享。大多数公司都有基于计算机的信息管理系统(MIS)来处理文档工作,以及职场和财务方面的细节。这样的系统正被扩展到整个生产环境,并称为计算机集成制造(Computer Integrated Manufacturing, CIM)。

CIM 将所有工厂运营计算机化,并将所有运营项目集成到一个计算机设计、控制和分配的系统。参与计算机集成制造(CIM)的工艺都是相互关联和依靠的,如图 15.12 所示。CIM 的主要活动包括商务职能、产品设计(掩模版和电路)、生产规划(库存、车间布局优先权,等等)、生产控制和制造工艺。一个完善的 CIM 系统在各个层次都有交互作用。这意味着 5 个职能区的每一个都向系统实时输入数据,而任何需要数据的人都可以从系统中获得。

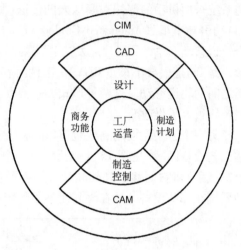

图 15.12 工厂计算机控制系统行政区划图

计算机辅助设计(CAD)和计算机辅助制造(CAM)是 CIM 系统中的两个子系统。CAD 的作用在掩模版和电路设计中已经有所讨论。CAM 是系统中对生产操作做计划和控制的部分。CAM 系统包括计算机网络、自动工艺设备和材料分送系统。

从概念上说,当收到客户订单时,CIM 系统就进入到生产操作中。计算机记录下订单并启动 CAD 系统来开始设计(如果是客户订单)。同时也开始对所需材料的订购,并确保数量和发送计划的正确性。这一级子系统又称为计算机辅助工艺计划(Computer-Aided Process Planning, CAPP)。通过 CAM 程序,工艺程序下载到工艺设备的计算机上。一旦工艺开始,CAM 系统控制 WIP 并做出必要的优先权来完成出货计划。CAM 系统还跟踪记录设备性能并计划维护和修理。

CAM 系统中一个重要的功能是对良品率的监测和报告。重要的测量系统直接连接到工厂的计算程序中。如果出现低良品率问题,系统会报告给工程和设施经理,并且(如有必要)会重新订购材料以弥补损失。在生产运行结束时,系统计算成本和良品率,并做出对客户出货的计划。

CIM 系统的其他功能包括设施监测、工艺建模以及安全系统。设施监测一般会涉及厂区内的电力消耗和环境方面的因素。一些 CAM 系统设施还包括通过自动警示和/或重新订购来监测储存的液体和气体的水平。对这些因素的监测和精确控制可以节约相当数量的成本。工艺建模是一种检测系统,用来测试针对已知工艺变异的设计方案。计算机可以运行产生许多种变异来模拟实际制造中的各种变化。好的模拟可以在晶圆投入生产线之前就识别出设计或工艺中的弱点。安全系统包括对雇员(或外来人员)进厂和离厂的安检,以及保护那些昂贵的产品成品或原材料。安全系统也可能包括消防系统和其他危险品的控制。

15.5　设备标准

由于芯片制造商需要有许多家供应商提供原材料和设备,加上苛刻的芯片制造技术要求,对于标准化的要求就显而易见了。在许多行业,不同的制造商倾向于建立它们自己的"标准"来作为行业标准,并成为维持其竞争力的一种方式。幸运的是,半导体工业已经不成文地建立了许多标准,如标准化的晶圆片匣。

1973 年,半导体设备及材料国际(SEMI)协会建立了一套标准程序。供应商和用户坐到一起并通过共同协商来建立标准。对于自动化水平,SEMI 发布了设备界面的通信协议。

15.5.1　芯片厂的地面布局

芯片厂传统上将设备排成行的布局已经让位给专用隔间或隧道式系统。这种系统将工艺分组安排在不同的房间内,将人员流动造成的污染,以及来自其他工艺区域的交叉污染降到最低。自动化的需要迫使人们重新设计最有效率的方法来传送材料,同时还能保持清洁。

机械手和高架轨已经成为移动材料的选择[11]。随着晶圆批料的重量增加(晶圆直径增加),对机械手的使用越来越多,尤其是 FOUP 类型的传送模式[12]。对于真空设备,机械手的设计和性能都遇到了挑战,特别是当工艺要使用腐蚀性气体时。

一种设备布局的选择是工艺岛。用于某一特定工艺部分的不同设备被安排到同一个加载或卸载机械手周围。这些设备可以是独立的或集簇的(见图 15.13)。

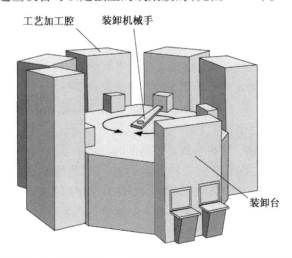

图 15.13　用于 450 mm 晶圆工艺的集簇式刻蚀机的实例

15.5.2　批量和单晶圆工艺

在工艺发展的前 20 年,发展动力来自不断增大的晶圆批量。简单地对规模和每次工艺生产的产品要求都没有成为更大的动力。然而,更大直径的晶圆以及 VLSI/ULSI 水平的到来改变了这种前景。更大的晶圆要求更大的工艺反应室,进而增加了对均匀度的限制。许多工艺,尤其是淀积步骤,更容易在小一些的反应室(单晶圆)中控制。快周转期芯片厂(ASIC 和小批量器件)可以利用单晶圆工艺的灵活性来获得某种优势[13]。

与批量加工相比,这种对工艺控制的偏向使生产能力受到一定损失。更大直径的晶圆从某种意义上可以有所弥补(300 mm 直径晶圆的面积几乎相当于 150 mm 晶圆面积的 4 倍)。设备的设计允许真空泵对整批进行工作,而晶圆加工则逐个进行。其他的改善措施提高了单个晶圆的生产能力。

也有不利的方面,单晶圆工艺要求更高水平的可重复性。设想对于同样大小的晶圆,单晶圆工艺设备需要运行 25 次,而批量工艺对于一批 25 片晶圆则只需运行一次。单晶圆设备也更加昂贵。每一台设备所需的部件与批量工艺设备基本相同。

15.5.3　绿色芯片厂

晶圆制造的另一大压力来自环境方面的法规和关注。晶圆制造过程使用很多危险化学品,并产生废物。在工厂里,对化学品处理、储存及使用的控制是芯片厂环境、安全和健康(Environmental,Safety,and Health,ESH)项目的一部分。当前对工艺发展的研究中比较活跃的是减少对化学品的使用或者使用危害较小的化学品。SIA 路线图显示到 2012 年水的消耗从每片晶圆 30 加仑降到了 2 加仑[14]。该路线图提倡降低每片晶圆消耗的能量,并停止对聚氯乙烯(PVC)的使用。从安全方面考虑,较低危险的化学品会带来成本降低,因为厂内处理和储存、运输成本,以及特殊废料处理设施的成本都会相应降低。

15.6　统计制程控制

本书的大部分内容在论及工艺技术时都少量涉及数学公式。而下面关于统计制程控制(SPC)的几节内容将打破这个惯例。SPC 是用来维持工艺控制和提高良品率的一种有效和必要的工具。遗憾的是,SPC 是基于统计学的,并使用数学语言。我们将试图通过图表来解释常用的统计工具的背景、用途及意义,将不使用数学公式。

要解决的第一个问题是:"工艺控制的对象是什么?"答案很简单:使生产的产品符合设计和操作规范,并且能达到足够高的生产率以获取利润。对这个简单目标构成挑战的是那些受到多种参数影响的工艺过程,这些参数还包括晶圆的固有条件。

没有监测和调整的工艺是无法在控制下运行的。工艺控制提供信息来做出必要的改变。统计制程控制的方式是,依靠建立的数学法则来控制制造芯片的工艺类型。工艺控制技术可以很简单,也可以很复杂。最简单的(也是最熟悉的)方法是对一组数字(称为总体)平均值的计算。我们也知道,总体的极限值(范围)和平均值,提供了关于数据在总体中分布情况的概念。

例如,两组数在 A 列和 B 列(见图 15.14)具有相同的平均值。如果这些数据代表反应炉 A 和反应炉 B 中晶圆的方块电阻,就可以很容易得出结论,即反应炉 A 具有控制更严格的工艺,因为其数据分布更加集中。这个事实可以通过绘图表示出来(见图 15.15)。这种图示称为"直方图"(histogram),可以直观地显示出数据分布,而这是简单平均值计算无法揭示的。平均值计算和直方图都是统计方法的实际应用。直方图通常是决定一个工艺是否受控的第一步。

读数序号	A 列	B 列
1.	25	28
2.	24	25
3.	26	23
4.	23	26
5.	25	25
6.	26	22
7.	25	23
8.	24	25
9.	25	27
10.	26	25
平均值	24.9	24.9
范围	26 − 23 = 3	28 − 22 = 6

图 15.14　方块电阻读数/（Ω/□）

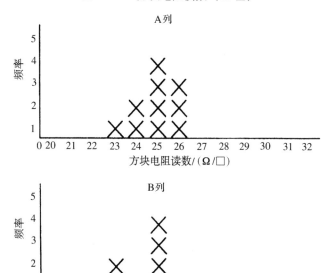

图 15.15　表面电阻的频度分布

　　这两种方法来自一种称为高斯分布的数学分布，是用著名数学家卡尔·弗里德里希·高斯（Karl Friedrich Gauss，1777—1855 年）的名字命名的。它的起源很有意思，高斯试图协调不同天文学家报告的不同恒星的位置。他的方法是对所有观察都做出必要的修正，并考虑到观测所处的一年中的不同时间，以及在地球上不同的位置。他期望当做出所有的修正后，所有对某一特定恒星位置的计算都应该一致。除此之外，正常的推理也要求一颗恒星在某一时间只能占据一个位置，而且我们应该可以定出那个位置。

　　然而，最后的数据并没有证实他的假设。在所有修正都做出后，每颗恒星仍然具有多个位置。幸运的是，高斯并没有放弃这个项目，他继续研究并由此建立了统计学和分布概率领域的基础。如果厌烦数学的读者能坚持一下，会发现概率的概念并不那么深奥。高斯分析数据的方法是将同一恒星的不同位置的计算值画下来。他计算了中心点（均值）并以该点为圆心画出一个圆，将离中心点最远的位置点包括进这个圆内，进而推断出恒星的真正位置以

100%的概率(即概率为1)落在该圆圈内。高斯还推断出在较小的圆圈内找到恒星的概率要小于1。事实上,圆圈越小,恒星落在其内的概率就越小。

工艺生产数据也像以上例子给出的分布一样。这个数学分布就是著名的高斯分布。一个很好的例子是草坪中草叶的高度。

如果所有的草叶高度都得到测量并画在直方图上,其分布会是熟悉的钟形曲线,又称为"正态曲线"(normal curve)(见图15.16)。从概率的角度考虑,任何草叶具有与均值(中心值)接近的概率都较大,而任何草叶其高度非常矮或非常高的概率都较小。同样的数学情况还可以产生包括人的身高分布、智商(IQ)分布,以及(多数情况)半导体工艺参数分布,如方块电阻等。

过程控制的第一步是将某一特定工艺参数的分布绘制成直方图,然后确认该分布是否是正态分布。如果不是正态分布,则很有可能工艺过程中存在某种问题。如果分布是正态的,下一步则是比较分布范围与该参数的设计极限(见图15.16)。进行这个比较是为确定工艺的自然分布极限是否落入设计极限内。如果不是,工艺就必须调整,否则此参数的测量读数(以及晶圆)将总会有一定比例落在规格之外。

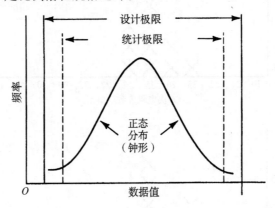

图15.16　正态分布(钟形)曲线

到目前为止,介绍的统计方法都是对某一种工艺过程的事后分析。而更有力的实时工艺控制统计方法是 *X-R* 控制图(见图15.17)。这种控制图由两部分组成,其 *y* 轴代表参数的数值。处于上部的图上有一条水平线,表示参数的历史平均值。在平均值线的两侧有根据历史数据计算出的控制限水平线[15]。控制限代表当工艺过程受控时数据值所处的范围。同时在图中还包括工艺或设计极限,代表数据点在被拒绝前可能达到的极端值。而处于下部的图是通过将每个数据点偏离平均值的量计算并绘制出来的。在绘制出来后,这些值提供了关于工艺控制量的直观证据。

X-R 控制图的价值在于其可预见性。一个受控的工艺产生的数据点趋向于在平均值附近有规律地变化(见图15.17 的上部)。关于一个受控工艺的数学计算可以预计这种规律性的波动,同时它还可以在数据点真正超出控制限之前预计工艺在什么时候会失控(见图15.17 的下部)。在右侧部分的数据点已经偏移到控制范围的顶部。这对于一个受控的工艺来说是一种非自然的模式。出现这种情况时,维护数据图的生产操作员会向有关人员发出警示,这样可以将工艺在数据点超出控制或设计界限,晶圆将要报废之前及时调整回控制范围内。在工艺中还会用到其他一些更复杂的控制方法,但这已超出本书的讨论范围。

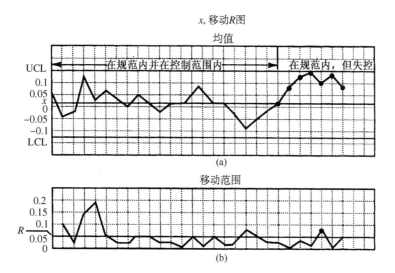

图 15.17　(a)中的移动 R 包含了 x 的测量平均值;(b)显示了移动极差 R,用来描述工艺的稳定性

另一种有力的统计工具是多变量实验分析。大部分测量的质量控制参数(方块电阻、线宽、结深,等等)都受到工艺中多个变量的影响。例如,线宽会随光刻胶溶剂、膜厚、曝光时间、强度、烘焙温度,以及刻蚀因素而变化。其中的任何一个因素或所有因素都有可能造成超出规范的情况。多变量评估可以允许工程师在运行实验时将每一种单独的变量识别并分离出来。

对一个过程设计 SPC 系统时,要求选择合适的统计工具。而另一种选择则围绕着"指示数"群体。利润要求所有批次的所有晶圆上的所有芯片每个都能符合规范。然而,挑选参数群体并非总是那么轻而易举。工艺的情况各有不同,有晶圆上的差异,有一批内晶圆之间的差异,还有工艺设备之间的差异。由于不可能测试每一个芯片,选择正确的样本点和采样水平成为越来越重要的课题[16]。

15.7　库存控制

影响制造中成本控制和良品率的一个重要问题是库存的水平和控制。随着工艺步骤的增加,工艺时间相应加长,工艺中晶圆(WIP)数量也在增加。问题是公司在购买晶圆时付了款,却只有在做成的器件发货后才能收到货款。中间这段时间对于生产相似电路的一条生产线来说可以是 2 ~ 8 个月。生产 ASIC 电路的生产线的负担甚至会更重,因为要生产不同类型的电路。为了能说明这种负担,考虑一个 CMOS 类型的工艺,具有 50 个主要步骤,每个步骤包含 4 个次级步骤,共有 200 个步骤。设备的高昂成本一般需要一些缓冲库存来保证机器在最大效率下运行。如果每个缓冲区有 4 个能各装 25 片晶圆的 FOUP,则 WIP 的全部库存就有 40 000 片晶圆。每片晶圆开销 100 美元(大尺寸),则全部库存的负担就是 400 万美元。

过量的 WIP 由于要占用隐含的工艺能力,以及相应的设备,会影响生产率[17]。当某一站有很多库存时,工艺流程中的某些部分可以停下来,而晶圆仍能从后道工序不断流出。在 WIP 降低时,这些问题变得明显起来并促使对问题的解决。WIP 还会影响总体的制造良品率。业界长期积累的经验是晶圆停留在工艺中的时间越长,其测试的良品率就越低。

15.7.1　及时库存控制

及时库存控制(JIT)的原理来源于"只做要求做的,并只按要求做"[18]的目标。系统在概念上很简单。从储备间到机器缓冲区,所有的缓冲库存都降低到最小。为了高效地工作,建立良好的供应商关系必不可少。输入的原材料必须具有最好的质量,因为 JIT 留给来料检验和退货的空间很小。第二,供应商被要求在自己的厂区保持随时可出货的原材料。这样一来,供应商不得不承担原来由芯片制造商承担的库存(这是一种他们并不乐见的情况)。芯片制造商必须在评估自身的产量、质量和发送需求方面效率很高,并且必须拥有一个能快速地将原材料送到正确的设备上的系统,并能快速检测出质量问题。

JIT 在工艺流程中也有应用。一些公司只有在产品能毫无阻碍地通过所有下级工序时才将晶圆投入工艺中。这种系统能得到较高的良品率,如果在一条适当平衡的生产线上,即使生产线的一部分处于停顿状态,也可以得到较高产量。这种系统称为"需求导引"(demand-pull)。"上游"的晶圆仅在下游的工艺站有清除晶圆积压的需求时才会被处理。

一个有效的 JIT 程序可以减少制造区域操作员的数量,因为其工作的大部分时间都用在分拣、分段,以及把任务发送到工艺设备上。制造区域的布局可以对传统的工艺设备(直线型排列)进行更改。一条直线型的布局仅对很少不同种类产品的生产线有益。晶圆从生产线的前端进入,并按照先入先出(FIFO)的原则移动。当某些特定晶圆批必须要快速移动时,问题就出现了。通常这些晶圆批会标注为"热批次"(hot lot),它们在每个工艺站加工时都得到很高的优先级。除了为保持对晶圆批的跟踪而带来的控制问题,热批次还导致正常的产品必须排队等候直到热批次通过。这种布局对于 ASIC 生产线尤其显得笨拙,因为出货日期和产品类型不同而需经常改变优先级。

JIT-CAM 系统的优越之处在于知道所有晶圆批处于生产周期的什么位置。计算机可以将任务分段处理,以尽量减小中断并且保持产品的稳定流动。再进一步,如果 JIT-CAM 系统能和自动发送系统联合起来,整个系统将在工艺站集合成组,而不是串成线的情况下达到更高的效率。这个概念称为"工作单元"(work cell),尤其是当工作单元运行不同类型的产品时,效率更高。而当直线形布局下的一台设备无法操作时,整条线就会停下来,库存在停下的设备前积压起来。

15.8　质量控制和 ISO 9000 认证

SPC 和其他产品、工艺或人员质量项目都涵盖在总的质量控制范畴之下。半导体行业有两大质量组成部分:质量控制(QC)和质量保证(QA)。QC 一般指在工艺过程中,用来监测和控制工艺及晶圆的质量的所有技术。QA 指投入精力监测并保证客户收到的产品符合要求的规范。

1987 年,引入了一种关于组织的质量要求的系统:ISO 9000 系列。这是由国际标准化组织(ISO)发展出来的。其要求更像是一种指导方针,有时又称为"雨伞标准"[19],而不完全是一套苛刻的必须严格遵照的标准。

ISO 9000 指导方针/标准对于包含产品、工艺和管理的完整质量系统的发展和评定做出了指导。各个公司都要决定怎样能够最好地符合标准并实施相应的项目。通过认证,客户和供应商都会清楚在产品的背后是一套完备的质量规程。当时的欧洲共同体(EC)要求所有在欧洲共同体内经营的公司都要具备 ISO 9000 的认证。在美国,美国国家标准学会(ANSI)和美国质量控制协会(ASQC)都发展出等效的标准。协助半导体供应商的相应的项目是由半导体设备和材料国际(SEMI)协会发起的[20]。

15.9 生产线组织架构

大多数制造区域是围绕着生产线的概念组织的。在这个概念下,制造区域是按照能提供具有相似工艺要求的产品建造的。因此才有了双极型生产线和 CMOS 生产线等。这样的安排使工艺过程更加有效率,因为这样在大部分时间内,大多数设备都会处于使用状态,而工作人员也能在生产一定的产品后得到足够的经验。

处于这种生产线的人员也是相当自治的(self-contained)。主要的责任都由制造或产品经理承担(见图 15.18)。向这名经理汇报的人员包括工程主管、生产经理(或总管)、一个设计部门,以及设备维护部。生产经理负责按照规范、成本和计划要求生产晶圆。工程部负责开发高成品率的工艺,记录下工艺过程,并负责每日的在线工艺维护。生产和工程人员都按照工艺的不同,分成特定的分部。这种组织结构的优点是高度专注于制造区域的主要目标,即将芯片生产保持在盈利水平上。

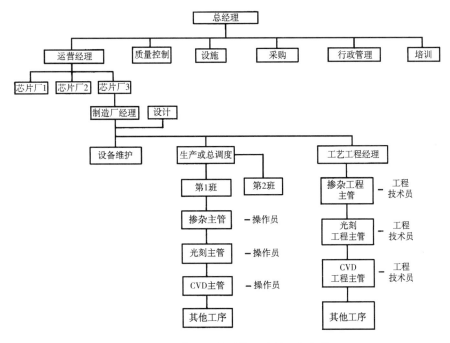

图 15.18 典型的半导体生产线组织架构

当工艺越来越自动化并被安排在特定的工艺单元中时,小组织化的团队及相应的责任也出现了。一个单元包括操作员、设备技术员,以及工艺师。这些小组根据 CIM 系统提供的信息做出现场决定。然而,很少有公司将这种安排正式按组织结构确定下来,而团队的存在更倾向于那种跨部门的合作。

习题

学习完本章后,你应该能够:

1. 列出影响制造成本的主要因素。
2. 描述拥有成本(CoO)模型的意图和因素。
3. 列出统计制程控制的优点。
4. 识别控制图的构成和用途。
5. 列出并讨论自动化的不同水平。
6. 列出用来评估某种特定设备的因素。
7. 定义术语 CIM 和 CAM,以及它们在生产设置中的作用。

参考文献

[1] Semi/Semetech, *Semi Reports*, 2012, www. semi. org, May 2013.

[2] Clark, P., "GlobalFoundries Hints at $10 Billion Fab Location," *EE Times*, Jan. 11, 2013.

[3] Harper, J. G. and Bailey, L. G., "Flexible Material Handling Automation in Wafer Fabrication," *Solid State Technology*, Jul. 1984:94.

[4] Lam, D., "Minifabs Lower Barriers to 300 mm," *Solid State Technology*, Jan. 1999:72.

[5] Sonderman, T., *Reaping the Benefits of the 450-mm Transition*, Semicon West, San Francisco, CA:2011.

[6] Arden, W., Brillouët, M., Cogez, P., et al., *More Than Moore White Paper*, ITRS White Paper, Nov. 8, 2011.

[7] Foster, L. and Pollai, D., *300-mm Wafer Fab Logistics and Automated Material Handling Systems*, Handbook of Semiconductor Manufacturing Technology, 2007, CRC Press, New York, NY:33-17.

[8] Burggraaf, P., "Applying Cost Modeling to Stepper Lithography," *Semiconductor International*, Cahners Publishing, Feb. 1994:40.

[9] Shinoda, S., "Total Automation in Wafer Fabrication," *Semiconductor International*, Sep. 1986:87.

[10] Singer, P., "The Thinking behind Today's Cluster Tools," *Semiconductor International*, Aug. 1993:46.

[11] Foster, L. and Pollai, D., *300-mm Wafer Fab Logistics and Automated Material Handling Systems*, Handbook of Semiconductor Manufacturing Technology, 2007, CRC Press, New York, NY:33-17.

[12] Moslehi, M., "Single-Wafer Processing Tools for Agile Semiconductor Production," *Solid State Technology*, PennWell Publications, Jan. 1994:35.

[13] Sonderman, T., *Reaping the Benefits of the 450-mm Transition*, Semicon West, CA:2011.

[14] Kerby, R. and Novak, L., "ESH: A Green Fab begins with You," *Solid State Technology*, Jan. 1998:82.

[15] Campbell, D. M. and Ardehale, Z., "Process Control for Semiconductor Manufacturing," *Semiconductor International*, Jun. 1984:127.

[16] Levinson, W., "Statistical Process Control in Microelectronics Manufacturing," *Semiconductor International*, Cahners Publishing, Nov. 1994:95.

[17] Levy, K., "Productivity and Process Feedback," *Solid State Technology*, Jul. 1984:177.

[18] Ibid.

[19] Hnatek, E., "ISO 9000 in the Semiconductor Industry," *Semiconductor International*, Jul. 1993:88.

[20] Dunn, P., "The Unexpected Benefits of ISO 9000," *Solid State Technology*, Mar. 1994:55.

第16章　器件和集成电路组成的介绍

16.1　引言

集成电路是由一些单个的导体、熔丝、电阻器、电容器、二极管和晶体管组成的。本章将研究每种器件的工作原理和形成，因为集成电路主要是由这些单个器件组成的。第17章将讲述电路的基础内容。

16.2　半导体器件的形成

前面的章节重点阐述了用于生成半导体器件(也可称为元件或电路元件)和集成电路的一些单独工艺。假定读者已经阅读(或熟悉)这些工艺，并且对第14章中解释的各个独立的电路元件的电性能有了很好的理解。现实中差不多有成千上万种不同的半导体器件结构，它们被用在整个集成电路中或在单一的某个部分中去实现特定的性能。虽然器件结构千变万化，但是组成每一种主要器件和电路类型的一些基本结构是不变的。本章对这些基本结构进行了讲解。精通并掌握它们对于理解半导体世界丰富的各种演化与创新是至关重要的。这些电路元件包括：

- 电阻器；
- 电容器；
- 二极管；
- 晶体管；
- 熔丝；
- 导体。

16.2.1　电阻器

电阻器有限制电流的作用。这可以通过使用介电材料或半导体芯片表面的高电阻部分来实现。在半导体技术中，电阻器是在芯片表面、掺杂区和淀积薄膜的隔离部分上生成的。

电阻器的阻值(以欧姆为单位)是电阻器的电阻率和其尺寸的函数(见图16.1)，其关系式为：

$$R = \rho L A$$

其中：ρ—电阻率；

L—电阻区域的长度；

A—电阻区域的截面面积。

面积(A)变成了$W \times D$，其中W为电阻器的宽度，D为电阻区域的深度。对于掺杂型电阻器，长和宽是表面开口图形的长和宽，深是结的深度。

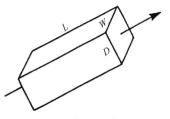

$$R = \rho \frac{L}{A} = \rho \frac{L}{W \times D}$$

图16.1　电阻值与电阻率和截面积的关系

很明显，每一个掺杂区域也是一个电阻器且电流量仍然遵循电阻器的基本公式。一个导体简单意义上只是低电阻率的电阻器。欧姆定律概念上最重要的内容是器件或电路上任何区域的电阻随这个区域尺寸或掺杂程度(电阻率)的变化而变化。

掺杂型电阻器： 集成电路中的大多数电阻器都是由氧化、掩模和掺杂工艺顺序生成的(见图16.2)。在氧化层表面生成一个图形。典型的电阻器是哑铃形的(见图16.3)。两端的矩形作为接触区，中间细长的部分起到电阻器的作用。用这个区域的方块电阻和其所包含的方块的数量就可以计算出这个区域的阻值。方块的数量等于电阻区域的长度除以宽度。

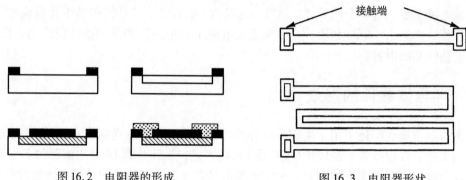

图16.2　电阻器的形成　　　　　　　　　图16.3　电阻器形状

在掺杂和随后的再氧化工艺结束后，两端的矩形区域刻蚀出接触孔以便将电阻器连接到电路中。一个电阻器有两个接触点，是没有结的器件。术语 no-junction 的含义是电流在两个接触区之间流动，而没有穿越 NP 结或 PN 结。然而结可以起到限制流经电阻区域电流的作用。

由离子注入进行掺杂而生成的电阻器比那些在扩散区域生成的电阻器的阻值更容易控制。掺杂型电阻器可以在整个制造工艺中的任何一个掺杂步骤中生成。一个基于双极型的掩模就会有基本图形和一套电阻器的图形。在 MOS 电路生成源极和漏极的掺杂步骤中，同时也生成电阻器。电阻器的掺杂参数(方块电阻、深度和掺杂量)与晶体管是一样的。在这些方案中，晶圆上其他所有芯片器件(层)被做完后，形成电阻器的接触孔。

外延层(EPI)电阻器： 一个电阻器可以通过隔离一部分外延层区域来形成(见图16.4)。在表层氧化和掩模生成接触孔后，剩下的是具有电阻器功能的三维区域。

挤压(Pinch)电阻器： 欧姆定律表明电阻器的横截面积是决定其阻值的一个因素(见图16.5)。一种缩小横截面积(并增加电阻值)的方法是先在电阻器区域进行掺杂，然后再进行一次具有相反传导特性的掺杂。这种情形通常发生在双极型工艺中，先通过发射淀积形成一个 N 型区域，此区域横界面为钳形(pinched)，随后在此区域再进行一次 P 型掺杂来生成最终的电阻器区域。

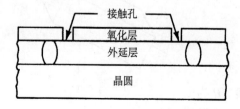

图16.4　外延层电阻器

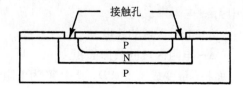

图16.5　压缩 P 形掺杂区的 N 形电阻器

薄膜电阻器：掺杂型电阻器并非总能满足一些电路对电阻控制的要求，同时辐射环境对其性能影响很大。空间中存在的各种辐射会在电阻器区域产生我们不想要的空穴和电子，使结发生漏电流。由金属薄膜淀积生成的电阻器不存在这种因辐射产生的问题。

图 16.6 所示的电阻器或者按照薄膜淀积、掩模的工艺顺序生成，或者由剥离（lift-off）技术生成。当电阻器在芯片表面生成后，通过与其两端接触的导电金属线连接到电路中。镍合金、钛、钨等是构成电阻器的典型金属。

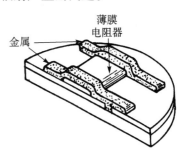

图 16.6　薄膜电阻器的形成

16.2.2　电容器

氧化硅-硅电容器：硅平面技术的基础是在硅晶圆上生长一层二氧化硅膜。金属导线位于二氧化硅上面，就形成了一个简单的电容器（见图 16.7）。回顾一下，电容器是由夹在两个电极之间一个介质层构成的。这事实上就是 MOS 电容器结构。然而，为了使这种结构能发挥电容的作用，氧化物必须足够薄（大约 1500 Å[1]）。上面的电极称为电池板（cell plate），下面的电极称为存储结（storage node）。

电容器是一个储存电荷的器件。一个电池就是一个电容器。当在金属板上加上电压后，氧化层下面晶圆表层就会有电荷积累（见图 16.7）。其电荷量是氧化层的厚度、氧化层的介电常数及其面积的函数，面积是由其上方的金属板的面积决定的。这种结构的电容被称为平行板电容器、单片电容器或 MOS 电容器（在金属氧化物材料被用在三明治结构中以后）。

在密集的集成电路中，我们用一种类似于三明治的氧化物-氮化物-氧化物（Oxide-Nitride-Oxide，ONO）作为介电质。这种合成后的薄膜有较低的介电常数，从而使电容器面积比传统的二氧化硅电容器要小。在有些电路中，专门形成电容器以存储电荷。然而，只要金属线位于一层硅上（或其他半导体材料上）的介质层上，就构成电容结构。在这种情况下，该电容器不应存储电荷，这些电荷会干扰电路的工作。在这种情况下，介质层要足够厚以防止该电容器存储电荷，或使用低 k 介质材料（见第 12 章）。

结电容器：在器件中，每个结都是一个电容器。当每个结的两边被加上电压时，载流子就会离开结，形成耗尽区（见图 16.8）。在器件和电路中，这种耗尽区就起到了电容器的作用。

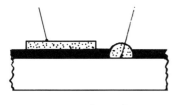

图 16.7　单片电容器

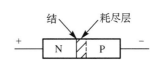

图 16.8　耗尽层结电容器

在设计电路时，必须考虑结电容效应。实际上，在一些电路中就把结电容作为电路设计的一部分。这种自然的结电容有降低电路运行速度的效应，这是因为耗尽区在有电流流过之前需要一定的时间来"充满"（或称为充电）电容器。不同的结电容需要不同的时间来放电，这些充放电的时间影响着电路的开关和运行速度。

沟槽电容器：对于晶圆表面的节省一直是电路设计的一个标准。金属-氧化物电容器的一个问题就是它的面积相对比较大。而沟槽(隐埋)电容器可以解决这个问题。它是通过把沟槽竖直刻蚀到晶圆的表面从而形成电容器来实现的(见图16.9)。对于沟槽的刻蚀可以用湿法技术(各向同性)或者干法技术(各向异性)。沟槽的侧壁被氧化(介质材料)，同时沟槽内部则填满了淀积的多晶硅。最终形成由硅和多晶硅作为两个电极，二氧化硅作为它们之间介电质的线状结构。可以用其他介质材料替换二氧化硅以增加性能。

堆叠电容器：另一种节省晶圆表面面积的方法是在晶圆表面形成"堆叠电容器"(stacked capacitor)。动态随机存储器(DRAM)对于小的高介电质的要求促进了这项技术的发展，它的每个单元的存储部分都是一个电容器。在动态随机存储器(DRAM)单元内，下端的电极通常是多晶硅或半球形晶粒多晶硅(HSG)。电容器可以是平面状、圆筒状或鱼鳍状[2]。

一个典型的结构如图16.9所示。电容器的介质材料通常会考虑用 Ta_2O_5 和 $BaSrTiO_3$(或称 BST)。后者是铁电

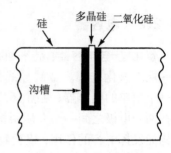

图 16.9 沟槽电容器

(ferroelectric)材料[3]。铁电材料指的是含铁的物质，在电子学领域它与传统的硅匹配的材料相比，有更高速度的介电质。另一种铁电材料是 $PbZ_{1-x}T_xO_3$ 或 PZT。

上端的电极材料可以是 TiN, WN, Pt, 多晶硅或其他半导体材料中的一种。

16.2.3　二极管

掺杂二极管：二极管是指被结分开而形成两个区域的器件。二极管既可以使电流通过也可以起到阻止电流流动的作用。二极管的功能由电压的极性来决定，这称为偏置(biasing)(见图16.10)。当电压方向与二极管区域一致时，二极管处于正向偏置状态，此时电流易通过二极管。当极性相反时，二极管处于反向偏置，电流被阻止而不能通过二极管，如果不断增加电压，达到二极管的击穿电压(breakdown)后，反向二极管也可以导通电流。但这种情况是暂时的，当电流减小时，二极管又恢复了原来的反向阻止电流流动的功能(见第14章)。二极管在电路中起到掌握电流流动方向的作用。通过正确地选择电流的极性和二极管的极性，可以允许电流通过一些支路，也可以阻止电流通过另一些支路。平面二极管就是一个掺杂区，结的两边有两个接触区(见图16.11)。二极管通常是在晶体管掺杂步骤形成的。因而在双极型电路中通常都有一个基极-集电极二极管和一个发射极-基极二极管。在 MOS 电路中，大部分二极管都是在源-漏掺杂步骤中形成的。

肖特基势垒(Schottky barrier)二极管：1938年(晶体管诞生的前十年)，W. Schottky[4]发现金属只要和轻掺杂的半导体接触，就会形成二极管(见图16.12)。这种二极管有更快的正向时间(它的反应速度更快)，而且与掺杂硅的二极管相比，它有更低的工作电压。金属与高掺杂区(每立方厘米有 5×10^{17} 个原子)的接触就是通常的"欧姆接触"。硅电路中大部分接触都是这种情况。一些 NPN 双极型电路就利用了 Schottky 二极管效应。这种结构和效应会在双极型晶体管部分介绍。

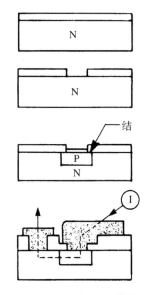

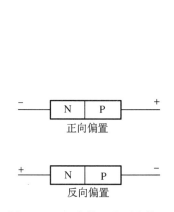

图 16.10　正向偏置和反向偏置

图 16.11　P/N 平面二极管的形成

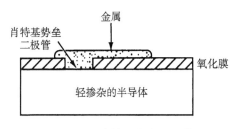

图 16.12　肖特基势垒二极管

16.2.4　晶体管

晶体管工作模拟：晶体管有 3 个接触点，两个结构成 3 个区的器件，可作为开关器件和放大器件。一个经常用来解释晶体管各个部分的作用和晶体管工作的例子就是水流系统（见图 16.13）。流动的水代表电流。在这个系统中，一部分是水源（水箱），阀用来控制水流，桶用来接收水。简单地说，这个系统通过阀的开关可以作为一个开关器件，同时，它也可以作为一个放大器件。把阀看成一个高机械性能，由外部小水流激活水轮机的缩影，一个通过阀的小水流可以通过系统打开一个允许大水流经过的阀。如果整个系统是封闭的，那么观察者只能看到小水流进入，大水流流出。由此可以得出结论：这个系统有放大水流的作用。晶体管被构成来提供如下描述的同样功能。

威廉·肖克利（William Shockley）在 1948 年解释了场效应晶体管（FET）的功能。然而在贝尔（Bell）实验室发明晶体管后最初的几十年，双极型晶体管变成主要的晶体管结构。

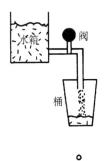

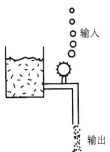

图 16.13　晶体管工作的水模拟

在 20 世纪 60 年代,大规模集成电路出现金属-氧化物-硅(MOS)结构的场效应晶体管。晶体管以 NPN 和 PNP 两种结构工作。工程师能够将每种结构(NPN 和 PNP)制作到称为互补金属-氧化物-硅(CMOS)中。这些器件因其在数字电路中的功能及其能够按比例缩小尺寸并保持功能性,已经在产业界占据主导地位。在平面工艺中,遵循摩尔定律按比例缩小允许器件和增加电路器件数。英特尔(Intel)公司转向三维的三栅晶体管的开发,又称为 FinFET。这些结构设计将在下文说明。

双极型晶体管: 在固态晶体管中也存在同样的部件和功能。双极型晶体管既可以表现为简单的开关器件也可以作为双掺杂的平面结构(见图 16.14)。电流从发射极(水箱)出来经过基极(阀)进入接收极(水桶)。没有电流流过基极时,晶体管是关闭的,当晶体管打开时,就会有电流流动。仅需要很小的电流打开基极从而使电流通过

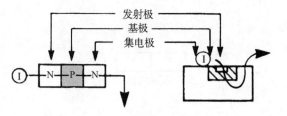

图 16.14　双极型晶体管工作

晶体管。基极电流的大小控制着通过晶体管的较大量电流(集电极电流)。电流从基极到集电极有放大效应。基极电流有效地改变了基极区域的电阻率。实际上,晶体管(transistor)这个词来源于双极型晶体管(transfer resistor)。在工作中,当正向和反向电流经过基极时,就出现了双极型。

晶体管放大系数也称为"增益"或 β。在数值上等于集电极电流除以基极电流(见第 14 章)。为了得到更高的效率,发射极区域掺杂浓度比基极区域掺杂浓度高,而基极区域的掺杂浓度又比集电极区域掺杂浓度高。图 16.15 就给出了典型的掺杂浓度与距离的关系。

大部分双极型电路都是 NPN 型晶体管。NPN 分别代表发射极、基极和集电极的导电类型。有些应用需要 PNP 型晶体管,其中一些是在侧面形成的(见图 16.16)。NPN 型晶体管效率更高,因为电子在 N 型区域有更高的迁移率。

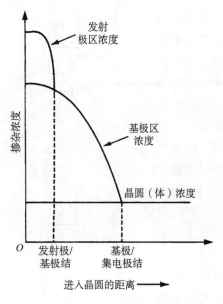

图 16.15　双极型晶体管的掺杂浓度分布图

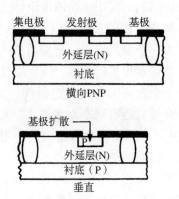

图 16.16　横向和纵向 PNP 晶体管

双极型晶体管的特点是开关速度快。开关速度受很多因素的影响,其中最重要的因素就是基极的宽度。通常来说,电子或空穴所要经过的距离越短,它需要的时间就越短。

双极型晶体管的开关速度极快,能达到十亿分之一秒一次。要达到这么快的速度,晶体管要一直保持"开"的状态。这就意味着基极,也就是双极型电路的侧面需要一直有电压供给。要想达到这个目的,其中一个弊端就是晶体管会发热,这种热最终会影响电路的工作,这就是为什么早期的基于双极型晶体管的电脑需要冷气扇或者在有空调的条件下工作的原因。

肖特基势垒双极型晶体管:前面提到的肖特基势垒二极管的原理被用在一些双极型晶体管中(见图 16.17)。在这种结构中,基极必须延伸到集电极区域内。被金属覆盖后,基极和集电极之间就形成了肖特基二极管,从而形成一个响应速度较快的晶体管。在电路中,当有成千上万个晶体管一起工作时,晶体管开关所需的时间(开关速度)是非常关键的因素。

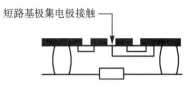

图 16.17　肖特基势垒双极型晶体管

16.2.5　场效应晶体管(FET)

金属栅型 MOS 场效应晶体管:在最受欢迎的具有 MOS 结构的场效应晶体管中也可以获得开关和放大。像双极型晶体管一样(见图 16.18),MOS 晶体管也有 3 个区域,3 个接触点(由两个结形成的),但在不同的晶体管中会有不同的结构。都与前面所讲的水系统相似。电流从源极(水箱)流出经过介电物质栅(阀)流入漏极(水桶)。

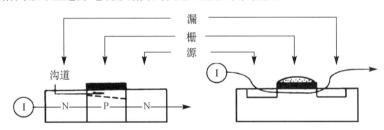

图 16.18　MOS 场效应晶体管的工作

一个 MOS 场效应晶体管的栅极与双极型晶体管的基极是通过不同的机理来控制电流的。图 16.19 所示的 MOS 结构就是一个简单的金属栅型电容器,它的运行方式与其他电容器一样。如果在栅极加上电压(栅电压),半导体的表面就产生了场效应(field effect)。在上电极的正下方晶圆的表面,这种效应可能是电荷的积累或者电荷的耗尽。是哪种效应要看栅极下面晶圆中掺杂的类型和栅极电压的极性。

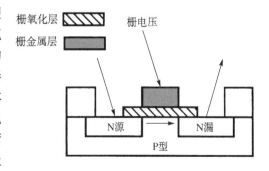

图 16.19　金属栅型 MOS 场效应晶体管

电荷的积累和耗尽会在栅极下面产生一个沟道,从而导通源极与漏极。这样可以说半导体的表面被反型(inverted)了。通常在源极加上电压,而把漏极相对源接地。在这种情况下,电流就开始沿着反型的表面产生的电连接的沟道流动。这样源极与漏极就短接在一起了。给栅极所加的电压越大,所产生的沟道的尺寸就越大,就允许更大的电流通过晶体管(见第 14 章)。通过控制加在栅极的电压,可以把 MOS 晶体管作为开关器件(通/断)或者放大器件。但是,MOS 晶体管是一个电压放大器,而不像双极型晶体管是一个电流放大器。

如果源极与漏极是 N 型的,并且是在 P 型的晶圆中生成的,那么沟道是 N 型的才能导通源极与漏极。这种类型的 MOS 晶体管称为 N 型沟道。若是 P 型源极与漏极的 MOS 晶体管,则称为 P 型沟道。大部分高性能的 MOS 晶体管电路都是 N 型沟道,这是因为在 N 型沟道中电子有更高的迁移率。与 P 型沟道的晶体管相比,这种迁移率使 N 型沟道的晶体管有更快的工作速度和更低的功耗。我们通常所说的 FET 管一般是指 N 型沟道(NMOS)的 FET。图 16.20 就是 N 型沟道金属栅 MOS 晶体管形成的主要步骤。

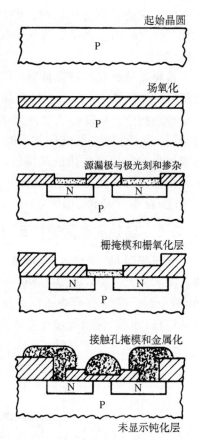

图 16.20　N 型沟道金属栅 MOS 工艺

硅栅极型 MOS:在金属栅晶体管中,在沟道形成之前,必须有一定量的电压加在金属栅上,这个电压称为"阈值电压"(threshold voltage)或称为 VT。阈值电压是一个非常重要而且非常关键的电路参数。阈值电压更低意味着电源电压可以更低和电路速度可以更快。

决定阈值电压的主要参数是栅极材料和在半导体的掺杂水平之间的"功函数"(work function)。这种功函数通常被认为是一种电的相匹配性。功函数值越低,阈值电压就越低,电路工作时要求的电源电压就越低。

对于栅极材料来说,掺杂的多晶硅比铝的功函数更低,因而它变成标准的 MOS 晶体管的栅极材料。图 16.21 就表明了晶体管的形成过程。多晶硅是高浓度的 N 型掺杂,为的是降低它的电阻率。掺杂后的多晶硅作为栅极材料和电路的导线。多晶硅有耐高温的性能,不会因为后续的高温步骤而退化。

硅栅工艺的另一个优点是自对准。在金属栅工艺中,栅极氧化的区域必须在源极与漏极之间。为了保证栅极在源极与漏极之间"架桥",考虑对准的偏差必须有交叠。这就会导致由于栅极的交叠而对源极或漏极产生影响。这种交叠成为不希望出现的电容。在硅栅工艺中,首先形成栅极并且其作用就像一个定位源、漏的掩蔽层。因此,不管栅极处于什么位置,源、漏区与它都是自对准(self-align)的。

随着 MOSFET 技术的发展,栅材料已经进化。趋势是更低的栅阈值电压和更薄的介质厚度和更小的栅面积。均匀的、更薄的和更小的栅也增大了栅漏电。氮氧化硅膜(SiON)是简单 SiO_2 膜的改善。然而,对于高性能器件,当栅厚度小于 1.0 nm 时达到了其最小栅漏电的极限,对于低功耗器件 1.5 nm 是极限。因此,关注点是高介电常数(高 k)栅材料。下面的电容公式表明了参数间的关系:

$$C = \frac{kE_0 A}{t}$$

式中, C 表示电容, k 表示材料的介电常数, E_0 表示自由空间的介电常数(自由空间有最大的"电容"), A 表示栅电容面积, t 表示介质材料的厚度。

随着栅的厚度和面积达到现有技术的极限, 可改变的下一个参数是栅材料的介电常数。这就是为什么高 k 材料是现在栅材料发展的一部分[5]。

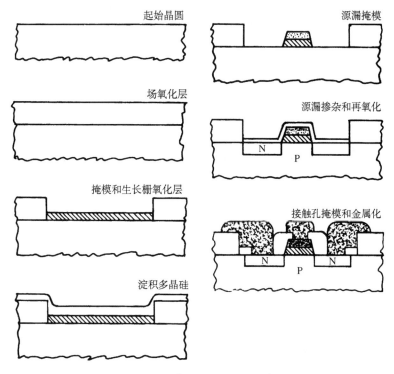

图 16.21　硅栅极型 MOS 工艺步骤

除金属栅材料外, 影响栅阈值电压和器件工作的其他因素有:

- 栅极氧化膜的厚度;
- 栅极材料(介电常数);
- 源极与漏极之间的距离(沟道的长度);
- 栅极掺杂的浓度;
- 掺杂的源、漏区域侧墙的电容。

在高 k 材料上的栅厚度归一化为等效二氧化硅厚度(t_{ox})。无论怎么计算, 实际的介质层都小到以原子个数计。栅氧化层越薄, 器件速度越快, 阈值电压越低。

被采用的是氮化膜的三明治(ONO)结构、OTa_2O_3 和非晶硅的薄膜堆叠。

沟道的长度也影响器件工作的速度。沟道的长度不断减小, 现在已达到亚微米的范围。在自对准结构中, 沟道的长度被栅条的宽度所决定。栅极的掺杂浓度影响阈值电压, 这是通过改变金属栅极和表面功函数来实现的。栅极掺杂是通过离子注入实现的, 这种离子注入可以穿透薄氧化膜。被掺杂的源极与漏极的侧墙电容会降低器件的工作速度, 必须有充足的电荷积累来克服结电容的存在。

多晶硅栅极型 MOS: 20 世纪 60 年代, 由于不能提供非污染的薄氧化膜而阻碍了 MOS 技术的发展。污染, 特别是多种可动离子, 且与场效应相互影响, 这就使得栅极的性能不可靠。

实际上,我们已经非常了解洁净的栅极氧化物和硅氧化物界面,并在谨慎地寻找一种栅氧化物的替代物。

因此,对于高性能栅极的需求就促使了多晶硅结构的诞生(见图16.22)。三明治结构栅极是在晶圆的表面有一层薄氧化膜,而在薄氧化膜的上面又被多晶硅覆盖。多晶硅可以提供较低的功函数(较低的阈值电压)和可靠的多晶硅-氧化硅界面。在多晶硅的上层再覆盖一层新的难熔的金属硅化物。多晶硅的金属硅化物和多晶硅(与铝相比)有较低的接触电阻,并降低了整个多晶硅三明治结构的方块电阻。

自对准硅化物栅极型 MOS:用多晶硅栅极结构的自对准工艺称为栅极自对准硅化物(Salicide)。图16.23表明了它的形成过程。这个工艺结合了多晶硅栅极和自对准的最佳特性。在多晶硅栅极周围是轻掺杂的源、漏区。然后,在栅极上淀积一层二氧化硅,通过各向异性的刻蚀在栅极的两边形成侧墙(spacer)。在后续对源、漏更高浓度的掺杂工艺中,这些侧墙还可以起到离子注入掩模的作用。对于在栅极下面较低掺杂浓度的"指尖"(finger),我们称为"轻度掺杂漏极扩展"(LDD),在沟道长度小于2 μm的工艺中,LDD是必须有的[6]。离子注入之后,在多晶硅上淀积难熔性金属。多晶硅和金属发生化合而生成硅化物合金。最后再把没有反应的金属从晶圆表面去掉。

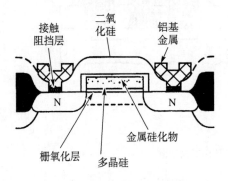 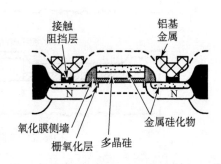

图16.22　多晶硅栅极结构　　　图16.23　硅化物栅极结构

以上所说的LDD工艺是指在源区和漏区放一个轻掺杂的"指条"。有的工艺设计是不对称的LDD结构,即只把它放在漏极[7]。

扩散的 MOS(DMOS):DMOS是指一种扩散的MOS结构(见图16.24)。沟道长度是通过在同一开口处的两次扩散建立的。随着第二次扩散发生,第一次向边缘横向移动。第二次的功能是作为源,而晶圆的体半导体材料的功能是作为漏。两次扩散宽度之间的差是晶体管的沟道长度。

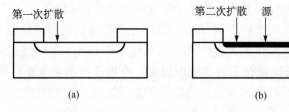

图16.24　DMOS 结构

两次扩散技术导致在外延层上具有P型和N型区(pocket)的垂直MOS晶体管[见图16.24(b)]。

存储器 MOS(MMOS)：MMOS 这种结构可以使电荷相对永久地存储在栅极区域内。这是由于在晶圆和栅极氧化膜之间有一层薄的氮化硅(见图 16.25)。当栅极被充电存储数据时，氮化硅层就会捕获到它并将它存储起来。这种类型的晶体管常用在非易失性的电路中，因为这种电路很重要的一点就是要防止记忆丢失(见第 17 章)。

结型场效应晶体管(JFET)：结型场效应晶体管(见图 16.26)的结构与 MOSFET 的结构相似，但是它在栅极下面有一个结。在电路工作过程中，电流在扩散区域下方由源极流向漏极。当栅极电压增加时，电荷的耗尽区会向 P-N 结的界面扩展。耗尽区将限制电流通过，而且随着耗尽区深度的增加，其对电流的限制作用就越强。

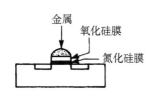

图 16.25　MMOS 结构

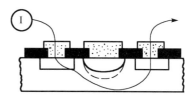

图 16.26　结型场效应晶体管

结型场效应晶体管与 MOS 晶体管的工作方式正好相反。在 MOS 晶体管中，当栅极电压增加时，电流会随着增加，而在结型场效应晶体管中，当栅极电压增加时，电流会减少。结型场效应晶体管是一个标准的砷化镓(GaAs)器件。这种晶体管是在 N 型砷化镓层形成的(这种砷化镓的下面是半绝缘的砷化镓晶圆，见图 16.27)。

金属半导体场效应晶体管(MESFET)：金属半导体场效应晶体管是基本的砷化镓晶体管结构(见图 16.28)。金属半导体场效应晶体管的工作方式和结型场效应晶体管一样，唯一不同的是，金属栅极直接淀积在 N 型砷化镓层的上面。

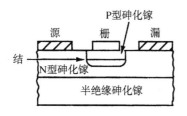

图 16.27　砷化镓 JFET

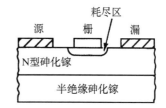

图 16.28　砷化镓 MESFET

16.3　MOSFET 按比例缩小带来的挑战的替代方案

对更密集的电路的一个标准途径是按比例缩小，又称为芯片收缩(die shrink)。用已验证的设计开始按比例缩小，并减小尺寸。然而，按比例缩小可能引入新的问题，例如漏电流增大。人们设计了许多新材料来解决漏电和由按比例缩小引起的其他问题，可替换晶体管也在探讨之中。其设想包括用于 MOS 场效应晶体管(MOSFET)器件的双栅(DG)和超薄体(UTB)，如图 16.29 所示。

另一种方案是使用一个具有三维鱼鳍状(Fin)结构的垂直晶体管。被称为 FinFET 的栅是垂直的，源漏在 Fin 的两边。

前面提出的用高 k 金属栅叠层(见图 16.30)[8]，电学效应是从两方面和叠层顶部增大栅面积。FinFET 晶体管被建在一个体硅衬底上或绝缘体上硅(SOI)衬底上。在每种情况下，通过刻蚀到基体材料来产生"Fin",如图 16.30 所示。淀积和刻蚀叠层栅。英特尔公司在 2002 年率先开发三栅结构,并使其成为产业标准。FinFET 是通过将结构引向垂直(第三个)维度来解决摩尔定律限制的另一种方案。关于晶体管结构,另一种创新是多栅结构(见图 16.31)。

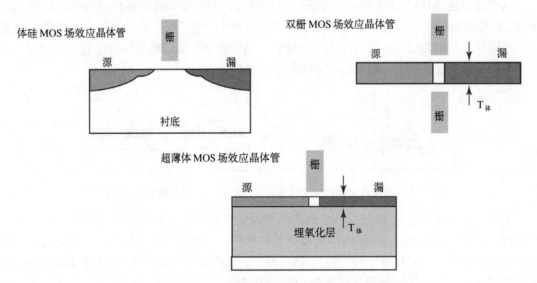

图 16.29   可替换 MOSFET 器件(经 Semiconductor International 允许)

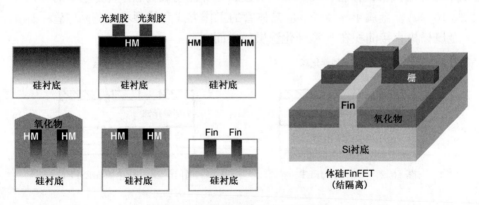

图 16.30   体硅 FinFET 的工艺流程

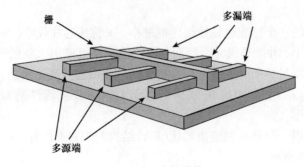

图 16.31   多栅结构

16.3.1　导体

熔丝和表面金属丝导体的形成已经在第 14 章做过详细说明。通过利用晶圆下面的"地下导体"(underpass conductor)来节省密集而宝贵的晶圆表面区域。这是在晶圆表面金属丝导线下面的高浓度掺杂区所形成的。

在其他章节已经介绍的多层金属是在给定芯片面积下获取更高性能的另一种方法。问题和挑战是多层金属的淀积和光刻。关键技术是平坦化、台阶覆盖度和塞填充。在 0.5 μm 设计规则时代，较低接触电阻的金属薄膜和三明治薄膜是非常必要的。

16.4　集成电路的形成

在集成电路中包含以上我们介绍的所有元器件。这些元器件都是以设计好的工艺流程按一定的次序形成的，一般来说，工艺流程的设计都是围绕着晶体管进行的。电路设计者尽可能使每一次掺杂都生成更多的元器件。

电路的类型由晶体管的类型所决定。比如，双极型电路意味着它的电路基于双极型晶体管，MOS 电路是基于任何一种 MOS 晶体管结构的电路。在半导体工业发展的前 30 年，一般选用双极型晶体管和双极型电路。双极型晶体管有较快的工作速度(开关时间)、漏电流的控制和一个长期的工艺发展过程。双极型晶体管的这些性质恰好适用于逻辑电路、放大电路和转换电路(这些都是半导体产业最早的产品)。这些电路可以满足不断发展的计算机计算功能的需求。核心存储器担当早期计算机的内部存储功能。但是这些存储器的容量比较小而且速度比较慢。大部分信息都存在计算机的外部，比如磁带、磁盘和打孔卡片上。虽然有双极型存储器电路可用，但是它们不能经济地满足核心存储器的需求。

MOS 晶体管可以实现快速、经济的固态存储器功能，但是早期的金属栅型 MOS 晶体管有较大的漏电流，而且其参数也不易控制。尽管如此，MOS 晶体管本身的优点仍然促进了 MOS 存储器电路的发展。其优点是尺寸小，在一定的空间内可以做更多的器件，而且开关速度相对较快。在小尺寸电路中，良品率会比较高，这是因为在给定缺陷密度的条件下，缺陷会影响较少的晶体管和元器件。

由于 MOS 元件的优点是密度比较大，所以相邻元件之间的隔离区域就比较小。不同的隔离设计将会在下面讨论。MOS 元件的另一个优点是在工作中功耗低。首先，MOS 晶体管在电路中是"关"的状态，不消耗能量，不像双极型晶体管那样在电路中一直要保持"开"的状态，从而产生热。其次，MOS 晶体管作为电压控制器件，在工作中，需要的能量比较低。CMOS 的设计需要的能量会更低。

MOS 电路最初的优点是工艺步骤比较少，而且芯片尺寸比较小，从而使芯片的成本较低且良品率较高。随着 MOS 电路发展到 VLSI/ULSI，由于需要添加很多工艺步骤，MOS 电路的最初优点已经不存在了。一般来说，人们更倾向于使用开关速度较快的双极型电路做逻辑电路。而在存储器电路中，人们一般采用 MOS 电路，因为它的尺寸小且耗能低。到 20 世纪 80 年代，由于双极型电路和 MOS 逻辑电路的广泛应用，这些传统的用法已经变得模糊。关于这个主题，我们将在第 17 章做更详细的讨论。

16.4.1　双极型电路的形成

结隔离：关于双极型电路的结构和基本性能我们已经讨论过了。然而，要把晶体管和其他器件合并起来形成电路还需要另外一些结构。这些基本的结构包括隔离设计和低电阻率的集电极接触。如果两个晶体管或其他两个器件互相毗邻，它们会因为短路而无法工作(见图16.32)。对早期的集成电路设计者的一个挑战就是找到一种把不同的元器件隔离(isolate)开来的方法。这种需求促使了外延层(EPI)双极型结构的诞生(见图16.33)。

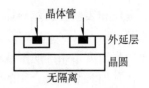

图16.32　邻近的共集电极的双极型晶体管

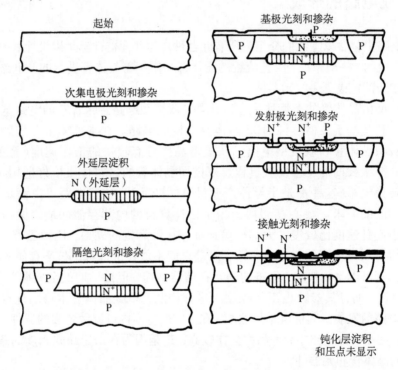

图16.33　NPN双极型结构

这种过程是从P型晶圆开始的，在P型晶圆上进行N型扩散(这个过程图标没有显示进行扩散所需要的氧化和光刻步骤)。在N型扩散之后，在晶圆的表面淀积一层N型的外延层，这样一来，就把N型扩散的区域"埋伏"在外延层下面。众所周知，N型区域称为埋层(buried layer)或是晶体管的次集电极。它的作用是：当电流从基极出来流向晶圆表面集电极时，给集电极电流提供一个低电阻的通道。

外延层淀积之后，将其氧化并且在埋层的两边各开一个孔。同时要进行P型掺杂步骤，并使达到P型晶圆的表面。这个掺杂步骤将外延层孤立成一个"N型小岛"，因为它的每边(P型掺杂区)和底部(P型晶圆)都被P型掺杂所包围。每个"孤岛"上所形成的元器件就被相互隔离开了(见图16.33)。因为连在电路中的PN结处于反偏模式状态，所以每个元器件是相互绝缘的。也就是说，没有电路流过PN结。这种设计称为"结隔离"(junction isolation)或者"掺杂结隔离"(doped junction isolation)。

值得注意的是,在双极型晶体管截面图中(见图16.34),在晶体管集电极接触区下面有一个掺杂区。这个掺杂区与发射极的 N 型掺杂一起被推入表面内。发生区通常设计为 N^+ 表示它是高掺杂浓度。在集电极接触区下面 N^+ 区表示铝金属层和集电极的硅之间产生一个低电阻。

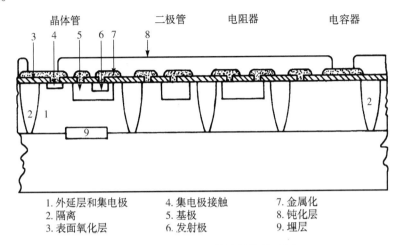

图 16.34　双极型晶体管结构截面图

介质隔离:在高辐射环境中,如在太空或离核能较近的地方,掺杂的结会产生电子或空穴,从而破坏结的功能。这不仅会使元器件失效,而且这种辐射还会淹没对掺杂区的保护。介质隔离设计将会为其提供所需的电绝缘和辐射保护。

这种工艺开始是把晶圆的表面刻蚀成口袋状(pocket)或沟槽(见图16.35)。可以是各向同性的湿法刻蚀,也可以是各向异性的干法刻蚀。各向同性刻蚀的轮廓遵循晶圆本身的晶向结构。而干法刻蚀则可以塑造沟道的形状。这一步刻蚀的目的就是使晶圆表面的 pocket 面积最小。若 pocket 面积太大,则会限制电路的封装密度。

刻蚀之后,pocket 的边缘被氧化而且在 pocket 里面回填入多晶硅。下一步就是把晶圆翻转过来,将晶圆研磨一直到露出氧化层为止。经过这些步骤之后,晶圆的表面就变成被氧化物绝缘层 pocket 隔开的原始的单晶硅材料了。电路元器件就做在单晶硅的 pocket 中,每一个 pocket 都被三面的二氧化硅层所包围。在正常的条件或者在有辐射的环境中,二氧化硅的介电性质都可以防止漏电流。

局部氧化隔离工艺(LOCOS):结隔离占用了宝贵的晶圆表面面积,而介质隔离也消耗了晶圆的面积而且还需要增添额外的工艺步骤。现在备受人们欢迎的另一种方法是局部氧化隔离工艺(见图16.36)。这种工艺是在晶圆的表面淀积一层氮化硅,然后再进行刻蚀。有源器件将在氮化硅所确定的区域生成。对部分凹进区进行氧化。由于氧气不能穿过氮化硅,所以只有暴露在外面的硅才可能被氧化。生成的二氧化硅中的硅来自晶圆的表面,由于二氧化硅的密度比硅小,所以有二氧化硅层的区域要比原始的硅晶圆表面稍微高一些。相对于晶圆表面来说,只是部分凹陷(partially recessed)。经过氧化之后,要把氮化硅去掉,只留下空闲区用来生成电器件。图16.37(b)表示了另一种局部氧化隔离工艺。在这种工艺中,晶圆表面在氧化之前就被刻蚀。通过正确计算要刻蚀掉的量,后来的氧化层就会比最初的晶圆表面低了。图16.37表明了双极型晶体管设计利用局部氧化隔离工艺的过程。

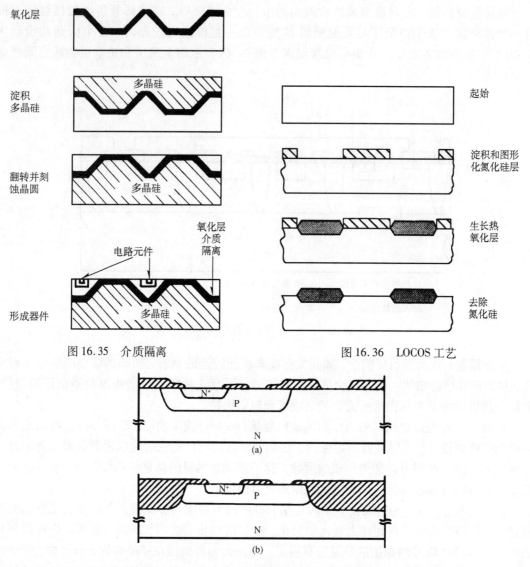

图 16.35　介质隔离

图 16.36　LOCOS 工艺

图 16.37　(a)常规的双极型晶体管；(b)LOCOS 隔离双极型
晶体管(源自：*VLSI Fabrication Principles*,Ghandhi)

16.4.2　MOS 集成电路的形成

MOS 局部氧化隔离：MOS 晶体管之间由于不共享电器件，所以它在一定程度上是自我隔离的，但是器件会存在漏电流，特别是当空间变小时。所以有必要进行隔离来阻止漏电流。这种结构一般称为"沟道停止"(channel stop)。

局部氧化隔离是首选的隔离技术。然而，在高级电路中如何使局部氧化隔离更有效，仍然有几个问题需要解决[9]。其中一个问题就是在氮化硅边缘生长的"鸟嘴"(bird's beak)(见图 16.38)。这个"鸟嘴"占用了实际的空间，增大了电路的体积。性能方面，在氧化过程中，"鸟嘴"在硅中产生应力破坏。这种应力是因为氮化硅和硅之间热膨胀系数的不同。解决应力的办法就是在氮化硅的下面生长一层薄的氧化硅，我们称之为"衬垫氧化层"(pad oxide)。

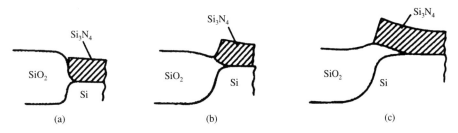

图 16.38 "鸟嘴"的生长。(a)无预刻蚀;(b)1000 Å 预刻蚀;(c)事
先 2000 Å 预刻蚀(源自 *VLSI Fabrication Principles*, Ghandhi)

如何使"鸟嘴"达到最小,以降低器件有源区的应力,促使局部氧化隔离工艺产生了许许多多的变种。其中就包含由惠普公司开发的 SWAMI(见图 16.39)[10]。这种工艺开始时与标准的局部氧化隔离工艺是一样的。在淀积氮化硅和"垫子氧化层"之后,用定位敏感的刻蚀剂刻蚀出凹槽(或沟槽)。在⟨100⟩晶向的材料上,凹槽侧壁墙成 60°角,以减少硅应力。然后,再生长一层减缓应力的氧化层(SRO)和提供共形覆盖的氮化硅层。在刻蚀之前,再淀积一层由低压气相淀积而成的氧化层。这个氧化层是为了保护氮化硅,防止它被刻蚀掉[见图 16.39(c)]。最后再生长场氧化层(FOX)。氮化硅层的长度控制该"鸟嘴"的侵蚀。再去掉最初的氮化硅层和减缓应力的氧化层以及第二层氮化硅,只留下比较平坦的晶圆表面来做器件。通常情况下,局部氧化隔离设计包括有源区间的离子扩散,为的是进一步增加沟道停止能力。

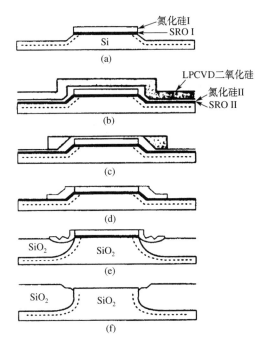

图 16.39 SWAMI 工艺(源自: *Solid State Technology*)

沟道隔离:在 MOS 电路中,也用到沟道隔离(见图 16.40)。这个过程与形成沟道电容器的过程一样。有的称为浅沟槽隔离(shallow trench isolation),就是解决由标准的局部氧化隔离带来的"鸟嘴"问题。在这种结构中,元器件之间用刻蚀的浅沟槽隔开,然后再在浅沟槽中

填入介质(参见图16.41)。在侧壁氧化和填入介质之后,用化学机械抛光(CMP)的方法使晶圆表面平坦化。

CMOS:互补型MOS(CMOS)是由N沟道晶体管和P沟道晶体管所组成的电路。在许多应用中,CMOS变成了标准电路。CMOS使数字手表和袖珍计算器变成了现实。有的电路,若只用N沟道电路和P沟道电路,将需要好几个芯片,但是若用CMOS则只需一个芯片就够了。CMOS电路与其他电路相比,功耗更低。

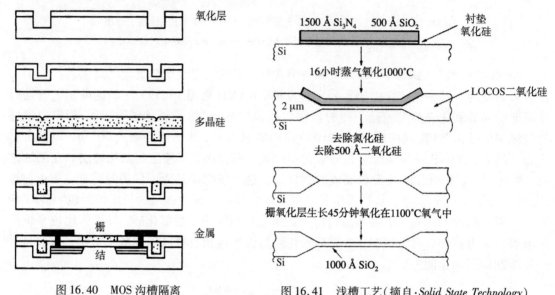

图16.40　MOS沟槽隔离　　　　图16.41　浅槽工艺(摘自:*Solid State Technology*)

CMOS结构(见图16.42)是先在晶圆表面形成的深P型阱里做N沟道晶体管,把N沟道晶体管做好之后,再做P沟道晶体管。晶体管的结构是硅栅极或其他高级结构。CMOS工艺应用最先进的技术,CMOS在设计方面,具有更小的尺寸、更高的密度、更高质量的元器件,这些都会增加它与生俱来的优点。

隔离问题,特别是对于CMOS结构来说,就是闩锁效应(latch up)。图16.43是芯片部分的横截面图。并排的MOS晶体管组成横向的双极型晶体管(NPN)。在电路工作过程中,双极型晶体管扮演一个放大器的角色,但这不是我们希望看到的,它可以把输出增大到使存储器单元不能切换的状态。这就是闩锁效应。在这种状况下,元器件对它的信息不能做出反应。避免闩锁效应的一个办法就是低电阻率的EPI外延层,这个外延层可以避开双极型晶体管的发射极从而使其不能"开",从而达到防止闩锁效应的目的。

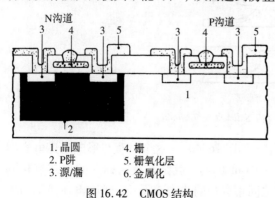

1. 晶圆　　4. 栅
2. P阱　　5. 栅氧化层
3. 源/漏　6. 金属化

图16.42　CMOS结构

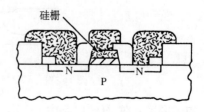

图16.43　硅栅MOS晶体管的截面图

局部氧化隔离涉及闩锁效应。另一个解决办法是用埋层来有效破坏横向双极型晶体管的加固良好的设计（见图16.44）。

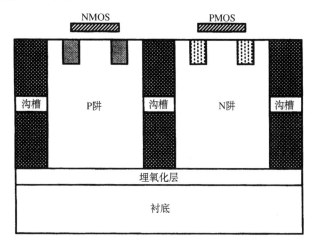

图16.44　有埋层和沟道隔离的绝缘体上硅（SOI）的 CMOS 阱
结构（源自：*Semiconductor International*，July 1993）

通过扩散形成深阱技术要求大的热预算，而这些热会加剧产生横向扩散问题和应力问题。现在，离子注入阱十分普及。另外，用离子注入，可以控制阱在垂直方向上的掺杂，从而使晶圆性能达到最优化。所谓倒掺杂阱（retrograde well）是由一些高能离子的离子注入（MeV）形成的，可使阱的最下方有更高的掺杂浓度。与传统的阱（见图16.45）形成方法相比，离子注入阱的另一个优点是工艺步骤较少[11]。另外，因为 N 阱和 P 阱是在同一个晶圆表面形成的，所以就可以省去平坦化这个步骤。在传统的阱工艺中，晶圆的表面是不平的，所以会造成景深的问题。

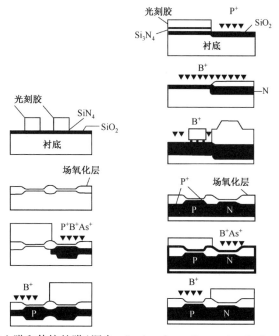

图16.45　注入阱和传统的阱（源自：*Semiconductor International*，June 1993，p.84）

16.5　Bi-MOS

双极型和 CMOS 晶体管与它们各自电路的优点汇集在 Bi-MOS(或 Bi-CMOS)电路中。图 16.46 所示的电路是和存储器相关的双极型、P 沟道型和 N 沟道型晶体管(见第 17 章)。CMOS 低功耗的特点被用在逻辑电路和存储器电路中,双极型电路速度高的特性则被用在信号电路中[12]。这些电路体现了对工艺的极大挑战:更大的芯片尺寸,更小的器件尺寸和大量的工艺步骤。

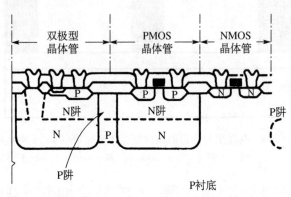

图 16.46　Bi-MOS 结构

16.5.1　绝缘体上硅隔离

绝缘体上硅(SOI)技术是在形成 CMOS 和 Bi-CMOS 时,在绝缘衬底上淀积一层薄 EPI 外延层(见第 12 章)。消除电导性衬底可以将漏电流问题和闩锁效应问题最小化[13]。

16.5.2　片上系统

创新通常是由新的需要驱动的。一种现行的半导体电路将自己进化到手持式无线器件爆发,例如,移动电话、智能电话和平板电脑,它们被称为片上系统(System on a Chip, SoC)。这些器件是真正的计算机,并要求如此多功能却只占据很小的空间。这些器件包括处理器、图像接口、数据管理、无线连接性、存储器等。幸运的是,微芯片制造工艺的进步允许这些"百万"级芯片被制造出来[14]。

减少空间的要求也已涉及封装层次。单芯片能被封装的略比芯片本身大一点。新的三维封装方法致力于将多个芯片封装在一个封装体内(见第 18 章)。

16.6　超导体

人们对超导体材料的开发产生了极大的兴趣。超导就是当一种特定的材料温度降到绝对零度(−273℃)时发生的现象。对普通金属来说,电流是由电子的移动产生的。对其他材料(非导体)而言,电子围绕着原子核在一定的轨道上运动。要想导电,对某种材料来说,电子必须获得一定的能量去克服内部的引力。要保持电流流动,电子必须得到连续的能量供给。

在超导材料中,电子在"导带",只需要很少的能量,甚至不需要额外的能量就能使电流流动。无阻材料的前景可以使电子器件发生革命性的变化。

多年以前,半导体研究者就已经对超导材料的作用做了许多研究。1962 年,B. D. Josephson 描述了以下现象:当两个超导体之间有一层薄的氧化层隔开时,电子可以毫无阻力地穿过氧化层,这种结构称为"Josephson 结"。这种效应(我们称之为隧道效应)是非常复杂的,要想了解它必须用量子物理的概念(这已超出了本书的范围)。结果是氧化层充当栅极的功能,而 Josephson 结可以起到开关、逻辑电路和存储器的功能[15]。

16.6.1　微电子机械系统(MEMS)

半导体微芯片制造工艺已经给出了一个新的产品线,即微电子机械系统(MEMS)。一般说来,它们是用半导体工艺制造的机械器件[16]。现在的产品包括微传感器(microsensor)和微执行器(microactuator)。基本上,这些是将物理输入量转变为电子信号的变换器。温度、压力、惯性力、化学种类、磁场和辐射是具体的实例。用晶圆制造技术做成的 MEMS 器件包括:电机、运动传感器(如航空包传感器)、分光计和微型隧道扫描显微镜。MEMS 技术的未来是纳米级的,这会将器件带入原子和分子领域。与微电子相伴随的,MEMS 和/或集成在集成电路中或其上的 MEMS 器件正在创造一个全新的产业。

16.6.2　应变仪

利用结对机械压力的反应做成的器件称为应变仪。它是在晶圆的背面进行刻蚀,只留下很薄的一层薄膜。结和支撑电路就是在薄膜上生成的。当薄膜由于受到外力而发生形变时,比如重力和压缩气体的压力,半导体电路产生的输出信号与其形变成正比。电路的输出与加在薄膜上的压力的大小相关,并且把值反映到适当的仪表上。

16.6.3　电池

薄膜充电电池是由锂和钒的五氧化物生成的。这种电池和 CMOS 器件同做在一个器件上,一旦外部供电出现问题,它可以为 CMOS 器件供电[17]。

16.6.4　发光二极管

当某种化合物的结有偏置时,其后果就是产生光子。光子是一种人们可以看得到的,像光一样的辐射。这种器件称为发光二极管(Light-Emitting Diode,LED),可以用作电器设备和汽车的显示器件。

图 16.47 所示的器件是用几千个二极管的镓砷磷(GaAsP)覆盖在晶圆上制成的,用金属线连接起来使其能够独自开关。二极管矩阵以分组的形式导通,以形成字母和数字。镓砷磷材料产生常见的红色显示器。通过不同的 III-V 族和 II-VI 族半导体材料产生其他的主要颜色(见第 2 章)。

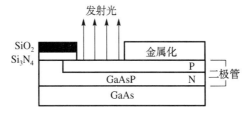

图 16.47　LED 结构

16.6.5　光电子学

在发光二极管的另一面是能和光发生反应的芯片。其中一个用途就是局部区域网络的光/电子连接(LAN)。对于这种用途,光学器件(对激光和其他光敏感)用来连接光纤或波导。像发光二极管一样,接收端是一个基于III-V族的元素的集成电路,传统的在线集成电路把数据进行处理并通过发光二极管或输出激光来发送[18]。

16.6.6　太阳能电池

半导体结不仅能发光,而且还能对光做出反应。太阳能电池就是利用了这一性质(见图16.48)。这种电池是由二极管形成的,其中二极管是在一层薄的半导体材料(如非晶硅)中形成的。当太阳照射结区时,就有电流通过。这个电流可以被在线电路所捕获。

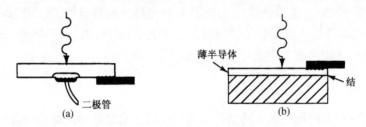

图 16.48　光敏半导体结构。(a)光电二极管;(b)感光单元

16.6.7　温度传感器

半导体的结对温度的反应是非常敏感的。一个器件若被加热,将会有更多的电流流过。许多器件都利用了这一效应,例如,固态医用温度计和工业控制单元。

16.6.8　声波器件

声波器件(见图16.49)是用在微波信息系统中的非硅固态元件。它们可以把微波转化成电脉冲。有些化合物材料有这样的性质,比如 $Be_{12}GeO_{20}$,对于由普通半导体工艺制成的芯片形成的固态电路来说,它既能感应波,又能感应电信号。

对这些结构和工艺复杂性保持跟踪和理解要求在单个器件电学工作和基本工艺方面有一个良好的基础。

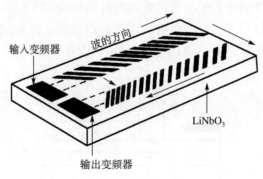

图 16.49　声波器件

习题

学习完本章后，你应该能够：

1. 描绘并区分一个集成电路中各种组成器件的主要结构特征。

2. 解释应用于集成电路中的不同隔离结构的作用。

3. 描绘并区分双极型和 MOS 晶体管的工作原理。

4. 列出不同 MOS 栅结构的种类和各自的优点。

5. 描绘并区分 Bi-MOS 的各个部分。

参考文献

［1］Camenzind,H. R.,*Electronic Integrated Systems Design*,1972,Van Nostrand Reinhold,Princeton,NJ:85.

［2］Singer,P.,"Gearing Up for Gigabits," *Semiconductor International*,Nov. 1994:34.

［3］De Ornellas,S.,"Plasma Etch of Ferroelectric Capacitors in FeRAMs and DRAMs," *Semiconductor International*,Sep. 1997:103.

［4］Camenzind,H. R.,*Electronic Integrated Systems Design*,1972,Van Nostrand Reinhold,Princeton,NJ:141.

［5］Cleavelin,C.,Columbo,L.,Nimi,H.,et al.,*Oxidation and Gate Dielectrics*,*Handbook of Semiconductor Manufacturing Technology*,2008,CRC Press,New York,NY,9 – 29.

［6］Pauleau,Y.,"Interconnect Materials for VLSI Circuits," *Solid State Technology*,Apr. 1987:157.

［7］"Industry News," *Semiconductor International*,Cahners Publishing,Apr. 1994:16.

［8］Frank,D.,Hoffman,T.,Nguyen,B. Y.,et al.,*Comparison Study of FinFEts*：*SOI vs. Bulk*,SOI Industry Consortium,www. soiconsortium. org.

［9］Ghandhi,S. K.,*VLSI Fabrication Principles*,1994,John Wiley & Sons,Inc.,New York,NY:717.

［10］Wolf,S.,"A Review of IC Isolation Technologies—Part 8," *Solid State Technology*,PennWell Publishing,Jun. 1993:97.

［11］Peters,L.,"High Hopes for High Energy Ion Implantation," *Semiconductor International*,Cahners Publishing,Jun. 1993:84.

［12］Yarling,C. B.,"M. I. Current,Ion Implantation for the Challenges of ULSI and 200-mm Wafer Production," *Microelectronic Manufacturing and Testing*,Mar. 1988:15.

［13］Yallup,K.,"SOI Provide Total Dielectric Isolation," *Semiconductor International*,Cahners Publishing,Jul. 1993:134.

［14］Cunningham,A.,"The PC inside Your Phone: A Guide to the System-on-Chip," *Arstechnica*,Apr. 10,2013.

［15］Anderson,P. W.,"Electronic and Superconductors," in E. Ante'bi（ed.）,*The Electronic Epoch*,Van Nostrand Reinhold,Princeton,NJ:66.

［16］Gabriel,K.,"Engineering Microscopic Machines," *Scientific American*,Sep. 1995:150.

［17］Bates,J.,"Rechargeable Thin-Film Lithium Microbatteries," *Solid State Technology*,PennWell Publishing,Jul. 1993:59.

［18］Singer,P.,"The Optoelectronics Industry: Has It Seen the Light?" *Semiconductor International*,Cahners Publishing,Jul. 1993:70.

第 17 章　　　　　　集成电路简介

17.1　引言

本章将对通用的电路类型及其功能做出解释。半导体产业的主要产品是集成电路(IC)。使用本书描述的工艺过程可以制造出无数数量和类型的电路。集成电路的主要生产厂家，如(美国)国家半导体(National Semiconductor)公司或摩托罗拉(Motorola)公司，他们生产的 IC 种类的目录就像纽约的电话号码簿一样浩如烟海。而像 IBM 公司，估计其内部的电路分类列表要超过 50 000 种!

要熟悉如此之多的集成电路并不一定意味着一件可怕的工作。实际上，大多数电路按其特定的设计原理和功能可以被划分为 3 种基本类型: 逻辑电路、存储电路和微处理器(逻辑与存储)(见图 17.1)。电路的多样性主要来自特殊用途要求的许多参数的改变。

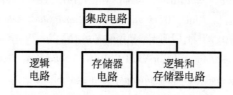

图 17.1　集成电路的分类

本章将就主要功能的电路种类及其设计进行介绍。在最后一节，将通过当今产业的前景，展望 IC 电路的未来。我们不能想象电路到未来会是什么样子，就像在 1950 年，没有人能预测兆位级随机存储器(RAM)或微处理器。

17.2　电路基础

关于集成电路实际如何工作的问题不在本书中讨论。但是所有电路都是以二进制代码的数据处理作为基础的。二进制数由两个数 0 和 1 来表示所有的数值。它实际上是一个指明了位置和数字组成值的计数系统。数字可以由数的和来表示。例如:

$$1 = 1 + 0$$

$$3 = 2 + 1$$

$$7 = 4 + 2 + 1$$

$$10 = 8 + 2$$

数字的另一种表示方法是由因数的幂和根来表示的。

二进制符号的基础是数值 2 的幂。如图 17.2 所示，1，2，4，8 可由 2 的幂来表示。我们也可以用 2 的幂表示其他值。那么 1 是 2 的 0 次幂、2 是 2 的 1 次幂、4 是 2 的 2 次幂、8

是 2 的 3 次幂。现在就很清楚，任何数值都可以由 2 的幂的和来表示。25 是 $16(2^4)$ + $8(2^3)+1(2^0)$ 的和。也就是说，25 里有一个 2^4，一个 2^3，零个 2^2 和一个 2^0。25 也可以由二进制代码 1101 表示。每一个数值代表 2 的幂存在和缺少。在图 17.3 列出了一些用二进制符号表示的数值。

$$
\begin{array}{c}
1 = 2^0 \\
2 = 2^1 \\
4 = 2^2 \\
8 = 2^3
\end{array}
$$

图 17.2　2 的幂

标准	32	16	8	4	2	1
2 的幂	2^5	2^4	2^3	2^2	2^1	2^0
数字标准 = 二进制数						
1	0	0	0	0	0	1
7	0	0	0	1	1	1
18	0	1	0	0	1	0
33	1	0	0	0	0	1

图 17.3　二进制符号

将数值转变成二进制符号，可以通过建立一个每一列都由 2 的幂表示的格子来完成。一串组成数字的 0 和 1 表示 2 的幂存在和缺少，可以表示数的实际值。

二进制符号已经被认识有几个世纪了，Buckminster Fuller 在他的《协作学》（Synergistics）一书中，有一个关于古代腓尼基人使用二进制代码计算货物数量的有趣说明。他声称人们认为腓尼基人的水手很愚蠢，因为他们在工作中不能算清货物，实际上，他们仅仅使用两个数就可以准确地计量大量的货物。他们使用二进制数来计数。

在二进制符号中仅需要两个数字：1 和 0。在上面的讨论中，二进制符号由 0 和 1 表示。在物理世界中，任一个系统的两种条件都可以表示成二进制符号。图 17.4 显示数字 7 的不同编码方法。最后一行是用晶体管或存储单元的关与开来表示二进制编码的。

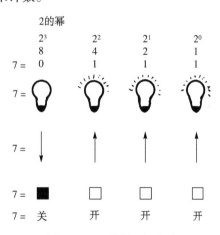

图 17.4　二进制 7 的表示

在电路中，数字由二进制码来编码、存储和操作。这都是因为电容可以通过充电得到一个电荷或没有电荷晶体管也可以开或关。电路中记录信息的最小单位称为"二进制数"或"位"。二进制编码系统很简单。19 世纪数学家 George Boole 已经解决了编码加、减、乘的问题。他开发了一个处理数字二进制符号的逻辑系统。直到电脑逻辑出现前，他的布尔逻辑（或称布尔代数）一直是一个学术奇迹。

在计算机系统中特殊的数是以二进制（0 和 1）处理的，并被称为位（bit）或字（word）。芯片和电脑被设计用来处理特定大小的位。一个 8 位机可以同时处理 8 个二进制位。一个 64 位机能够处理由 64 个二进制位组成的数字。计算机能够同时处理的位越多，数据处理过程就越快，功能就越强大。每 8 位称为 1 个字节。这样，一个拥有 8 MB 的存储能力的存储器能够保留 800 万位的信息。有一系列代码来表征电路位数的能力和处理水平（见图 17.5）。

十进制		公制
1000	K	kilo
1000^2	M	mega
1000^3	G	giga
1000^4	T	tera
1000^5	P	peta
1000^6	E	exa
1000^7	Z	zetta
1000^8	Y	yotta

图 17.5 "位"值表

17.3 集成电路的类型

固体集成电路由一些单独的功能区域组成。每一个芯片不管它的电路功能如何,都有一个输入部分和一个编码部分,输入的信号可以在这里被编译成电路理解的形式。电路区域的主要部分包含完成逻辑或存储功能的电路结构。数据由电路处理后,回到解码部分,重新转换成机器输出结构使用的形式。电路输出部分把数据传送到外界。以上表征电路的 I/O 部分。

虽然这是对电路的一个概括性简单解释,但却说明了芯片内部一定的单独功能区域的实际状况。在许多电路中,这些区域作为计算机的主要部分完成同样的功能。

逻辑电路(logic circuit)完成一个输入数据的特殊逻辑运算。例如,在一个计算器上按"+"键命令芯片的逻辑部分加上现有的数字。一个在线车载计算机把从指示车门打开的传感器显示的信号进行逻辑操作后可以使位于仪表盘上的报警灯亮起来。

存储电路(Memory circuit)被设计成可以存储和返回与输入相同格式的数据。按计算器上的 pi(π)键,激活电路中保存 π 值的存储部分,数值 3.14 就显示在屏幕上,而且每次显示值都相同。当然现代存储电路存储和处理巨量数据,到了万亿位(terabit)级别。

第三种类型的电路把逻辑运算功能和存储功能结合在一起称为微处理器(microprocessor)。1972 年,英特尔公司生产出第一批实用的微处理器。这种微处理器可以设计成强大的个人电脑、数字手表和单片计算机。因而许多商用设备转变成固体电子电路,从电话系统到自动售货机。微处理器经过编程可以完成各种电路功能。要做到这一点,它们通常包括编码、译码、输入和输出部分的逻辑和存储电路。微处理器已经被称为"单片计算机"。虽然它具有计算机的所有功能,但实际上它并不是一个完整的计算机。它的内存存储量甚至不如很简单的计算机。在许多个人电脑中,微处理器行使中央处理单元(CPU)的功能。一定要有附加的内存芯片来完成电脑的实际应用。然而,片上系统(SoC)电路正在被引入(见 17.4 节)。

实际上,每个集成电路都既有逻辑处理能力又有存储部分。例如,计算器的逻辑电路必须有一定的存储空间来完成计算。存储电路必须有一定的逻辑功能使得电子和空穴流向电路的正确部分以便于存储。

17.3.1 逻辑电路

模拟-数字逻辑电路:逻辑电路分模拟逻辑电路和数字逻辑电路(见图 17.6)。模拟电路是最早开发的电路。一个模拟电路有一个与输入成比例的输出。而数字电路则针对各种输入变化进行预定的输出响应。壁灯的调光器是一个模拟器件。调节调光器来控制不同的电压,使灯光的明暗得到调节。一个标准开关灯的电路是数字器件。光线条件只有两种可能:开或关。早期音响电路是基于模拟电路的,但是更精确的数字电路已经接替。

模拟逻辑电路: 模拟电路是最早以集成方式设计的电路。20 世纪 50 年代,家用计算机业余爱好者的成套设备就是模拟的。这些简单的电路以欧姆定律($R = V/I$)为基础。电路中包括电阻表和通过测量电压得到电流的方法。这 3 个数值由欧姆定律相互关联。3 个变量的简单关系可以由电阻、电压和电流来表示。改变其中的一个变量就可以改变另外两个。所以电路使计算机能够解决任何类似 $A = B/C$ 的问题。

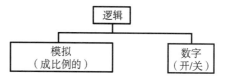

图 17.6　逻辑电路类型

模拟电路要依靠输入和输出之间的关联精度。在一个简单的计算机图示中,其准确性靠的是电路组成的精确度、输入设定和输出仪表读数的清晰度,以及电路对于外部噪声的抗干扰性。除非电路包含控制引入电压水平的部分,线路电压的改变都将改变输出结果,影响准确度。

无论简单还是复杂的模拟电路,由于引入信号和内部噪声的变化都会受到影响。模拟电路还要靠电阻值的精度控制。遗憾的是,比设计值还要好 3% ~5% 的扩散型电阻还没有生产出来。这样,许多应用都无法完成。我们通过使用匹配电阻对可以获得更精确的电阻,电路中两个电阻器之间的有效阻值是不同的。这种差异可以比单独的电阻器获得更紧密的控制。

离子注入也为模拟电路设计者提供了生产更高等级控制的电阻工具。许多模拟电路通过薄膜电阻特性获得所需的精度。数字电路的发展和流行基于其具有固定输出的能力。如果需要一个单独的 5 V 信号来操作器件,设计一个每一时刻都能产生 5 V 信号的数字电路就可以了,而不管输入改变和内部电噪声。

然而数字电路不像线性电路反应那样快。电子学中的术语是实时响应。在一些应用中,比如航班的控制,实时响应(real-time response)是强制的。当前数字电路的高速发展正在加速数字电路蚕食传统模拟电路的进程。数字电路相对模拟电路一个主要的优势在于在计算机中的通用性。要想把模拟电路设计成适于普遍范围的问题非常困难,所有目前通用的计算机都是数字电路。

模拟电路广泛应用于放大器中。对于许多不同的应用,它们被设计成各种结构。但都有一个基本原则:输入信号或脉冲是被放大的。为了提供所需的声音水平操作扬声器,音频电路要把从声音录制或其他方式输入(收音机信号、CD 等)的弱信号进行放大。

模拟电路在实时响应方面的能力也使它们成为现实世界的电路。像温度或运动等有实际测量的电路,都在使用模拟电路。虽然一些主要部分是数字电路,但模拟电路也经常作为与外部接口的部分。

许多模拟放大电路具有不同的操作类型。这些电路从两个输入信号的差值获得放大的输出电压。这些电路对于双极型技术是有利的,因为双极型电路是模块化电子器件,更适于模拟电路的应用。

模拟器件的输出信号可以与输入信号成一一对应的关系,这些电路称为线性(linear)电路。如果输入改变,则输出以线性形式改变。所以许多模拟电路是线性设计的,模拟和线性这两个术语经常可以互换使用。然而，有一些非线性电路，其输入和输出之间是对数关系。

逻辑电路是由逻辑门组成的。一个门用于控制和命令通过屏障的通道。门的大小和设计影响允许的通道数量。例如，一间有许多"进"的门但仅有一个"出"的门的房间，许多人可以进入房间，但是它们出门是受限制的，因为只提供了一个门。这个例子中的门也可以反向操作，允许只从一个门进入，从多个门离开。

电子逻辑门完成同样的功能，只不过控制的是电信号而已。在电路中它们通过布尔逻辑规则完成必要的逻辑操作。有关逻辑设计的讨论超出了本书的范围。本书所涉及的是在逻辑电路中由不同部分连线形成的模拟门和数字门。

定制-半定制逻辑：使用任何一种逻辑门方式排列，可以构建成百上千种不同的逻辑电路。它们的变化范围从定制小批量电路到货架标准。逻辑电路的批量生产需要某些专用化需求。许多设计和制造方法习惯于根据顾客的合理费用来交付定制和半定制电路。方法是：

1. 全定制；
2. 标准电路-定制门形式；
3. 标准电路-选择连线门阵列；
4. 可编程的门阵列逻辑。

全定制：一个全定制设计逻辑电路是由顾客指定的，顾客在提供制造费用的同时还要付设计费和掩模版制作费。这种方式很昂贵而且费事，且无法满足在项目的设计阶段要试验不同电路的要求。如果制造数量少于100 000，采用定制设计电路是不划算的。

标准电路-定制门形式：这一制造过程从一个标准逻辑电路的设计开始，在制造过程中仅需要构成特殊应用的门，输入、输出和其他的电路部分都是标准电路。

标准电路-选择连线门阵列：这个系统和定制门的方式近似，基于大多数制造过程的标准电路设计。这些电路由标准数量的门组成。这样的门称为阵列(array)，电路称为门阵列(gate array)。在基本设计上，顾客可以指示制造部门把那些产生特定电路逻辑功能的门用线连接在一起。

这种方式与全定制过程相比可以节省运转时间，费用也适中。每种逻辑功能门阵列的费用要比生产一定产品数量的定制电路高一些。较大的门器件在一个大的芯片中允许许多不同电路变异的情况存在。这个较大的芯片尺寸导致每一个芯片都有较高的制造成本和较低的良品率。

晶圆经过常规工艺过程直到接触孔掩模版。接触孔掩模版由顾客定制，他们仅对根据专门的电路要求的门进行接触孔连接。在进行金属淀积后，仅和具有接触孔的门连线组成电路。这个工艺过程的变种就是打开所有门的接触孔，通过使用顾客定制的金属掩模版，该掩模版仅把需要的门进行连线。

可编程门阵列逻辑和现场可编程门阵列：以上描述的3个系统中的每一个都需要芯片制造者去做"定制"。这种需要可能导致发送或行程安排的问题，而且通常迫使用户购买最少数量的部件。单片存储器公司(Monolithic Memories, Inc., MMI)在1978年引入了可编程门阵列逻辑(PAL)电路的生产线解决了这个问题。PAL表示可编程的逻辑阵列。MMI公司在存储器产品中把可编程熔丝技术用于逻辑电路。可编程(定制)逻辑电路就这样诞生了。

最近现场可编程门阵列(FPGA)可以提供现场可编程电路。在一个芯片中，例如Xilinx

ZynqTM-7000 全可编程 SoC，用微处理器和其他电路完成典型的阵列来提供一个完整的系统。这些电路包含未配置的逻辑模块，它们可以由客户进行电学配置来实现期望的逻辑功能。

17.3.2　存储器电路

1960 年前后，产业预言家就开始预言固体存储器电路将取代传统的磁心存储器。固体电路的优势在于它的可靠性高、尺寸小和速度快。直到 20 世纪 70 年代初，固态存储器最终超越磁心存储器。磁心存储器仍在使用的主要原因是它的成本较低。

对于存储器电路而言，MOS 晶体管结构更受欢迎。然而，在 20 世纪 60 年代，对于 MOS 工艺来讲，洁净度方面的要求还不能稳定可靠。高产量的 MOS 工艺也需要精确地对准和清洁薄的栅氧化层。在那个年代，这些工艺过程还没有被充分开发出来。低工艺成品率的结果使得 MOS 存储器要比磁心存储器的价格贵得多。

随着工艺的改善和硅栅极结构的改进，存储器技术选择了 CMOS 工艺。一些双极型存储器由于它们的快速和开关能力而受到偏爱。当逻辑电路可以用 MOS 技术制造时，大多数生产的 MOS 电路都是计算机的主要部分——存储器。这种工艺还用于需要辅助的存储器芯片的微处理器基础产品。有两种主要类型的存储器电路：易失性和非易失性存储器（见图 17.7）。

非易失性存储器：非易失性存储器在失去电源后所存储的信息不会丢失。光盘（CD）就是一个例子，它是一种信息存储器件。如果录音机断电，歌曲不会丢失。图 17.8 列出了一些非易失性存储器。

除了这些非易失性 IC 存储器系统，非易失性存储器还包括多种磁性存储器，例如硬盘、软盘、磁带和光盘。

图 17.7　存储器电路类型　　　　　图 17.8　非易失性存储器

只读存储器：在集成电路中，只读存储器（ROM）是主要的非易失性存储器。ROM 代表只读存储器（read-only memory）。这种电路的唯一功能是给出预先编码的信息。电路中所需的信息在制造过程中就被特别设计进芯片存储器阵列中了。一旦芯片制成，所存储的信息就成为电路的永久部分。

存储器的其他类型有读和写（read and write）的能力，也就是说，它们能从输入设备（键盘、磁带、软盘等）读取和存储数据。唱片是一种非易失性只读存储器器件。磁带是具有读和写能力的非易失性器件，数据信息可以被擦掉和重新记录。

在计算器中，常量和算法要求在只读存储器扇区内进行有效的数学运算，只读存储器电路的数量与逻辑电路一样成百上千。虽然只读存储器有多种标准形式，但厂商也生产多种定制的只读存储器。是使用标准电路还是使用定制电路的问题与可利用的逻辑电路相似，用户可以购买标准电路，特别是在标准基础上可变化地设计成所需电路的定制电路，或者购买可编程只读存储器(PROM)、可擦除可编程存储器(EPROM)、电可擦除可编程只读存储器(EEPROM)。

可编程只读存储器： 可编程只读存储器(PROM)代表可编程的只读存储器，PROM同PAL的存储功能相当，每一个记忆单元通过一个熔丝连接到电路中。用户按电路要求，通过熔断那些不需要的存储单元位置的熔丝把信息编程到PROM电路中。编程后，PROM就变成了ROM，信息永久地被编码在芯片里，它就变成只读存储器了。

可擦除可编程只读存储器： 为适应某些方面的应用，需要方便快捷地改变ROM内的存储数据而不是更换整个芯片。可擦除可编程只读存储器(EPROM)芯片就是为此被设计出来的。可擦除的特征是基于MMOS(存储器MOS)应用基础上的，MMOS晶体管在第16章有过详细介绍。这些晶体管可以有选择地充电(或被编程)，它们可以用非易失性方式长时间保持电荷，编程使用热电子注射的机理，当需要编程时，芯片通过照射紫外线使晶体管中的电荷逐渐泄放掉从而擦除记忆。旧的编程被去除，用外部编程器输入新的存储信息。一个典型的EPROM可以被编程10次以上。

电可擦除编程只读存储器： 使存储器设计更为便利的下一个等级就是在芯片插入机器时的编程和重新编程的能力。这种便捷得益于电可擦除编程只读存储器(EEPROM或E^2PROM)，它表示利用电可擦除的(electronically erasable)PROM，编程和擦除是利用外加脉冲，把电荷置于选择的存储单元或使电荷泄放掉，编程过程与EPROM所用的是同一热电子注射机理。电荷通过一个称为福勒–诺德海姆(Fowler-Nordheim)隧道的机理从存储器单元抽出来。这是以更大的存储单元面积和更小的芯片密度为代价的。

闪存： 闪存(Flash memory)是EEPROM的一种形式，它是一种晶体管单元的设计[1]，好像EPROM，但是在插入编程和擦除方面比较方便。此外，可以增加在同一时间内擦除几个区域或全部阵列的操作功能。

闪存还是基于NAND门配置的USB存储器件的存储部分。这种闪存最擅长存储和恢复大量存储，因此它们在USB存储器中最普遍。NOR型配置的计算更快，主要用在计算机中。

易失性存储器： 半导体电路和计算机设计包括经常的折中评估。在存储的情况下，非易失性存储器提供断电保护，但是这些存储器经常很慢并且密度较低。更重要的是，上述电路没有一个具有写的能力，这是计算机操作的一个必要特征。新的信息数据必须很快捷地进入计算机内，在编写新的存储地址前暂时存储。记忆存储也必须很容易被擦除，这样计算机可以很快地对新信息进行处理，或者接受一个全新的程序。有几种存储电路设计用来生产速度快、密度高的存储器电路。这些都属于易失性类型，当芯片失去电源时，所有存储信息都会消失，显示在电脑显示屏上没有保存的数据，如果断电，数据也将丢失。

随机存储器： 一种用于高密度存储的电路称为随机访问存储器(RAM)。"随机"是指计算机能直接找到在电路内存储的任何信息。与串行存储器不同，RAM的设计允许芯片寻找精确信息，无论它在计算机存储器中的哪个位置。这一特性允许更快地检索数据，也使RAM成为计算机的重要存储电路。

动态随机存储器： 动态随机存储器(DRAM)一词基于两种主要的设计：动态和静态(见图17.9)。动态存储器称为DRAM或动态RAM，在计算机存储器中大量使用。存储单元设计的基础仅仅是一个晶体管和一个小电容(见图17.10)。通过在电容器里加入电荷来存储信息。遗憾的是，电荷会很快漏掉。要解决这个问题，存储的信息必须连续地重复输入电路，这个功能称为刷新(refresh)。电路每秒要刷新上千次。动态 RAM 在电源丢失和中断、刷新出现故障时极易受影响。

　　DRAM 设计的目标是高密度和紧凑的空间器件的小单元,为了提高速度,器件组成要小而薄。这些需求将 DRAM 设计和工艺推向最高的技术水平。通过先进的、现代的设备和工艺应用于 DRAM 电路中,所有的优势都能获得。这种现实情况使它们成为产业中的引领电路。

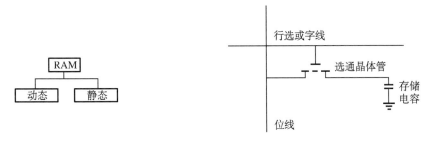

图 17.9　RAM 存储器设计　　　　　　　图 17.10　动态 RAM 单元的结构

　　静态随机存储器:静态随机存储器(SRAM)是基于不需要刷新功能的单元设计的。一旦信息输入芯片,只要电源保持打开状态它将一直保留。这一性能由一个包含几个晶体管和电容的单元来完成(见图 17.11)。信息按照晶体管交替开、关的条件进行存储。信息在 SRAM 单元上的读写速度比 RAM 的设计要快,这是因为晶体管的开关比电容器的充放电快得多。为了降低这种易失性和提高速度,代价是损失空间,它使静态存储器的密度比 DRAM 要小。

　　存储器的容量由能够存储的位的数量进行测量,一个 1 Kb 的 RAM 有 1024 个信息位的容量,1024 是 2 的 10 次幂。1 个 64 Kb RAM 实际上有 65 536 个信息位的容量。采用现有技术,更大的兆位级存储器(64 和更高)将会大量生产。RAM 容量增长的每一步都给晶圆工艺和良品率的提高造成了巨大的压力。以 1977 年 IBM 生产的 64 Kb RAM 作为半导体经营情况为例,芯片不久就出现在批发市场上,每个电路价格超过 100 美元。到 1985 年前,竞争和良品率的提高已经使它的价格降到每个电路不到 1 美元。

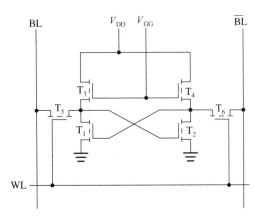

图 17.11　静态 RAM 的结构

　　铁电存储器(FERAM):铁电材料(见第 16 章)在电容器中的使用使存储器比普通的 SiCMOS 技术的电容器速度更快[2]。它面临的挑战是把这一非硅技术同标准硅工艺集成为一体。

17.3.3　冗余电路

　　冗余是设计上包含额外电路结构。如果一个或多个结构不能工作,就由其他部分完成工作。冗余的折中是增大的芯片尺寸。而且额外的电路要求在主电路中探测功能和非功能结构并指导功能器件的选择。虽然通过这种方法来提高良品率已经讨论了多年,但是它仍然没有成为电路设计的主流。这是由于如何放置工作元件与非工作元件,并把工作元件接入整个电路仍是个问题。

17.4　下一代产品

从 20 世纪 50 年代开始,半导体工业一直保持着产品发展的持续性。通常每三年就有一代新产品出现[3]。在每代产品中,存储器芯片密度增加了 4 倍,逻辑芯片增加了 2 ~ 3 倍。每隔两代(6 年),特征图形尺寸以 2 的倍数减小,芯片面积和封装引脚数量以 2 的倍数增加。

预测未来总是困难的,但是对于我们现在已知的芯片电路来讲,一定有它发展的终点。存储器的芯片密度达到 16 Gb,而逻辑电路达到 2 千万门是雄心勃勃的目标。产业必须针对 450 mm 晶圆直径开发工艺和设备。芯片的尺寸将达到 1000 mm^2(每边 1.2 英寸)或更大。电路方面的动向将是增加组合在电路芯片中不同类集成电路的功能。这些正在受到移动设备爆发式增长的驱使,它们正在接近笔记本电脑的能力。这个趋势的前沿是片上系统(SoC)的发展(见图 17.12)。

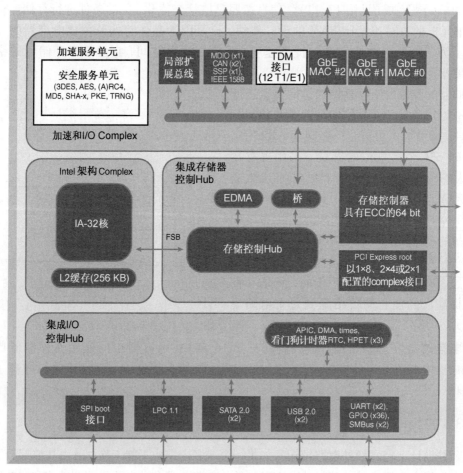

图 17.12　Intel 的片上系统(SoC)模块图(经 Intel 公司允许)

　　芯片发展的新领域是语音识别、专家系统以及汽车和耗能产品(控制和防护)的继续"微芯片化"。

　　摩尔定律正在接近平面工艺的极限,例如晶圆的表面。之前听到过的,总有一天它将在 x-y 平面上发生。但是随着产业已经进入 z 平面,摩尔定律在器件和功能密度方面一直保持活力。这在多层金属开发方面已经被证实(见图 17.13)。

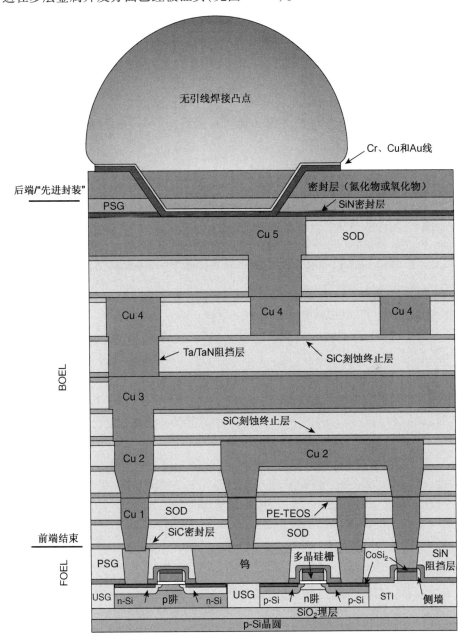

图 17.13　五层金属截面图

　　但是伴随着三维多芯片技术,封装也正在探索 z 平面(见第 18 章),比如将多个芯片在一个管壳中连接或管壳叠起来并连接。

习题

学习完本章后，你应该能够：

1. 解释二进制数字的概念。
2. 列出 3 种主要集成电路的功能。
3. 比较模拟电路和数字逻辑电路的基本原理。
4. 列出逻辑门阵列和 PROM 电路的用户和产品优点。
5. 解释两种主要存储电路类型。
6. 列出 4 种非易失性存储器电路。
7. 比较动态随机存储器(DRAM)和静态随机存储器(SRAM)电路的性能和价格因素。

参考文献

[1] McConnell, M., "An Experimental 4-Mb Flash EEPROM with Sector Erase," *IEEE Journal of Solid State Circuits.* 26(4), Apr. 1991.

[2] Jones, R., "Integration of Ferroelectric Nonvolatile Memories," *Solid State Technology*, Oct. 1997:201.

[3] Hu, C., "MOSFET Scaling in the Next Decade and Beyond," *Semiconductor International*, Jun. 1994:105.

第18章 封 装

18.1 引言

晶圆电测后，每个芯片仍是晶圆整体中的一部分。在应用于电路或电子产品之前，单个芯片必须从晶圆整体中分离出来，多数情况下，被置入一个保护性管壳中（见图 18.1）。随着芯片器件密度一直增大，它们的封装和封装工艺也有所改进。对于分立式器件单个管壳典型的是"罐式"（can），而对于单个的集成电路是直插式封装。但是正在爆发的移动终端已经要求多个电路功能在一个单芯片上（SoC），还要将单芯片以三维排列堆叠在同一个管壳内。这类封装方案有些与传统的罐式硬壳方式和直插包封方式相去甚远。

这些芯片也可以直接安装在陶瓷衬底的表面作为混合电路的 部分，或与其他芯片一起安装到一个大型管壳中，作为多芯片模块（MCM）的一部分，或是直接安装在印制电路板上，或是做成"板上芯片"（COB）或直接贴芯片（DCA）（见图 18.1）。这 3 种封装形式有一些共同的工艺。除了保护芯片，封装工艺提供和系统的电连接，可以使芯片集成到一个电子系统中，并提供环境保护和散热。这一系列工艺被称为封装（packaging）、组装（assembly）或后端（back-end）工序。在封装工艺中，芯片被称为"dies"或"dice"。

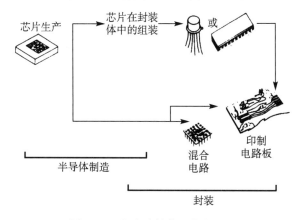

图 18.1 芯片或封装工艺流程图

多年以来，半导体封装业由于受工艺复杂程度及制造业需求的影响而滞后于晶圆制造业。伴随 VLSI/ULSI 时代的到来，芯片密度的提高迫使封装技术及自动化生产不得不进行极大的升级和改进。更高密度的芯片要求更多的输入（I）和输出（O）连线点，这些被称为 I/O 数，或简单地称为引脚数。2007 年国际半导体技术路线图（ITRS）预测到 2015 年引脚数将增至 4000 到 8000（见图 18.2）。ITRS 将引脚数、成本、尺寸、厚度和温度列为封装技术主要的物理推动者。封装（或连接）集成电路是一个电学系统。强力推进的是在芯片或封装系统创造一个提高的电学功能。它们被归入通用术语系统级封装（System In a Package，SIP）。对于 SIP 系统有不同的策略。更多引脚数，如集成电路，要求单个引线间间距（称为节距）更接近。

对更新产品的需求正在推动芯片和封装设计方面的创新,而双列直插式封装仍然是产业使用最多的封装。更多引脚数已经导致凸点/倒扣芯片技术的采用。尺寸和速度的考虑已经促使在客户定制产品中芯片级封装的使用,例如,手机和移动设备。太空的恶劣环境、汽车及军用产品对封装有苛刻的要求,这些特殊要求的封装、工艺以及测试来保证在此环境下器件的高度可靠性。这些封装、工艺和测试被称为"hi-rel"(高可靠性类)。其他领域的芯片及封装被称为商用(commercial)类。

最大管壳引脚数	2012	2013	2014	2015
低成本	188 ~ 1000	198 ~ 1050	207 ~ 1100	218 ~ 1150
成本性能	720 ~ 3367	800 ~ 3704	800 ~ 4075	880 ~ 4482
高性能(FPGA)	5348	5616	5896	6191

图 18.2　引脚数预测(2007 年 ITRS)

封装业早已不再是半导体产业界的继子产业了。很多人认为封装业最终会成为芯片尺寸减小的限制因素。然而,从当前发展来看,人们更关注于新的封装设计,新的材料开发及更快、更可靠的封装工艺。

18.2　芯片的特性

本书中涉及了分立式器件及集成电路的多种特性。有些特性是由封装设计和封装工艺直接衍生出来的(见图 18.3)。芯片的密度(集成度)决定了所需外部连接点的数目,集成度越高的芯片其表面积越大,外部连接点也越多。芯片越做越大的趋势必然导致对更大直径晶圆的需求。这些因素改变了划片工艺、封装设计和对晶圆减薄的需求。

在前一章中提到的芯片器件(三极管、二极管、电容器、电阻器和熔断丝)的功能可因各种各样的污染而改变。最主要的污染是化学污染,如钠和氯。另外,其他化学品可以攻击芯片内的不同层次,还有环境因素,如微粒、湿度和静电可以毁坏芯片或改变其性能。其他方面的考虑还有光和辐射粒子对芯片表面轰击的影响。有些芯片对光和辐射粒子极其敏感。在选择封装材料和工艺时通常会考虑到这些因素。芯片的显著特性是其表面在受到物理损伤时显得极其脆弱。晶圆表面的器件距晶圆的外表面的距离相当小,表面的引线是细小且脆弱的。

所关注的这些环境和物理因素可以从两个方面来阐述。第一个是邻近晶圆制造工艺结束处的钝化层的淀积。这可能是基于二氧化硅和氮化硅的硬质层。钝化层经常掺杂一些硼、磷或两者兼备来增强它们的保护特性。可替换的可能是像聚酰亚胺这样的软质层(见图 18.4)第二种保护芯片的方法是由一个封装体本身来提供。

● 集成度
● 晶圆厚度
● 尺寸
● 环境敏感性
● 物理弱点
● 发热
● 热敏感性

● 硅氧化物
● 蒸气氧化物
● 低温氧化物
● 玻璃层
● 磷硅玻璃
● 硼硅玻璃
● 硼磷硅玻璃

图 18.3　影响封装工艺的芯片特性　　　　　图 18.4　钝化层的类型

芯片影响封装体设计和材料的另一个重要特性是热的产生。用于大功率电路和高集成度电路中的芯片所产生的热足以毁坏芯片自身及电路本身。封装设计要考虑散热的因素。热同样也是封装工艺中的一项重要参数，具有使用铝引线的集成电路，封装工艺温度的极限在450℃，以防铝和其下的硅形成一种合金。

18.3　封装功能和设计

半导体的封装有4种基本功能。它们提供：

1. 基本引脚系统；
2. 物理性保护；
3. 环境性保护；
4. 散热。

18.3.1　基本引脚系统

封装的主要功能是将芯片与电路板或直接与电子产品相连接。这个连接不可以直接实现，因为用于连接芯片表面器件的金属系统太过纤细和脆弱。金属线厚度通常小于1.5 μm且通常仅有1 μm宽。最细线的直径通常在0.7～1.0 mil（mil指千分之一英寸，即1 mil = 1/1000 inch = 0.0254 mm）之间，这也要比芯片表面的连线粗许多倍。用在凸点连接技术中的焊球直径约是100 μm。连线尺寸的这个差异就是为什么芯片的连线终止在较大的压点上。

尽管连线较粗，直径约为1 mil，但它们仍然非常脆弱。为克服连线的脆弱性，人们引进了一套更坚固的引脚系统，其作用是通过传统的引脚或管脚，或用在针栅阵列管壳中的球，将芯片与外部世界连接起来（见图18.5）。引脚系统是构成管壳整体的一部分。

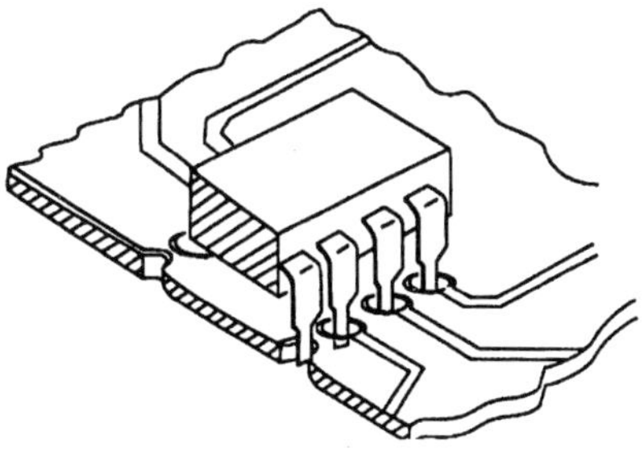

图18.5　双列直插封装（DIP）过孔组装

18.3.2　物理性保护

封装的第二个功能是物理性保护，防止芯片破碎、免受微粒的污染和外界损伤。所需要的物理性保护程度有高有低，低到消费类产品的应用，高到要求十分苛刻的汽车电子、太空火箭和军事领域的产品应用。实现此保护功能的方法是将芯片黏结在一个特定的芯片安装区域，然后用适当的封装体将芯片、连线、管壳内部引脚封闭起来。芯片的尺寸和最终应用领域决定了封闭材料的选择以及封装体的设计及其尺寸。

18.3.3　环境性保护

封装体包封的另一个功能是对芯片的环境性保护，可使其免受化学品、潮气和其他有可能干扰芯片正常功能的气体对其产生影响。它推动了"洁净材料"和无污染工艺区域的使用。

18.3.4　散热

所有半导体芯片在工作时都会产生一定的热量。有些芯片会产生大量的热。对大多数芯片来说,封装体封闭的各种材料本身可以带走一部分热量。当然,选择封装材料的一个因素是看其散热特性。对产生大量热的芯片,需额外考虑其封装设计。这种额外的考虑会影响封装体的尺寸,大多数情况下要求在封装体上额外地安装金属散热条或块。

18.3.5　常用的封装件

封装体的 4 种功能通过使用一系列的封装设计得以实现。然而,大多数封装有 5 种常见的封装件。使用双列直插管壳作为一个例子,叙述如下。

芯片的贴片区域: 在每个封装体的中心区域,芯片被牢固地黏结在封装体上。这个贴片区域可以实现芯片的背面与余下的引脚系统之间的电性连接。对这个区域的一个最主要的要求是它必须是绝对平整的,这样才能保证封装体很好地支撑紧密黏结在其上的芯片,没有裂纹或弯曲(见图 18.6)。

内部和外部引脚: 金属引脚系统的芯片从内部的贴片区凹腔至外部的印制电路板(PCB)或电子产品是连续的。系统的内部连接称为内部引脚(inner lead)、压焊接头(bonding lead tip)或压焊指尖(bond finger)。内部引脚通常是引脚系统中最窄的部分。外部引脚(outer lead)将管壳与外部电路相连(见图 18.7)。大多数引脚系统由一整片连续的金属组成(侧铜焊封装形式例外)。这种封装的构造方法是将外部引脚用铜焊至内部的引脚上。外部引脚系统使用两种不同的合金,铁-镍合金和铜合金。铁-镍合金用于高强度及高稳定性的场合,而铜合金的优点是导电性和热传导性较好。载带自动焊(TAB)方案有一个引线,从芯片的每个键合压点依次直接键合到一个电路板上。芯片倒装封装使用焊料凸点或球来进行内部连接(见图 18.8)。

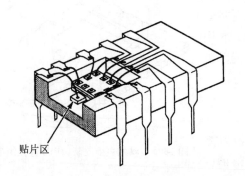

图 18.6　封装体的贴片区

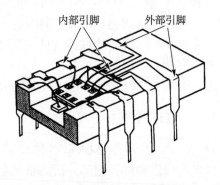

图 18.7　内部引脚和外部引脚

包装: 贴片区、压焊线、内部引脚及外部引脚组成了管壳的电连接部分。其他部分称为包装体(enclosure)或封装体(body)。这部分提供保护及散热的功能。本章所提及的几种不同的技术和封装体设计使得这些功能得以实现。封装的完整性分为两大类:密封型与非密封型(见图 18.9)。

密封型封装体不受外界湿气和其他气体的影响。密封型封装体芯片用于非常严酷的外界环境中,例如火箭和太空卫星中。金属和陶瓷是制造密封型管壳的首选材料。

非密封型封装体足以满足大多数消费类电子产品,如计算机和娱乐设备的要求。除了某些极端的场合,这种封装系统为芯片提供了良好的和足够的环境保护。此封装方式的一个更好的术语是"弱密封性"(less hermetic)。非密封性封装体由树脂或聚酰亚胺材料组成,通常称为塑料封装(plastic package)。

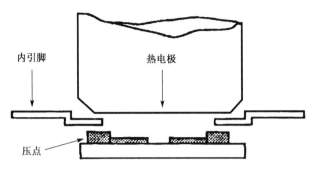

图 18.8　载带自动焊(源自: *Micro-electronics Handbook*, Tummala and Rymaswzki)

图 18.9　封装体密封名称

18.3.6　洁净度和静电控制

芯片在其整个使用寿命内对污染物影响导致的易损性将长期存在。虽然封装区域对洁净度水平的要求远不如晶圆生产区域要求高(见第 4 章)。高可靠性芯片的生产区域通常来讲需要更高的洁净度。实际上, 许多公司都意识到如果污染物控制的方案效果不好, 其产品是注定要失败的。因此, 更多的封装区域实行了非常严格的控制, 尤其是对化学品和人体产生的颗粒物的控制。

在封装区域内来自外界环境的最致命危害是静电。在晶圆生产的净化间内, 对静电的控制主要是防止颗粒物被吸附到晶圆的表面。这同时也是封装区域所关心的一个话题。但最关注的还是静电放电(electrostatic discharge)问题, 或称为 ESD。静电累积可以产生高达数万伏的电压。如果如此高的电压突然在芯片表面放电, 会轻易地将电路部分损坏。金属氧化物半导体(MOS)栅电路结构尤其易受静电放电的损害。图 18.10 列举了封装区域常见的静电控制的实施方案。

每个生产高集成度芯片的封装区域应有一套切实有效的防静电方案(见图 18.11)。防静电方案的实行包括生产操作员佩戴接地的腕带和无静电工作服; 使用防静电材料的搬运载体; 搬运产品时用升降式设备而不用推拉式设备; 生产设备, 工作台面及地板垫均接地。减少静电的其他方法还有在氮气和空气混合气的气枪上(见图 18.12), 以及在从高效微粒空气(HEPA)过滤器的滤芯中流出的空气通道上安装电离器。

● 高效过滤器/VLF 空气
● 工作服、帽、鞋套
● 指套或手套
● 过滤化学品
● 黏地垫
● 静电控制

图 18.10　污染控制惯例

● 接地的腕带
● 无静电工作服
● 防静电材料
● 将设备接地
● 将工作台面接地
● 将地板或地板垫接地

图 18.11　静电控制方案

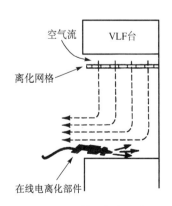

图 18.12　静电控制技术

18.3.7　基本键合工艺

在晶圆的生产工序中,晶圆要多次重复地进行4个基本的操作(薄膜工艺、图形化工艺、掺杂工艺和热处理工艺)。在封装工序中也有一些基本操作(见图18.13)。然而,封装是一条龙生产线,没有反复的工序。每一道主要的工序仅需要通过一次。在生产的过程中,每个具体工序的流程顺序由封装的类型及其他因素来决定。在具体的工艺流程中,某道工序是否被执行,取决于客户定制的芯片及封装的要求。有3种连接芯片和封装体的主要方法:引线键合、载带自动键合(TAB)和凸点(焊球)或芯片倒装技术(见图18.14)。引线键合是一种采用将单个芯片封装在一个封装体内的成熟工艺。也会见到将一些芯片直接装在电路板上和直接将芯片连接到三维封装体上。TAB将导电引脚连接到引脚框架,并依次直接焊接在电路板上。凸点或焊球键合要求焊球定位在芯片上的键合压点上,但是晶圆仍然在晶圆制造工艺区。一种应用是晶圆级封装(WSP)。对封装的实际键合要求晶圆上下翻转过来,并加热处理实现电连接。这种工艺称为凸点、焊球或芯片倒装焊法。下一节将讨论接下来3种基本键合工艺的通用封装特性。使用的不同封装方式将在18.5.10节叙述。

● 背面准备　　● 封盖(帽)前检查
● 划片　　　　● 封盖(帽)
● 拣片　　　　● 电镀
● 贴片　　　　● 切筋
● 检查　　　　● 打标
● 压焊　　　　● 终测

图 18.13　基本的封装工序

● 引线键合
金
铝
● 载带自动键合(TAB)
● 凸点(焊球)或芯片倒装

图 18.14　键合技术概况

18.4　引线键合工艺

18.4.1　键合前晶圆的准备

当晶圆厂最后一道钝化膜及合金工序完成后,电路部分就算完成了。然而,晶圆在转到封装厂之前还需要对其进行一到两步处理。即晶圆减薄和背面镀金,这两步不是必需的,视晶圆的厚度和特殊的电路设计而定。

晶圆减薄:晶圆级工艺使用凸点或焊球键合工艺。在通常晶圆制造工艺的最后,焊球被键合到芯片键合压点上。这种工艺将在18.4.6节叙述。

晶圆逐渐增厚的趋势给封装工艺带来一系列问题。增厚的晶圆在划片工序需要更昂贵的完全划开的方法。尽管划片刀可以划出更高质量的芯片边缘,但耗时长且消耗顶端镶有钻石的划片刀使得此工艺极其昂贵。增厚的芯片同时需要更深一些的贴片凹腔,使得封装更为昂贵。划片前如将晶圆减薄,就可以解决以上两个问题。

另一个需要晶圆减薄的情况是电特性的要求。当晶圆通过晶圆厂的掺杂工序时,晶圆的背面没有被保护起来,掺杂剂会在晶圆的背部形成电的结,这样就会影响一些要求背面传导性好的电路的正常运行。这些结可以通过晶圆减薄来去除。并且,晶圆级和三维封装要求更薄的晶圆以免封装体更厚并提高电性能。

减薄的工序通常介于晶圆分拣和划片工序之间。晶圆被减薄到100 μm左右的厚度[1]。

此处使用在晶圆制备阶段研磨晶圆时用的相同工艺(机械研磨和化学机械抛光)。芯片倒装焊封装也要求晶圆减薄。

晶圆减薄是个令人头疼的工序。在背面研磨时,可能会划伤晶圆的正面和导致晶圆破碎。由于晶圆要被压紧到研磨机表面或抛光平面上,晶圆的正面一定要被保护起来,晶圆一旦被磨薄就变得易碎。在背面刻蚀中,同样要求将晶圆正面保护起来防止刻蚀剂的侵蚀。这种保护可以通过在晶圆正面涂一层较厚的光刻胶来实现。其他方法包括在晶圆正面黏一层与晶圆大小尺寸相同的,背面有胶的聚合膜。必须控制在研磨-抛光工艺中产生的应力以防止晶圆或芯片在应力下的弯曲变形。晶圆的弯曲变形会影响划片工序(芯片破碎和裂痕)。芯片的变形会在封装工序产生问题[2]。

背面镀金: 晶圆制造中的另一个可选的工序是在晶圆背面镀金。对计划用共晶焊技术(见 18.4.5 节)将芯片黏结到封装体中的晶圆上,其背面需要镀金层。此镀金层通常在晶圆制造厂以蒸发或溅射的工艺来完成(在背面研磨后)。

18.4.2 划片

传统芯片的封装工艺始于将晶圆分离成单个的芯片。划片有两种方法:划片分离或锯片分离(见图 18.15)。对于凸点或焊球工艺,划片是在晶圆上建立凸点或焊球系统之后。

锯片法: 较厚的晶圆使得锯片法发展成为划片工艺的首选方法。锯片机由下列部分组成:可旋转的晶圆载台,自动或手动的划痕定位影像系统和一个镶有钻石的圆形锯片。此工艺使用了两种技术,且每种技术开始都用钻石锯片从芯片划线上经过。对于薄的晶圆,锯片降低到晶圆的表面划出一条深入晶圆厚度 1/3 的浅槽。芯片分离的方法仍沿用划片法中所述的圆柱滚轴加压法。第二种划片的方法是用锯片将晶圆完全锯开成单个芯片。

通常,对要被完全锯开的晶圆,首先将其贴在一张弹性较好的塑料膜上。在芯片被分离后,还会继续贴在塑料膜上,这样会对下一步提取芯片的工艺有所帮助。由于锯片法划出的芯片边缘效果较好,同时芯片的侧面也较少产生裂纹和崩角(见图 18.16),所以锯片法一直是划片工艺的首选方法。

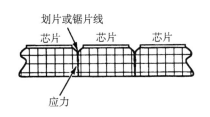

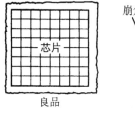

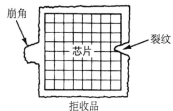

图 18.15　划片法和锯片法　　　　图 18.16　划片结果

划片法: 划片法(scribing)或钻石划片法(diamond scribing)是工业界开发的第一代划片技术。此方法要求用镶有钻石尖端的划片器从划线的中心划过,并通过折弯晶圆将芯片分离。当晶圆厚度超过 10 mil 时,划片法的可靠性就会降低。

18.4.3 取放芯片

划片后,分离的芯片被传送到一个工作台来挑选(pick)出良品。在操作中,存有良品芯片(从晶圆电测)位置信息的磁盘或磁带被上传到自动挑选机器。真空吸笔会自动拣出良品芯片并将其置入用在下一工序中的分区盘里(见图18.17)。

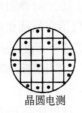
晶圆电测

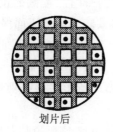
划片后

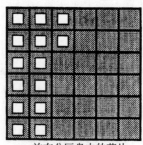
放在分区盘中的芯片

图18.17　将芯片分到盘中

在手动模式下,由操作工手持真空吸笔将一个个无墨点芯片取出放入到一个分区盘中。对于贴在塑料膜上进入工作台的晶圆,首先将其放在一个框架上,此框架将塑料膜伸展开。塑料膜的伸展会将芯片分离开,这样就辅助了下一道取片的操作。

18.4.4　芯片检查

在继续余下的操作前,芯片会经过一道光学检查仪。我们最关心的是芯片边缘的质量,不应有任何崩角和裂纹。此工艺还可以分拣出表面的不规则性,例如表面划痕和污染物。挑选出损伤的芯片可以节省封装失效芯片的费用和时间。

18.4.5　贴片

贴片有几个目的:在芯片与封装体之间产生很牢固的物理性连接,在芯片与封装体之间产生传导性或绝缘性的连接,作为一个介质把芯片上产生的热传导到封装体上。芯片倒装焊封装没有贴片步骤。

对贴片键合的要求是其永久的结合性。此结合不应松动或在余下的流水作业中变坏或在最终的电子产品使用中失效。尤其是对应用于很强的干扰下,如火箭中的器件,此要求显得格外重要。此外,贴片材料的选用标准应为无污染物和在余下的流水作业的加热环节中不会释放气体。最后,此工艺本身还应该产能高且经济实惠。

共晶贴片技术:有两种最主要的贴片技术:共晶(eutectic)法和环氧树脂(epoxy)黏结法。共晶法的得名是基于如下物理现象:当两种材料融合(合金)在一起时它的熔点会低于原先每个单独的材料各自的熔点。对于贴片工艺,这两种材料分别是金和硅(见图18.18)。金的熔点是1063℃,而硅在1415℃下熔化。当两种材料混在一起时,它们会在380℃的温度下开始形成合金。金会被镀到贴片区,然后在加热的条件下与芯片底部的硅形成合金。

金对贴片工艺来说很像三明治的夹心层。芯片底部的贴片区域被淀积或被镀上一层金。有时会在贴片区淀积或镀上一层金与硅组成合金膜。当加热

导电型
- 金/硅共晶
- 添加金属的环氧树脂
- 导电的聚酰亚胺

不导电型
- 环氧树脂黏结
- 绝缘的聚酰亚胺

图18.18　贴片的材料

时，这两层膜在晶圆背面和管壳之间形成一层薄的合金膜。

共晶贴片法需要 4 步。第一步是对封装体加热，直至金-硅合金融化成液体。第二步把芯片安放在贴片区。第三步研磨，称为"擦磨法"，将芯片与封装体的表面挤压在一起。正是在这一步，在加热的条件下形成了金-硅共晶合金膜。第四步即最后一步是冷却整个系统，这样就完成了芯片与封装体的物理性与电性的连接。

共晶贴片法可以人工来完成或使用能完成这 4 步操作的自动化设备。金-硅共晶贴片法以其强的黏合性，良好的散热性，热稳定性和含较少的杂质等特性备受高可靠性器件封装业的青睐。

环氧树脂黏结法：另一种贴片法使用黏稠的液体环氧树脂黏合剂。此黏合剂可在芯片和封装体之间形成一层绝缘层或是在掺杂了一些金属如金或银后成为电和热的良导体。聚酰亚胺也可用做黏合剂。最流行的黏合剂是掺入银粉的环氧树脂（银浆）用于铜框架的封装体，以及掺入银粉的聚酰亚胺用于 22 号合金的框架[3]。

环氧树脂黏结法一开始先用针形的点浆器或表面贴印法在贴片区淀积一层环氧树脂黏合剂。芯片由一个真空吸笔吸起来放入贴片区的中心。第二步则是向下挤压芯片以使下面的环氧树脂形成一层平整的薄膜。最后一步是烘干。将芯片和封装体放入烤炉内，升至特定温度时完成对环氧树脂黏结点的固化。

环氧树脂黏结法以其经济实惠及易于操作而被广泛采用。这种贴片法的工艺流程中没有要求对管壳进行加热的步骤。这个因素使得工艺自动化操作更易于实现。当与金-硅共晶贴片法比较时，环氧树脂黏结法的缺点是环氧树脂在高温的贴片和封装工序中容易分解。同时环氧树脂黏结法黏结点的接合力也不如金-硅低熔点法来得牢固。

不管使用哪种贴片方法，有一些标志预示着贴片的成功。其中一个是芯片在贴片区持续良好的位置摆放和对正。使用高速和高良品率的自动贴片机可以取得较好的芯片摆放。另一个指标是希望在与芯片接触的整个区域内做出一层牢固、均匀且没有空洞的贴片膜。这对于良好的机械强度和热传导是必须的。一个均匀良好的贴片膜的例证是在芯片边缘与管壳之间连接的连续性或称为"连续的片"（fillet）。一个好的贴片工艺的最终标志是贴片区域内没有碎片或碎块，这些东西会在将来器件的使用过程中松动并导致故障。

18.4.6　引线键合

一旦芯片和封装体被连接，它们就走到了引线键合工艺。这也许是最重要的装配操作。在引线键合中，多达数百根导线必须从键合压点到封装体的内引线完全地键合上（见图 18.19）。连线压焊的步骤从概念上讲很简单。一条直径为 0.7～1.0 mil 的细线首先被压焊在芯片的压焊点上，然后再延伸至管壳的框架的内部引脚上。第三步是将线压焊至内部引脚上。最后，线被剪断然后在下一个压焊点重复整个过程。尽管在概念上和工艺过程中看似简单，但连线压焊工艺以精确的线定位和电性能要求而显得至关重要。除了对定位精确度的要求，还要求每条线两头的压焊要有很好的电性能连接，对延伸跨度的连线要求保持一定的

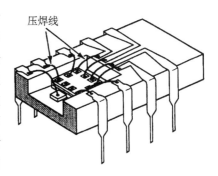

压焊线

图 18.19　键合引线

弧度且不能有纽结,而且要与邻线保持一定的安全距离。常规封装件跨线的弧度一般为
8～12 mil,而有些非常薄的封装件要求 4～5 mil[4]。邻线之间的间距称为压焊的节距(pitch)。

连线压焊通常使用金线或铝线。这两种材料的导电性都很强,它们的延展性也都很强,
能经得住压焊过程中产生的形变并且保持牢固和可靠。每种材料各有优缺点,其压焊方法也
不尽相同。

金线压焊法: 作为线压焊材料,金有很多优点。金是迄今为止公认的常温下最好的导
体,同时也是极好的热导体。它又能抗氧化和腐蚀,这使其具备了如下特性:易于在熔化后
与铝的压焊点形成牢固的连接而在整个工艺过程中不被氧化。金线压焊有两种方法:热挤压
法(thermocompression)和超声波加热法(thermosonic)。

热挤压焊法(又称 TC 压焊法)开始时先将管壳在卡盘上定位,
然后将管壳连同芯片加热到300℃～350℃之间。将用环氧树脂塑封
起来的芯片先经过贴片工艺,此时框架上只有与其牢固连接的芯片。
被压焊的金线穿过一个称为毛细管(capillary)的细管(见图 18.20)。
瞬间的电火花或很小的氢气火焰将金线的线头熔化成一个小球,然
后将带着线的毛细管定位在第一个压焊点的上方。毛细管接着往下
移动,迫使熔化了的金球压焊在压焊点的中心。由于热效应和下加
的压力使得两种材料之间形成了一个牢固的合金结。这种压焊法通
常称为球压焊法(ball bonding)。芯片上的球压焊结束后,毛细管移

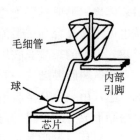

图 18.20　金球压焊

到相应的内部引脚处,同时引出更长的金线。在内部引脚处,毛细管同样向下移动,这里金
线在热和压力的作用下熔化到镀有金层的内部引脚上。电火花或小氢气火焰对金线头进行加
工,为下一个压焊点做出金球。整个步骤会持续进行,直至完成所有的压焊点和其对应的内
部引脚的连接。

在超声波加热法中,金球压焊遵循与热挤压法同样的步骤。不同的是工作温度可以更
低。这得益于通过毛细管传到金线上的脉冲超声波能量。这个额外的能量足以产生足够的热
量和摩擦力来形成一个牢固的合金焊点。

大多数金线压焊的生产是用自动化设备来完成的,这些设备使用复杂的技术来定位压
焊点和把线引出至内部引脚。最快的压焊机可以在一小时内压焊上千个点。有两个因素
对使用金线压焊有所限制。首先是金线的消耗;其次是金与铝之间可能形成我们不希望产
生的合金,这层合金会严重降低压焊点的电传导性。此合金略带紫色,通俗地称其为“紫
色瘟疫”。

铝线压焊法: 铝线尽管没有像金线那样好的传导性和抗腐蚀性,但仍然是一种重要的键
合线材料。铝的一个首要优点是其成本低;第二个优点是它与铝材料的压焊点属同一种金属
材料,不容易受腐蚀的影响。同时,铝的压焊温度较金更低,这与使用环氧树脂黏合剂贴片
的工艺更兼容。

铝线压焊的主要步骤与金线压焊大致相同,但形成压焊结的方式不同。铝线头没有球的
形成。取而代之的是当铝线定位至压焊点上方时,一个楔子向下将铝线压到压焊点上,同时
有一个超声波的脉冲能量通过楔子传递出来形成焊结(见图 18.21)。焊结形成后,铝线移到
相应的内部引脚上,形成另一个超声波辅助的楔压焊结。这种形式的压焊通常称为超声波
(ultrasonic)或楔压焊(wedge bonding)。

压焊结束后，线被剪断。工艺进行到这一步时，两种不同材料的压焊法的主要区别就此产生。在金线压焊中，在管壳处于固定的位置下，毛细管可以自由地在压焊点与内部引脚之间移动。在铝线压焊中，每次单个压焊步骤完成后，封装体必须被重新定位。重新定位的必要性在于压焊点与内部引脚之间的对应正要与楔子和铝线的移动方向一致。这个要求给铝线自动压焊机的设计者带来了一些额外的困难。然而，大多数铝线压焊的生产仍是由高速机器来完成的。

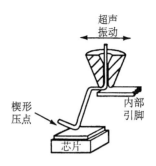

图 18.21　铝线压焊

18.4.7　载带自动焊

载带自动焊(TAB)用于要求极薄的封装体中芯片的线连接，如信用卡尺寸大小的收音机。TAB 工艺开始时先在一条柔软的载带上排列好引脚系统。引脚系统的形成使用了多种方法。系统所要使用的金属通过溅射法或蒸发法淀积到载带上。引脚系统的形成使用机械压模法，或使用与制造图形化工艺相类似的图形化技术工艺。其结果是一条连续的带有许多单独引脚系统的载带。对于压焊的操作(见图 18.22)，芯片定位在卡盘上，载带的运动由链轮齿的转动来带动，直至精确定位在芯片的上方。在此位置，系统的内引脚应该定位在芯片的压点的上方。

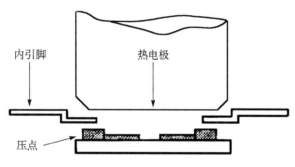

图 18.22　载带自动焊

压焊连接的形成由一个称为热电极(thermode)的工具来完成。热电极面向一个平整的钻石平面并且被加热。热电极向下移动，首先接触到内部引脚。然后继续向下移动施以足够的压力把内部引脚压结在压焊点上。这时通过热和压力的有效控制形成了两种组件间的物理和电性能的连接。大的芯片需要大一些的 TAB 压焊区域。对于这些芯片，热电极所面对的是人工合成的钻石平台。

TAB 压焊法有时也与封装体混合地压焊在一起。TAB 压焊法的优点是速度快，在一次操作中完成了芯片与封装体上所有引脚的压焊，同时载带和链齿轮的自动控制系统也易于操作。

18.4.8　凸点或焊球倒扣压焊

连线压焊存在着一些问题。每一个连接点处均有电阻。对于线弧度最小高度有着限制。如果线与线之间靠得太近，可能会造成短路或对电路性能产生影响。另外，每个线压焊要求有两个焊点,并且是一个接一个进行的。

增加更多的连接数量(引脚数)。为了解决这些问题,人们提出了用淀积在每个压焊点上的金属凸点(bump)来替代金属线。凸点也称为球(ball),与用在凸点或倒装工艺的管壳命名一样为球栅阵列(BGA)。这种压焊方法允许芯片设计将压点放置在芯片的边缘和芯片的内部(见图18.23)。这些位置将凸点放得更接近芯片电路,增加信号传送速度。把芯片翻转过来后对金属凸点的焊接实现了封装体的电路连接。将芯片翻转并使凸点与封装体或印制电

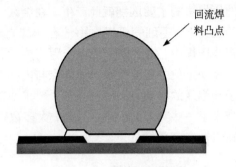

图18.23　回流焊料凸点

路板上相应的内引脚焊接,实现与封装体的连接(见图18.24)。IBM 公司称这项技术为"受控贴片连接"(C4)[5]。

或许最大的问题来自操作更大的电路需要

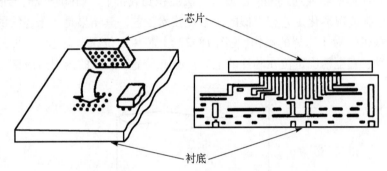

图18.24　倒装焊连接(源自:*Microelectronics Handbook*, Tummala, Rymaszewski)

这种工艺让芯片悬在管壳表面的上方。物理应力和应变被软焊料凸点吸收。通过用环氧树脂填充缝隙可以增加应力裕度,这种填充称为下填料(underfill)凸点连接技术,起始于晶圆制造工艺。

芯片倒装连接技术在晶圆制造工艺中开始,通过常用的金属化、钝化和压点图形化工艺加工晶圆。对于多芯片封装,为了加热芯片要求对其进行减薄。对于三维封装的晶圆典型地要减薄到 75 μm 的厚度[6]。

可用几种工艺流程在压点上形成焊料凸点。下面介绍的是一个工艺的例子。

溅射淀积内部金属堆叠:铅或锡焊料球是首选凸点材料。然而,在大部分集成电路中的最后金属层是铝,它有容易被氧化成绝缘的氧化铝的缺点。将铝和凸球电连接要求一个凸点下金属化(UBM)金属叠层(又称栓塞)[7]。金属叠层还必须键合到通孔的各面,基本封住下面集成电路压点来防止污染。UBM 工艺以通过溅射刻蚀或湿法化学处理去除氧化铝层为起点。

典型的金属堆叠有 4 层:

- 对于"湿"硅的增黏层(Ti/Cr/Al);
- 扩散阻挡层,以防无用的金属扩散进集成电路从而引起污染(Cr∶Cu);
- 助焊层(Cu/Ni∶V);
- 氧化阻挡层,以防与凸点金属(Au)产生机械或电连接。

18.5　凸点或焊球工艺示例

图 18.25 所示为一个替代凸点工艺。它以一个钛-镍或铜的覆盖溅射淀积开始。压点图形化工艺后，有另一个镍的淀积，接下来焊料塞的电镀。用去除光刻胶和刻蚀掉留在表面的中间层材料完成该系统。最终结果类似于第一种工艺——在压点上定位的一个铅-锡焊料球。

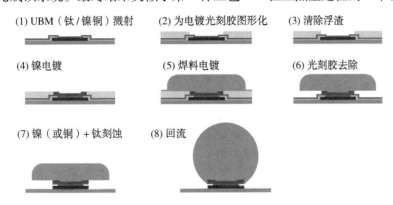

(1) UBM（钛/镍铜）溅射　　(2) 为电镀光刻胶图形化　　(3) 清除浮渣

(4) 镍电镀　　(5) 焊料电镀　　(6) 光刻胶去除

(7) 镍（或铜）+ 钛刻蚀　　(8) 回流

图 18.25　替换凸点工艺(经 *Future Fab International* 允许)

18.5.1　铜金属化（大马士革）凸点键合

大马士革的铜金属化工艺也要求中间层如图 18.26 所示。

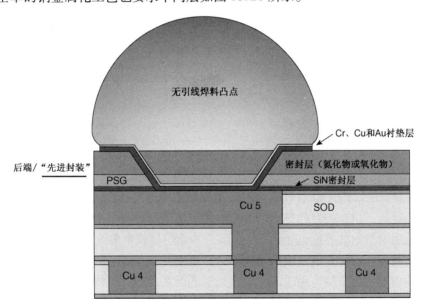

无引线焊料凸点

Cr、Cu和Au衬垫层

后端/"先进封装"

密封层（氮化物或氧化物）

PSG

SiN密封层

Cu 5　　SOD

Cu 4　　Cu 4　　Cu 4

图 18.26　在铜金属化上键合球

18.5.2　回流

在氢气中以 350℃ 左右的温度加热芯片以增强和内部金属叠层的电接触。另外，表面张力将淀积焊料拉成一个球形，很像表面张力形成的球形肥皂泡。

18.5.3　划片、取片和放置

这两步和在连线压焊工艺中相同。典型地，将芯片贴在一个柔性的成卷的带上，这样可以在接下来的工艺中自动处理。

18.5.4　芯片与封装体对准

在倒装焊系统中使用的封装体通常是陶瓷或有机的。有机(organic)这个词是基于封装体与电路板使用同样的材料。有时将它们称为塑料封装。第一步是将芯片颠倒过来，并将其与封装体对准，以至于芯片上的凸点处于与封装体相应的引脚的正上方。

18.5.5　黏结到封装体(或衬底)上

在焊料熔化的情况下，在烘箱内将芯片-封装体结合起来加热以使焊料球熔到封装体的引脚上。

18.5.6　去焊料

使用清洗工艺去除表面多余的焊料。

18.5.7　下部填充

将环氧树脂引入到芯片焊料与管壳的角落里。当加热时，由于表面张力作用使环氧树脂被拉到整个芯片下面。固化步骤为系统提供一个吸收附加应力的"衬垫"(cushion)。使用凸点或倒装焊技术将在本章后面部分讨论。

18.5.8　包装

典型地，将一种成型的混合物淀积在颠倒的芯片上，为其提供一个环境和物理的保护。衬底、芯片和起保护作用的顶层结合起来构成传统管壳的功能。

18.5.9　键合后封装前的检测

压焊后，要求有一些步骤以完成封装工作。接着传统的连线压焊和单个封装工艺描述封装步骤。它们大部分必须在凸点或倒装焊和载带自动焊工艺的某点进行。在传统芯片封装的工艺中一个重要的步骤是封装前或封帽前的检查，有时称为第三次目检(third optical inspection)，在线压焊完成后进行。检查的目的是对已进行过的工艺质量进行反馈。同时还可以挑出那些有潜在可靠性隐患的待封装芯片，避免芯片在以后的使用过程中失效。

尽管检查的标准有很多不同级别的要求，但大致可分为以下两大类：商用类及高可靠性类。商用类的检查适用于最终用于商业用途类系统的芯片和封装体，其规格要求源自生产企业内部质量控制的水平，同时结合企业自身的经验和来自客户的规范。高可靠性产品的规范源自美国政府颁发的标准文件"军用标准883号文件"(Mil-Standard 883)。商用类检查筛选的内容包括芯片的贴片质量，芯片上压焊点和内部引脚上打线的位置准确度，压焊球或楔压结的形状、质量以及芯片表面的完好度，如有无污染物、划痕等。(美国)军用标准883号文件涵盖了与商用类相同的一般性的检查内容，但要求的严格程度却大大提高了。确切地说，此标准同时还对芯片表面质量制定了规范标准，包括图形的对准、关键尺寸和表面不规则性，例如小的划痕、空洞及小的缺陷。制定这些标准是为了淘汰那些可能会在严酷的太空和军用操作环境中失效的芯片。

18.5.10　密封技术

当黏结压焊的芯片通过了目检测试后，就准备好进行保护性密封了。有多种方法可用来进行芯片的密封。方法的选择取决于所要封装的是密封型还是非密封型，以及使用哪种封装形式。主要的密封方法包括焊接封装、焊料密封、玻璃盖密封、陶瓷双列直插(CERDIP)管壳结构以及环氧树脂压模包封，以及将芯片直接键合到倒装封装体或 PCB 上的一种密封(见18.7.2 节)(见图 18.27)。

金属罐：如果封装体是金属罐封装法，将法兰的顶盖与封装基体上相对应的法兰焊接在一起后就完成了密封型封装。

预制的管壳：预制的陶瓷管壳可以用以下两种方法之一进行封装：金属和陶瓷盖。使用金属盖的管壳在其贴片区的凹腔上部镀有一圈金，称为密封圈(seal ring)。在密封圈的顶部镀有一层金-锡合金焊料。金属盖对正密封圈后被夹紧固定好，然后由传送带送进烤炉内。当带有夹钳固定的封装体经过烘烤后，金属盖和管壳就被焊接在一起形成密封型封装。焊接的温度通常在 320℃ ~360℃ 之间(在纯氮气的环境中)。如果管壳需要

密封型
● 焊接
● 焊料封盖
● 玻璃封盖或顶
非密封型
● 环氧树脂压模
● 顶部滴胶

图 18.27　封装方法

安装陶瓷盖，焊接步骤大致相同。陶瓷盖与基底相接合的地方镀有一层低熔点的玻璃。当管壳通过传送带送入烤炉后就完成了密封型封装。焊接的温度通常是 400℃(在洁净干燥的空气中)。

CERDIP 封装：一个封装好的 CERDIP 器件的芯片和压焊线被密封在内部。这层密封的材质是玻璃，与预制的陶瓷器件密封材料相类似。在 CERDIP 封装体中，内部金属引脚系统被覆盖在一层玻璃膜下。管壳的陶瓷顶部有一个凹腔(见图 18.28)。顶盖的下部，凹腔的外围，镀有一层低熔点的玻璃。顶盖扣在基底上后被夹紧固定好。封装体通过传送带送入烤炉后就完成了密封或是直接放入烤炉中烘烤。在烤炉中，玻璃熔化，将基底和顶盖熔合在一起。CERDIP 玻璃封装系统用在 DIP 和扁平器件中。后两种的封装类型被称为 Cerpacks 和 Cerflats。

环氧树脂压模封装：第四种主要的密封方法是环氧树脂压模(epoxy molding)法，所完成的是一种塑料封装(见图 18.29)。这里的合成密封形式尽管可以保护芯片防止潮气和污染物的侵蚀，但不被列入真正意义上的密封行列。尽管如此，人们还是投入了大量的研究去开发和改进环氧树脂材料以得到更好的封装。树脂封装的主要优点是质量轻，耗材成本低和生产效率高。

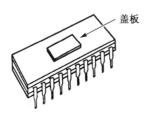

图 18.28　预制的陶瓷管壳

图 18.29　压模 CERDIP

这种封装方法遵循一套不同的工艺流程。芯片被黏结在一条含有几个引脚系统的金属引脚框架上(见图18.30)。封装前的检查完成后,框架系统就转到塑封区域。框架被置于塑封机的模具台上。然后塑封机加载塑封胶粒,这些塑封胶粒在射频加热器上加热后被软化。在内部,塑封胶粒被顶锤挤压成液体状。顶锤继续挤压将液体的胶粒灌输到框架上的芯片周围,在每一个引脚系统上形成一个单独的封装体。模具中的环氧树脂塑封成型后,框架系统被取出放入到烤炉中进行固化处理。

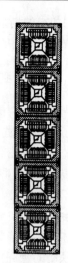

图18.30　引脚框架

18.5.11　引脚电镀

封装体封装完毕的一个重要特征是完成对引脚的加工。大多数封装体的引脚被镀上一层铅-锡焊料、锡或金。电镀可以实现以下几个重要的功能。

第一是实现器件引脚在印制电路板上的可焊性。额外电镀上的金属改善了引脚的可焊性,使得器件与电路板之间的焊接更稳固可靠。

电镀的第二个优点是可以对引脚提供保护,防止其安装在电路板前的储存期内不被氧化或腐蚀。

第三个优点是可以保护引脚免受在封装和电路板安装工艺期间的腐蚀剂的侵蚀。这里提到的腐蚀剂包括助焊剂、腐蚀性清洁剂,甚至自来水。电镀层会提供器件使用寿命期间的永久性保护。

电解电镀: 镀层金属如金和锡利用的是电解电镀的工艺。封装体被固定在支架上,每个引脚都连接到一个电势体上。支架被浸入一个盛有电镀液的电解池中。然后,在电解池中的封装体和电极上通一个小的电流。电流使得电解液中的特定金属电镀到引脚上。

铅-锡焊接层: 铅-锡焊接层的加工有两种方法,或是将封装体浸入到盛有熔化金属液的容器中得到焊层,或是使用波焊接技术。后者在技术上的优势能很好地控制镀层的厚度并缩短封装体暴露在熔化焊料金属中的时间。

18.5.12　电镀工艺流程

金属罐型、旁侧黄铜的 DIP 器件或针栅阵列在进入封装工艺之前就已将引脚电镀完毕。CERDIP 和塑料封装体在封装工序完成后进行电镀。

18.5.13　引脚切筋成形

封装工序中的最后几道工序之一是将引脚与引脚之间多余的连筋去除掉。DIP 器件外面的引脚和扁平器件的引脚在制造过程中带有一个结条(见图18.31)。这个结条可以保护引脚在封装的工序中不致弯曲变形。在封装工序的结尾,封装体经过一台简单的切条机器,其间结条被切除,引脚也被切成同样的长度。

塑料封装体的引脚框架上有一个额外的部分。它形成一个桥形的金属体靠近封装体主体,它的作用是作为坝阻止液态的环氧树脂材料流到引脚区域(见图18.32)。这个坝最后会被一系列精密切除模具将其从引脚框架上切除掉。切掉连筋坝后,封装体移到同一台切筋机的下一个工作台,在这里连在框架上的封装体被分离为单一的个体。如果此封装体是表面安装型的,引脚会被弯曲成所需的形状。

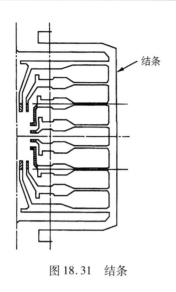

图 18.31　结条

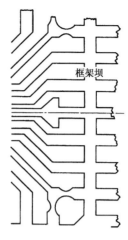

图 18.32　引脚框架坝

18.5.14　外部打磨

塑料封装器件会经过一道额外的工序，称为外部打磨(deflashing)，用于将塑封体外壳上的多余毛刺去除掉。外部打磨用两种方法实现，或是将封装体浸入到化学品池中，然后再用清水冲洗，或是使用一种物理的打磨工序。后者使用一种类似于打沙机的机器，不同的是用来打磨的沙粒是塑料打磨粒。

18.5.15　封装体打标记

封装体加工完毕后，必须对其加注重要的标识信息。封装体上典型的信息码有产品类别、器件规格、生产日期、生产批号和产地。主要的打标记手段有墨印法和激光打标记法。墨印法的优点是适用于所有的封装材料且附着性好。

墨的成分的选取是视其最终操作环境并能以永久显示为原则。墨印字的工艺是先用平版印字机印字，然后将字烘干。字的烘干用烤箱、常温下用风干或紫外线烘干来完成。激光打标记是特别适用于塑料封装体的印字方法。信息被永久地刻入封装体的表面，对于深色材料的封装体又能提供较好的对比度。另外，激光打标记速度快且无污染，因为封装体表面不需要外来材料加工也不需要烘干工序。激光打标记的缺点之一是一旦印错了字或器件状况改变了就很难改正。不管使用什么打标记的方法，所有的标记必须满足可视性的要求，特别是对一些小的器件，以及用于严酷环境中印字的永久性保留的问题。

18.5.16　最终测试

在器件封装工序的结尾，加工完毕的封装器件要经过一系列的环境，电性能和可靠性测试。这些测试因不同的器件和规格而变化，最终视客户的要求和封装器件的使用情况而定。某批料中的所有封装器件也许都要求通过上述测试，也许只是抽样测试。

18.5.17　环境适应性测试

环境测试可以清除出密封不严和有缺陷的封装器件。所测出的缺陷表现为松动的芯片、污染物和在贴片凹腔内的尘埃以及错误的连线压焊。这一系列的测试首先由稳定性烘焙开始,这里会将封装器件中所有可挥发的物质去除掉。典型的烘焙温度是150℃,连续24小时。

第一个环境测试是温度循环(temperature cycling)。受测器件被载入测试室内,在高低两个极端的温度下循环。循环的次数也许会达到几百次。测试中的最高、最低温度的设定视所应用的器件而定。商用器件的温差改变比高可靠性器件要小。高可靠性器件的循环温差为−25℃~125℃。在循环过程中,任何缺陷,如不严密的密封,不良的贴片,不良的焊线会更加恶化,于是可以在以后的电性能测试中被发现。

第二个环境测试是恒定加速(constant acceleration)测试。在此测试中,封装体被载入离心机中加速(见图18.33),所产生的离心力可高达地球引力的30 000倍(30 000倍的重力加速度)。在加速测试中,管壳内可飘移的微尘,不良的贴片,不良的焊点会在重压下恶化,于是在最终电性能测试中可被发现。

密封不严的封装外壳可用两个方法来检测。粗检漏(gross leak)法(见图18.34)是将器件浸入到热的液体中。加热的液体给器件加温,迫使保留在器件空洞内的空气外逸。外逸的空气以可观察到的气泡形式升到液体表面。检测容器的一侧是透明的,允许操作员观察到气泡。更小的(或细)漏孔可以用示踪气体来检测。对这种检测,氦气在加压后被抽至一个装有封装器件的容器内。如果器件有小的漏孔,氦气会被压入器件的空洞内。当器件内的氦气外逸时,会被一种称为气体分光仪的仪器检测到,此仪器可以识别外逸的气体。另外一种微漏检测法是使用一种放射性气体氪-85。使用同样的方法将此气体在加压下压入任何微漏孔的器件空洞内。检测器件内可能有的氪-85的仪器与盖格(Geiger)计数器相似。

部件

加速至30 000重力加速度

图18.33 加速测试

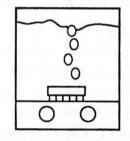

图18.34 粗检漏法

18.5.18 电性能测试

晶圆生产和封装工序的目的是给客户提供一种能执行特定功能的特定半导体器件。因此,最后一道工序就是对完成封装工序的封装单元进行电性能测试来验证其是否按规范进行工作。这项测试与先前的晶圆电测相似。总的目标是验证在晶圆电测过的良品芯片没有被以后的封装工序损坏。

首先进行的是一系列参数测试。这些电性能测试检查的是器件或电路的总体性能以确定其满足特定的输入和输出电压、电容和电流的规范。最终测试的第二部分为功能性测试(functional test)。这项测试实际上是用来检测芯片的特定功能的。逻辑芯片进行逻辑测试,存储器芯片检测其数据存储和读取的能力。用于进行最终测试的设备在电性能上与进行晶圆电测操作的设备类似。电性能测试由电脑控制的测试机来进行,测试机直接控制被测参数和功能的序列和级别。器件通过插件座与测试机相连;此插件座单元为测试头(test head)。被测器件被手动或自动操作单元[称为机械手(handler)的装置]插入到测试头中(见图 18.35)。此机械手可以是纯机械的也可以是机器人功能的,视操作的速度和复杂程度而定。

18.5.19　老炼试验

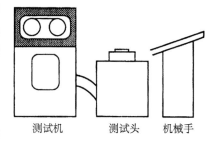

图 18.35　最终测试

最后一项测试是可选择的老炼试验。其可选择的原因是尽管所有高可靠性器件生产批次必须进行老炼试验,却不一定对商用器件进行此项测试。此项测试要求将器件插入到插件座中,安装在有温度循环能力的测试室内。在测试中,器件电路在加电的情况下经受温度循环测试。

老炼试验的目的是为了对芯片与封装体内部的电性连接施加应力,驱使芯片体上所有污染物跑到正在运行的电路中,因而导致失效。这项试验基于的一系列数据表明此芯片倾向于此类失效,从而在其早期的使用寿命中出故障。通过老炼试验可以检测早期失效。那些通过老炼试验的器件从统计概率上讲更加可靠。

18.6　封装设计

直到 20 世纪 70 年代早期,大多数芯片不是被封装到一个金属壳中(俗称"金属罐"),就是被封装成人们熟知的双列直插式(DIP)。随着芯片尺寸的缩小和集成度提高的趋势,以及有特殊封装要求(智能卡)的新的电子产品都驱使人们开发新的封装技术和策略。当然,键合技术是封装设计的主要驱动力。功能和元器件的密度也是主要的驱动者。集成电路从特定功能(逻辑,存储器)演变到微处理器和整个片上系统(SoC)。封装也正在经历相似的演化,设计将更高层次的功能都封装在一个封装体内。

一个封装设计的家谱如图 18.36 所示。在单芯片方面,有一个看似无休无止的封装类型列表。更多的引线键合家族类型和基本的芯片倒装封装在下文中描述。另一方面,存在具有较老的多芯片模块(MCM)和包含 SoC 或几个芯片在一个垂直封装体内的称为三维封装的系统级封装(SIP)方案。

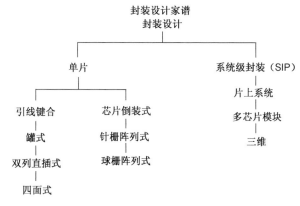

图 18.36　封装设计家谱

18.6.1　金属罐法和双列直插式封装

　　金属罐法使用圆柱形的封装体,其引脚排列延伸至基底(见图18.37)。芯片连接在基底上,芯片与跟外部引脚相连接的导柱之间完成线压焊连接。顶盖与基底相对称的法兰焊接在一起形成密封型封装。这些封装设计以数计,最常用的是 TO-3 和 TO-5。金属罐法用于封装分立式器件和小规模集成度的电路。

　　双列直插式可能是人们最熟知的封装设计。它的样子是一个厚的坚硬外壳,两侧伸出两列外部引脚并向下弯曲。双列直插式封装由2种不同的技术构成(见图18.38)。为高可靠性应用所设计的芯片会被封装到预制的陶瓷双列直插式封装体中。这种封装体由坚硬的陶瓷外壳和埋在陶瓷体内的引脚组成。贴片的区域是凹进到陶瓷体内的一个空洞。由带有焊料的金属盖板或是玻璃密封的陶瓷盖板完成最终的密封。

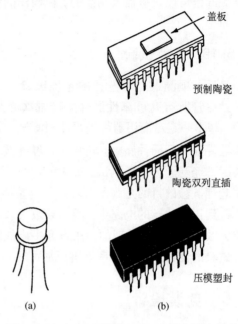

图 18.37　(a)金属罐法;(b)双列直插式封装

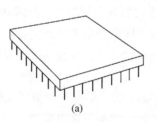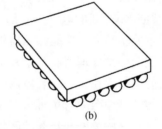

图 18.38　(a)针栅阵列;(b)球栅阵列

　　另一种双列直插式封装的方法是陶瓷双列直插式封装(CERDIP)。这种类型的封装是由陶瓷衬底和埋入玻璃层下的引脚系统组成的。芯片被黏结到衬底上,与引脚框架之间完成线压焊。陶瓷盖板与衬底之间用玻璃黏结来完成密封。陶瓷双列直插式封装的结构用于一系列的封装类型。大多数双列直插式封装都是使用环氧树脂塑封技术来完成的。在此技术中,芯片被黏结在一个引脚框架上然后完成线压焊。压焊后,框架被放入到塑封机中,环氧树脂围绕芯片,压焊线和内部引脚形成封装体外壳。

18.6.2　针栅阵列

　　有更多引脚的更大的芯片,使得双列直插式封装体结构过大而不适于生产。针栅阵列是一种专为更大的芯片设计的封装形式。它的样子像一个预制的"三明治",外部的引脚以针的形式从封装体的底部伸出(见图18.38)。在封装体顶部或是底部形成的空洞内芯片完成贴片工艺,通常使用凸点/倒扣焊技术。不像大多数芯片的连接点严格限制为环绕在芯片周边的压焊点，针栅阵列的芯片上的连接点布满整个芯片区域。陶瓷针栅阵列（PGA）由一个金属盖的焊接完成密封。

18.6.3　球栅阵列或芯片倒装球栅阵列

球栅阵列（BGA）与针栅阵列（PGA）封装体的外形相似。不像针栅阵列那样针形引脚从封装体底部引出，球栅阵列使用的是一系列的焊料凸点（焊球）用来完成封装体与印制电路板的电路连接［见图18.38（b）］。这种基本上采用了同样的将芯片连接到管壳的技术。

此封装所产生的效果是降低了封装体高度，减轻了质量，同时通过使用整个芯片表面来规划压焊点增加了引脚的数目。焊球（或凸点）也引起吸收应力问题，该应力是由于管壳和印制电路板之间热膨胀差异产生的。

18.6.4　四面引脚封装

尽管针栅阵列（PGA）对封装更大的芯片是个很方便的设计，但陶瓷的结构相对环氧树脂塑封来说仍旧很昂贵。这方面的考虑导致了"四面"封装体的开发。一个四面封装体由环氧树脂塑封技术构成，但引脚从封装体的全部四个侧面伸出（见图18.39）允许在印制电路板上更小外形的表面贴装（SMT）。芯片到管壳的键合可以是线键合或球栅阵列的方式。

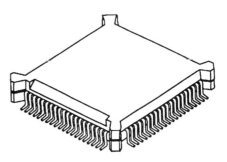

图18.39　四面引脚封装

18.6.5　薄型封装

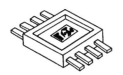

图18.40　扁平封装

像智能卡这类新产品需要薄型封装。有几种不同的技术用来制造薄型封装体。包括扁平封装（FP），小外形封装（TSOP），小外形集成电路（SOIC）或是超薄封装（UTP）。生产薄型封装使用与双列直插式封装同样的技术。这类封装器件设计成扁平形，引脚弯出到封装体的侧面（见图18.40）。超薄的封装体的总体高度不超过1 mm。还有四面扁平封装（QFP）。

18.6.6　芯片尺寸的封装

在集成电路领域，完美的封装就是没有封装体。公认的是任何封装体都会引出电阻、重量、使电路性能退化的机会和成本。总体来说，封装体尺寸越小，封装成本越低，从而可以达到更高的封装密度。芯片尺寸大小的封装体满足这方面的要求（见图18.41）。其简单的封装体尺寸不超过芯片尺寸的1.2倍[8]。所面临的挑战是要求提供足够的机械和环境性的保护，从而能容易地连接到印制电路板上。

通常受欢迎的设计方法是芯片倒装焊技术，使用球栅阵列和顶部滴胶保护。向更小封装和更可靠电连接的发展已进步到微球栅阵列，也称为μBGA。

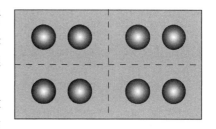

图18.41　芯片尺寸的封装

18.6.7　引脚在芯片上

为大的芯片设计的引脚在芯片上(LOC)封装将压焊点位置移到了芯片的中部。封装体的引脚坐在覆盖于芯片表面的一个衬垫上。

18.6.8　三维封装

"超越摩尔定律"已成为封装文献的口头禅。它指出随着晶体管按比例缩小,集成电路的密度正在最大限度地达到物理极限。公认的"超越摩尔定律"意味着在一个封装体内封装更多功能的技术,即通常所说的系统级封装(SIP)。行业正在开发基于两种基本方法的众多方法:堆叠芯片和堆叠封装体[封装体上封装体(PoP)]。

18.6.9　芯片叠层技术

4种芯片叠层技术:单片(monolithic)、晶圆上晶圆(Wafer-on-Wafer)、晶圆上芯片(Die-on-Wafer)和芯片上芯片(Die-on-Die)。

单片:单片技术是在晶圆制造过程中建立多个电路层。每个电路层之间使用金属塞或多个金属层通过技术。

晶圆上晶圆:具有不同电路的单个晶圆被减薄,凸点或焊球键合在一起。3D分离把三维堆叠的全部互连。有些系统利用钻通孔或刻蚀穿透晶圆使其可以键合,称为穿透硅通孔(TSV)。其他排列将不同尺寸芯片引线键合到封装体的基板。另一个方案是对于凸点或焊球键合单个晶圆,和对于封装体的额外的连接也使用引线键合(见图18.42)。

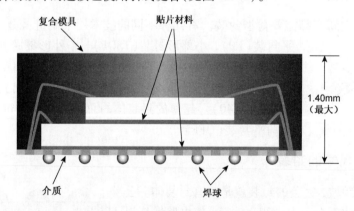

图18.42　堆叠芯片使用引线键合

晶圆上芯片:来自一个晶圆的芯片被键合到另一个芯片分离前晶圆在芯片上的位置。连接是通过穿透硅通孔和凸点/球焊简化的。

芯片上芯片:来自分离晶圆的芯片被划成小块,并通过TSV和凸点/焊球键合到一个集成的叠层上。这个方案的优点是更高的封装良品率,因为进入到这个封装过程的单个芯片是已知的合格芯片。

封装体上封装体或封装体内封装体:顾名思义,封装单个芯片(或堆叠芯片)然后再堆叠封装也实现了在一个给定的面积内的更高功能的"系统"。同样需要引线键合和凸点/焊球键合的组合可(见图18.43)[10]。

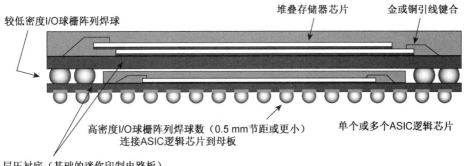

图 18.43　封装体上封装体的设计示例

硅通孔技术：除芯片面对面的凸点/焊球键合和从顶层芯片到下面芯片(芯片块)的引线键合外，还有一种硅通孔(TSV)技术。这个概念很简单，在晶圆创建从顶到底的洞(通孔)。使用光刻/刻蚀和等离子体刻蚀。可在晶圆制造工艺的前端(FEOL)或后端(BEOL)过程中创建通孔(见图 18.44)。

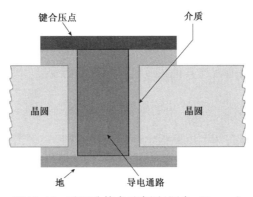

图 18.44　硅通孔技术示意图(源自：Tessara)

内插结构：内插结构(interposer)是中间叠层或衬底，允许在封装体内芯片之间或芯片与封装体连接之间有一个额外的连接平面(或多个平面)(见图 18.45)。它们还可以给封装体提供硬度。有机内插结构是具有穿通孔导体的叠层制成的。刚性的内插结构通常是由环氧树脂材料制成的，而柔性的内插结构是由树脂制成的[11]。硅片通过硅通孔作为内插器。在一些方案中，硅片通过硅通孔作为内插结构。

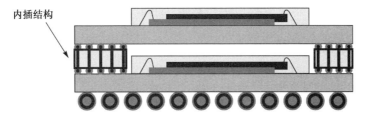

图 18.45　在 POP 系统内的内插结构示例

18.6.10　三维授权技术

为实现在一个封装体内堆叠多个芯片而达到高度小和占面积小的目标，开发出了许多先进的封装技术。在封装中,通过凸点或焊球技术,在传统的晶圆制造过程结束时,芯片上芯片键合被用于晶圆(见18.3.7节的晶圆级封装)。其次是用化学机械抛光减薄晶圆,并使用抛光工艺到亚100 μm的范围。在这个厚度晶圆容易破碎和卷曲。解决办法是在划片之前将薄的芯片附着到晶圆背面的贴膜(attach film)上。一般来说,用环氧树脂将底部芯片黏结在封装体上,以适应封装体贴片区域的任何不均匀性。

18.6.11　混合型电路

混合型电路是一项老技术但长期被军方和恶劣环境下的应用所钟爱。混合型(hydrid)指的是由固态和常规无源电子器件(电阻、电容)混合地出现在同一电路中。混合型电路有一个衬底,在衬底上安装有标准电路和半导体器件。器件的连接是由安装于绝缘衬底表面上的具有传导性或有阻抗的厚膜线路来实现的。这些线路的成型是靠含有适当过滤器的丝印墨水印制在厚膜上形成的,或是由薄膜的蒸发或喷溅到厚膜表面,同时使用光刻技术而得到的。大多数混合型衬底是陶瓷。高性能混合型器件的衬底可以使用氮化铝(AlN)、碳化硅(SiC)、单独或混合型的钻石衬底[12]。

混合型电路带来的优点是结构上的坚固和由于陶瓷的密封特性而导致的器件间很少的密封泄漏。混合型电路可以是一个由CMOS、双极型和其他器件混合组成的电路和提供ASIC电路所不具备的功能[13]。

不利的方面是此类电路通常比其他集成电路有更低的密度和更高的成本。

18.6.12　多芯片模块

将单个芯片封装体安装在印制电路板上存在一些问题。一个芯片封装体的单位面积是芯片本身面积的数倍,在印制电路板上占有大量空间。电路阻抗由于封装体所有引脚的累积阻抗,以及电路通路的长度由于芯片数目的增加和器件引脚的增加而成倍增长。将多个芯片安装在同一衬底上时,就可以减少上述每一个问题。多芯片模块(MCM)利用插入凸点和引线键合垂直、水平地连接到各个芯片上(见图18.46)[14]。

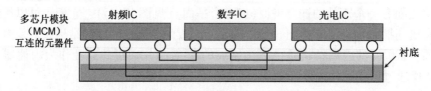

图18.46　多芯片模块截面图

18.6.13　已知好芯片问题

在单个封装工序中,最终测试保证了所完工产品的质量。如果芯片变坏了或是加工工艺有误,整个芯片和封装体会报废。但是将裸芯片安装到混合型电路多芯片模块和印制电路板上时如发生上述问题,成本会更高。这些器件的制作成本更昂贵,同时还载有其他昂贵的芯片或组件。

一种选择是依赖晶圆电测的结果来验证芯片的性能。遗憾的是,晶圆电测不包括环境性测试或长时间的可靠性测试。然而,对裸芯片进行可靠性测试是很困难的。

18.7　封装类型和技术小结

目前共有上千种独立的封装类型并且没有统一的、系统的分类。有些以它们的设计命名（双列直插式、扁平型等），有些以其结构技术命名（模块、陶瓷双列直插式等），还有其他的以其应用命名，如表面贴装（SMD）。当试图了解某种封装类型时，在头脑中要保持三个考虑：设计类型、结构技术类型和应用类型。

在不久的将来，芯片倒装球栅阵列、芯片尺寸封装（CSP）、多芯片模块（MCM）和3D封装方案将在提高系统功能方面继续起着巨大作用。

18.7.1　封装或印制电路板连接

对封装技术而言，当前使用的有4种技术将封装器件连接到印制电路板（PCB）上[15]。它们是：通孔法、表面贴装法、载带自动焊（TAB）和焊球（凸点）技术法。使用通孔连接法的封装体上有垂直的引脚，可以插入到印制电路板上对应的插孔中（见图18.47）。一种更新的方法是表面贴装法（surface mount），也称SMD。使用这种方法封装体的引脚被弯成字母J形或向外弯以便直接焊接到印制电路板上（见图18.48）。有些表面贴装法封装器件没有引脚，取而代之的是它们以金属迹线拥抱终端，称为无引脚封装（leadless pack）。作为电路板上的内含物，它们被插入芯片载体中，芯片载体上有引脚可以插入到印制电路板上。最后，凸点技术用于连接芯片和管壳，适合将管壳与印

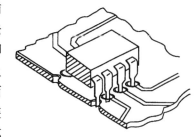

图 18.47　双列直插式通孔装配

制电路板连接。载带自动焊有两种用途，一种是将芯片的压焊点直接焊至引脚框架上（见18.4.6节）。载带自动焊同时还是一种将外部引脚直接焊至印制电路板上的技术。

18.7.2　裸芯片技术和顶部滴胶

增强可靠性，提高集成密度和提高的电路速度一直是人们所追求的目标和面临的挑战。混合型电路更是看重可靠性。速度和集成度的提高来源于免去了对单个芯片的封装工序。整个连接链条中环节的减少降低了电阻（在某些情况下），缩短了信息必须运行的路径，提高了速度。这种策略称为裸芯片策略（bare die strategy），用于混合型、多芯片的模块以及板上芯片技术。

裸芯片最直接的应用是将它们直接压焊在印制电路板上。压焊技术包括将芯片压焊到管壳上使用的所有技术。连接到板上以后，用顶部滴胶保护法（blob-top protection）保护芯片。用环氧树脂材料覆盖芯片和压点的方法实现这种保护（见图18.49）。

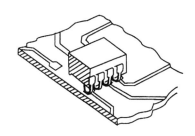

图 18.48　表面贴装器件

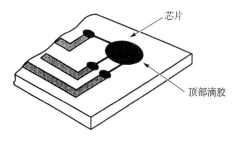

芯片

顶部滴胶

图 18.49　顶部滴胶

材料有类似于用于压模塑料封装的性质。顶部滴胶覆盖与载带自动焊和其他封装方案一同使用。

习题

学习完本章后,你应该能够:

1. 列举半导体封装器件的 4 项功能。
2. 列举封装体中的 5 个常见组件。
3. 了解并识别主要的封装设计。
4. 列举并描述主要的封装工艺流程。

参考文献

[1] Data sheet, *CORWIL Technology Corporation*, 2007.

[2] Blech, F. I., and Dang, D., "Silicon Wafer Deformation after Backside Grinding," Solid State Technology, PennWell Publishing, Aug. 1994:74.

[3] Plummer, L., "Packaging Trends," *Semiconductor International*, Cahners Publishing, Jan. 1993:33.

[4] Iscoff, R., "Ultrathin Packages: Are They Ahead of Their Time?" *Semiconductor International*, Cahners Publishing, May 1994:50.

[5] Tummala, R., and Rymaszewski, E., *Microelectronics Packaging Handbook*, 1989, Van Nostrand Reinhold, New York, NY.

[6] Karnezos, M., *3-D Packaging*: *Where all the Technologies Come Together*, IEEE/Semi Int'l Electronics Manufacturing Technology Symposium, 2004.

[7] Riley, G., *Under Bump Metalization (UBM)*, http://flipchips. com/tutorial/process/under-bump-metallization-ubm, (Accessed on: Sep. 2001).

[8] DiStefano, T., and Fjelstad, J., "Chip-Scale Packaging Meets Future Design Needs," *Solid State Technology*, Apr. 1996:82.

[9] Kada, M., *Advancements in Stacked Chip Scale Packaging (S-CSP)*, Proceedings of Pan Pacific Microelectronics Symposium Conference, Jan. 2000.

[10] Cunningham, A., *The PC Onside Your Phone—A Guide to the System-on-a-Chip*, Arstechnica. com, (Accessed on Apr. 10, 2013).

[11] Rabindra, N., Das, R. N., Egitto, D., Bonitz, B., et al., *Markovich Package-Interposer-Package (PIP) Technology for High End Electronics*, Endicott Interconnect Technologies, Inc., New York, NY:13760.

[12] Rao, Tummala, R. R., "System on System Integrates Multiple Tasks," *The International Magazine for Device and Packaging*, Feb. 2004:101.

[13] Nguyen, N., "Using Advanced Substrate Materials with Hybrid Packaging Techniques for Ultrahigh-Power ICs," *Solid State Technology*, PennWell Publishing, Feb. 1993:59.

[14] Iscoff, R., "Will Hybrid Circuits Survive?" *Semiconductor International*, Cahners Publishing, Oct. 1993:57.

[15] Baliga, J., "Package Styles Drive Advancements in Die Bonding," *Semiconductor International*, Jun. 1997:101.

术　语　表

3D 封装(3D package)：在一个封装体内堆叠和连接两个以上芯片。

III-V 族半导体材料(III-V semiconductor material)：由元素周期表的第 III 和第 V 族元素组成的半导体材料。

II-VI 族半导体材料(II-VI semiconductor material)：由元素周期表的第 II 和第 VI 族元素组成的半导体材料。

受主(acceptor)：一种半导体材料中的杂质。接受价带电子，从而在价带中留下"空穴"的行为就像正电性的载流子，亦称 P 型载流子。

空气传播的分子污染(airborne molecular contamination)：在净化间空气中存在的空气传播的分子污染。

光刻机(对准和曝光)[aligner(align and expose)]：一种工艺设备，用来将晶圆和掩模版或放大掩模版对准，并使光刻胶在紫外线或其他辐射源下曝光。

对准(alignment)：参见掩模版或放大掩模版相对于晶圆的定位。

对准标记(alignment mark)：在晶圆和掩模版上用来正确对准的目标。

合金(alloy)：(1)两种金属的合成物；(2)在半导体工艺中，合金化步骤引起半导体材料和在其上的材料的相互扩散，形成两者间的欧姆接触。

铝(Al)：半导体工艺中使用最多的金属。用来形成芯片上的各器件之间的连接。可以通过蒸发或溅射工艺制备。

非晶体(amorphous)：原子呈无序排列的材料，如塑料。

放大光刻胶(amplified resist)：用增加化学品增强化学反应的光刻胶。

埃(Å)：长度单位，1 埃等于 1 μm 的万分之一(10^{-4} μm)，或 100 000 000 Å = 1 cm。

各向异性(anistropic)：刻蚀的一种工艺，不会或很少造成钻蚀。

退火(anneal)：一种高温工艺过程(通常是最后一步)。用来将晶圆晶格结构中的应力降至最低。

锑(Sb)：元素周期表中第 V 族元素。在硅中是 N 型掺杂，经常作为掩埋层的掺杂物。

防反射涂层(ARC)：在曝光过程中为了减少反射，在晶圆表面增加的一层化学涂层。

砷(As)：元素周期表中第 V 族元素。是硅中的 N 型掺杂物。

封装(assembly)：芯片制造后的一系列工序。将晶圆分割成单个的芯片，并安放和连接到一个封装体上。

常压氧化(atmospheric oxidation)：一种在一个大气压下的硅氧化过程。做热氧化的设备与热扩散的设备相同，由 4 部分组成：提供反应源的机柜、反应室、加热源，以及一个晶圆承载器。

原子力显微镜(AFM)：一种描绘晶圆表面形貌的显微镜，其输出是由一个带有弹簧的探针在所测表面移动得到的。

原子层淀积(atomic layer deposition)：一次增加(淀积)一层原子层的一种方法。

原子数(atomic number)：每种化学元素的固有数字，等于原子中的质子数(或电子数)。

原子微粒(atomic particle)：原子的组成部分，包括电子、质子和中子。

基区(base):(1)NPN 或 PNP 结型晶体管的控制部分;(2)使用硼做的 P 型扩散过程,用来形成 NPN 型晶体管的基区,横向 PNP 晶体管的发射区和收集区,以及电阻。

双极-MOS(bi-MOS):包含双极和 MOS 两种晶体管的电路。

二进制符号(binary notation):用 2 的幂表示所有数字的一种方法(只有 0 和 1)。

双极型晶体管(bipolar transistor):一种由一个发射极、基极和集电极组成的晶体管。其行为通过由集电区注射到基区的少数载流子决定。有时也称 NPN 或 PNP 型晶体管来强调其分层的结构。

舟(boat):(1)由石英或金属连接而成承载晶圆的装置,用于高温工艺过程;(2)用 Teflon 或塑料制成的晶圆承载器,用于湿法清洗过程。

推舟器(boat puller):一种将载有晶圆的舟以固定速度推进或拉出炉子的机械装置。

BOE:参见缓冲氧化刻蚀。

压焊点(bonding pad):芯片上的电极(通常在周边),用来与封装体的电系统连接。

硼(B):P 型掺杂物。在标准双极型集成电路工艺中用来做隔离区和基区扩散。

三氯化硼(BCl_3):气体,经常用来向硅中掺硼。

起泡器(bubbler):一种装置,使其内部输运气体的"冒泡"通过某种热液体,将部分液体携带走。例如,某种输运气体(氮气或氧气)冒泡通过 98℃ ~ 99℃ 的去离子水,到达氧化管。

缓冲氧化物刻蚀(buffered oxide etch):一种氟化氢(HF)和氟化铵(NH_4F)的混合物,用来使氧化物的刻蚀以缓慢、受控的速度进行。

凸点/焊球连接技术(bump/ball connection technology):一种在压焊点上形成的金属凸点或焊球结构,使芯片到封装体的连接通过芯片翻转形成。

埋层(buried layer):在生长外延层之前在 P 型衬底上的 N^+ 扩散。掩埋层为流向器件的电流提供了一条低电阻的通路,一般掩埋层掺杂物为锑和砷。

封罐(can):一种金属封装,用来将芯片通过 3 ~ 5 个引脚连接到印制电路板上。

电容器(capacitor):一种分立器件,将电荷储存在有介质分隔的两个导体上。

电容(capacitance):电荷储存的能力。

电容-电压图(C-V 图):一种可以提供关于在氧化层中可动离子杂质量的信息的绘图。

承载气体(carrier gas):惰性气体,可以将一种所需物质的原子或分子输运到反应室中。

载流子激发结深探测(carrier illumination junction detection):一种通过载流子电荷在由激光束入射的结边的积累,确定结深的非破坏性系统。

厘斯托克(centistoke):黏度测量单位,动力黏度单位厘泊(centipoise)除以密度。

沟道(channel):半导体中的一个狭窄区域来支持导电。沟道可以在表面或体内形成,对 MOSFET 和 SIGFET 的性能都很关键。如果沟道不是电路设计的一部分,其存在会体现可能的污染问题或是隔离不完全问题。

隧道效应(channeling):一种离子束穿透并进入晶圆晶体平面的现象。通过"偏离晶向"切割晶圆可以防止隧道效应的产生,其效果是使晶面相对离子束的方向倾斜。

电荷载流子(charge carrier):固体器件的晶体中电荷的载体,如电子或空穴。

化学刻蚀(chemical etching):通过液体反应物有选择地去除某种材料。刻蚀的精确度由刻蚀液的温度、浸入时间及酸性腐蚀液的成分来控制。

化学机械抛光(CMP):一种使晶体平坦和抛光的工艺。将化学去除和机械抛光结合到一起,用于晶体生长后的晶圆磨平抛光和晶圆制造工艺过程中的平坦化。

芯片(chip)：芯片或器件。晶圆上单个的集成电路或分立器件。

芯片尺寸封装(chip scale package)：与芯片尺寸相当的芯片封装形式。

铬(Cr)：掩模版制造中的常用金属。用来做生成电路图形的薄层。

电路板(circuit board)：参见印制电路板。

电路布局(circuit layout)：为产生需要的电学参数而做的关于物理器件尺寸的计算。垂直尺度决定 CVD 和掺杂层厚度的规范；水平尺度决定晶圆图形的尺度，并作为最终电路的比例绘图（复合绘图）的基础。

净化度(class number)：在一立方英尺空气中污染物微粒的数量。

净化间(clean room)：半导体器件制备的区域。室内的洁净度高度受控，以限制半导体可能接触到的污染物的数量。

亮场掩模版(clear field mask)：一种掩模版，其上的图形由不透明区域决定。

集簇设备(cluster tool)：几个工艺机台或设备共用同一加载-卸载室和晶圆传送系统。

互补型场效应晶体管(CMOS)：N 型和 P 型沟道 MOS 晶体管在同一芯片上。

集电极(collector)：与基区和发射区一起作为双极型晶体管的重要区域。

平行光束(collimated light)：光线平行的光束，用于表面观察。

复合图(composite drawing)：最终电路的比例绘图。

电导性(conductivity)：材料传导电荷的能力（电导率以西门子为单位，电阻以欧姆为单位）。

导体(conductor)：具有低电阻和高电导率的材料。

接触(contact)：在金属化过程中被重新覆盖暴露的硅区域，形成到器件的电通路。

接触式光刻机(contact aligner)：一种对准设备，在光刻胶曝光前将晶圆和模板夹紧接触。

接触孔掩模版(contact mask)：在晶圆表面层上开孔，以允许金属层达到掺杂硅的衬底上。

污染物(contamination)：通用术语，用来描述任何不期望有的材料。对半导体晶圆的物理和电学特性均有不良影响。

铜(Cu)：用于连接芯片表面上半导体器件的金属。一般在双大马士革图形化工艺中使用。

关键尺寸(CD)：关键电路图形的线宽、间距宽度以及接触区的尺寸。

低温泵(cryogenic pump)：一种真空泵。可以提供 10^{-10} 托的真空，同太空的真空水平相同。无须前级泵或冷阱，并且比其他类型的泵更快。

低温晶圆清洗(cryogenic wafer cleaning)：使用"雪态"(SNOW)高压二氧化碳(CO_2)清洗晶圆表面的技术。

晶体(crystal)：原子有序排列的材料，其结构化的单元称为晶胞。

晶体缺陷(crystal defect)：晶体中的空位和错位，会影响电路的电性能。

晶向(crystal orientation)：主晶面的法向，用密勒指数表示。

晶面(crystal planes)：半导体晶格结构中的平面。芯片必须沿着该平面排列，以防止当晶圆被分割成单个芯片时出现"粗糙"的芯片边缘。

CUM 良品率(CUM yield)：参见制造良品率。

电流(current)：单位时间内通过给定点的带电粒子数。

曲线跟踪仪(curve tracer)：电测仪器。可以将器件的特性直观显示在屏幕上。

化学气相淀积(CVD)：淀积某些介质层、导电层或半导体层的一种方法。含有需要淀积物质原子的化学药品与另一种化学品反应，将所需材料释放出来，并淀积在晶圆上。同时，衍生物（副产品）从反应室去除。

Czochralski 晶体生长机(Czochralski crystal grower)：一种晶体生长机。使用籽晶从熔融的材料中拉出晶体。

暗场掩模版(dark field mask)：一种掩模版。图形由掩模版上的透明部分决定。

深紫外线(DUV)：用来对光刻胶曝光的光源。具有产生较小图像宽度的优点。

缺陷密度(defect density)：芯片上每平方厘米的缺陷数。

脱水烘焙(dehydration baking)：一种加热过程，使晶圆表面通过烘焙恢复到无水状态，即表面水分在升高的温度下从晶圆表面蒸发。

去离子水(DI)：没有溶解离子的工艺用水。通常规格电阻率为 $15 \sim 18 \ M\Omega$。

耗尽层(depletion layer)：半导体中的某种区域，其中几乎所有载流子都在电场作用下被扫出。

淀积(deposition)：通过化学反应形成薄膜层的工艺过程。材料在晶圆表面形成并覆盖晶圆。

设计规则(design rule)：电路的最小元件尺寸。

显影目检(develop inspection)：光刻掩模过程的第一步目检。包含对关键尺寸的测量和缺陷目检。通常会在显影后或显影及硬烘焙(如果有自动烘焙系统)后进行。

显影(development)：光刻胶工艺过程。在经过芯片制造工艺中的掩模和曝光后，所确定的区域光刻胶被去除的过程。

显影剂(developer)：在经过芯片制造工艺中的掩模和曝光确定去除区域后，用来去除光刻胶的化学药品。

器件(device)：单结元件，如晶体管、电阻或电容器。

去离子水(DI water)：通过其电阻率测量该水的纯度，标准是 $18 \ M\Omega$。

乙硼烷(B_2H_6)：一种气体，经常用于向硅中掺硼。

芯片(die)：晶圆上由划片线分隔的单元。当所有晶圆制造步骤完成后，芯片经过切割分开。分开后的单元称为芯片。

芯片黏结(die bonding)：封装步骤。通过导电的黏合剂或金属合金将单个芯片黏接在封装体上。

芯片分拣(die sort)：参见晶圆电测，通常称为中测。

介质(dielectric)：绝缘材料。在加电压时不传导电流。半导体工艺中常用两种介质，即氧化硅和氮化硅。

扩散(diffusion)：半导体生产工艺。将少量杂质(掺杂物)加入衬底材料如硅或锗中，并使掺入的杂质在衬底中扩散。该工艺过程对温度和时间依赖性很强。

扩散率(diffusivity)：掺杂物在半导体中移动或扩散的速率。

二极管(diode)：只允许电流单向流动的器件。

双列直插封装(DIP)：长方形集成电路封装体。其引脚沿长边排列并向下弯折以便插接。

分立器件(discrete device)：只具备单一功能的电路。包括电容、电阻、晶体管和熔断丝等。

位错(dislocation)：晶格中的断续现象，是一种晶格缺陷。

扩散的 MOS(DMOS)：一种晶体管结构。源极和漏极间距(沟道长度)很小。沟道长度通过连续两次从同一处扩散形成。

施主(donor)：某种可以将半导体变为 N 型的杂质。贡献额外的"自由"电子，电子携带负电荷。

掺杂物(dopant)：一种可以改变半导体导电性的元素。可以对导电过程提供空穴或电子。对硅的掺杂物往往来源于元素周期表中的第 III 族和第 V 族元素。

掺杂淀积(dopant deposition)：扩散工艺过程的第一步。掺杂物原子扩散进入晶圆表面。

掺杂（doping）：将某种杂质（掺杂物）引入半导体晶格，并改变其电特性。例如，在硅中加入硼使硅成为 P 型半导体。

漏极（drain）：与源极，栅极共同构成单极型或场效应晶体管（FET）。

动态随机存储器（dynamic random access memory）：存储数字信息的存储器。信息被存储在"易失"（volatile）状态。

推进（drive-in）：扩散工艺的一个阶段，掺杂物被推向晶圆深处。

干法刻蚀（dry etch）：参见等离子体刻蚀。

干氧化（dry ox）：使用氧气和氢气生长二氧化硅的方法。在工艺温度下形成水蒸气，而不是直接使用水蒸气。

干氧化硅（dry oxide）：使用氧气热氧化生成的二氧化硅。

双大马士革（dual damascene）：一种图形化工艺，首先将要求的图形定义在晶圆上表面的沟槽里，接下来用导电金属过填充。通常使用化学机械抛光工艺去除溢出的过填充。留下在槽内的金属图形。

电子束（electron-beam）：不需要掩模版而可以直接生成图形的曝光光源。电子束可以通过静电板的偏转到达准确的位置，产生亚微米级的图形。

电子束光刻机（electron-beam aligner）：一种对准设备。通过在晶圆表面移动（犹如书写）电子束使涂好光刻胶的晶圆曝光。

电子束蒸发（electron-beam evaporation）：利用聚焦的电子束的能量达到相变的方法。用来使金属或合金从固态转为气态。

电子束曝光系统（electron-beam exposure system）：一种曝光设备，将图形模式储存在计算机中，用来控制静电板，继而调整电子束方向。可在不使用掩模版的情况下产生电路图形。

边缘头（edge bead）：在旋转涂覆光刻胶工艺中，在晶圆的边缘堆起的头状。

边缘芯片（edge die）：晶圆边缘不完整的芯片。

电可擦除可编程存储器（electrically erasable PROM）：一种存储电路，具有通过电脉冲清除数据并再接受新信息的能力。

电迁徙（electromigration）：电路工作时，电子在导线中的电场下扩散的现象。往往发生在铝膜导线中并表现为电路失效而非工艺缺陷。金属导线会变薄直至断开，引起电路开路。

电子（electron）：原子中围绕原子核旋转的带电粒子。可与其他原子中的电子配合成键，也可以从原子中失去使原子变成离子。

椭偏仪（ellipsometer）：利用激光做光源测量薄膜厚度的仪器。

发射极（emitter）：（1）晶体管中的区域，作为载流子源或输入端；（2）通常使用磷做的 N 型扩散过程。形成 NPN 型晶体管的发射极，PNP 晶体管的基区接触，NPN 晶体管的 N^+ 接触，以及低阻值电阻。

外延（epitaxial）：（希腊语"置于其上"）在单晶衬底上生长单晶半导体薄膜。外延层与衬底材料的晶格特性相同。

环氧封装体（epoxy package）：参见压塑封装体。

可擦除可编程存储器（erasable PROM）：具有清除数据并再接受新信息能力的存储电路。

刻蚀（etch）：去除特定区域材料的工艺过程。往往通过湿法或干法的化学反应，或者物理方法，如溅射刻蚀实现。

蒸发(evaporation): 通过加热将某种材料(通常是金属或金属合金)从固态变为气态,并淀积在晶圆表面的工艺。半导体工艺中常使用电子束或灯丝式加热蒸发的方法。

曝光(exposure): 利用光或其他能量形式与对这种能量形式敏感的光刻胶交互作用,从而确定图形的方法。

制造(fabrication): 集成电路生产过程。

制造良品率(fabrication yield): 到达晶圆分拣处的晶圆数量与工艺开始时的晶圆数量的百分比。

特征图形尺寸(feature size): 器件中图形开口或间距的最小宽度。

场效应晶体管(field-effect transistor): 包含源、栅、漏极的晶体管。其行为由从源极经过栅极流向漏极的多数载流子电流决定。电流由栅极下的横向电场控制。参见单极晶体管。

场氧化物(field oxide): 电子器件中氧化物用来作为介质的区域。

最终测试(final test): 封装工艺的最后一步。对封装好的芯片做最后的测试。

Fin场效应晶体管(FinFET): 具有堆起的"鳍"(fin)形的一种3D晶体管,它可以提供比平面栅更大的栅面积。

快闪存储器(flash memory): 一种EPROM或EEPROM,具有成块擦除存储矩阵中数据的能力。

恒温区(flat zone): 管形炉中温度高度受控的区域。

翻转芯片连接(flip-chip joining): 一种芯片或封装体的连接工艺。在芯片表面做连接的金属形成"凸点",而芯片"翻转"后焊接在封装体上,也称为倒扣焊。

前开口统一标准的匣(front opening unified pod): 在晶圆制造线上使用的晶圆载片匣。为了维护晶圆洁净,它是一个微小环境并且与工艺设备匹配。

四探针测试仪(four-point probe): 用来测量晶圆表面电阻的电测设备。

反应炉(furnace): 具备电阻加热元和温度控制器的工艺设备。在半导体工艺中用来提供一个受控的恒温环境。

熔断丝(fuse): 一种电路元件,通过熔断使某个存储单元或逻辑门被编程。

砷化镓(GaAs): 半导体材料中最常见的化合物。优点是可以生产比在硅衬底上的器件速度更快的器件。

栅(gate): 与源极、漏极共同构成单极型或场效应晶体管(FET或MOS)。

门阵列(gate array): 集成电路类型,通过门的相互连接提供所需的功能。

栅氧化膜(gate oxi): 位于MOS晶体管栅极的氧化物薄膜,引起电荷效应,并在源和漏之间形成沟道。

锗(germanium): 半导体材料,用于生产晶体二极管及早期的晶体管。

高效过滤器(HEPA filter): 一种由脆性纤维制成的折叠形的过滤器。在操作员感到舒适的低空气流速时可提供较大面积的过滤。其过滤效率可达99.99%。

六甲基乙硅烷(HMDS): 主要用于提高光刻胶的附着性。

高压氧化(high-pressure oxidation): 高气压(10~20个大气压)下的氧化过程以减少对热量和时间的要求。这种工艺的反应室必须用不锈钢制成以安全地保持压力。

空穴(hole): (1)半导体晶体中价带电子的缺失。空穴的运动相当于正电荷的运动。(2)由光刻掩模工艺在表面层形成的"开孔"。

混合集成电路(hybrid integrated circuit): 将一种或多种半导体器件与一个薄膜集成电路制作在同一衬底(通常是陶瓷材料)上的电路结构。

氢氟酸(HF): 用于刻蚀二氧化硅的酸,常稀释或缓冲后使用。

氢气(H₂)：一种气体，在半导体工艺中主要作为输运气体，特别在高温反应，如外延硅的生长过程中。

亲水性(hydrophilic)：与水亲近(喜水性)，一个亲水性表面允许水在其上的较大范围内扩展。

厌水性(hydrophobic)：不易与水亲近，一个厌水性表面一般不会存留大片的水。水在这样的表面易呈滴状。这种表面常称为"去湿的"。

吸湿性(hydroscopic)：吸引并吸收水分。

集成电路(integrated circuit)：许多元器件被制造和连接在一片半导体芯片上的电路，与"非集成电路"相反。在非集成电路中，晶体管、二极管、电阻等是分别制造和封装的。

集成度(integration level)：一个芯片内所有元件的数量范围。从 SSI(小规模集成，少于 50 个元件)到 ULSI(甚大规模集成，超过 1 000 000 个元件)。

国际半导体技术路线图(intenational technology roadmap of semiconductor)：未来对于晶圆制造工艺、工厂运作、器件、材料和功能要求的路线图。

内插结构(interposer)：包含金属化和通孔的，允许在一个管壳内连接分离的芯片并保护芯片的钝化层。

本征半导体(intrinsic semiconductor)：一种元素或化合物，其外电子层具有 4 个电子(如元素周期表中的第 IV 族元素，或第 III 族和第 V 族元素的化合物)。

离子(ion)：一个原子得到或失去电子，成为带电粒子(负电性或正电性)。

离子束铣(ion beam milling)：使用离子束的干法刻蚀方法。氩原子被电离并加速到晶圆上。晶圆暴露的部分通过溅射方式去除。

离子注入(ion implantation)：将选择的杂质(掺杂物)通过高电压离子轰击的方式引入晶圆内，并在指定的区域获得理想的电特性。

互连(interconnect)：参见导线。

ISO 9000：国际标准化组织关于净化间的标准。

隔离扩散(isolation diffusion)：扩散步骤。形成围绕需要隔离区域的 PN 结。

各向同性刻蚀(isotropic etching)：指对光刻胶的刻蚀同时向下和向侧面进行。

结型场效应晶体管(junction field-effect transistor)：电压加在一个电极以控制源区和漏区之间电流的器件。

结(junction)：材料内从 P 型导电转向 N 型导电(或相反)的界面。

致命缺陷(killer defect)：可引起器件或电路失效的缺陷。

横向扩散(lateral diffusion)：每次当晶圆加热到接近扩散温度时，掺杂物从一边扩散到另一边的过程。

薄膜工艺(layering)：不同材料的薄层生长，或添加到晶圆表面的工艺。

导线(lead)：晶圆表面的金属条。

发光二极管(light-emitting diode)：一种半导体器件，少数载流子的能量与空穴结合后转化为光。通常，但不一定由带 PN 结的器件构成。

剥离工艺(lift-off process)：一种材料去除工艺。材料淀积到光刻胶内的孔内，而决定图形后，光刻胶从表面被去除(剥离)。

亮场掩模版(light field mask)：参见亮场掩模版。

平版印刷术(lithography)：用来进行图案的转移，当使用光线的时候，这个词变成 photoli-thography，表示光刻工艺的意思，当图案的尺寸可以使用微米来衡量的时候，这个词就变成 microlithography，代表微光刻技术的意思。

局部氧化隔离工艺(LOCOS)：一种 MOS 器件之间隔离的工艺，这种工艺将包围在器件周围不被氮化硅保护的硅层氧化，然后将作为保护层的氮化硅去除，使器件生长的硅暴露出来。

低压化学气相淀积(LPCVD)：一种在低压环境下进行化学气相淀积工艺的系统。

大规模集成电路(LSI)：表示器件集成度在 5000~100 000 个之间的集成电路。

多数载流子(majority carrier)：在半导体材料中占有优势的载流子(自由电子或空穴)，例如在 N 型半导体中的自由电子。

光刻掩模版(mask)：在光刻工艺中使用的一种表面被各种图案覆盖的玻璃板，每个图案都包含有不透明和透明的部分，用来阻挡和允许光线通过，每一块光刻掩模版都会与晶圆上原有的图案对准，通过光线的透射来对光刻胶进行曝光。光刻掩模版上图案的制作材料可以是乳剂、铬、氧化铁、硅或者是其他的不透光的材料。

光刻(masking)：参见 patterning。

存储器(memory)：存储数据的器件。

金属光刻(metal mask)：在晶圆表面留下一片独立导体材料的工艺程序。

金属有机化学气相外延淀积(或金属有机气相外延)(metalorganic CVD)：一种使用卤化物和金属有机物的气相外延生长。

微机械电子系统(MEMS)：使用半导体制造工艺制造微小(纳米级)机器。

微芯片(microchip)：参见芯片。

密勒指数(Miller indices)：通过 3 个数字组合来表示晶体中的晶向的系统。

mini 环境(minienvironment)：独立的洁净小环境，晶圆的装卸、保存、运输等过程都在其中完成。

少数载流子(minority carrier)：在半导体中不占优势的载流子，如在 P 型半导体中的自由电子。

存储器 MOS(MMOS)：一种非易失性的存储器结构，非易失性的存储器可以在掉电的情况下保存其中的数据。

可动离子污染(mobile ionic contaminant)：这种带电荷的污染物可以导致器件的失效。

塑封(molded package)：使用环氧树脂或者其他聚合物材料熔铸在芯片和芯片引脚框架周围形成的一种封装形式。

分子束外延(molecular beam epitaxy)：一种蒸气淀积工艺，可以非常严格地控制整个淀积过程。

分子(molecule)：保持物质本身特性的最小物质数量单元。

单色光(monochromatic light)：只有单一波长的光线。

金属氧化物半导体场效应管(MOSFET)：一种场效应管，包括金属栅极和氧化硅隔离层。

中规模集成电路(MSI)：集成度在 50~5000 个器件的集成电路。

多芯片封装(MCM)：在一个半导体管壳中包含用薄膜金属系统连接的两个以上集成电路芯片的形式。

多层光刻胶工艺(multilayer resist process)：一种使用多层光刻胶的图形分辨工艺。

纳米(nm)：长度单位，$1 \text{ nm} = 1 \times 10^{-9} \text{ m}$。

纳米技术(nanotechnology)：用于建立半导体器件和其他具有纳米尺度的工艺和材料。

负胶（negative resist）：光刻胶的一种，这种光刻胶在接触到光线被曝光的部分后，在后续的显影工艺中不会被去掉，而没有被曝光的部分在显影之后会被去掉。对于光刻掩模版的图案，应用负胶可以得到掩模版的反转图形。图案比较少的光刻掩模版通常会使用负胶。

下一代光刻技术（NGL）：在晶圆进行具有纳米范围特征尺寸的图形化工艺所用的工艺、材料和设备。

硝酸（nitric acid）：一种强酸，通常被用来清洗硅片和做刻蚀。

氮化（nitridation）：将硅片表面暴露在氮气中并加高温处理，从而形成氮化硅的工艺。

氮气（nitrogen）：一种不易与其他材料发生反应的气体。在半导体工艺中常被用来作为其他化学品的载体。

N 沟道金属氧化物半导体（NMOS）：N 沟道金属氧化物半导体，导电时其沟道为负电性。

非易失性存储器（nonvolatile memory circuit）：一种可以在掉电后仍然保存数据的存储器电路。

N 型（N-type）：一种半导体材料，多数载流子是电子，因此带负电。在硅中 N 型掺杂剂是 V 族元素，其原子中最外的第五个电子是自由参加导电的。

NPN 型晶体管（NPN transistor）：具有三明治结构的双极型晶体管，在两个 N 型发射极和集电极区域中夹着一个 P 型的基极区域。

欧姆定律（Ohm's law）：由于表征电阻、电压与电流之间的关系，电阻等于电压与电流之比，$R = V/I$。

油扩散泵（oil diffusion pump）：一种高真空泵，通过油蒸气来将反应室中的微粒带出反应室外。

光学临界式掩模（optical proximity mask）：具有为解决在曝光工艺中的散射效应而设计图形的光掩模和放大光掩模。

整体良品率（overall yield）：最终正常工作的已封装芯片数和晶圆上所有芯片个数的比值，这个值是综合晶圆生产过程的良品率、中测良品率和封装良品率的产物。

氧化（oxidation）：当硅暴露在氧气中的氧化过程。氧化工艺受温度的影响很大。

氧化反应室（oxidation reaction chamber）：氧化反应进行的环境，通常用石英或者是碳化硅做成反应腔，因为这些材料能抗热而且纯度很高。

氧化物（oxide）：参见二氧化硅。

氧化硅刻蚀（oxide etching）：使用氢氟酸（HF）来进行二氧化硅刻蚀的工艺。通常人们使用缓冲二氧化硅腐蚀（BOE），因为必须对 HF 进行缓冲以使化学反应减速到可以很好控制的程度。

封装体（package）：包裹半导体芯片以保护芯片并提供连接外部电路管心的包装或管壳。

封装良品率（packaging yield）：从封装后经过电测仍然工作的芯片个数与进入封装过程的合格半导体芯片个数的比值。

钝化层（passivation）：在芯片制造工艺中的最后一层密封保护层，它可以阻止外界化学反应、腐蚀和封装过程中的处理对芯片产生的影响。钝化层通常是用二氧化硅或者氮化硅，以防止潮气或沾污。

图形化工艺（patterning）：将图案从光刻掩模版上转移到晶圆上，从而定义要刻蚀或掺杂区域的工艺，常特指光刻工艺。

保护膜（pellicle）：一种光学级的聚合物薄膜，它被绷在一个框架上并固定在掩模版或放大掩模版上。这就解决了空气中污染物在掩模版上积累并形成类似不透明点的问题。在曝光中，任何污染物都被保持在焦平面之外，而不被"打印"到晶圆上。

磷烷（phosphine）：一种气体，在掺杂工艺中常被用作磷的源。

磷(phosphorus)：通常用在标准双极集成电路工艺中作为集电极和发射极的 N 型掺杂剂。

三氯氧磷[phosphorus oxychloride(POCl₃)]：一种液体，经常被用在掺杂硅的生产中，用来提供掺杂的磷。

光刻(photomasking)：参见 patterning。

底版(photoplate)：还没有做图案的光刻掩模版。

光刻胶(photoresist)：在晶圆的表面涂布的一层对光线敏感的薄膜，在透过掩模版的强光照射下曝光。被曝光(或没有被曝光，取决于它们的极性)后的光刻胶在显影步骤中被洗掉，从而在晶圆表面产生光刻胶图案，后续的工艺如刻蚀等在不被光刻胶保护的表面进行。又称为光致抗蚀剂。

针孔(pinhole)：在光刻胶中或在掩模版不透光部分中的小孔洞。

针栅阵列封装(Pin Grid Array，PGA)：器件封装的一种，器件底座上伸出许多个针形的管座，器件在封装内与这些针形管座相连。

平面结构(planar structure)：通过扩散和氧化在硅片的表面形成的平面结构的器件。

平坦化(planarization)：在制造工艺中，通过热流程、有机层或化学机械抛光技术对晶圆表面的平整化。

等离子体(plasma)：微粒经过离子化形成的高能量气体。

等离子体增强化学气相淀积(plasma-enhanced CVD)：一种通过等离子体能量来进行淀积的化学气相淀积系统。

等离子体刻蚀(plasma etch)：通过等离子体能量增强的反应气体进行干法刻蚀的工艺。

塑封(plastic package)：参见 molded package。

通孔塞[plug，(via plug)]：在多层金属工艺中，在连接不同层金属时的通孔中淀积金属(通常是难熔的金属)形成接线柱。

P 沟道金属氧化物半导体(PMOS)：金属氧化物半导体场效应管的一种，导电沟道中的多数载流子为空穴。

PNP 型晶体管(PNP)：在两个 P 型区域中夹着一个 N 型区域的半导体结构，常见的双极型器件的一种。

多晶硅栅极(polycide MOS gate)：金属氧化物半导体中的一种常见的三明治栅极结构，在氧化硅的表面上有一层多晶硅，在多晶硅的表面再覆盖一层不易熔的金属层。

多晶硅(polycrystalline silicon)：具有很多短程有序晶体而整体无序的硅结构。

聚合物(polymer)：有很多重复结构组成的有机物的聚合物。

正胶(positive resist)：光刻胶的一种，这种光刻胶在接触到光线被曝光之后，在后续的显影工艺中会被去掉，没有被曝光的部分在显影之后会被保留下来。对于光刻掩模版的图案，应用正胶可以得到掩模版的正片图形。

曝光后烘焙(post exposure bake)：在曝光工艺完成后为了减少图案驻波影响而采用的烘焙工艺。

预淀积(predeposition)：在对半导体材料的晶体结构进行定量掺杂时的一个工艺步骤。

底胶(primer chemical)：为了增强确定薄膜的黏合度而加入的化学品(在半导体工艺中，这种需要增强的薄膜通常是光刻胶)。

工艺设备(process tool)：用于晶圆制造的工艺设备和系统的术语。

投影光刻(projection alignment)：在光刻工艺中，使用光学方法将掩模版上的图案投影到晶圆上。这种方法可以防止掩模版和光刻胶涂层的损坏，同时又具有与接触式光刻方法同样的生产率。在大规模集成电路和VLSI集成电路生产中，这种投影方法是标准方法。

投影光刻机(projection aligner)：通过光线投影的方法进行图案转移的机器。

可编程只读存储器(Programmable Read-Only Memory，PROM)：一种只读存储器，在存储器阵列中每个单元电路都具有熔丝，通过将某些熔丝烧断，可以对用户特定的信息进行编程。

接近式光刻机(proximity aligner)：在显影过程中，将掩模版和晶圆保持很近距离的一种平板光刻机。

P型半导体(P-type)：在本征半导体中掺入元素周期表中的第III族元素就形成P型半导体，在这种半导体中导电的多子(也称多数载流子)是空穴。

石英(quartz)：对于氧化硅的商业称法，因为石英的低导热性，石英在半导体工业中被广泛使用。

随机存储器(RAM)：临时存放数据的器件。

快速热氧化(RTO)：在快速热反应设备中进行的氧化工艺。

快速热处理(RTP)：通过密集的灯光或者其他热源，对于晶圆进行毫秒级的快速升温和降温处理的设备，这种设备一次只处理一片晶圆。

RCA清洗(RCA clean)：在氧化工艺前进行的一系列步骤的清洗程序，这种清洗过程以开发这种清洗过程的RCA公司命名。

反应离子刻蚀(RIE)：一种结合了等离子体刻蚀和离子束表面去除的刻蚀工艺。刻蚀气体通过管道进入反应室并被离子化，单独的分子被加速打到晶圆的表面，晶圆表面被同时进行的物理和化学反应腐蚀。

反应室(reactor)：(1)在半导体工艺中进行薄膜淀积过程中用到的反应室，例如晶体外延层反应室、气相反应室和氮化硅反应室等；(2)参见塑封(plasma etcher)。

难熔金属(refractory metal)：具有耐热、耐磨和耐腐蚀特性的一类金属。它们被用作通孔塞体系的导体，包括钼、钽和钨。

电阻率(resistivity)：电流在材料中流过的阻抗的量度。是原子的质子带的正电荷对于原子的外部电子吸引力的函数，原子核对电子的束缚力越大，电阻率就越高。

分辨能力(resolution capability)：光刻工艺或其他设备可以提供的最小分辨率。

放大掩模版(reticle)：只包含了整个晶圆一部分图案的光刻掩模版。

漂洗(rinse)：用来去除湿法刻蚀后产物或显影后产物的工艺。通常这个工艺步骤会阻止刻蚀或显影的化学品继续进行反应，并去除表面上未反应的化学品。有很多种不同的漂洗工艺，例如溢流漂洗、喷射漂洗、倾卸漂洗、旋转-漂洗-甩干机等。

只读存储器(ROM)：一种只可以读取原来保存的数据，不可以改写的存储器。

自对准金属硅化物栅极(salicide MOS gate)：一种多晶硅化物MOS栅结构在顺序工艺中形成自对准的源或漏。参见多晶硅栅极(polycide MOS gate)。

扫描电子显微镜(scanning electron microscope)：通过电子扫描的办法，可以将显微镜的放大倍数提高到50 000倍。被加速的电子撞击在样品的表面，在样品表面产生二次电子，这些电子的信息被传感器接收到并被转换成图像信号在屏幕上显示出来。

划片线(scribe lines)：在晶圆上用来分隔不同的芯片之间的划片线。在封装过程中，晶圆会被沿着划片线切开，产生出独立的芯片。

自对准栅(self-aligned gate)：一种 MOS 结构，它允许源或漏直接与栅对准而无须用光刻胶对准步骤。

半导体(semiconductor)：导电性能介于导体和绝缘体之间的物质，例如硅和锗。导电的主要载体是电子和空穴。常见的单质半导体材料有硅和锗，常见的化合物半导体有砷化镓，等等。

方块电阻(sheet resistance)：一种用来测量半导体中掺杂多少的测量手段，方块电阻的单位为欧姆/□。又称为薄层电阻。

边缘扩散(side diffusion)：参见横向扩散。

硅(silicon)：被广泛使用的第 IV 族半导体材料，用来制造二极管、晶体管和集成电路。

二氧化硅(silicon dioxide)：通过硅热氧化或淀积的方法在晶圆表面形成的硅的氧化物，用作绝缘层。热氧化生长通常在 900℃的温度由硅和氧气或水蒸气反应。

硅栅 MOS(silicon gate MOS)：在二氧化硅薄层上具有一层多晶硅的 MOS 栅结构。

氮化硅(silicon nitride)：在 600~900℃温度之间通过化学淀积在晶圆表面的硅的氮化物绝缘层。当在晶圆处理过程的最后被淀积时，充当芯片的保护层以防止污染。

单晶(single crystal)：通常用来表示物质的单个晶体结构和整体结构的有序排列，与之对应的是整体无序的多晶结构。

斜度刻蚀(slope etching)：受控的钻蚀，在进行孔结构的刻蚀过程中，为了减小侧壁的阴影效应而有意增加的过刻蚀。

软烘焙(soft baking)：用来去除光刻胶中溶剂的加热过程。经过这步工艺处理之后，光刻胶仍然还是软的，将溶剂蒸发的目的有两个：(1)去除光刻胶中的溶剂成分；(2)加强光刻胶涂层和晶圆表面的黏合度，又称为前烘。

固体电子学(solid-state electronics)：用来表示由固体材料，例如半导体材料、铁电体或薄膜组成的电子器件。区别于早期由电子管构成的电子器件或线路。

源极(source)：场效应管中的一个极，其余两个极为栅极和漏极。

分光光度计(spectrophotometer)：一种收集光波干涉信息的仪器，通过这些信息可以计算得到薄膜的厚度。

旋转(spinning)：当光刻胶被涂布到晶圆上，晶圆需要旋转，从而使光刻胶分布均匀。通常这样可以使光刻胶在晶圆上的厚度分布在 0.5 μm 左右，同时保证整个晶圆表面的厚度偏差在 10%以内。

旋转清洗甩干机(spin rinse dryer)：能通过旋转自动清洗和甩干放在片匣盒里的晶圆的一种机器。

喷雾显影(spray development)：晶圆在真空吸盘上旋转期间，在其光刻胶层对图形显影的系统。

扩展电阻(spreading resistance)：一种用来测量晶圆掺杂浓度的技术。

溅射(sputtering)：一种在晶圆表面淀积薄膜的方法。被射频电场加速的离子撞击靶材，使靶材上的原子被撞击下来并到达晶圆的表面淀积成薄膜。

小规模集成电路(SSI)：表示 2~50 个器件的集成度。

标准机械接口(SMIF)：允许便携式洁净晶圆的盒(被称为垫)与工艺设备的洁净微环境装载台匹配的一个系统。

驻波效应(standing wave effect)：一种垂直的光刻胶曝光图形，由于曝光的光线在晶圆表面反射的结构干涉，在光刻胶层中建立的驻波。

静态随机存储器(static RAM)：由晶体管构成的快速可读写存储器。

湿氧(steam oxide)：用气体鼓泡(通常是氧气或氮气)通过98℃~100℃水，在水蒸气环境下进行的热氧化生长工艺。

步进和重复曝光(step and repeat)：在进行光刻工艺中的曝光步骤时，放大掩模版和晶圆被放置在一个x-y方向的工作台上，掩模版图形被多次重复地在晶圆上的不同区域曝光，直到整个晶圆都被曝光为止。

台阶覆盖度(step coverage)：一个工艺指标，用来表示新的薄膜层是不是可以很好地覆盖原有的工艺步骤中形成的台阶结构。

步进式光刻机(stepper)：每次对准和曝光一个(或少量几个)芯片的对准机器。该机器在晶圆上分步依次对准和曝光芯片。

剥离(stripping)：去除工艺，通常指去除光刻胶的工艺。

次集电极(subcollcctor)：参见buried layer。

衬底(substrate)：微电子电路中的承载材料，半导体器件、电路或晶体外延层都在上面生长。

硫酸(sulfuric acid)：强酸的一种，通常用来清洗晶圆或者去除光刻胶。

承载盘(susceptor)：在高温工艺中，如外延层生长或氮化硅淀积中用来承载晶圆的平台，通常用石墨做成。

系统级封装(system in package)：在一个封装体内聚集多个芯片，它包含一个电子系统的功能。

片上系统(system on chip)：一个具有不同部分(逻辑和存储器等)的芯片，它具有一个完整电子系统的功能。

载带自动压焊(TAB)：一种芯片与封装体连接的工艺。在工艺中，封装体的电极被形成在柔性的条带上，并将所有的电极指条一次压焊到芯片上。

靶材(target)：在溅射淀积工艺中要淀积的材料。

测试芯片(test die)：在晶圆上与正常的芯片图案不同的芯片，这些芯片经过同样的工艺过程，但是图案上的信息用于测试。通常它们的图案尺寸比正常的芯片要大，这样更有利于在工艺过程中进行监测。

三氯乙烯(TCE)：一种进行一般性清洗用的溶剂。

正硅酸乙酯(TEOS)：一种用于二氧化硅淀积的化学源。

热扩散(thermal diffusion)：一种掺杂方法，将晶圆暴露在含有掺杂气体的环境中加热到1000℃左右，通过热运动来使杂质进入到晶圆内。

热氧化层(thermal oxide)：在半导体工艺中，使用热生长的方式产生的氧化硅层。这种方法产生的氧化层杂质和缺陷都比较少。

热电偶(thermo couple)：在反应炉或者反应室中用来测量温度的器件，由两条不同的线在同一端焊接上，因为材料的不同，温度的升高会产生与温度成比例的电位差。

硅通孔技术(through silicon via)：在硅芯片产生孔使其穿透芯片并填充(金属塞/通孔)，促使其形成从顶到底的金属连接系统。

托(torr)：压力单位，一托等于一毫米汞柱压力。

晶体管(transistor)：半导体器件的一种，可以通过电流或者电压的变化来产生新的电子效应。这个英文名来源于transfer resistance(转移电阻)。

反应管(tube)：(1)参见 furnace；(2)被安置在反应炉内用石英做成的圆柱形容器，通常在一端或两端有管道接头，用来为工艺反应提供一个高度清洁和受控的环境。

甚大规模集成电路(ULSI)：集成度在 1 000 000 以上的电路。

紫外线(ultraviolet，UV)：电磁波谱从 250 ~ 500 nm 的部分。用于光刻胶曝光的高压汞灯源发出紫外线。

钻蚀(undercutting)：参见 isotropic etching。

单极型晶体管(unipolar transistor)：导电机理只有多子的晶体管，例如场效应管。

晶格空位(vacancy)：(1)在晶体结构中本应是原子位置上的原子缺失；(2)一种晶体缺陷。

真空(vacuum)：负压环境。

气相外延(VPE)：一种外延淀积系统，它能结合几种源气体以淀积化合物半导体。

蒸气表面制备(vapor priming)：一种表面制备的方法，将要使用的黏着剂蒸气化，以防止晶圆和黏着剂液体中任何可能的污染物接触，例如在 HMDS 水解液体中就可能有微粒会影响晶圆的表面。

垂直式炉管(vertical tube furnace)：具有炉管垂直放置的氧化、扩散或其他炉管加工工艺。这些系统提供增大的恒温区和较小的占地面积。

通孔(via)：用来连接不同层之间金属用的垂直金属通孔结构。和半导体衬底连接的为接触孔。

黏度(viscosity)：对于液体的一种测量，通常人们通过衡量在受测液体中推动一个物体的力量大小来评价这一指标。这个指标也代表着液态物质中的"内部摩擦力"。

VLF 罩(VLF hood)：一种带有竖直空气层流的工作台，可以减少悬浮微粒。

超大规模集成电路(VLSI)：集成度在 100 000 ~ 1 000 000 的集成电路。

易失性存储器电路(volatile memory circuit)：当电源断电时，其存储数据丢失的一类存储器电路，也称为挥发性存储器。

电压(voltage)：引起带电粒子(电流)在两点之间流动所施加的力，两点之间的电势差。

晶圆(wafer)：一种薄的片状半导体制造的原材料，通常是圆形的。

晶圆生产(wafer fabrication)：将电路和器件放在晶圆内和上面的一系列制造的过程。

晶圆平边(wafer flat)：在小尺寸晶圆边缘上一段沿直线切割过的部分，用来指示晶圆的位置朝向和掺杂的类型，又称为定位边。

晶圆电测(wafer sort)：在晶圆全部制作完毕之后，对晶圆上的集成电路进行电性能和功能测试的步骤。测试机将探针插到芯片的压点上，然后加以不同的信号进行测试。用装备的探针对整个晶圆上的每一个芯片进行电性能测试。又称为晶圆分选或中测。

晶圆电测良品率(wafer sort yield)：在经过电测之后，合格的芯片个数和最早进入工艺程序的芯片个数的比值。典型地，为集成电路最低主要良品率点。又称中测良品率。

连线压焊(wire bonding)：在封装工艺中的一个步骤，通过焊接的方法，用金线或是铝线将芯片压点和管壳引脚连接在一起。

X 射线曝光机(X-ray aligner)：使用 X 射线和对涂有光刻胶的晶圆曝光的设备。

X 射线曝光系统(X-ray exposure system)：使用 X 射线作为曝光光源的成像系统，因为 X 射线的波长特别短，所以没有显现出不利的衍射效应。

良品率(yield)：在半导体工业界使用的一个百分数比值，它表示完成工艺的产品数和最早进入工艺程序的产品数的百分数比值。